高等职业教育专科、本科计算机类专业新型一体化教材

创新型人才培养系列教材 · 工作手册式

Windows Server 2019 操作系统项目化教程

蒋建峰　孙金霞　安淑梅　张运嵩　编著

電子工業出版社
Publishing House of Electronics Industry
北京•BEIJING

内容简介

本书以项目任务式教学理念组织编写，充分体现了学生的学习认知规律，以真实的企业网络管理工作内容为场景，内容涉及操作系统的配置与管理、应用服务的配置与管理。本书分为12个单元，包括Windows Server 2019的安装、域服务的配置与管理、用户和组的创建与管理、组策略的配置与管理、磁盘的配置与管理、文件服务器的配置与管理、打印服务器的配置与管理、路由与远程服务的配置与管理、DHCP服务器的配置与管理、DNS服务器的配置与管理、Web服务器的配置与管理、FTP服务器的配置与管理。

本书结构合理，内容丰富，实用性强，可作为计算机类相关专业Windows网络操作系统课程的教材，也可作为相关从业人员的自学参考书。

图书在版编目（CIP）数据

Windows Server 2019操作系统项目化教程 / 蒋建峰等编著 . —北京：电子工业出版社，2021.6（2024.2重印）

ISBN 978-7-121-41339-1

Ⅰ . ① W… Ⅱ . ①蒋… Ⅲ . ① Windows NT 操作系统－网络服务器－高等学校－教材 Ⅳ . ① TP316.86

中国版本图书馆CIP数据核字（2021）第113791号

责任编辑：李　静　　　　特约编辑：田学清
印　　刷：天津画中画印刷有限公司
装　　订：天津画中画印刷有限公司
出版发行：电子工业出版社
　　　　　北京市海淀区万寿路173信箱　　　　邮编：100036
开　　本：787×1092　1/16　印张：17　　字数：429千字
版　　次：2021年6月第1版
印　　次：2024年2月第7次印刷
定　　价：49.80元

凡所购买电子工业出版社图书有缺损问题，请向购买书店调换。若书店售缺，请与本社发行部联系，联系及邮购电话：（010）88254888，88258888。

质量投诉请发邮件至zlts@phei.com.cn，盗版侵权举报请发邮件至dbqq@phei.com.cn。

本书咨询联系方式：（010）88254604，lijing@phei.com.cn。

前　言

Windows Server 是微软公司提供的功能强大、十分容易掌握的网络操作系统，其具备可靠性、可管理性和安全性等显著的特点，非常适合搭建中小型企业网络中的各种服务。

随着 Internet 的发展，云计算、虚拟化等技术成为网络领域的热门技术，全球的服务器数量每年的增长速度极快，而 Windows Server 在服务器操作系统市场中占有绝对优势，因此 Windows Server 管理是从事网络系统管理相关工作的人员必须掌握的技能。

本书的内容安排以基础性和实践性为重点，在讲述 Windows Server 基本工作原理的基础上，注重对学生实践技能的培养。本书列举了当前网络中流行的网络操作系统，内容涉及操作系统的配置与管理、应用服务的配置与管理，其目的在于使读者通过学习本书，掌握计算机网络操作系统的管理技能，理解有关网络操作系统的一系列工业标准。本书从学生认知规律的角度将教学内容分为 12 个单元，每个单元均利用引例描述，简要概述本单元的核心教学知识点，让学生明确学习任务。每个任务又分为任务陈述、知识准备、任务实施、任务拓展 4 个环节：任务陈述——讨论明确的任务目标，展示任务效果，直观地培养学生对知识点的兴趣；知识准备——详细介绍任务知识点的原理，围绕实例展开描述，使学生在实践中掌握任务知识点的原理；任务实施——通过综合知识的应用，提高学生系统运用知识的能力；任务拓展——拓展知识的深度和广度，提高知识点中技巧的应用能力。

本书具有以下几个特点。

（1）本书提供真实的实践实训项目，为学生营造了通过实践来感悟问题的情境。围绕任务展开学习，教学内容安排符合当代职业教育能力培养的基本要求和规律。

（2）本书结合最新的全国职业院校技能大赛“计算机网络应用”赛项的操作系统模块进行设计，书中案例全部选自企业的真实网络操作系统管理场景，任务实施由浅入深，层次分明。

（3）本书充分利用虚拟机技术营造教、学、做一体化的项目实训平台，每台物理计算机都可以同时模拟 4 台以上的 Windows 服务器及客户端，模拟企业真实网络运行环境，每个学生都可以扮演网络管理员和用户的角色，从而能够快速、方便地完成 Windows 服务器的配置与管理。

本书建议授课 48～64 学时，教学单元与课时安排如表 1 所示。

表 1　教学单元与课时安排

单　元	单 元 名 称	学　时
单元 1	Windows Server 2019 的安装	2
单元 2	域服务的配置与管理	6
单元 3	用户和组的创建与管理	4
单元 4	组策略的配置与管理	4
单元 5	磁盘的配置与管理	4
单元 6	文件服务器的配置与管理	4
单元 7	打印服务器的配置与管理	4
单元 8	路由与远程服务的配置与管理	4
单元 9	DHCP 服务器的配置与管理	4
单元 10	DNS 服务器的配置与管理	4
单元 11	Web 服务器的配置与管理	4
单元 12	FTP 服务器的配置与管理	4

本书配备了丰富的学习资源，包括 20 余个经典微课视频（扫描书中二维码观看），所有案例的源文件、素材文件，以及全套教学资料（电子课件、教案、课后习题等），可帮助读者提高工作效率，请登录华信教育资源网（www.hxedu.com.cn）注册后免费下载。

本书由蒋建峰、孙金霞和锐捷网络股份有限公司锐捷大学校长安淑梅共同编写，参加编写的还有张运嵩、张娴老师，全书由蒋建峰负责统稿。由于作者水平有限，书中难免存在不妥之处，敬请各位老师和同学指正，作者电子邮箱为 alaneroson@126.com。

本书思维导图

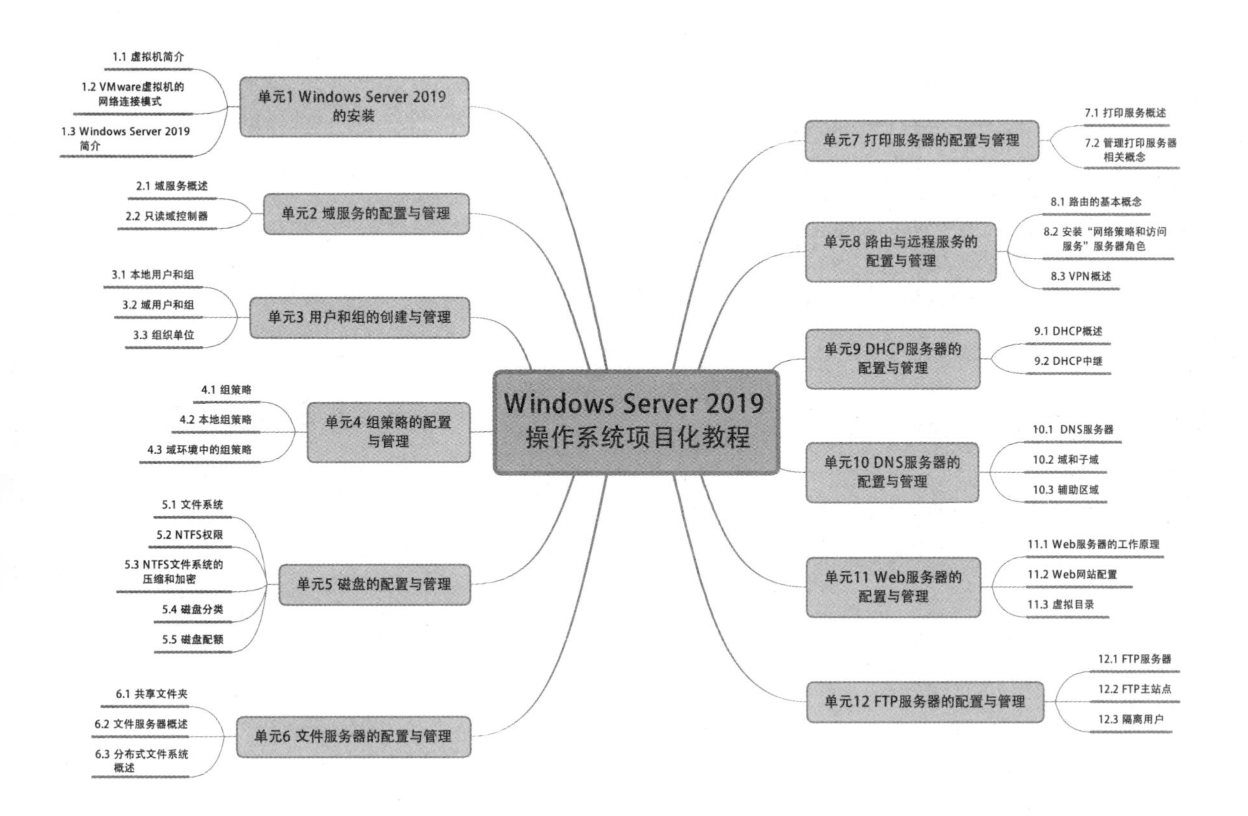

Windows Server 2019
操作系统项目化教程
单元1 Windows Server 2019
的安装
1.1 虚拟机简介
1.2 VMware虚拟机的
网络连接模式
1.3 Windows Server 2019
简介
单元2 域服务的配置与管理
2.1 域服务概述
2.2 只读域控制器
单元3 用户和组的创建与管理
3.1 本地用户和组
3.2 域用户和组
3.3 组织单位
单元4 组策略的配置
与管理
4.1 组策略
4.2 本地组策略
4.3 域环境中的组策略
单元5 磁盘的配置与管理
5.1 文件系统
5.2 NTFS权限
5.3 NTFS文件系统的
压缩和加密
5.4 磁盘分类
5.5 磁盘配额
单元6 文件服务器的配置与管理
6.1 共享文件夹
6.2 文件服务器概述
6.3 分布式文件系统
概述
单元7 打印服务器的配置与管理
7.1 打印服务概述
7.2 管理打印服务器
相关概念
单元8 路由与远程服务的
配置与管理
8.1 路由的基本概念
8.2 安装“网络策略和访问
服务”服务器角色
8.3 VPN概述
单元9 DHCP服务器的
配置与管理
9.1 DHCP概述
9.2 DHCP中继
单元10 DNS服务器的
配置与管理
10.1 DNS服务器
10.2 域和子域
10.3 辅助区域
单元11 Web服务器的
配置与管理
11.1 Web服务器的工作原理
11.2 Web网站配置
11.3 虚拟目录
单元12 FTP服务器的配置与管理
12.1 FTP服务器
12.2 FTP主站点
12.3 隔离用户

目　录

单元 1　Windows Server 2019 的安装 1

任务 1　安装 VMware Workstation 15 2

1.1　虚拟机简介 2

1.2　VMware 虚拟机的网络连接模式 3

任务 2　安装和配置 Windows Server 2019 6

1.3　Windows Server 2019 简介 6

单元小结 12

单元练习题 12

单元 2　域服务的配置与管理 14

任务 1　安装并验证域服务 15

2.1　域服务概述 15

任务 2　安装并验证只读域控制器 29

2.2　只读域控制器 29

单元小结 35

单元练习题 35

单元 3　用户和组的创建与管理 37

任务 1　新建本地用户和组 38

3.1　本地用户和组 38

任务 2　新建域用户、组和组织单位 44

3.2　域用户和组 45

3.3　组织单位 48

单元小结 56

单元练习题 56

单元 4　组策略的配置与管理……58
任务 1　配置本地安全策略……59
4.1　组策略……59
4.2　本地组策略……60
任务 2　创建域环境中的安全策略……67
4.3　域环境中的组策略……67
单元小结……79
单元练习题……79

单元 5　磁盘的配置与管理……81
任务 1　配置 NTFS 权限……82
5.1　文件系统……82
5.2　NTFS 权限……84
5.3　NTFS 文件系统的压缩和加密……86
任务 2　配置基本磁盘和动态磁盘……91
5.4　磁盘分类……91
5.5　磁盘配额……93
单元小结……104
单元练习题……104

单元 6　文件服务器的配置与管理……106
任务 1　配置共享文件夹和文件服务器……107
6.1　共享文件夹……107
6.2　文件服务器概述……108
任务 2　安装与管理分布式文件系统……116
6.3　分布式文件系统概述……116
单元小结……127
单元练习题……127

单元 7　打印服务器的配置与管理……128
任务 1　配置打印服务器……129
7.1　打印服务概述……129

任务 2　管理打印服务器 136
7.2　管理打印服务器相关概念 136
单元小结 140
单元练习题 140

单元 8　路由与远程服务的配置与管理 141

任务 1　配置静态和动态路由 142
8.1　路由的基本概念 142
8.2　安装“网络策略和访问服务”服务器角色 143
任务 2　配置 VPN 连接 153
8.3　VPN 概述 153
单元小结 163
单元练习题 163

单元 9　DHCP 服务器的配置与管理 164

任务 1　添加并授权 DHCP 服务 165
9.1　DHCP 概述 165
任务 2　架设 DHCP 中继代理服务器 176
9.2　DHCP 中继 176
单元小结 184
单元练习题 185

单元 10　DNS 服务器的配置与管理 186

任务 1　安装 DNS 服务 187
10.1　DNS 服务器 187
任务 2　架设 DNS 子域与委派 203
10.2　域和子域 203
任务 3　架设 DNS 辅助区域 209
10.3　辅助区域 209
单元小结 213
单元练习题 214

单元 11　Web 服务器的配置与管理 215
任务 1　添加 Web 服务 216
11.1　Web 服务器的工作原理 216
11.2　Web 网站配置 218
任务 2　创建 Web 虚拟目录 231
11.3　虚拟目录 231
单元小结 239
单元练习题 240

单元 12　FTP 服务器的配置与管理 241
任务 1　添加 FTP 服务 242
12.1　FTP 服务器 242
任务 2　配置与管理 FTP 站点 245
12.2　FTP 主站点 246
任务 3　配置 FTP 隔离用户 253
12.3　隔离用户 254
单元小结 259
单元练习题 259

单元 1
Windows Server 2019 的安装

学习目标

【知识目标】

- 了解 VMware 模拟器。
- 了解 Windows Server 2019。
- 掌握 Windows Server 2019 的服务器角色和功能。

【技能目标】

- 能够正确安装 VMware 模拟器。
- 能够正确安装 Windows Server 2019。
- 掌握服务器角色的安装过程。

扫一扫，获取微课

1-1 虚拟机和 VMware（理论）

引例描述

苏州科技职业学院 2021 级网络专业的小陈进入了一家 IT 企业实习，成为一名网络管理员，部门经理要求小陈为物理服务器安装 Windows Server 2019，于是她去请教了网络专业的蒋老师。

如图 1-1 所示，蒋老师要求她首先从下面三个方面来了解服务器。

怎么才能正确安装 Windows Server 2019 呢？

图 1-1　网络知识学习请教

（1）目前主流的操作系统。

（2）Window Server 2019 的各个版本。

（3）利用虚拟机技术构建 Windows Server 2019 的方法。

任务 1　安装 VMware Workstation 15

任务陈述

VMware Workstation 虚拟机是在使用 Windows 或 Linux 的计算机上运行的应用程序。它可以模拟一个标准的计算机环境。它和真实的计算机一样，也有 CPU、内存、硬盘、网卡、USB 等设备。本任务来完成 VMware Workstation 15 的安装。

知识准备

扫一扫，
获取微课

1-2 安装 VMware（操作）

1.1　虚拟机简介

虚拟机是一个软件，用户通过它能够模拟具有完整硬件系统功能的计算机系统。一般来讲，在实体机上能够完成的任务，在虚拟机上都能够实现。在计算机中创建虚拟机时，需要将实体机的部分硬盘和内存容量作为虚拟机的硬盘和内存容量。每台虚拟机都有独立的 CMOS、硬盘和操作系统，用户可以像使用实体机一样对虚拟机进行操作。

在虚拟环境的计算机系统中常常会用到以下概念。

- 物理机（Physical Computer）：通常指运行虚拟机的物理计算机，又被称为宿主机。
- 主操作系统（Host OS）：物理机所运行的操作系统。
- 客户操作系统（Guest OS）：虚拟机中运行的操作系统，这些操作系统（如 Linux、Windows、UNIX 等）也能够在物理机上运行。
- 虚拟硬件（Virtual Hardware）：虚拟机通过软件模拟出来的硬件配置，如 CPU、内存、硬盘等。

1.1.1　虚拟服务器

虚拟服务器是指在计算机上建立一台或多台虚拟机并由虚拟机来完成服务工作的服务器。各台虚拟机之间完全独立并可由用户自行管理，虚拟并非指不存在，而是指各虚拟机是由实体的服务器延伸而来的，其硬件系统可以基于服务器群或者单台服务器。

Internet 服务器通过硬件服务器虚拟成虚拟服务器可以节省硬件成本，同时一台虚拟服务器可以逻辑划分为多个服务单位，对外表现为多台服务器，从而充分利用服务器硬件资源，提供多种服务，如 HTTP、DHCP、FTP、E-mail 等。

1.1.2　虚拟软件

目前主流的虚拟软件有 VMware、Virtual Box、Virtual PC 和 Bochs，它们都能在 Windows 上虚拟出多台计算机。

传统的虚拟机可以模拟出其他种类的操作系统，但它需要模拟底层的硬件指令，所以在应用程序运行速度方面稍显薄弱，这是和目前的虚拟系统最大的区别。

VMware 总部位于美国加州帕洛阿尔托，是全球云基础架构和移动商务解决方案厂商，提供基于 VMware 的解决方案，该企业主要涉及的业务包括数据中心改造、公有云整合等。VMware 最常用的产品就是 VMware Workstation。VMware 的桌面产品非常简单、便捷，支持目前多种主流的操作系统，如 Windows、Linux 等，并且提供多平台版本。

1.2 VMware 虚拟机的网络连接模式

在 VMware Workstation 中，虚拟机的网络连接主要是由 VMware 创建的虚拟交换机负责实现的，VMware 可以根据需要创建多个虚拟网络。VMware 的虚拟网络都是以“VMnet+数字”的形式来命名的，如 VMnet0、VMnet1、VMnet2。在一般情况下，虚拟机建立之后需要和宿主机通信，虚拟机中可选的三种网络连接模式包括桥接模式（Bridge）、NAT 模式和 Host-only 模式。

1. 桥接模式

桥接模式是比较容易实现的网络连接模式。Host 主机的物理网卡和 Guest 客户机的虚拟网卡在 VMnet0 上通过虚拟网桥进行连接，也就是说，Host 主机的物理网卡和 Guest 客户机的虚拟网卡处于同等地位，此时的客户机就像是宿主机所在网段上的另一台计算机。如果宿主机存在 DHCP 服务器，那么宿主机和客户机都可以通过 DHCP 的方式来获取 IP 地址。

2. NAT 模式

NAT（Network Address Translation，网络地址转换）的主要任务是使虚拟机通过宿主机连接到 Internet，也就是说，虚拟机自己不能连接 Internet，只有通过宿主机才能连接到网络。宿主机负责虚拟机收发数据时的 IP 地址转换工作，在这种情况下，虚拟机的 IP 地址对外是不可见的。

3. Host-only 模式

Host-only 网络被设计成一个与外界隔离的网络。采用 Host-only 模式的虚拟网络适配器仅对宿主机可见，并在虚拟机和宿主机系统之间提供网络连接。相对于 NAT 模式而言，Host-only 模式不具备 NAT 功能，因此在默认情况下，使用 Host-only 模式的虚拟机无法连接到 Internet。

任务实施

VMware Workstation 虚拟机在采用 Windows 或 Linux 的计算机上运行，可以模拟标准的计算机硬件系统环境。本次实验以 VMware Workstation 15 的 Windows 版本为例，展示 VMware Workstation 的安装和配置过程。

（1）双击 VMware Workstation 安装文件，打开安装向导，如图 1-2 所示。

（2）单击“下一步”按钮。

（3）在“自定义安装”界面中选择安装路径，本次实验选择默认路径，即 C:\Program Files (x86)\VMware\VMware Workstation\，然后创建快捷方式，如图 1-3 所示。

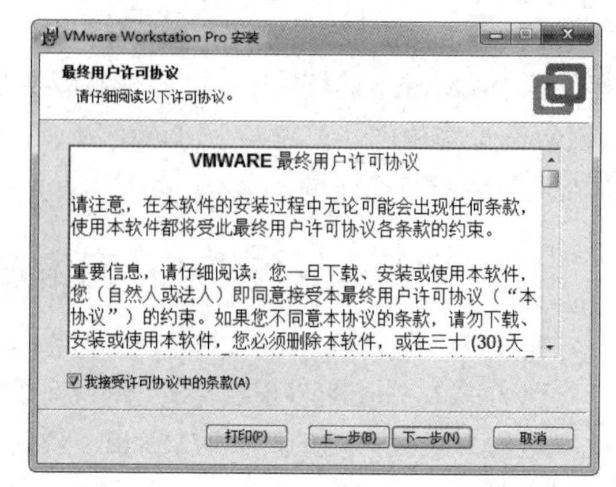

图 1-2　安装向导

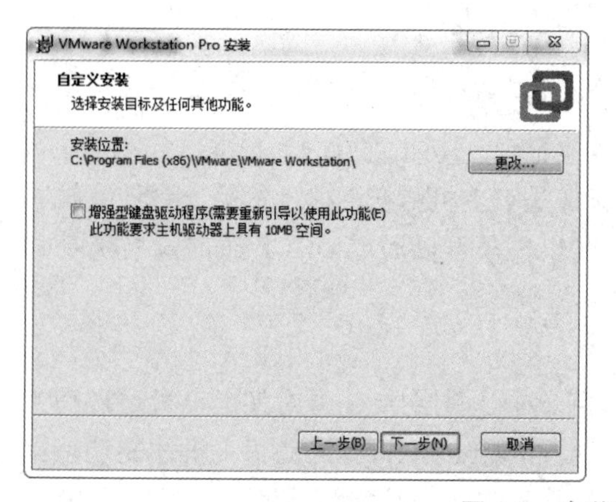

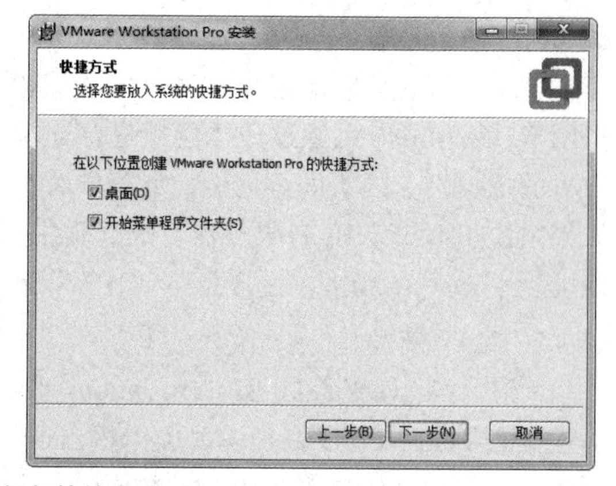

图 1-3　安装路径与快捷方式

（4）单击“下一步”按钮，然后单击“安装”按钮，软件开始安装，如图 1-4 所示。

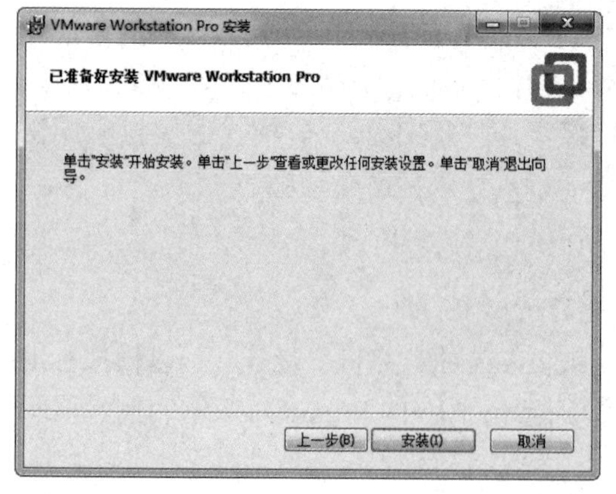

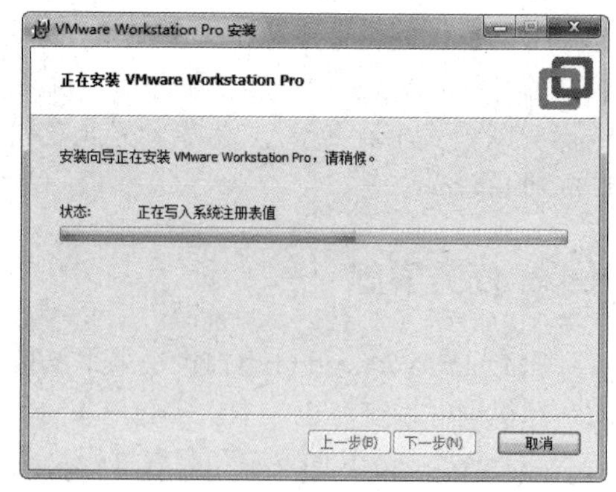

图 1-4　安装过程

（5）首次运行 VMware Workstation 时可能会弹出界面，让用户输入 VMware Workstation 的许可证密钥，输入许可证密钥后单击“继续”按钮即可，如图 1-5 所示。

（6）单击“完成”按钮，进入 VMware Workstation 的工作界面，如图 1-6 所示。

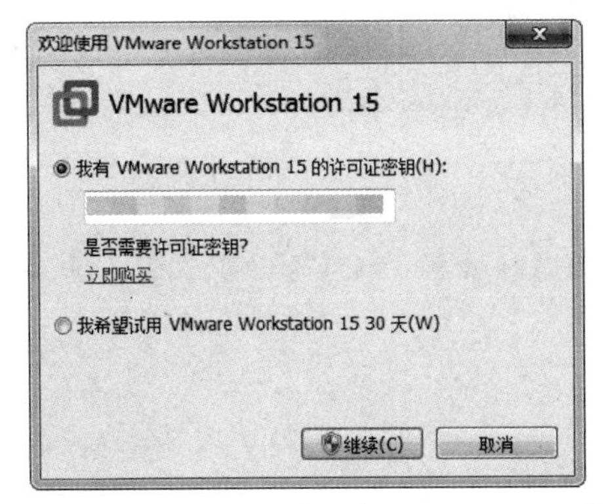

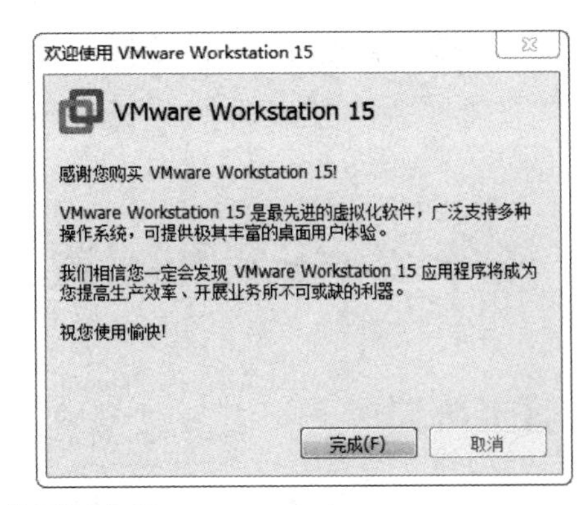

图 1-5　输入许可证密钥

图 1-6　VMware Workstation 的工作界面

任务拓展

虚拟系统是一种计算机软件，又被称为影子系统。它可以在现有的操作系统上虚拟出一个相同的环境，并在该虚拟环境中运行应用程序，而所有访问与改变系统的活动会被限制在该环境下，即虚拟系统与实体系统是隔离的，在虚拟系统中进行的活动不会影响实体系统。

虚拟系统主要用于保护用户的实体系统，它构建现有操作系统的虚拟影像（即影子模式）。它和实体系统完全一样，用户可随时选择启用或者退出这个虚拟影像。用户进入影子模式后，所有操作都是虚拟的，不会对实体系统产生影响，一切操作将在退出影子模式后消失。因此所有的病毒、木马程序等都无法侵害实体系统，用户在虚拟系统中进行的所有操作都只是假象。

虚拟系统和虚拟机功能相似，但不完全相同。虚拟系统和虚拟机的不同之处在于，虚拟系统只能模拟出和现有操作系统相同的环境，而虚拟机可以模拟出其他种类的操作系统。而且虚拟机需要模拟底层的硬件指令，所以在应用程序运行速度上比现有操作系统慢得多。

任务 2　安装和配置 Windows Server 2019

任务陈述

著创公司的部门经理要求小陈在新办公室购置的服务器中安装一个操作系统，该服务器作为办公室的文件服务器使用，其采用的操作系统是公司提供的企业版 Windows Server 2019，为该操作系统进行初始配置的要求如下。

- 计算机名称：server1。
- IP 地址：192.168.0.100。
- 子网掩码：255.255.255.0。
- 网关：192.168.0.254。

1-3 安装和配置 Windows Server 2019 操作系统（操作）

知识准备

1.3　Windows Server 2019 简介

Windows Server 2019 是微软公司于 2018 年年底发布的新一代 Windows 服务器操作系统，其内核是基于 Windows 10 开发而成的。Windows Server 2019 进一步融合了更多云计算、大数据时代的新特性，包括更先进的安全性、广泛支持容器基础、原生支持混合云扩展、提供低成本的超融合架构等。

1.3.1　Windows Server 2019 的版本

Windows Server 目前最新的版本是 Windows Server 2019，它有两个常用版本。

1. Windows Server 2019 标准版

对于大部分想要利用多个 Windows Server 2019 功能的数据中心来说，Windows Server 2019 标准版应该是一个良好的基础操作系统。它专门用来提高服务器基础设施的可靠性和灵活性，同时可帮助用户节省时间和降低成本。

2. Windows Server 2019 数据中心版

Windows Server 2019 数据中心版可以提供企业级平台，可以在服务器上部署企业关键应用及大规模虚拟化服务。它具备集群和动态硬件分隔功能，支持虚拟化授权权限整合而成的应用程序，可以降低基础架构的成本。

1.3.2　Windows Server 2019 的新特色和功能

Windows Server 2019 加入了混合云场景，操作者可以通过 Project Honolulu 将现有的

Windows Server 部署到 Azure 服务。用户能够轻松集成 Azure 备份、Azure 文件同步、灾难恢复等 Azure 服务，从而能够在不中断其应用程序和基础架构的情况下利用这些 Azure 服务。

在安全方面，Windows Server 2019 嵌入了 Windows Defender 高级威胁防护（ATP），提供了预防性保护、检测攻击和零日攻击等功能。

1.3.3 Windows Server 2019 的安装方式

Windows Server 2019 有多种安装方式，分别适用于不同的环境，用户可以根据实际需求选择安装方式。常见的安装方式包括 DVD 光盘安装、升级安装、远程安装及 Server Core 安装。本任务使用 VMware 虚拟机安装 Windows Server 2019。

任务实施

在本任务中，宿主机使用 Windows 7，通过 VMware Workstation 建立 Windows Server 2019 的虚拟机。

（1）运行 VMware Workstation。

（2）在 VMware Workstation 的工作界面中，单击“创建新的虚拟机”图标。

（3）进入“欢迎使用新建虚拟机向导”界面，选中“典型（推荐）”单选按钮，然后单击“下一步”按钮。

（4）在“安装客户机操作系统”界面中，选择“安装程序光盘映像文件（iso）”单选按钮，在此之前需要准备好 Windows Server 2019 的映像文件，如图 1-7 所示。

（5）单击“下一步”按钮，打开“简易安装信息”界面，此时需要输入 Windows 产品密钥，在“要安装的 Windows 版本”下拉列表中选择“Windows Server 2019 Datacenter”选项，并设置密码为“SIE2021”，如图 1-8 所示。

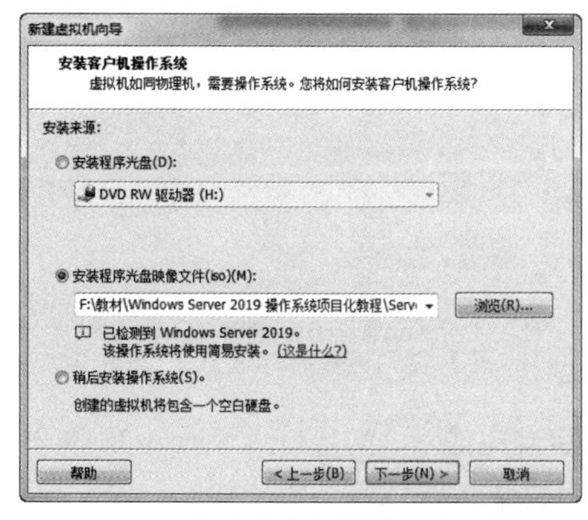

图 1-7 “安装客户机操作系统”界面

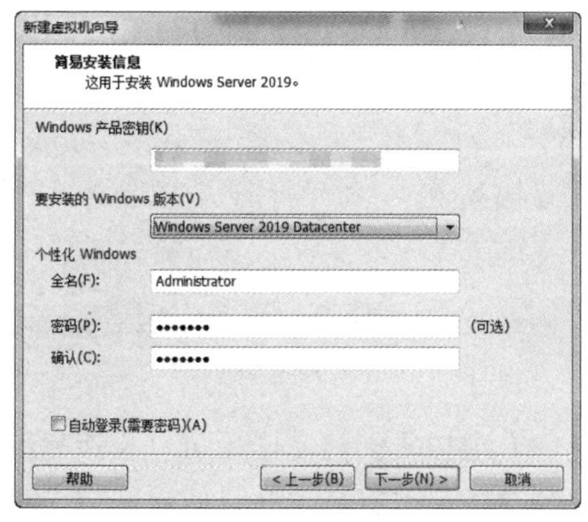

图 1-8 设置安装信息

（6）在“命名虚拟机”界面中为新建的虚拟机命名，并指定虚拟机文件保存的物理路径，这里将虚拟机命名为“Windows Server 2019”，将保存路径设置为“E:\Windows Server 2019”，如图 1-9 所示。

（7）单击“下一步”按钮，在“指定磁盘容量”界面中为虚拟机指定 60GB 的磁盘空间，并选中“将虚拟磁盘拆分成多个文件”单选按钮，如图 1-10 所示。

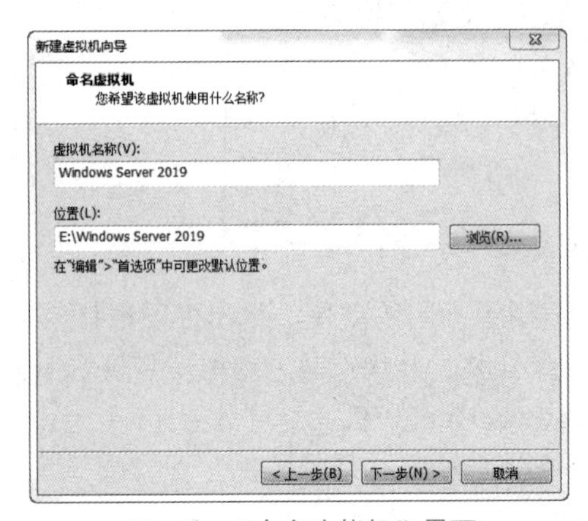

图 1-9　“命名虚拟机”界面

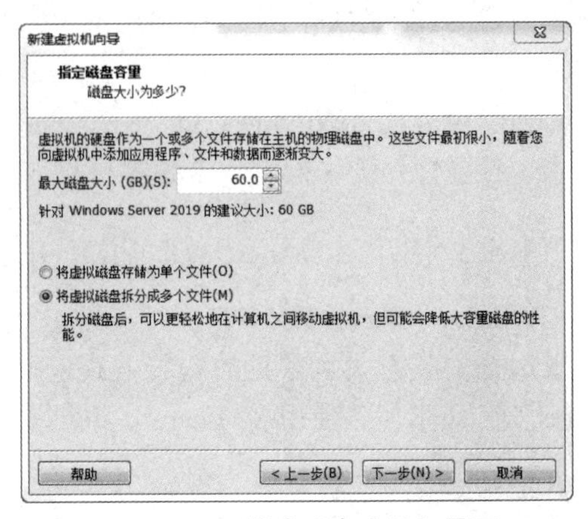

图 1-10　“指定磁盘容量”界面

（8）单击“下一步”按钮，在“已准备好创建虚拟机”界面中单击“自定义硬件”按钮，可以修改内存、处理器和网络适配器等设置信息，单击“完成”按钮，创建虚拟机，如图 1-11 和图 1-12 所示。

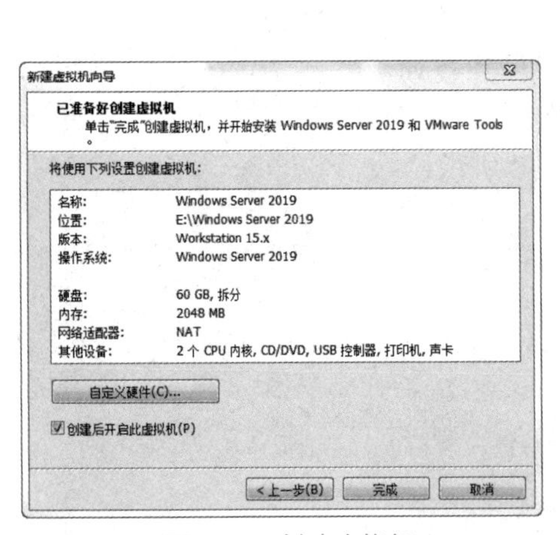

图 1-11　创建虚拟机

图 1-12　设置硬件信息

（9）虚拟机创建完毕后可以直接启动虚拟机，启动完成后，Windows Server 2019 安装程序会继续自动安装，并且依次完成“功能安装”“安装更新”等步骤。

（10）在 Windows Server 2019 安装成功后，用户在登录系统时需要按 Ctrl+Alt+Delete 组合键，由于该组合键已经被宿主机操作系统使用，因此虚拟机中就不能再使用。在虚拟机主界面中单击鼠标左键获得焦点后，登录系统使用 Ctrl+Alt+Insert 组合键，或者选择 VMware 菜单的“虚拟机”下的“发送 Ctrl+Alt+Del”命令来实现。

（11）在如图 1-13 所示的系统登录界面中，输入创建系统时设定的密码“SIE2021”，直接单击→图标，或者按回车键登录系统。

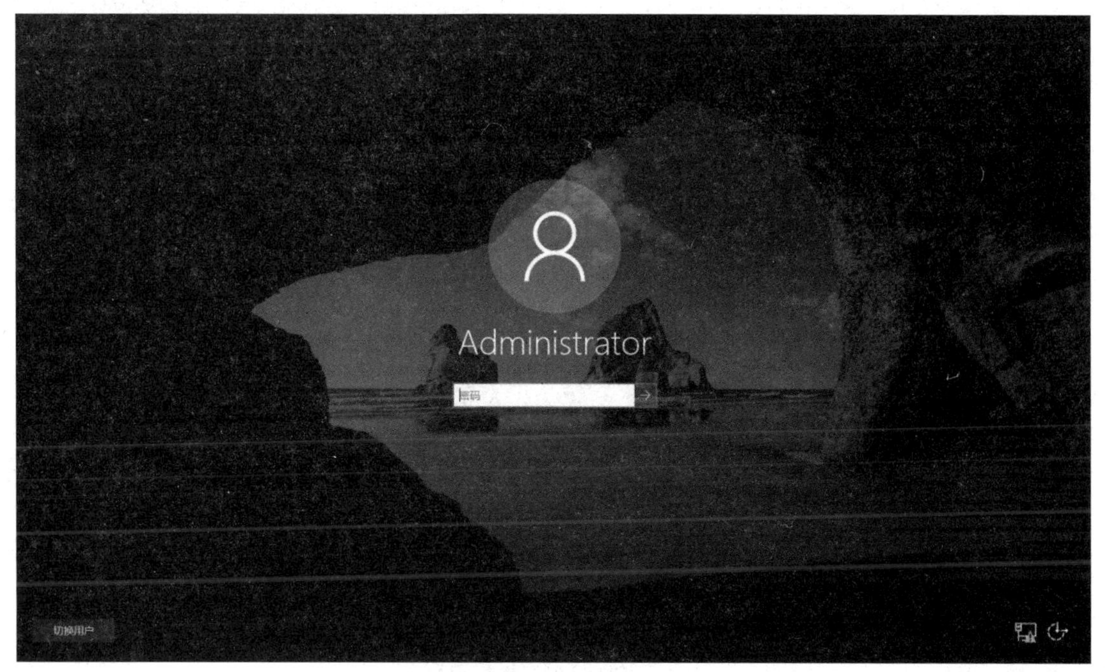

图 1-13　系统登录界面

（12）登录 Windows Server 2019 成功后，在“开始”菜单中找到“Windows 系统”下的“此电脑”命令，单击鼠标右键，在弹出的快捷菜单中选择“属性”命令，打开“系统”窗口，如图 1-14 所示。

图 1-14　“系统”窗口

（13）在“计算机名称、域和工作组设置”栏下，单击“更改设置”链接，在打开的“系统属性”对话框中单击“更改”按钮，然后在打开的“计算机名/域更改”对话框的“计算机名”文本框中输入计算机的名称“server1”，如图 1-15 所示，依次单击“确定”和“关闭”按钮，最后选择“立即重启”选项，让系统重新启动以完成计算机名称的修改。

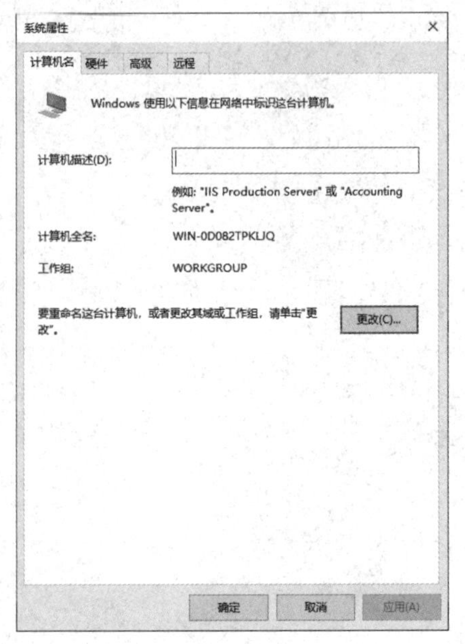

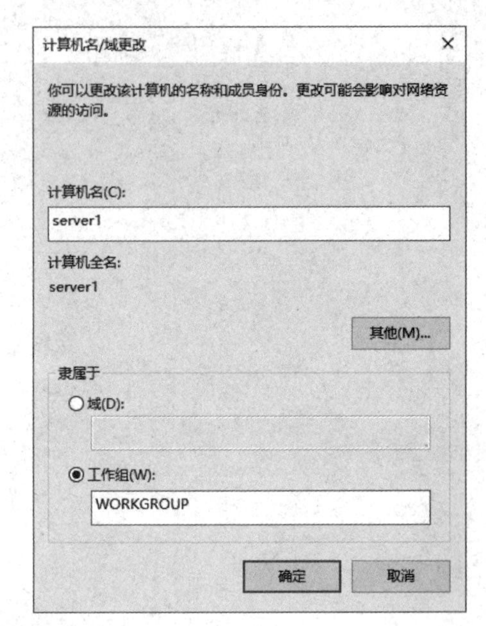

图 1-15　更改计算机名称

（14）重新启动并登录系统后，从“开始”菜单中选择“Windows 系统”下的“控制面板”命令，进入“网络和 Internet”窗口，然后进入“网络和共享中心”窗口，单击“Ethernet0”链接，打开“Ethernet0 状态”对话框，如图 1-16 所示。

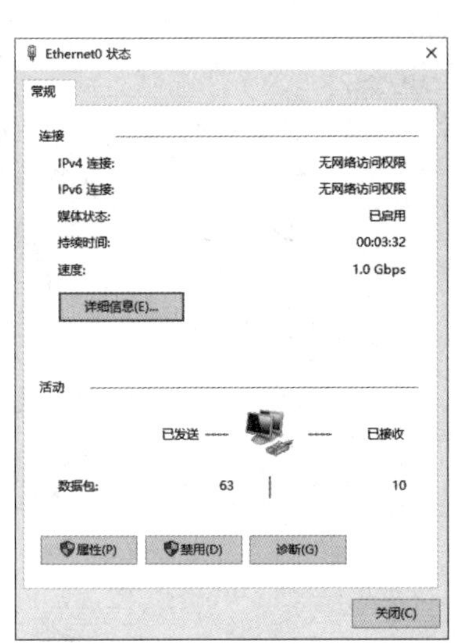

图 1-16　本地连接

（15）在打开的“Ethernet0”对话框中，单击“属性”按钮，选择“Internet 协议版本 4（TCP/IPv4）”选项，此时可以在打开的“Internet 协议版本 4（TCP/IPv4）属性”对话框中配置 server1 服务器的 IP 地址、子网掩码和默认网关，如图 1-17 所示。

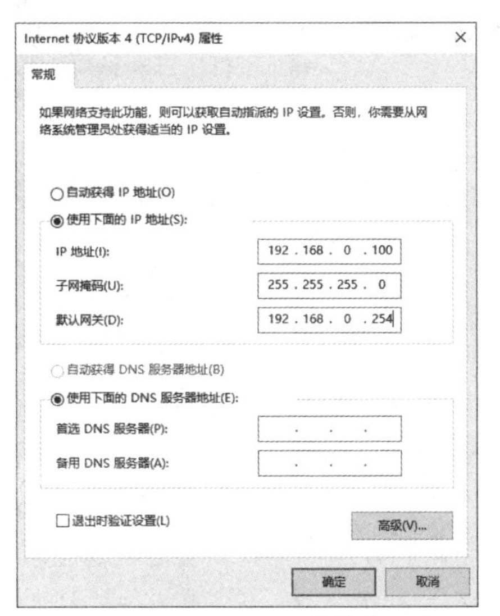

图 1-17　配置网络信息

1-4 克隆 Windows Server 2019 操作系统（操作）

（16）配置完毕后，单击“确定”按钮，完成 Windows Server 2019 的设置，另外，系统还会打开“服务器管理器”窗口，用户可以在其中配置服务器的功能和角色。

任务拓展

在很多情况下，用户往往需要使用多台 Windows Server 2019 虚拟机来模拟真实情景。如果已经安装好一台 Windows Server 2019 虚拟机，就可以克隆出多台虚拟机，这样可以省去安装操作系统的过程。在克隆虚拟机之前，首先需要关闭要克隆的虚拟机。

（1）在 VMware 的“虚拟机”下拉菜单下选择“管理”→“克隆”命令，进入“克隆虚拟机向导”对话框，如图 1-18 所示。

（2）单击“下一步”按钮，克隆源选择“虚拟机中的当前状态”，然后单击“下一步”按钮，在弹出的“克隆类型”界面中选中“创建完整克隆”单选按钮，如图 1-19 所示。

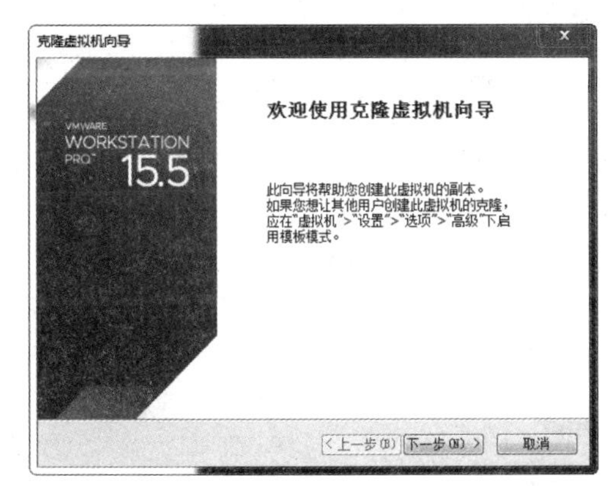

图 1-18　“克隆虚拟机向导”对话框

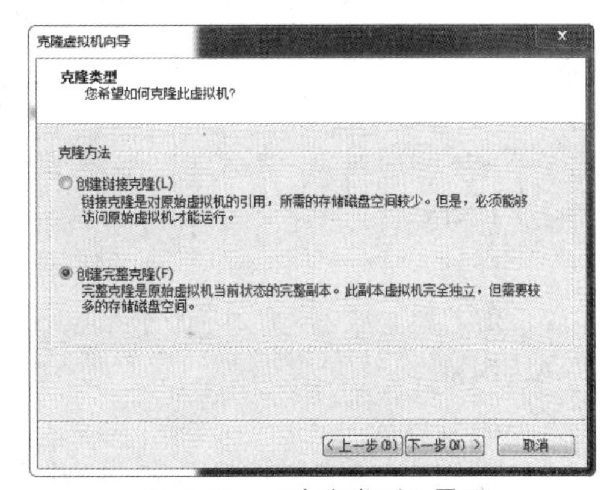

图 1-19　“克隆类型”界面

（3）单击“下一步”按钮，输入虚拟机的名称和新虚拟机的保存位置，然后单击“完成”按钮，开始克隆虚拟机，如图 1-20 所示。

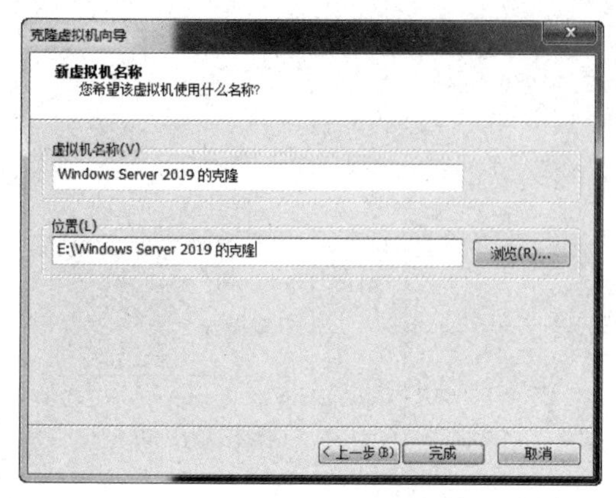

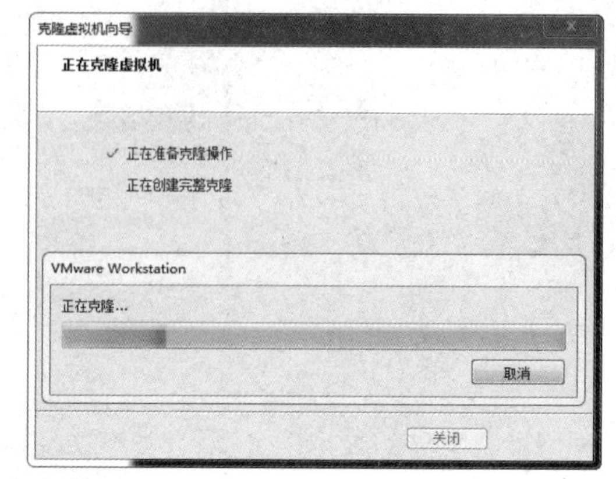

图 1-20　克隆虚拟机

（4）克隆完毕后，在虚拟机列表中已经存在克隆的虚拟机，如图 1-21 所示。

图 1-21　虚拟机列表

单元小结

Windows Server 2019 能够满足企业日新月异的需求，提供高安全性、高可靠性和高可用性的服务。Windows Server 2019 具有增强的基础结构，在虚拟化工作负载、复杂应用程序和网络安全保护等方面都能提供可靠的平台，在性能和管理等方面有着明显的整体优势。

单元练习题

一、单项选择题

1．在下列选项中，不属于网络操作系统的是（　　）。

A．UNIX　　B．Windows 7

C．DOS　　D．Windows Server 2019

2．在下列选项中，（　　）不是 VMware 的网络连接方式。

A．Bridge　　B．NAT

C．Host-only　　D．Route

3．在下列选项中，（　　）不是 Windows Server 2019 的安装方式。

A．DVD 光盘　　B．远程

C．升级　　D．无线安装

4．在 Windows Server 2019 虚拟机中可以使用（　　）组合键登录系统。

A．Ctrl+Alt+Delete　　B．Ctrl+Alt+Insert

C．Ctrl+Space　　D．Alt+Tab

5．Windows Server 2019 安装完成后，用户第一次登录使用的账户是（　　）。

A．admin　　B．guest

C．root　　D．Administrator

二、解答题

1．简述 Windows Server 2019 各个版本的特点。

2．网络操作系统的分类有哪些？

3．简述目前主流的虚拟软件有哪些。

单元 2
域服务的配置与管理

学习目标

【知识目标】

- 了解域在网络中的作用。
- 掌握 Active Directory（活动目录）域的基本概念。
- 理解域功能级别和林功能级别的概念。
- 理解域和工作组的区别，熟悉活动目录的相关概念。

扫一扫，
获取微课

2-1 域服务概述（理论）

【技能目标】

- 掌握 Active Directory 域的创建条件、安装与配置方法。
- 掌握只读域控制器的安装和配置方法。
- 掌握将 Windows 计算机加入域和登录域的方法，并能够使用活动目录中的资源。

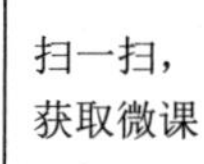

2-2 只读域控制器（理论）

引例描述

小王是著创公司的网络管理员，公司已开始部署网络基础架构。部门经理告诉小王，按照项目计划，将在总部部署主域控制器，在分部部署子域控制器，在分支机构中部署只读域控制器，然后在总部主域控制器上创建相应的组织单位，用于管理公司网络和资源。

下发搭建域控制器的任务，如图 2-1 所示。

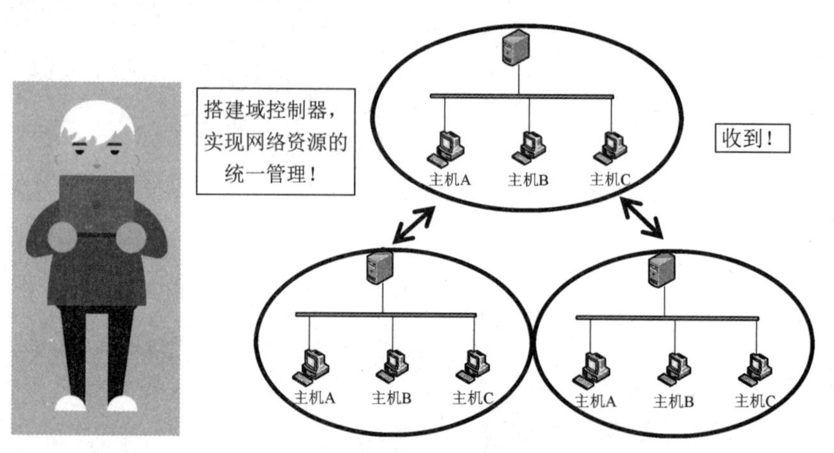

图 2-1　搭建域控制器的任务

通过查询资料，小王得知搭建域控制器的基本步骤如下。

（1）添加域服务器角色。

（2）将该服务器提升为域控制器。

（3）客户端加入该域，并使用域中的资源。

任务 1　安装并验证域服务

任务陈述

网络管理员小王需要在总部的 Windows Server 2019 服务器上通过添加角色和功能向导进行域服务器角色的安装，在安装过程中可以创建公司的主域名 siso.com，并设置该服务器的 IP 地址为 192.168.0.100，主机名为 server1。

知识准备

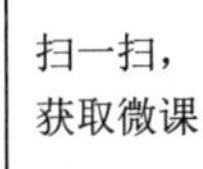

2-3 安装域服务（操作）

2.1　域服务概述

AD DS（Active Directory 域服务）提供了一个分布式数据库，用于存储和管理有关网络资源的信息以及来自用户目录应用程序的特定数据。

2.1.1　活动目录

活动目录（Active Directory，AD）用来存储网络中各种对象（如用户账户、用户组、计算机、打印机和共享资源等）的有关信息，按照层次结构的方式进行信息的组织，方便用户查找和使用。活动目录是 Windows Server 2008 域环境中提供目录服务的组件。活动目录的特性如下。

1. 服务的集成性

- 活动目录集成了各种管理，包括用户、资源、基于目录的网络服务和基于网络的应用管理。
- 活动目录采用 Internet 标准协议，用户账户可以使用“用户名 @ 域名”来表示。
- 活动目录与 Internet 域名空间的结构一致。

2. 信息的安全性

- 活动目录支持多种网络安全协议。
- 在活动目录数据库中存储了域安全策略的相关信息。
- 每个对象都有一个独有的安全性描述，主要定义了浏览或更新对象属性所需要的访问权限。

3. 管理的简易性

- 活动目录以层次结构组织域中的资源。

- 活动目录提供了对网络资源管理的单点登录方式。
- 活动目录允许在线备份，使网络操作系统的管理工作变得更加容易、方便。

4. 应用的灵活性

- 活动目录具有较强的可扩展性。系统管理员可以将新的对象添加到应用框架中，并可将新的属性添加到现有对象上。活动目录中可实现一个域或多个域，每个域中有一个或多个域控制器，多个域可合并为域树，多个域树又可合并为域林。
- 活动目录可以应用于局域网计算机系统环境中，还可以应用于跨地区的广域网系统环境中。

2.1.2 活动目录的逻辑结构

域是活动目录的核心逻辑单元，共享同一活动目录的一组计算机集合，从安全管理角度来说，域是安全的边界。

域树是由一组具有连续命名空间的域组成的，域通过自动建立的信任关系连接在一起。

域林是由一棵或多棵域树组成的，每棵域树独享连续的命名空间，不同域树之间没有命名空间的连续性，域林中第一个创建的域被称为域林根域。

组织单位（OU）是组织、管理一个域内对象的容器，包容用户账户、用户组、计算机、打印机和其他的组织单位层次结构。

活动目录域服务中的域和林功能，提供了一种可以在网络环境中启用全域或全林活动目录功能的方法。不同的网络环境，则有不同级别的域功能和林功能。

2.1.3 活动目录的物理结构

1. Site

AD DS 中的 Site（站点）代表网络的物理结构或拓扑结构。Site 可以被定义为 IP 子网的集合，这些集合内拥有良好的物理连接。WAN（Wide Area Network，广域网）带宽及线路等潜在因素都会影响连接能力，而物理连接良好的定义在不同的公司可能会不同，但总的来说有三种影响因素：高带宽、高可靠性、低费用。如果计算机间的连接满足以上条件，就可以说这些计算机在同一个 Site 内。

读者要重点理解 Site 和域的区别。Site 代表网络的物理结构，而域代表组织的逻辑结构。在一个 Site 中，可以有好几个域，或包含许多 Site 的域。Site 提供了三种功能：一是，通过 Site 能更好地控制 AD 复制；二是，Site 可以帮助 AD 的客户端找到和自己距离最近的域控制器，快速完成登录验证；三是，Site 可以为支持 AD 的应用程序选择本地的服务器资源。

Site 有助于开展多种活动，如下所示。

- 复制。在 Site 内手动进行数据更新和根据计划进行数据更新都会触发 Site 间信息的复制，AD DS 会根据带宽的需要平衡最新的目录信息。
- 身份验证。Site 信息可使身份验证更加快速和高效。当客户端登录域时，它首先请求其本地 Site 中的域控制器进行身份验证。通过建立 Site，可以确保客户端使用最接近它的域控制器进行身份验证，这会减少身份验证延迟和广域网连接上的流量。
- 服务位置。其他服务，如 Active Directory 证书服务（AD CS）、Exchange Server 和消息队列使用 AD DS 存储可以使用 Site 和子网信息以使客户端能够更轻松地查找最接近的服务提供程序的对象。

2. 域控制器

管理员可以使用 AD DS 将网络的元素（如用户、计算机和其他设备）组织到分层的包含结构中。分层的包含结构包括 Active Directory 林、该林中的域以及每个域中的组织单位。运行 AD DS 的服务器被称为域控制器。

将网络元素组织成分层的包含结构可带来以下好处。

- 林充当组织的安全边界，并定义管理员的权限范围。在默认情况下，林包含一个域，称为林根域。
- 可以在活动目录林中创建其他域以提供 AD DS 数据的分区，使组织可以仅在需要的地方复制数据，AD DS 可以在可用带宽有限的网络上进行全局扩展。Active Directory 域还支持许多其他与管理相关的核心功能，包括网络范围内的用户身份验证和信任设定等。
- 组织单位简化了授权工作，以方便管理大量对象。通过委派，所有者可以将对象的全部或有限权限转移给其他用户或组。委派很重要，因为它有助于将大量对象的管理工作分配给可信任的且可执行管理任务的人员。

2.1.4 AD DS 中的功能

通过登录身份验证和对目录中资源的访问控制，将安全性与 AD DS 集成在一起。通过一次网络登录，管理员可以管理整个网络中的目录数据和组织。授权的网络用户可以登录单个网络来访问网络中任何地方的资源。基于策略的管理甚至简化了最复杂网络的管理。

AD DS 的其他功能如下。

- 一组规则：即模式，用于定义目录中包含的对象和属性的类，这些对象实例的约束和限制，以及它们的名称格式。
- 全局目录：其中包含有关目录中每个对象的信息。用户和管理员可以使用全局目录查找目录信息，而不管目录中的哪个域实际包含数据。
- 查询和索引机制：以便网络用户或应用程序可以发布和找到对象及其属性。
- 复制服务：可在网络上分发目录数据。域中的所有可写域控制器都参与复制，并包含其域中所有目录信息的完整副本。对目录数据的任何更改都将复制到域中的所有域控制器。
- 操作主机角色：指定具有操作主机角色的域控制器来执行特定任务，以确保一致性并消除目录中的冲突条目。

任务实施

在安装域服务器之前应该先进行规划，明确 IP 地址的分配方案。比如，在此任务中，主域名为 siso.com，IP 地址为 192.168.0.100，主机名为 server1。用于验证的客户机的 IP 地址为 192.168.0.150，主机名为 win7。

1. 安装域服务器角色

（1）将 Windows Server 2019 虚拟机设置成域服务器，最简单的方法是通过“服务器管理器”窗口添加域服务器角色。通过“开始”菜单打开“服务器管理器”窗口，如图 2-2 所示，单击“添加角色和功能”链接或选择“管理”→“添加角色和功能”选项，通过“添加角色和功能向导”窗口来安装角色。“添加角色和功能向导”窗口如图 2-3 和图 2-4 所示。

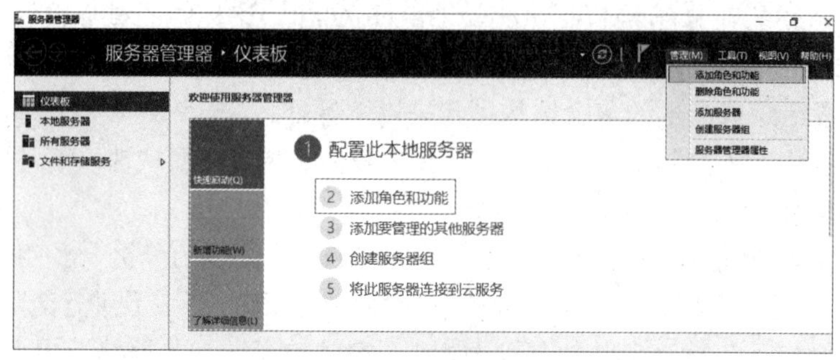

图 2-2 “服务器管理器”窗口

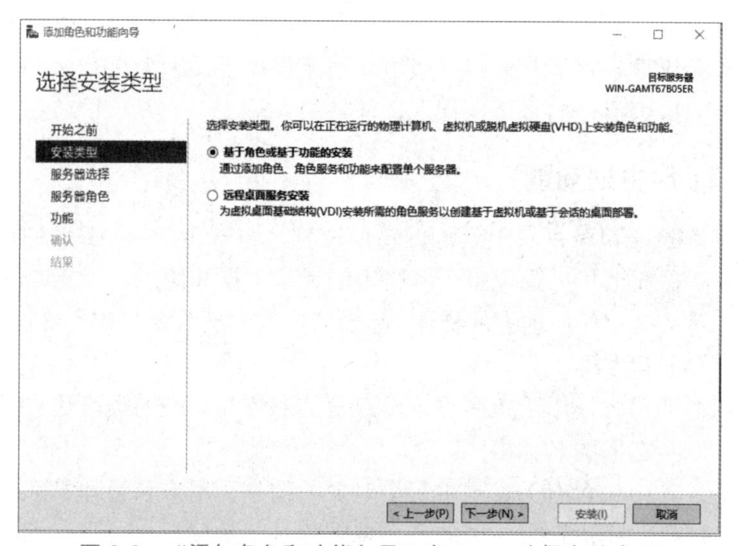

图 2-3 “添加角色和功能向导”窗口——选择安装类型

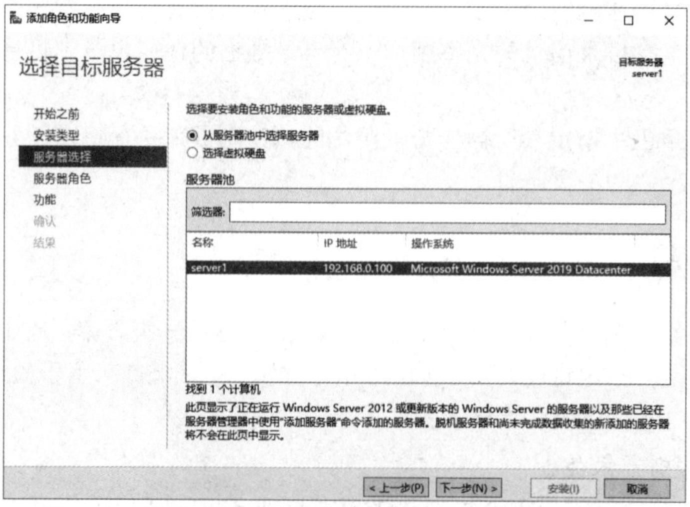

图 2-4 “添加角色和功能向导”窗口——选择目标服务器

（2）在“选择服务器角色”界面中，如果“角色”列表框中的复选框没有被勾选，则表示该网络服务尚未被安装，勾选“Active Directory 域服务”复选框，单击“下一步”按钮，在打开的对话框中单击“添加功能”按钮，如图 2-5 所示，然后在打开的“选择功能”界面中选择要添加的功能，如图 2-6 所示。

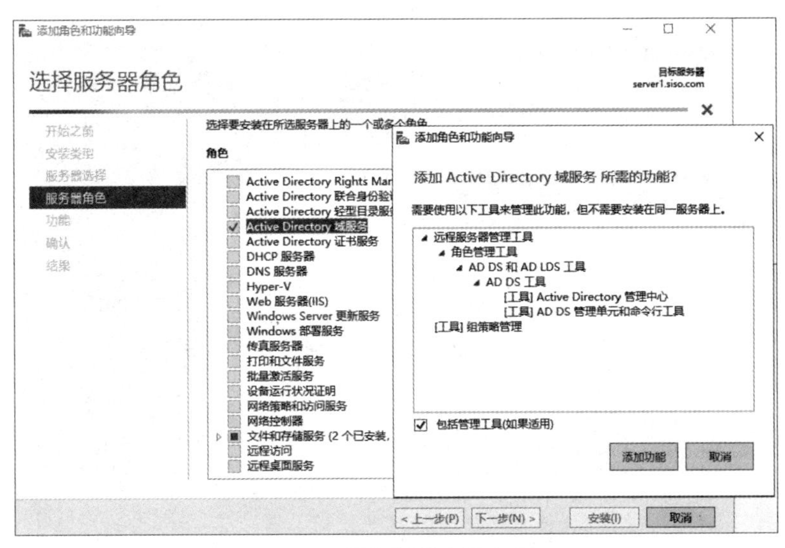

图 2-5　添加域服务器角色

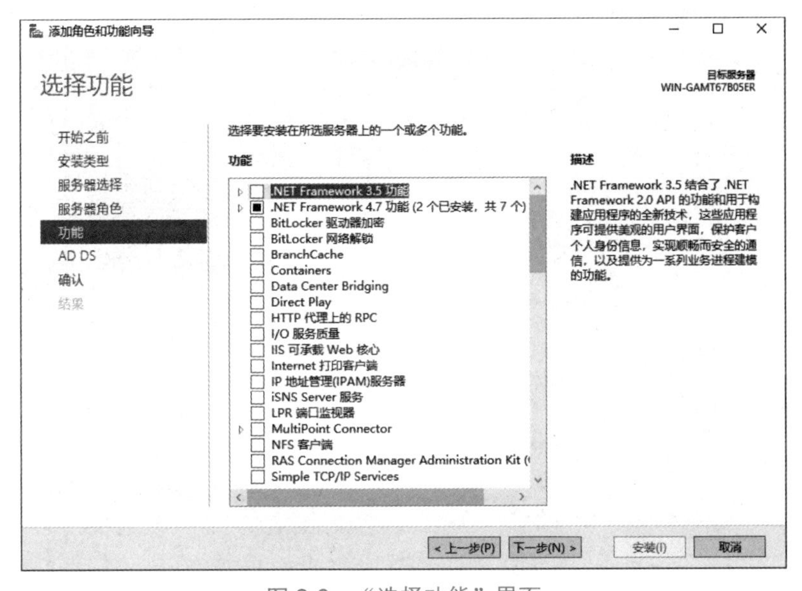

图 2-6　“选择功能”界面

（3）在“Active Directory 域服务”界面中直接单击“下一步”按钮，如图 2-7 所示。

（4）在“确认安装所选内容”界面中直接单击“安装”按钮，如图 2-8 所示。

（5）等待安装结果，如图 2-9 所示。

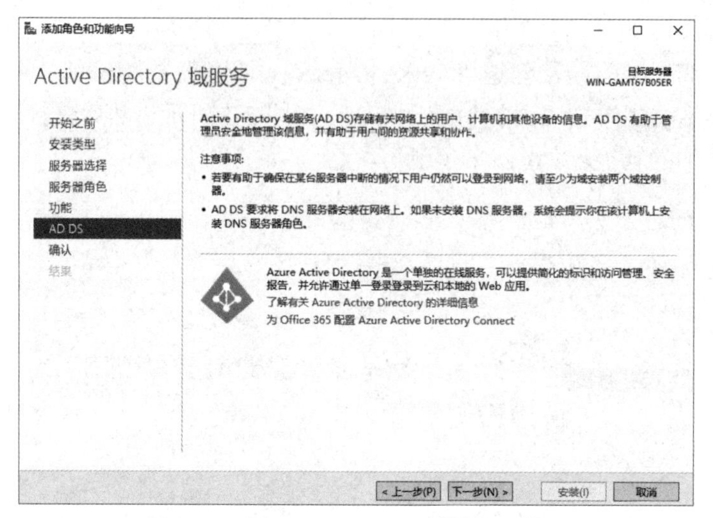

图 2-7　“Active Directory 域服务”界面

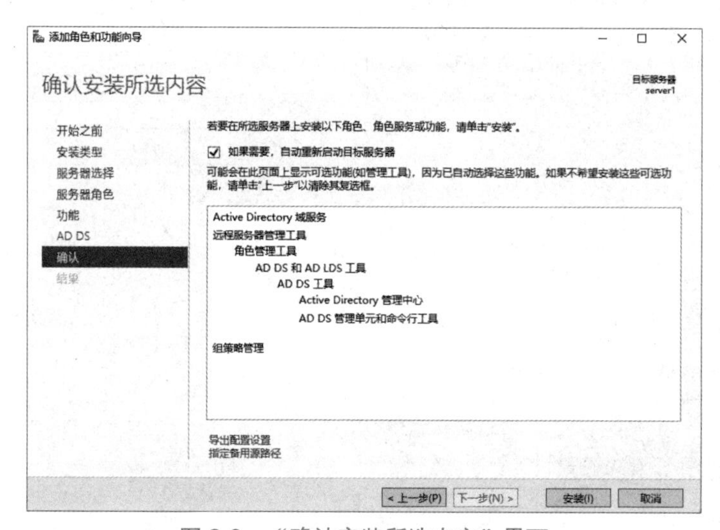

图 2-8　“确认安装所选内容”界面

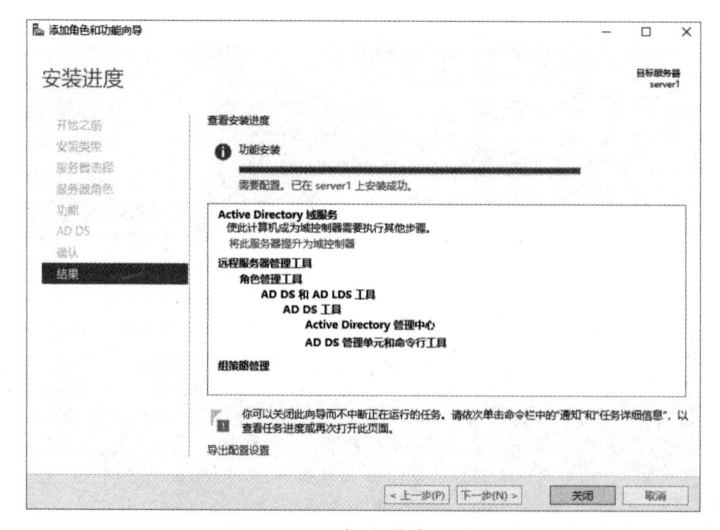

图 2-9　“安装进度”界面

（6）安装完域服务器角色后，需要将该服务器提升为域控制器，入口如图 2-10 所示。

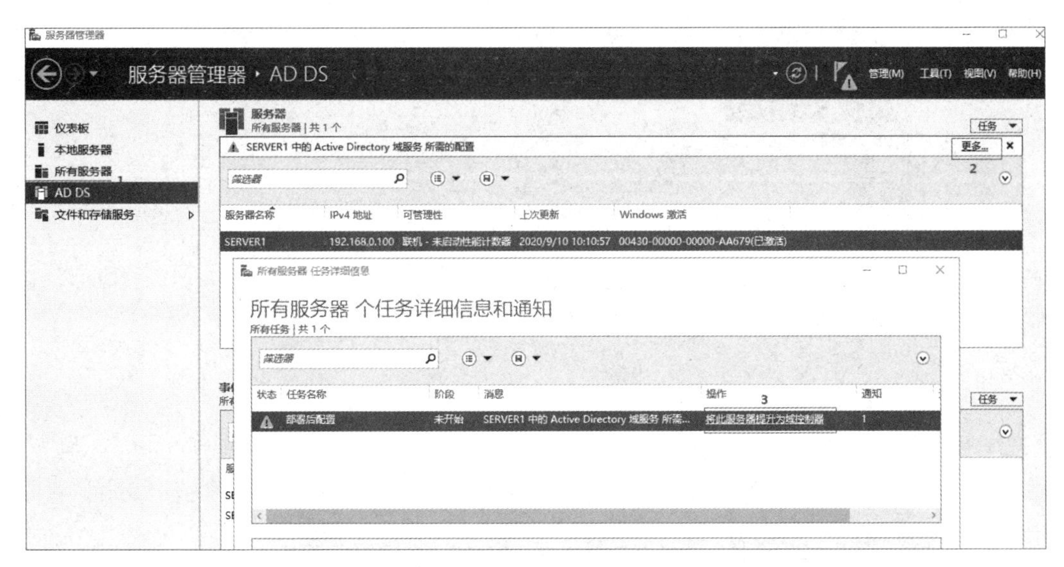

图 2-10　提升该服务器为域控制器的入口

（7）在打开的“部署配置”界面中，选中“添加新林”单选按钮，在“根域名”文本框中输入域名“siso.com”，如图 2-11 所示。

图 2-11　设置根域的名字

（8）在打开的“域控制器选项”界面中，选择林和域的功能级别，并输入目录服务还原模式的密码，如图 2-12 所示。

（9）在打开的“DNS 选项”界面中，按照默认设置，直接单击“下一步”按钮，如图 2-13 所示。同理，在“其他选项”界面中，按照默认设置，直接单击“下一步”按钮，如图 2-14 所示。

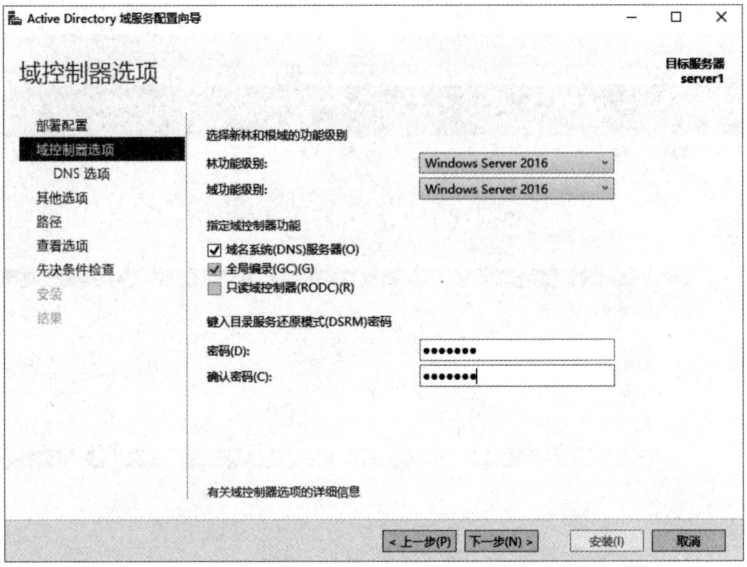

Active Directory 域服务配置向导

域控制器选项

目标服务器
server1

部署配置
域控制器选项
DNS 选项
其他选项
路径
查看选项
先决条件检查
安装
结果

选择新林和根域的功能级别
林功能级别: Windows Server 2016
域功能级别: Windows Server 2016

指定域控制器功能
☑ 域名系统(DNS)服务器(O)
☑ 全局编录(GC)(G)
☐ 只读域控制器(RODC)(R)

键入目录服务还原模式(DSRM)密码
密码(D): ●●●●●●●
确认密码(C): ●●●●●●●

有关域控制器选项的详细信息

< 上一步(P)　下一步(N) >　安装(I)　取消

图 2-12　选择林和域的功能级别并输入目录服务还原模式的密码

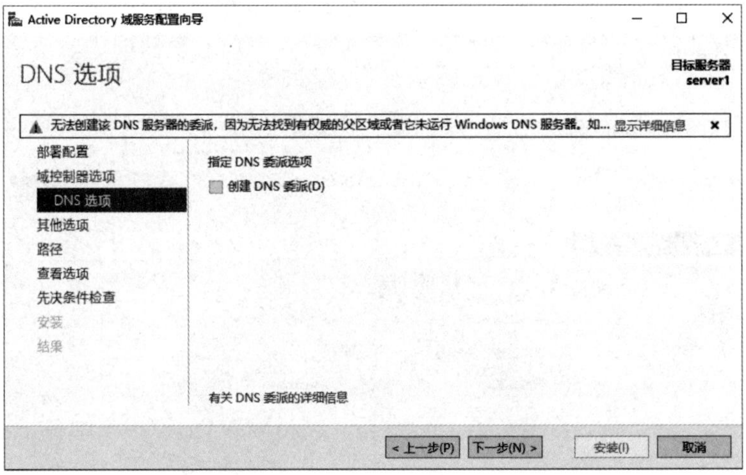

Active Directory 域服务配置向导

DNS 选项

目标服务器
server1

▲ 无法创建该 DNS 服务器的委派，因为无法找到有权威的父区域或者它未运行 Windows DNS 服务器。如... 显示详细信息 ×

部署配置
域控制器选项
DNS 选项
其他选项
路径
查看选项
先决条件检查
安装
结果

指定 DNS 委派选项
☐ 创建 DNS 委派(D)

有关 DNS 委派的详细信息

< 上一步(P)　下一步(N) >　安装(I)　取消

图 2-13　“DNS 选项”界面

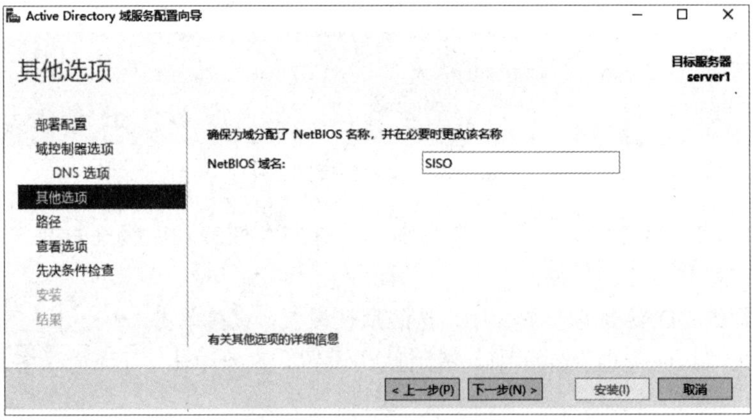

Active Directory 域服务配置向导

其他选项

目标服务器
server1

部署配置
域控制器选项
DNS 选项
其他选项
路径
查看选项
先决条件检查
安装
结果

确保为域分配了 NetBIOS 名称，并在必要时更改该名称
NetBIOS 域名: SISO

有关其他选项的详细信息

< 上一步(P)　下一步(N) >　安装(I)　取消

图 2-14　“其他选项”界面

（10）依次设置数据库和日志文件的保存路径，如图 2-15 所示。

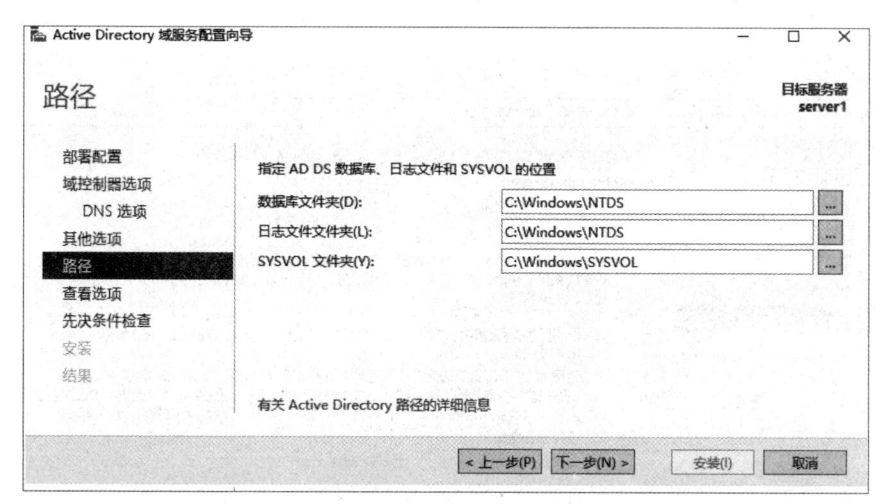

图 2-15　依次设置数据库和日志文件的保存路径

（11）在“查看选项”界面的“检查你的选择”列表框中查看配置信息，确认无误后单击“下一步”按钮，如图 2-16 所示。在“先决条件检查”界面中，如果所有先决条件检查都通过，则单击“安装”按钮，如图 2-17 所示。

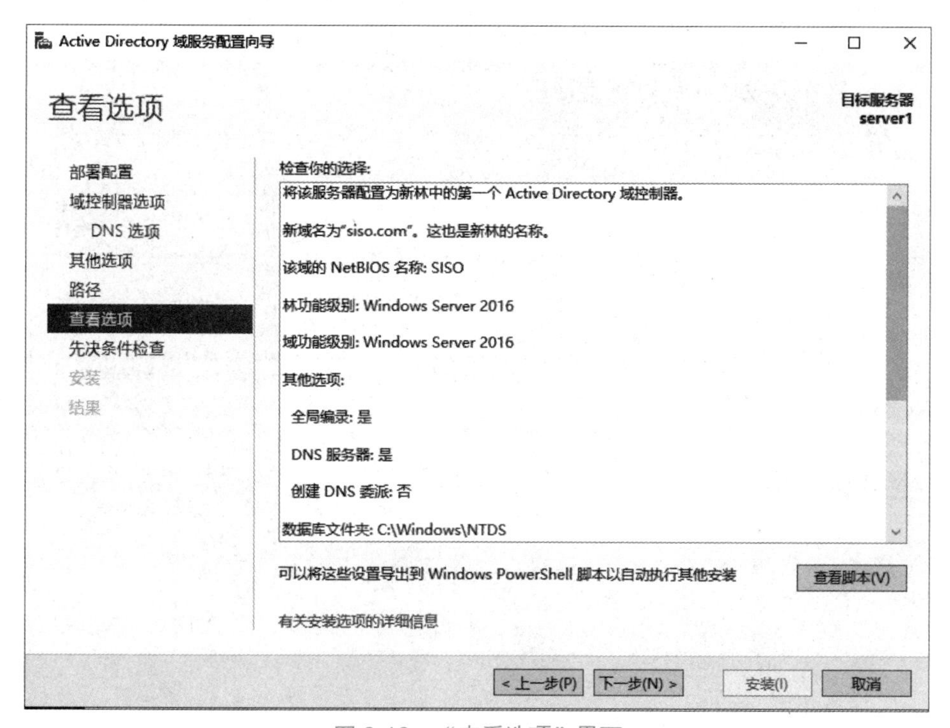

图 2-16　“查看选项”界面

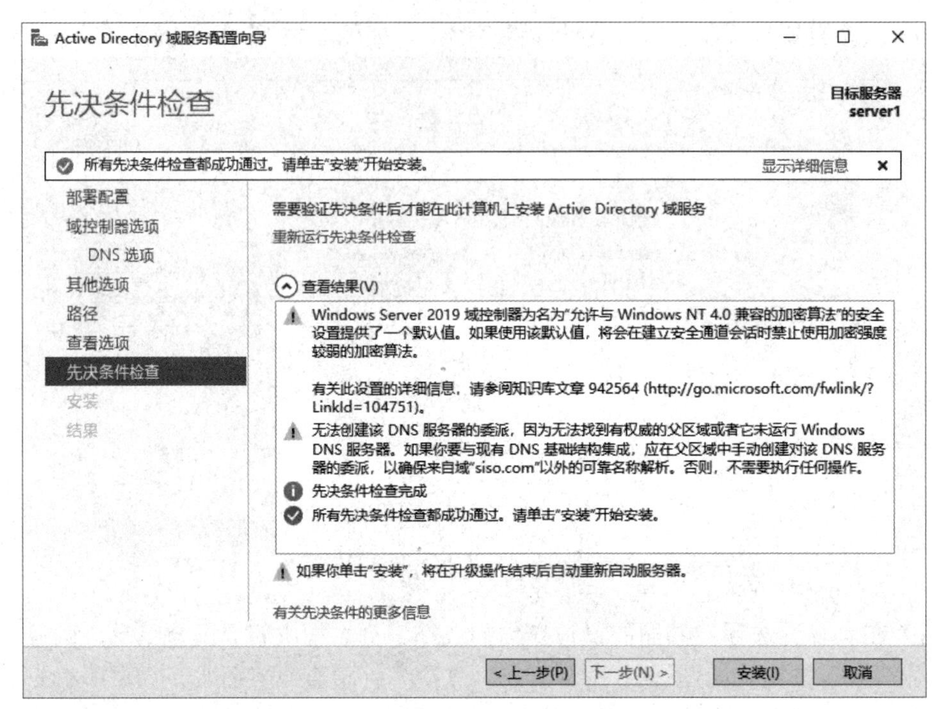

图 2-17　“先决条件检查”界面

（12）等待域服务安装，如图 2-18 所示。安装成功的界面如图 2-19 所示，重启计算机后，域控制器安装成功并可以正常使用。

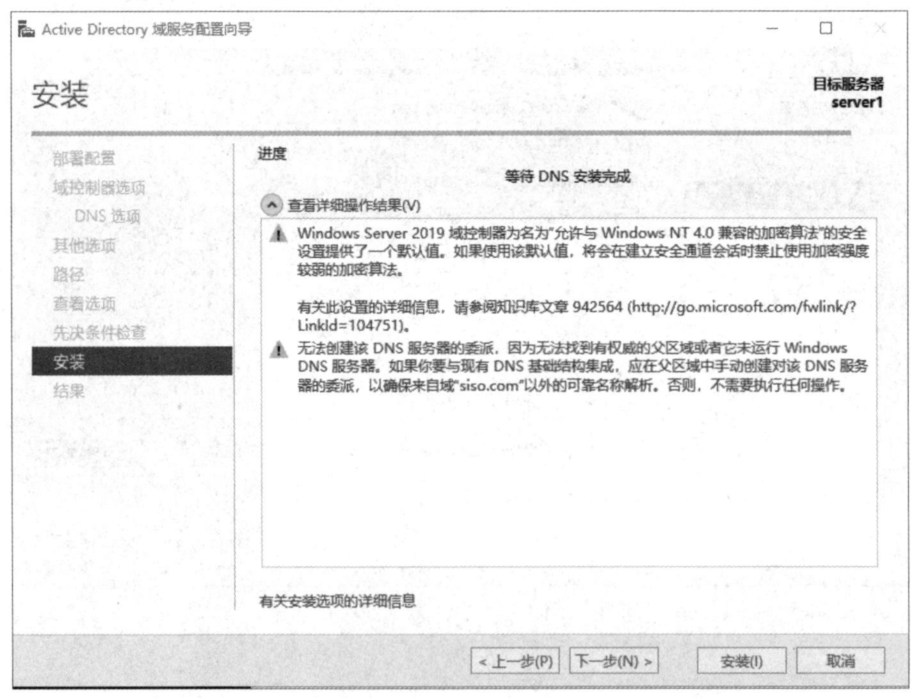

图 2-18　等待域服务安装

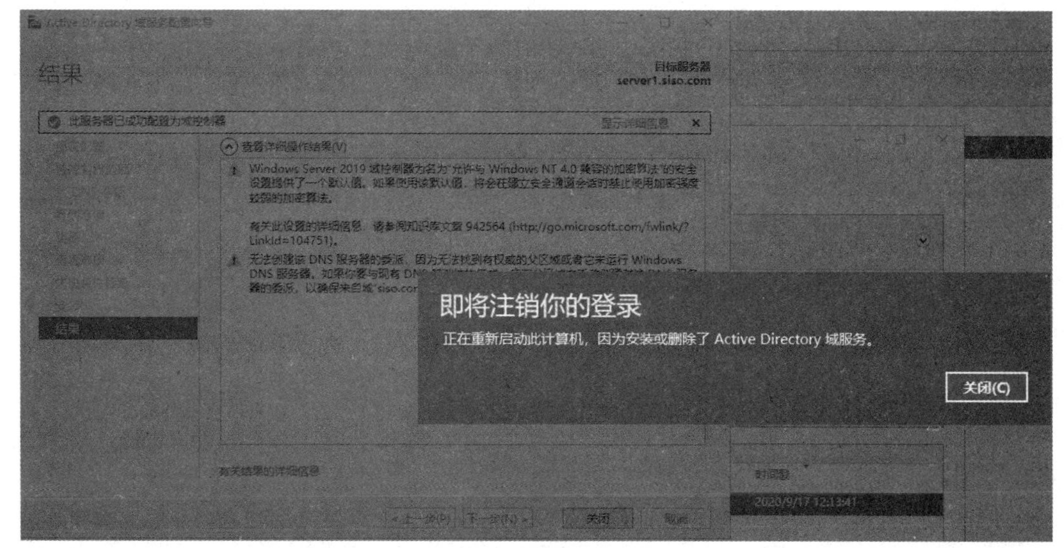

图 2-19　域服务安装成功的界面

扫一扫，获取微课

2-4 客户机加入域服务（操作）

2. 客户机加入域服务

（1）设置 win7 客户机的 IP 地址为 192.168.0.150，域服务器的 IP 地址为 192.168.0.100，然后检查 win7 客户机与域服务器的连通性，即二者是否能相互 ping 通（提前关闭两台计算机的防火墙），如图 2-20～图 2-23 所示。

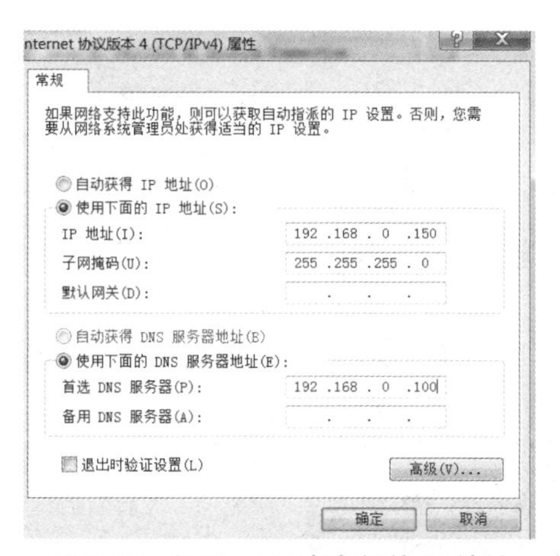

图 2-20　设置 win7 客户机的 IP 地址

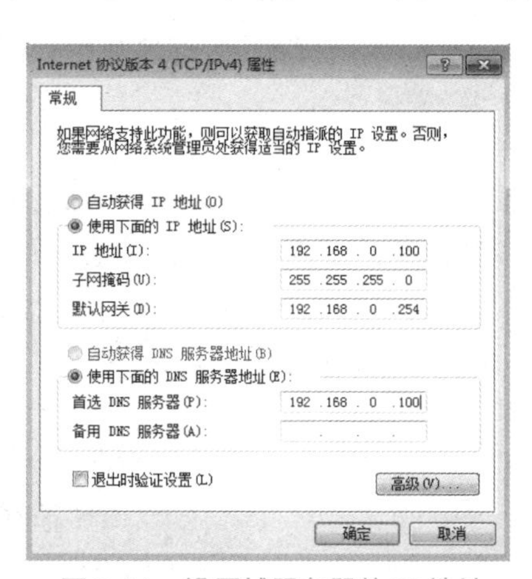

图 2-21　设置域服务器的 IP 地址

```
Microsoft Windows [版本 6.1.7601]
版权所有 (c) 2009 Microsoft Corporation。保留所有权利。

C:\Users\Administrator>ping 192.168.0.100

正在 Ping 192.168.0.100 具有 32 字节的数据:
来自 192.168.0.100 的回复: 字节=32 时间=1ms TTL=128
来自 192.168.0.100 的回复: 字节=32 时间<1ms TTL=128
来自 192.168.0.100 的回复: 字节=32 时间<1ms TTL=128
来自 192.168.0.100 的回复: 字节=32 时间<1ms TTL=128

192.168.0.100 的 Ping 统计信息:
    数据包: 已发送 = 4，已接收 = 4，丢失 = 0 (0% 丢失)，
往返行程的估计时间(以毫秒为单位):
    最短 = 0ms，最长 = 1ms，平均 = 0ms
```

图 2-22　win7 客户机 ping 域服务器

图 2-23　域服务器 ping win7 客户机

（2）在域服务器上新建一个名为 manager 的用户供 win7 客户机使用，将 win7 客户机加入域，按照图 2-24 中 1～5 的顺序，对 win7 客户机的计算机名和隶属域名（该处设置的域名为 siso.com）进行修改。

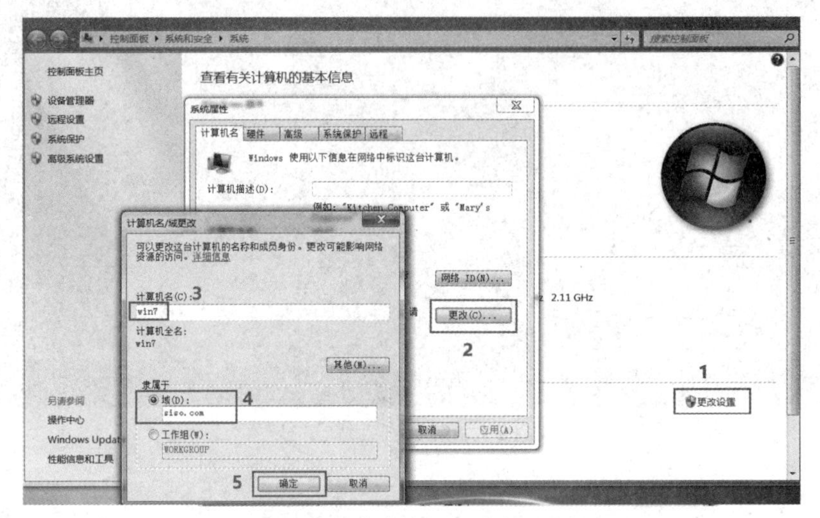

图 2-24　修改计算机名和隶属域名

（3）在打开的“Windows 安全”对话框中输入用户名和密码，单击“确定”按钮，客户机加域成功，如图 2-25 和图 2-26 所示。

图 2-25　Windows 安全验证

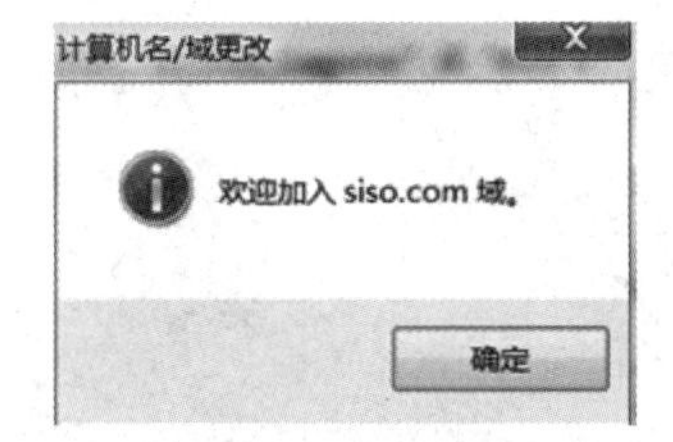

图 2-26　客户机加域成功

（4）重启客户机，然后使用 manager 用户登录 win7 客户机，如图 2-27 所示。

图 2-27　使用 manager 用户登录 win7 客户机

登录成功后的客户机信息如图 2-28 所示。

图 2-28 登录成功后的客户机信息

现在，客户机可以使用域中的资源了。

任务拓展

在域服务器角色的安装过程中，可能会遇到问题，这时需要删除域控制器，重新安装。将域控制器降为普通服务器有两个入口，下面介绍其中一个入口。

（1）选择“管理”→“删除角色和功能”选项，如图 2-29 所示，打开“删除角色和功能向导”窗口，取消勾选“Active Directory 域服务”复选框，单击“下一步”按钮，在打开的对话框中单击“删除功能”按钮，并在打开的对话框中单击“将此域控制器降级”链接，如图 2-30 所示，然后根据向导提示进行降级操作即可。

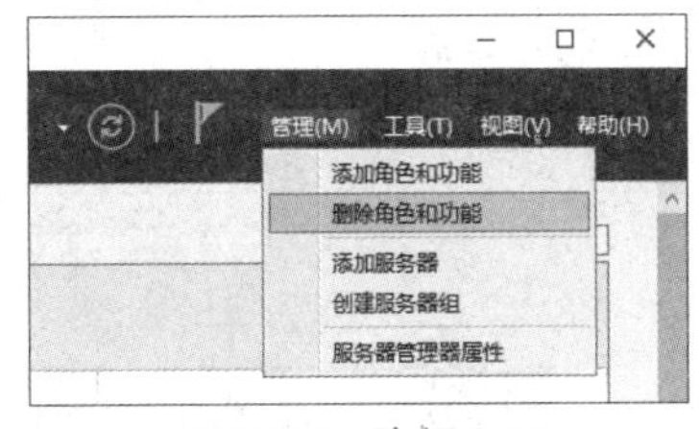

图 2-29 降级入口

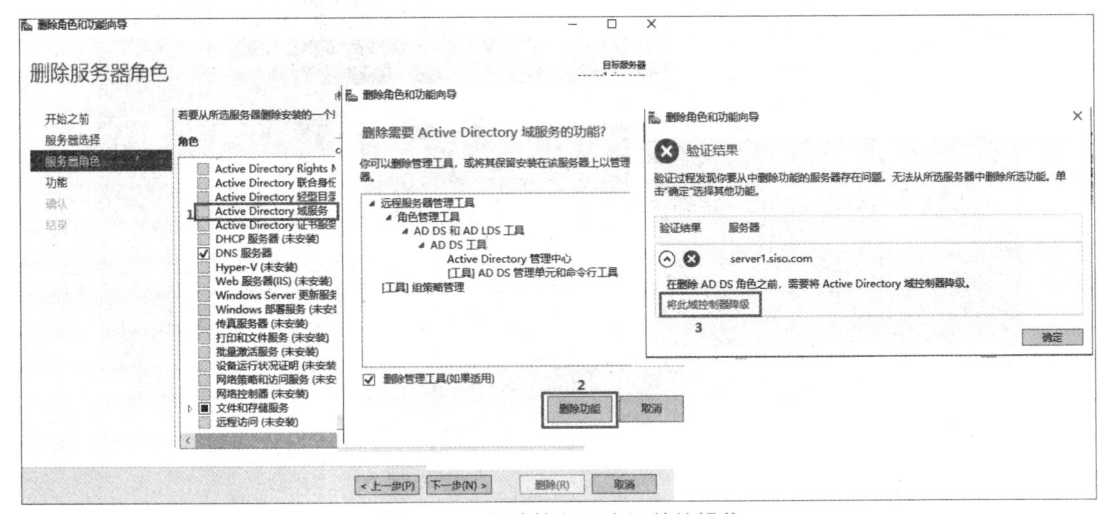

图 2-30 将域控制器降级前的操作

（2）按图 2-31～图 2-35 所示的向导提示进行降级操作。

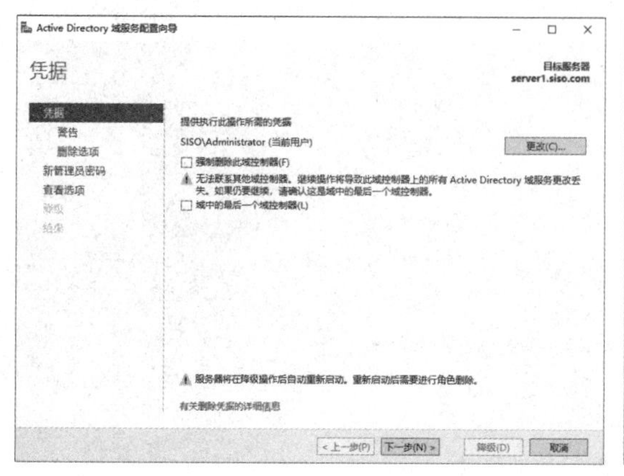

图 2-31　删除操作所需凭据

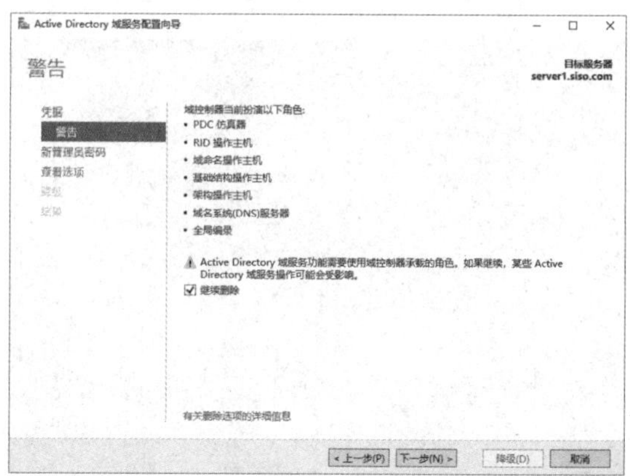

图 2-32　删除域控制器前的警告

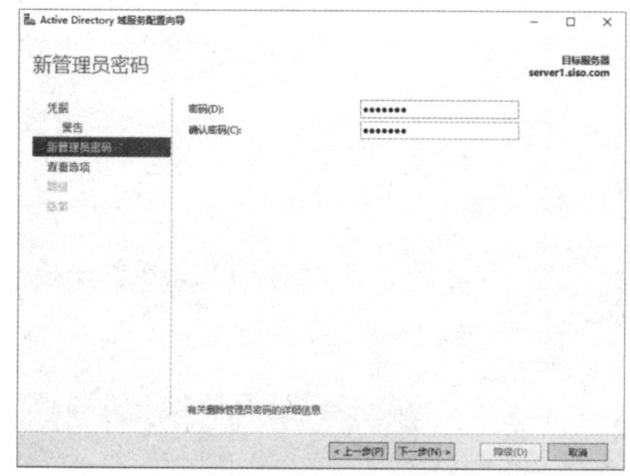

图 2-33　设置新管理员密码

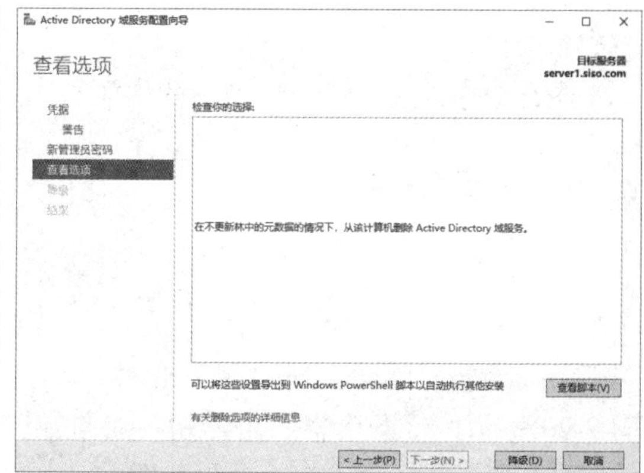

图 2-34　“查看选项”界面

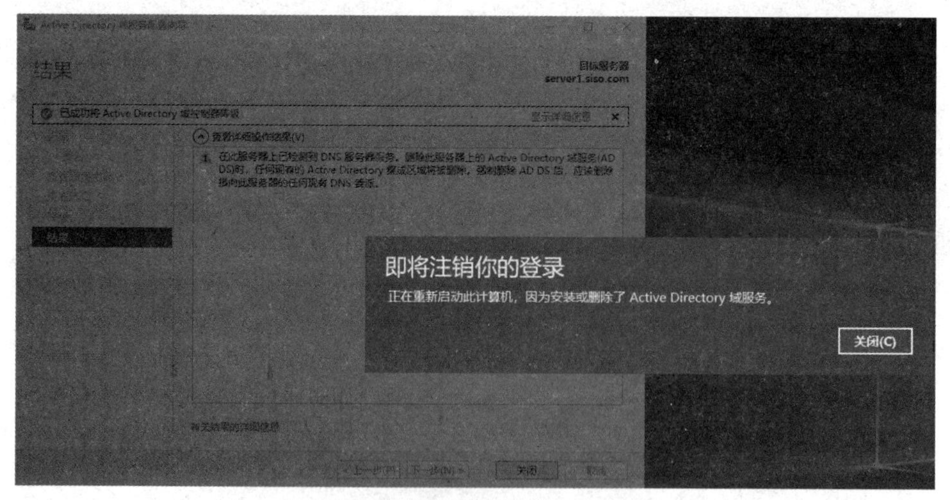

图 2-35　域控制器降级成功后的界面

（3）重启服务器后，降级成功。

注意：如果域控制器可以联系其他域控制器，则不要勾选“强制删除此域控制器”复选框，目前还没有任何合理的方法可解决这种网络问题。强制降级会将 Active Directory 域中已丢弃的元数据保留在林中的其余域控制器上。此外，该域控制器上所有未复制的更改（如密码或新用户）都将永久丢失。如果强制降级域控制器，则用户必须立即手动执行元数据清理操作。

任务 2　安装并验证只读域控制器

任务陈述

著创公司在苏州设有分公司，小王和苏州分公司的管理员在苏州分公司的服务器上配置只读域控制器，确保即使在连接总部的广域网链路不可用的情况下，该公司仍然可登录应用组策略。

知识准备

扫一扫，获取微课

2-5 只读域控制器的安装（操作）

2.2　只读域控制器

只读域控制器（RODC）是从 Windows Server 2008 开始支持的功能。借助 RODC，组织可以在无法保证物理安全性的位置轻松部署域控制器。RODC 承载 AD 域服务数据库的只读分区。

RODC 解决了分支机构中的一些常见问题。这些分支机构可能没有域控制器，或者这些分支机构可能具有可写域控制器，但是物理安全性不足、网络带宽不够或本地维护人员不足，导致这些分支机构不支持安装可写域控制器。

RODC 的功能包括如下几个。

- 只读 AD DS 数据库。
- 单向复制。
- 凭据缓存。
- 管理员角色分隔。
- 只读域名系统（DNS）。

2.2.1　只读 AD DS 数据库

除账户、密码外，RODC 保存了可写域控制器所保留的所有 AD 对象和属性。但是，RODC 不能对存储在其上的数据库进行更改，更改必须在可写域控制器上进行，然后复制回 RODC。

某些将 AD DS 用作数据存储的应用程序可能具有不希望存储在 RODC 上的类似凭据的数据（如密码、凭据或加密密钥），以避免 RODC 的安全受到威胁。对于这种类型的应用程序，管理员可以在架构中为不会复制到 RODC 的域对象动态配置一组属性。这组属性称为 RODC 筛选的属性集。在 RODC 筛选的属性集中定义的属性不允许复制到林中的任何 RODC 上。威胁 RODC 的恶意用户可以尝试采用这种方式对其进行配置，以试图复制在 RODC 筛选的属性集中定义的属性。

2.2.2 单向复制

RODC 不支持写入操作，相应地，作为复制合作伙伴的可写域控制器也不必复制 RODC 上更改的资源。这意味着恶意用户在分支位置可能进行的任何更改或损坏不能从 RODC 中复制到林的其余部分。RODC 单向复制同时适用于 AD DS 和 SYSVOL（存储域公共文件服务器副本的共享文件夹）的分布式文件系统复制。针对 AD DS 和 SYSVOL 的更改，RODC 执行正常的入站复制。

注意：RODC 上配置为使用 DFS 复制进行复制的任何其他共享都将采用双向复制。

2.2.3 凭据缓存

凭据缓存是指对用户或计算机凭据的存储。凭据由与安全主体相关的一组大约 10 个字符的密码组成。在默认情况下，RODC 不存储用户或计算机凭据，RODC 的计算机账户和每个 RODC 具有的特殊 krbtgt 账户是个例外。管理员必须明确允许任何其他凭据在 RODC 上缓存。如果出现 RODC 被窃的情况，则只有在 RODC 上缓存的那些凭据可能会被破解。管理员可以修改默认密码复制策略以允许在 RODC 上缓存用户凭据。

2.2.4 管理员角色分隔

管理员可以将 RODC 的本地管理权限委托给任何域用户，而无须授予该用户对该域或其他域控制器的任何权限。这样可以允许本地分支用户登录 RODC 并在服务器上执行维护工作（如升级驱动程序）。但是，分支用户不能登录任何其他域控制器或在域中执行任何其他管理任务。以此方式，分支用户可以被委派在分支机构中有效地管理 RODC，而不会危害域中其余部分的安全。

2.2.5 只读域名系统

管理员可以在 RODC 上安装 DNS 服务。RODC 能够复制 DNS 使用的所有应用程序目录分区（包括 ForestDNSZones 和 DomainDNSZones）。如果已在 RODC 上安装了 DNS 服务器，则客户端可以与查询任何其他 DNS 服务器一样，查询该 DNS 服务器，以进行名称解析。但是，RODC 上的 DNS 服务器是只读的，所以并不直接支持客户端更新。

任务实施

在苏州分公司的服务器上安装 RODC，该服务器的 IP 地址为 192.168.0.200，主机名为 server2，域名为 siso.com。

1. 安装只读域控制器

（1）设置苏州分公司客户机的 IP 地址为 192.168.0.200（即服务器的 IP 地址），DNS 服务器的 IP 地址为 192.168.0.100，主机名为 server2，检查 server2 与域控制器 server1 的连通性，即二者是否能相互 ping 通（提前关闭两台计算机的防火墙）。

（2）在 server2 上安装域服务器角色，按照任务一中图 2-2～图 2-9 所示的步骤，并按图 2-10 所示升级该服务器为域控制器，在打开的“部署配置”界面中选择部署操作，如图 2-36 所示，然后在图 2-37 中选择林中已有的域“siso.com”。

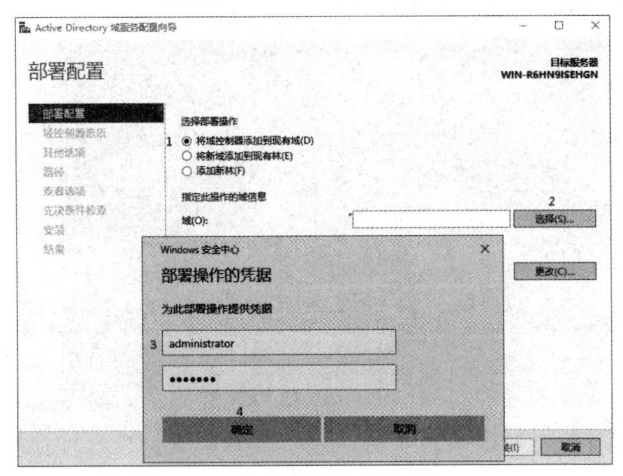

图 2-36　选择部署操作

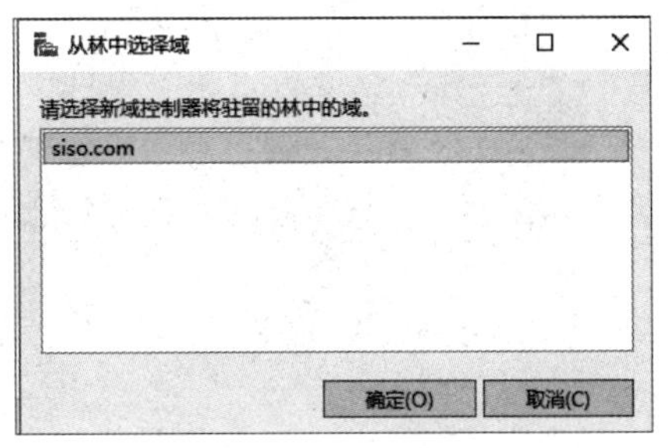

图 2-37　选择林中已有的域“siso.com”

（3）在“域控制器选项”界面中勾选“只读域控制器”复选框，并填写目录服务还原模式的密码，如图 2-38 所示，其他选项使用默认设置即可，如图 2-39 所示[①]。

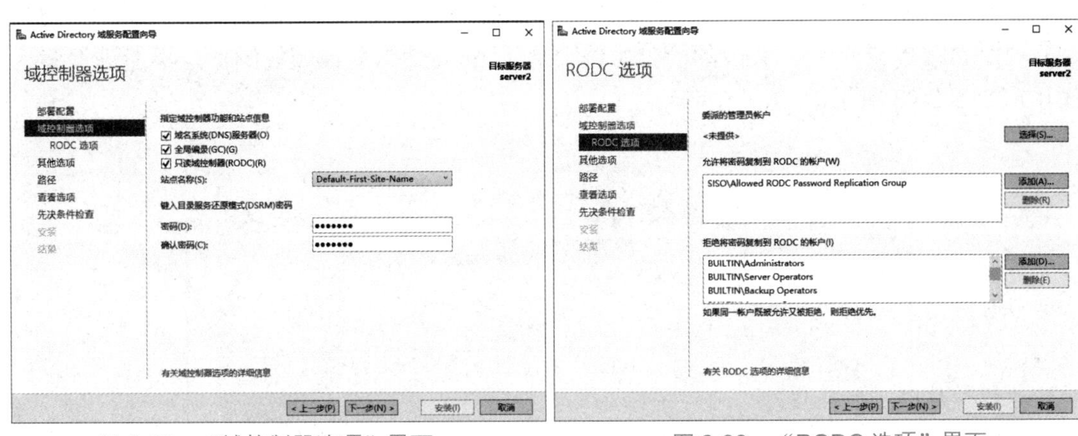

图 2-38　“域控制器选项”界面

图 2-39　“RODC 选项”界面

安装成功后的界面如图 2-40 所示。

① 图 2-39 中“帐户”的正确写法应为“账户”。

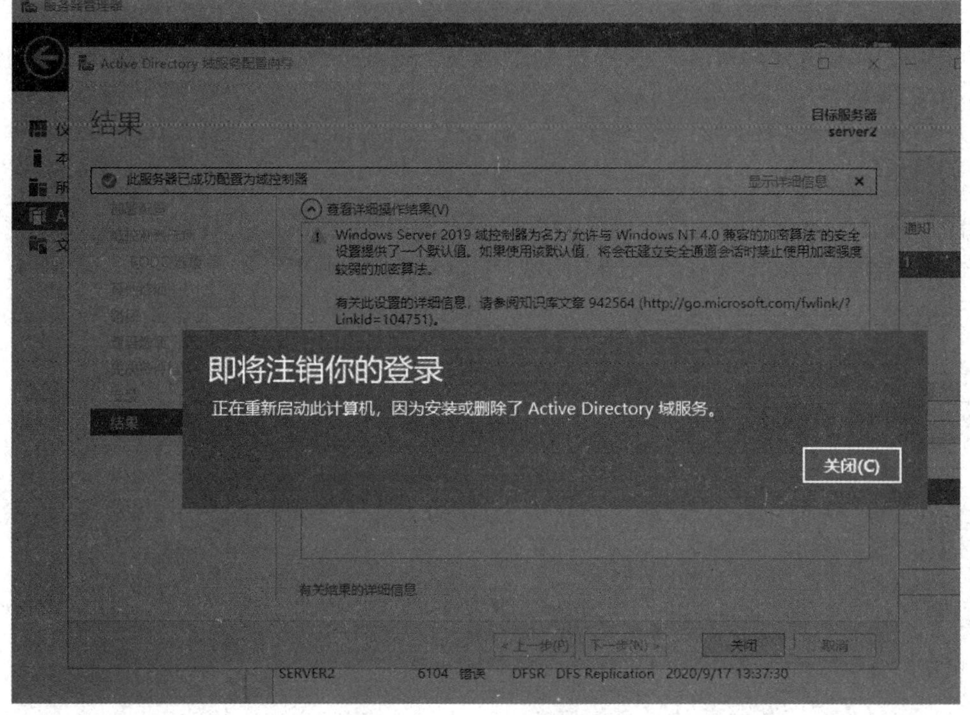

图 2-40　安装成功后的界面

（4）重启 server2，使用 siso.com 域的管理员用户 Administrator 登录即可。

2. 验证只读域控制器

（1）在 server2 上打开“Active Directory 用户和计算机”窗口，更改域控制器为 server2.siso.com，如图 2-41 所示。当前域控制器为 server1，可以将域控制器修改为 server2，如图 2-42 所示。修改的同时系统会提示 server2 为只读域控制器，不能进行写入操作，如图 2-43 所示。

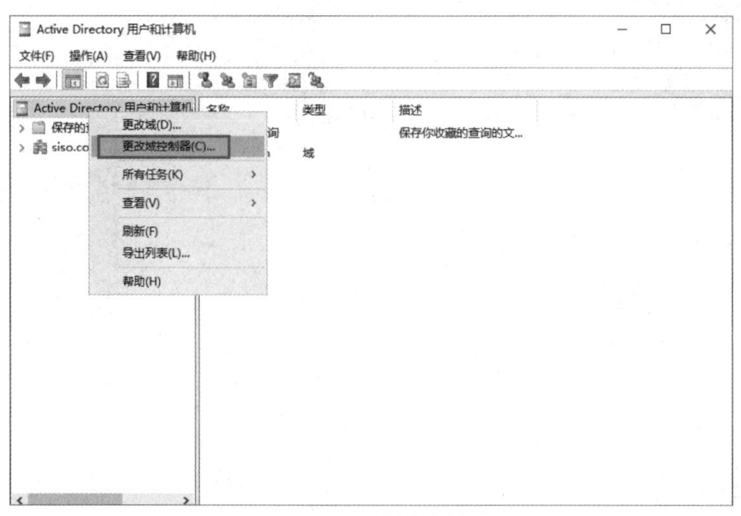

图 2-41　更改域控制器

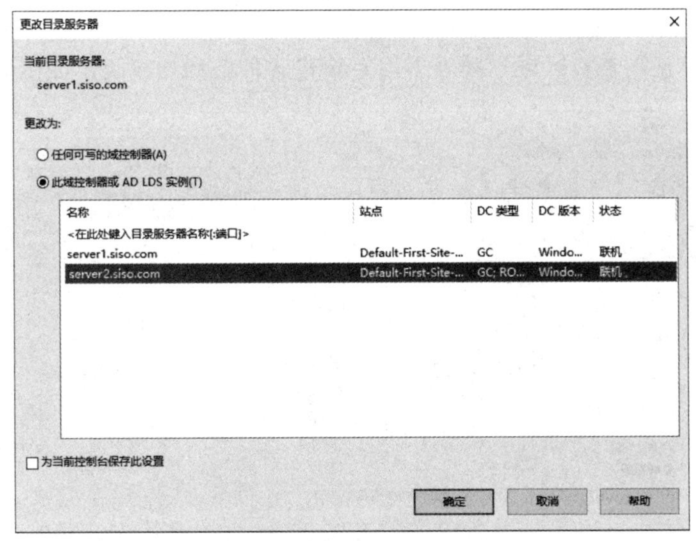

图 2-42　将域控制器修改为 server2

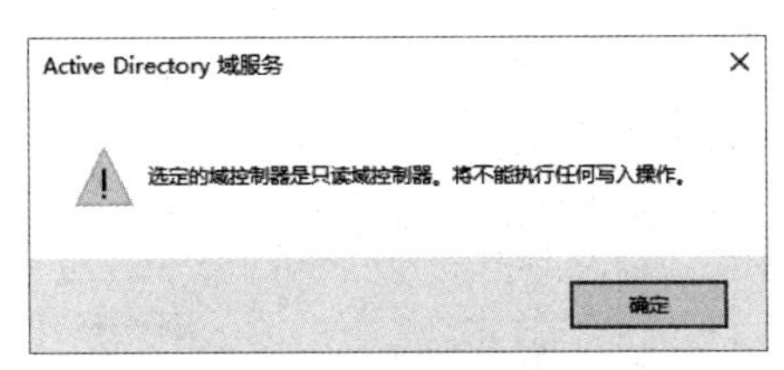

图 2-43　弹出提示信息

（2）在“Active Directory 用户和计算机”窗口中查看，“Users”下没有“新建”菜单，没有新建用户、组、组织单位等的权限，如图 2-44 所示。

图 2-44　查看“Users”

（3）在 server2 上选择“服务器管理器”→“工具”→“DNS”选项，打开“DNS 管理器”窗口，“正向查找区域”列表下没有新建各种资源的权限，如图 2-45 所示。

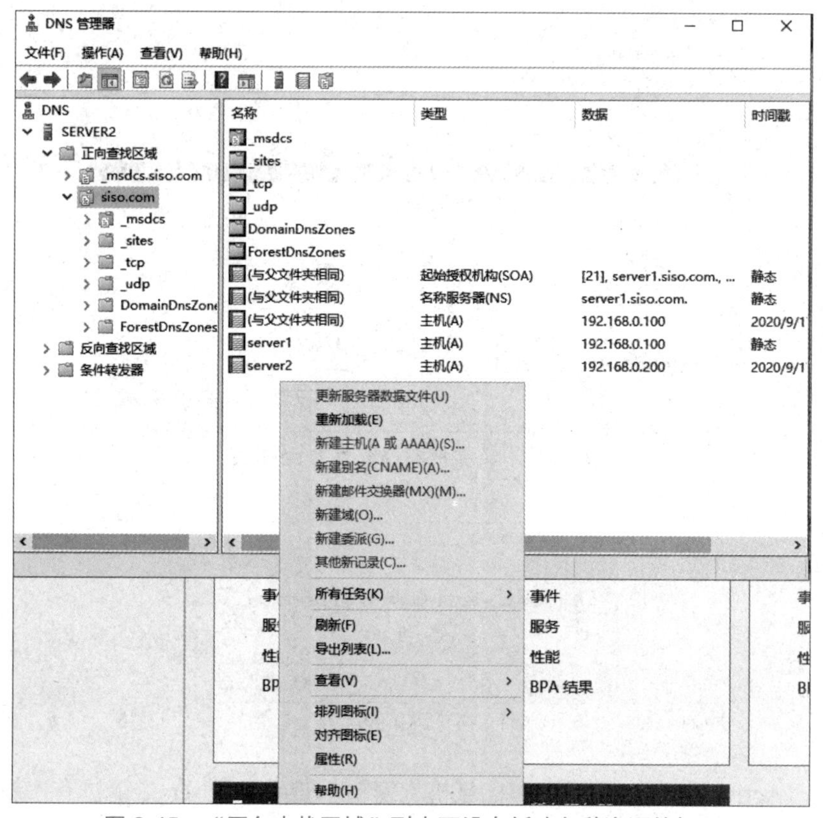

图 2-45 “正向查找区域”列表下没有新建各种资源的权限

任务拓展

为只读域控制器（RODC）创建账户时，可以指定负责随后将服务器连接到 RODC 账户的用户或组。如果未指定用户或组，则只有 Domain Admins 组或 Enterprise Admins 组的成员可以将服务器连接到 RODC 账户；如果指定了可将服务器连接到 RODC 账户的用户或组，则安装完成后，该用户或组将负责管理 RODC。出于此目的，可以指定唯一一个用户或组。

在“Active Directory 域服务配置向导”窗口中指定的用户或组对 RODC 具有本地管理权限。在实践中，这意味着用户或组具有对服务器的完全控制权限，包括本地登录、安装其他软件、安装设备驱动程序等。被委派的用户或组还可以从 RODC 中删除 Active Directory 域服务（AD DS）。

因此，应将 RODC 的安装和管理仅委派给要求具备这类访问权限的用户和组，使他们可以完成其中的工作。此外，应将权限分配给个人用户以外的安全组，从而简化必要时更改这些权限的过程。

Domain Admins 组的成员在创建 RODC 账户时会将此权限授予委派的用户或组。只有以下用户可以将计算机加入选定的 RODC 账户中。

- 委派的用户。
- 委派组的成员。
- Domain Admins 组的成员。
- Enterprise Admins 组的成员。

单元小结

随着公司规模的扩大，网络规模在不断扩大，复杂程度也在逐渐增加。本单元详细讲解了在总公司安装主域控制器，在分公司安装只读域控制器的方法，这样可以规避在不安全的分支机构中配置 RODC 的潜在风险。借助 RODC，公司可以在无法保证物理安全性的位置轻松部署域控制器，RODC 将为用户提供本地域控制器，从而确保域服务的安全性。

单元练习题

一、单项选择题

1．某公司准备使用一台服务器作为公司域中附加的域控制器，那么在该服务器上不可以选择安装的 Windows Server 2019 版本是（　　）。

A．Windows Server 2019 数据中心版

B．Windows Server 2019 标准版

C．Windows Server 2019 企业版

D．Windows Server Web 版

2．在提升活动目录时，下列属于系统内建用户的是（　　）。

A．Guest　　B．Anonymous

C．Power User　　D．EveryOne

3．shenyang.dcgie.com 和 beijing.dcgie.com 两个域的共同父域是（　　）。

A．www.dcgie.com　　B．beijing.com

C．home.dcgie.com　　D．dcgie.com

4．活动目录中域之间的信任关系是（　　）。

A．双向可传递　　B．双向不可传递

C．单向不可传递　　D．单向可传递

5．关于 Windows Server 2019 的活动目录，说法正确的是（　　）。

A．过分强调了安全性，可用性不够

B．从 Window NT Server 中继承而来

C．是一个目录服务，用于存储有关网络对象的信息

D．具有单一网络登录能力

二、填空题

1．目录服务是一种基于 ________________ 模型的信息查询服务，可以将目录看作一个具有特殊用途的数据库。它以树状的 __________________ 结构来描述数据信息。

2．AD DS 提供了一个 ________________ 数据库，用于存储和管理有关网络资源的信息以及来自用户目录应用程序的特定数据。

3．域服务的分层包含结构包括 ________________________、该林中的域以及每个域中的 ________________。

4．运行 AD DS 的服务器被称为 ____________________________。

5．Windows Server 2008 支持的一种新的域控制器类型是 ______________________________。

三、解答题

1．简述活动目录管理的对象。

2．简述 AD DS 中的功能。

3．简述 RODC 的功能。

单元 3 用户和组的创建与管理

学习目标

【知识目标】

- 了解用户账户、域用户、组和组织单位的概念与功能。
- 了解各类账户名称的规范。
- 了解作用域的概念。
- 了解 Active Directory 上的默认组。
- 熟悉各类账户的属性。

【技能目标】

- 掌握创建用户账户、域用户、组和组织单位的方法。
- 掌握启用及禁用各类账户的方法。
- 掌握域用户的密码重置、移动的方法。

引例描述

著创公司有上海分公司和苏州分公司，小朱是上海分公司的网络管理员，部门经理考虑到不同部门使用公司资源的权限不同，为了简化网络管理，要求小朱在该公司域服务器上设置组织单位来显示公司架构，在不同的组织单位内部设置自己员工的域账户，方便网络管理员对用户账户和公司计算机进行管理，如图 3-1 所示。

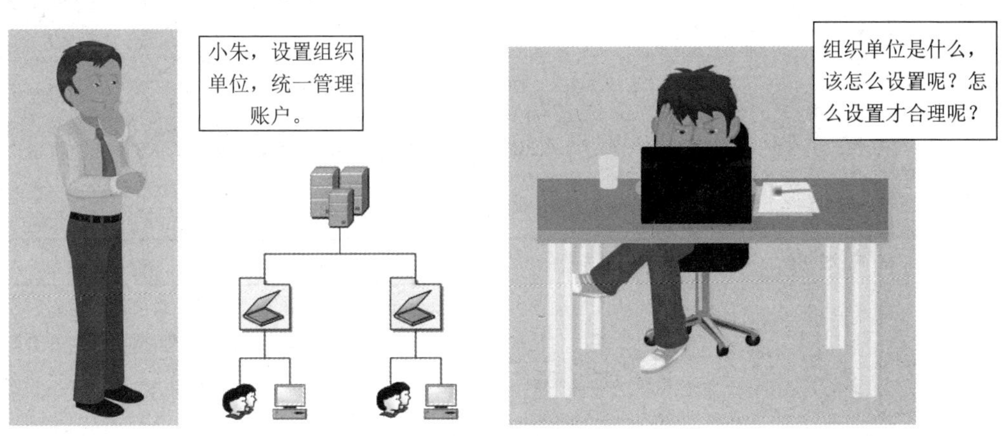

图 3-1　组织单位的设置

任务 1　新建本地用户和组

著创公司的网络管理员小朱，需要在服务器上通过本地用户和组来添加用户和组。

该操作要求在服务器上不能安装域服务，如果安装了域服务，则不能进行本地用户和组的创建。

知识准备

扫一扫，获取微课

3-1 用户和组（理论）

3.1　本地用户和组

Windows Server 2019 要求所有用户都要登录才能访问本地和网络资源。Windows 通过实施交互式登录过程（提供用户身份验证）来保护资源。

3.1.1　默认本地用户和组

Windows Server 2019 安装完成后，有四个默认的本地用户账户。管理员可以根据需要继续进行本地用户和组的创建。默认的本地用户账户和创建的本地用户账户在“计算机管理”窗口中显示。图 3-2 所示为默认的本地用户账户。

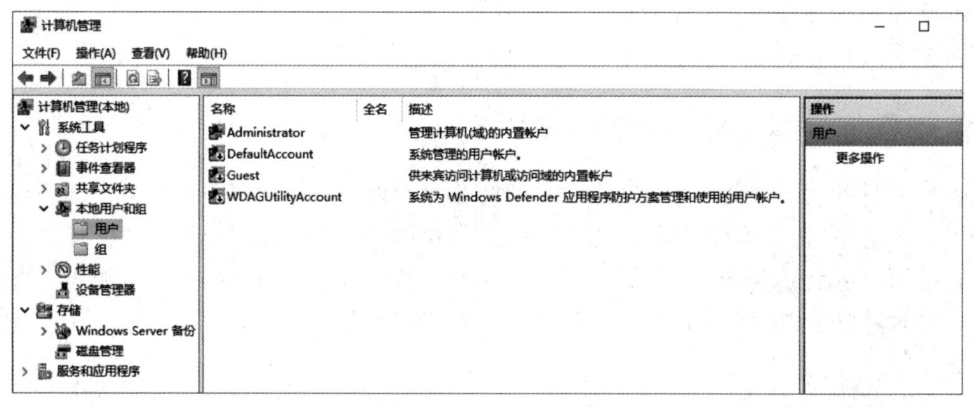

图 3-2　默认的本地用户账户

表 3-1 描述了默认本地用户账户 Administrator 和 Guest 的特点。

表 3-1　默认本地用户账户 Administrator 和 Guest 的特点

用 户 账 户	特　　点
Administrator	在默认情况下，Administrator 处于禁用状态，但管理员可以启用它。当它处于启用状态时，具有对计算机的完全控制权限，并可以根据需要向用户分配用户权利和访问控制权限。该账户在需要管理凭据的任务中使用。强烈建议将此账户设置为使用强密码。

续表

用 户 账 户	特　　点
Administrator	Administrator 是计算机上 Administrators 组的成员，管理员永远不可以从 Administrators 组中删除它，但可以重命名或禁用该账户。 即使禁用了 Administrator，管理员仍然可以在安全模式下使用该账户访问计算机
Guest	Guest 由在这台计算机上没有实际账户的用户使用。如果某个用户的账户已被禁用，但还未删除，那么该用户也可以使用 Guest。Guest 不需要设置密码。在默认情况下，Guest 是禁用的，但也可以启用它。 可以像设置任何用户账户一样设置 Guest 的权限。在默认情况下，Guest 是默认的 Guests 组中的成员，该组允许用户登录计算机。其他权利及任何权限都必须由 Administrators 组的成员授予 Guests 组。在默认情况下，Guest 为禁用状态，但管理员可以启用它，建议保持禁用状态

默认的本地组是在安装操作系统时自动创建的，如图 3-3 所示。如果一个用户属于某个本地组，则该用户就具有在本地计算机上执行各种任务的权利和能力。管理员可以向本地组添加本地用户账户、域用户账户、计算机账户及组账户。

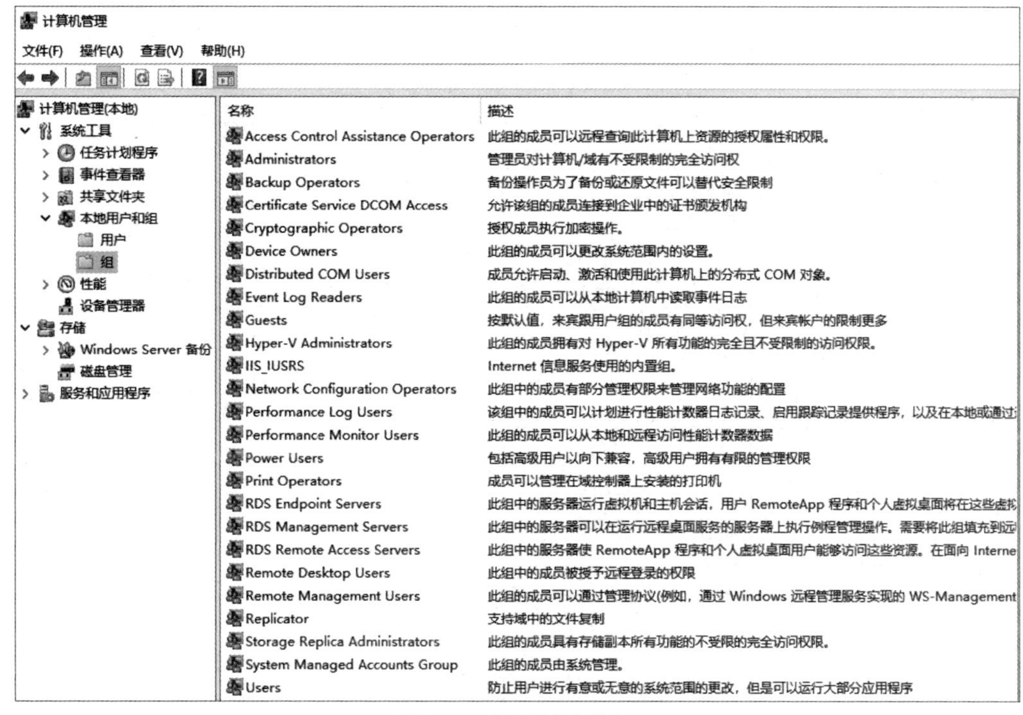

图 3-3　默认的本地组

表 3-2 提供了部分默认组的描述以及每个组的默认用户权限。这些用户权限是在本地安全策略中分配的。

表 3-2　部分默认组的描述以及每个组的默认用户权限

组　　名	描　　述	默认用户权限
Administrators	此组的成员具有对计算机的完全控制权限，并且他们可以根据需要向用户分配用户权限和访问控制权限。Administrator 是此组的默认成员。当计算机加入域中时，Domain Admins 组会自动添加到此组中。因为此组可以完全控制计算机，所以管理员向其中添加用户时要特别谨慎	● 从网络访问此计算机； ● 调整进程的内存配额； ● 允许本地登录； ● 允许通过远程桌面服务登录； ● 备份文件和目录； ● 跳过遍历检查； ● 更改系统时间； ● 更改时区； ● 创建页面文件； ● 创建全局对象； ● 创建符号链接； ● 调试程序； ● 从远程系统强制关机； ● 通过身份验证后模拟客户端； ● 提高日程安排的优先级； ● 装载和卸载设备驱动程序； ● 作为批处理作业登录； ● 管理和审核安全日志； ● 修改固件环境变量； ● 执行卷维护任务； ● 配置单一进程； ● 配置系统性能； ● 从扩展坞中取出计算机； ● 还原文件和目录； ● 关闭系统； ● 获得文件或其他对象的所有权
Guests	此组的成员拥有一个在登录时创建的临时配置文件，在注销时，此配置文件被删除。来宾账户（默认情况下已禁用）也是该组的默认成员	没有默认的用户权限
Backup Operators	此组的成员可以备份和还原计算机上的文件，而不管这些文件的权限如何。这是因为执行备份任务的权限要高于所有文件的权限。此组的成员无法更改安全设置	● 从网络访问此计算机； ● 允许本地登录； ● 备份文件和目录； ● 跳过遍历检查； ● 作为批处理作业登录； ● 还原文件和目录； ● 关闭系统
Cryptographic Operators	已授权此组的成员执行加密操作	没有默认的用户权限

续表

组　名	描　述	默认用户权限
Distributed COM Users	此组的成员可以在计算机上启动、激活和使用 DCOM 对象	没有默认的用户权限
IIS_IUSRS	Internet 信息服务（IIS）使用的内置组	没有默认的用户权限
Network Configuration Operators	此组的成员可以更改 TCP/IP 设置，并且可以更新和发布 TCP/IP 地址。此组中没有默认的成员	没有默认的用户权限
Power Users	在默认情况下，该组的成员的权限高于普通用户，低于管理员用户。在早期版本的 Windows 中，Power Users 组专门为用户提供特定的管理员权限和执行常见的系统任务。在 Windows Server 2019 版本中，标准用户账户具有执行最常见配置任务的能力，如更改时区。对于需要具有与早期版本的 Windows 相同的 Power Users 权利和权限的旧应用程序，管理员可以应用一个安全模板，此模板可以启用 Power Users 组，以假设具有与早期版本的 Windows 相同的权利和权限	没有默认的用户权限
Remote Desktop Users	此组的成员可以远程登录计算机，并允许通过终端服务登录	允许通过终端服务登录
Performance Log Users	此组的成员可以从本地计算机和远程客户端管理性能计数器、日志和警报，而不用成为 Administrators 组的成员	没有默认的用户权限
Performance Monitor Users	此组的成员可以从本地计算机和远程客户端监视性能计数器，而不用成为 Administrators 组或 Performance Log Users 组的成员	没有默认的用户权限
Replicator	此组支持复制功能。Replicator 组的唯一成员是域用户账户，用于登录域控制器的复制服务。不能将实际用户的账户添加到该组中	没有默认的用户权限
Users	此组的成员可以执行一些常见任务，如运行应用程序、使用本地和网络打印机及锁定计算机。此组的成员无法共享目录或创建本地打印机。在默认情况下，Domain Users、Authenticated Users 及 Interactive 组是该组的成员。因此，在域中创建的任何用户账户都将成为该组的成员	• 从网络访问此计算机； • 允许本地登录； • 跳过遍历检查； • 更改时区； • 增加进程工作集； • 从扩展坞中取出计算机； • 关闭系统

3.1.2　创建本地用户和组

本地用户和组位于“计算机管理”窗口中，用户可以使用该窗口中的管理工具来管理单台本地或远程计算机；可以使用本地用户和组保护并管理存储在本地计算机上的用户账户和组；可以在特定计算机上（只能是这台计算机）分配本地用户账户或组账户的权限和权利。

本地用户和组可以为用户和组分配权限和权利，从而限制用户和组执行某些操作的能力。权利的作用是授权用户在计算机上执行某些操作，如备份文件和文件夹或关机。权限是与对象（通常是文件、文件夹或打印机）相关联的一种规则，它规定哪些用户可以访问该对象以及以何种方式访问。

其他注意事项（也适用于域用户的创建）如下。

（1）若要创建本地用户和组，必须提供本地计算机上 Administrator 的凭据，或创建的本地用户和组必须是本地计算机上 Administrators 组的成员。

（2）用户名不能与被管理的计算机上任何其他用户名或组名相同。用户名最多可以包含除下列字符外的 20 个大写字符或小写字符："、/、\、[、]、:、;、|、=、,、+、*、?、<、>、@，并且用户名不能只由句点（.）或空格组成。

（3）在“密码”和“确认密码”文本框中，可以输入不超过 127 个字符的密码。

（4）使用强密码和合适的密码策略有利于保护计算机免受攻击。

任务实施

3-2 用户和组的创建和管理（操作）

创建本地用户 user1、user2 和本地组 sie，并将 user1 和 user2 用户加入 sie 组中。

（1）选择“服务器管理器”→“工具”→“计算机管理”选项，打开“计算机管理”窗口，如图 3-4 所示。

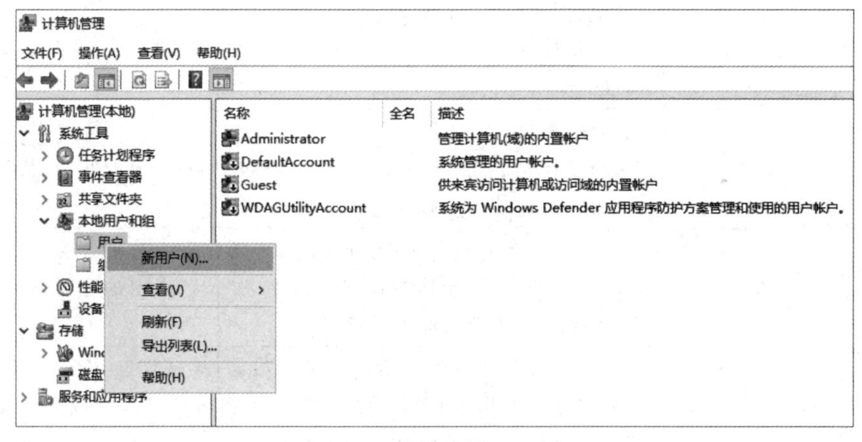

图 3-4 “计算机管理”窗口

（2）右击“用户”选项，在弹出的快捷菜单中选择“新用户”命令，打开“新用户”对话框，输入用户名和密码，如图 3-5 所示。

（3）根据上述操作，创建 user2。

（4）在如图 3-6 所示的“计算机管理”窗口中，右击“组”选项，在弹出的快捷菜单中选择“新建组”命令，打开“新建组”对话框，如图 3-7 所示，按照图中的步骤进行操作，新建组的同时将所有属于该组的用户添加进去。

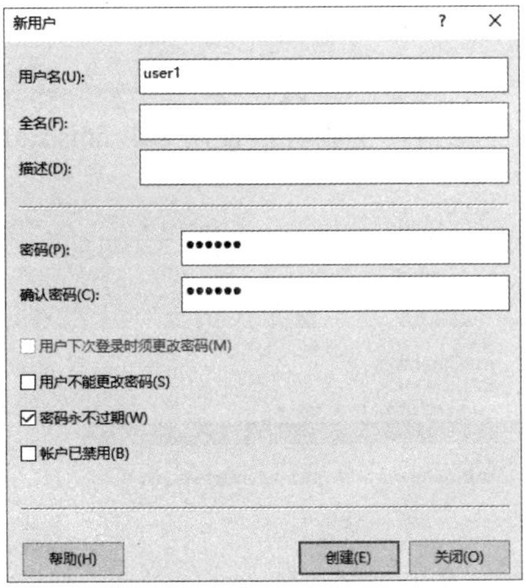

新用户

用户名(U): user1

全名(F):

描述(D):

密码(P): ••••••

确认密码(C): ••••••

用户下次登录时须更改密码(M)

用户不能更改密码(S)

密码永不过期(W)

帐户已禁用(B)

帮助(H) 创建(E) 关闭(O)

图 3-5 “新用户”对话框

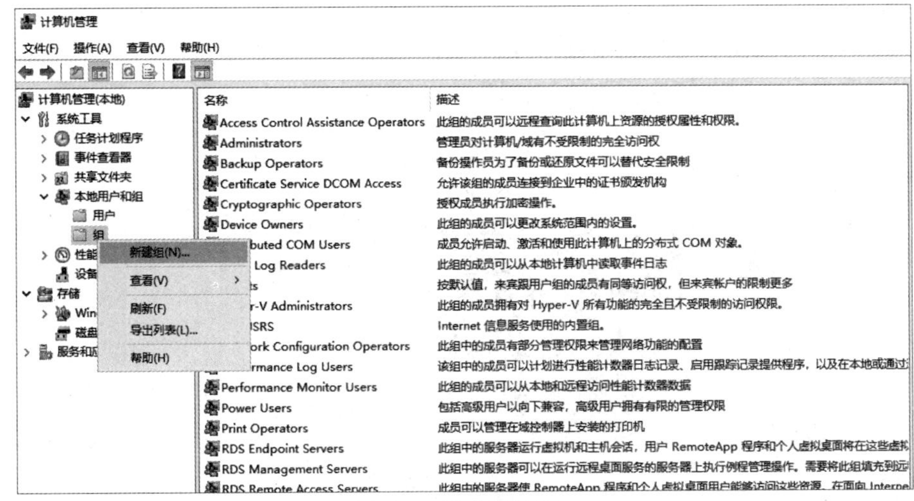

图 3-6 新建组流程一

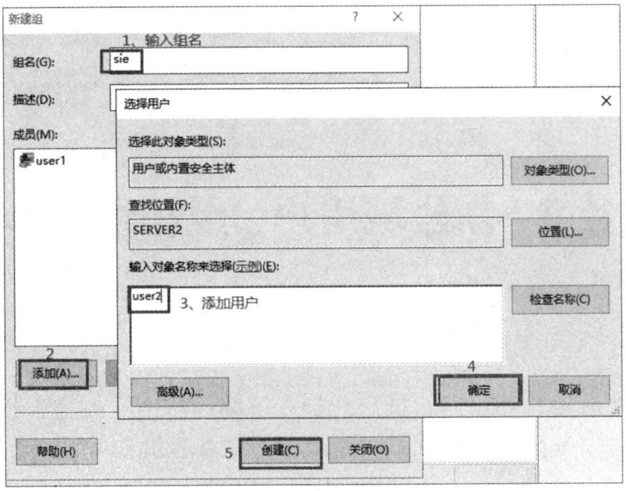

新建组

1、输入组名

组名(G): sie

描述(D):

成员(M):

user1

2 添加(A)...

选择用户

选择此对象类型(S): 用户或内置安全主体 对象类型(O)...

查找位置(F): SERVER2 位置(L)...

输入对象名称来选择(示例)(E): user2 3、添加用户 检查名称(C)

高级(A)... 4 确定 取消

帮助(H) 5 创建(C) 关闭(O)

图 3-7 新建组流程二

任务拓展

（1）重置用户密码。当忘记用户密码时，使用 Administrator 账户，可以重置密码，如图 3-8 和图 3-9 所示。

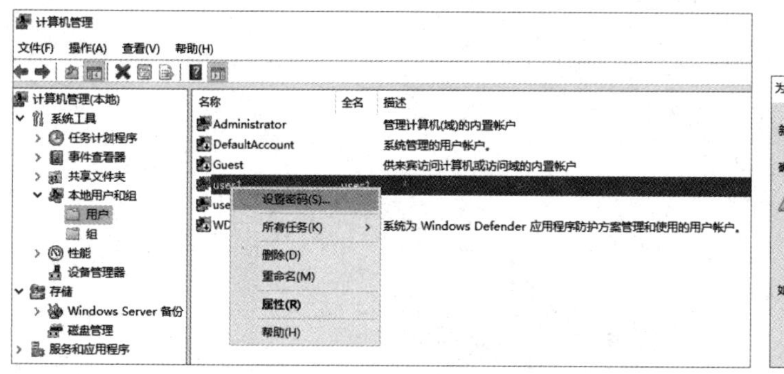
图 3-8　重置密码入口

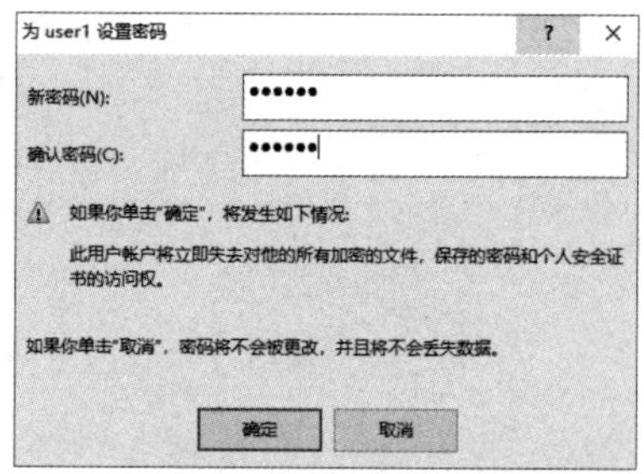
图 3-9　重置密码

（2）按图 3-10 所示的流程，可禁用 user1 用户。想要取消禁用该用户，将“user1 属性”对话框中“账户已禁用”复选框取消勾选即可。

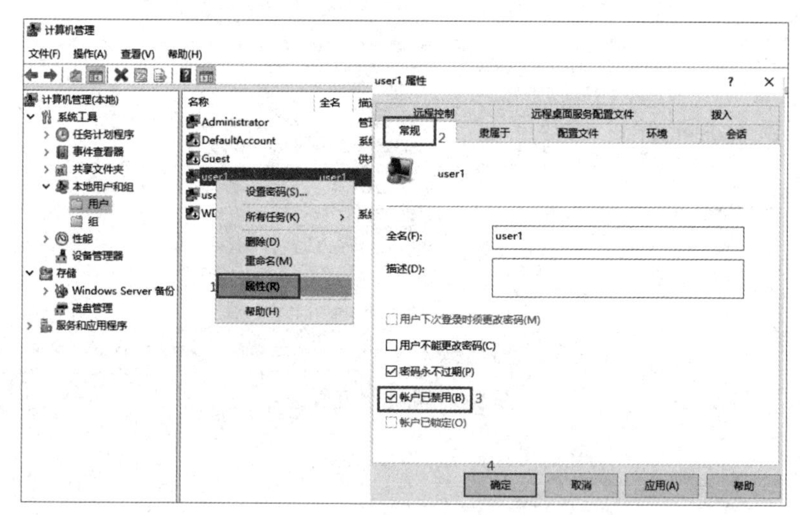
图 3-10　禁用 user1 用户

任务 2　新建域用户、组和组织单位

任务陈述

在域服务中新建域用户和组，将域用户加入不同的组中。新建组织单位，在组织单位内部新建下一级的组织单位，并在某个组织单位内部新建域用户和组。

知识准备

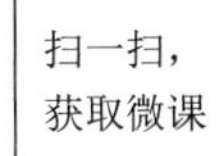

3-3 组织单位（理论）

3.2　域用户和组

Active Directory 域用户账户代表物理实体，如人员。管理员可以将用户账户用作某些应用程序的专用服务账户。用户账户也被称为安全主体。安全主体是指自动为其分配安全标识符（SID）的目录对象，这些对象可用于访问域资源。用户账户主要的作用如下。

（1）验证用户的身份。用户可以使用能够通过域身份验证的身份登录计算机或域。每个登录到网络的用户都应该有自己唯一的账户和密码。为了最大限度地保证安全，要避免多个用户共享同一个账户。

（2）授权或拒绝对域资源的访问。在验证用户身份之后，为该用户授予访问域资源的权限或拒绝该用户对域资源的访问。

3.2.1　默认域用户和组

1. 域用户

Active Directory 用户和“计算机管理”窗口中的“用户”容器显示了两种内置用户账户：Administrator 和 Guest。这些内置用户账户是在创建域时自动创建的。

每个内置用户账户都有不同的权限组合。Administrator 账户在域内具有最大的权限，而 Guest 账户则具有有限的权限。

如果网络管理员没有修改或禁用内置用户账户的权限，恶意用户（或服务）就会使用这些权限通过 Administrator 账户或 Guest 账户非法登录域。保护这些账户的一种较好的安全操作是重命名或禁用它们。由于重命名的用户账户会保留其 SID，因此也会保留其他所有属性，如说明、密码、组成员身份、用户配置文件、账户信息以及任何已分配的权限和用户权利。

若要拥有用户身份验证和授权的安全优势，可通过“Active Directory 用户和计算机”窗口为所有加入网络的用户创建单独的用户账户，然后将各个用户账户（包括 Administrator 账户和 Guest 账户）添加到组以控制分配给该账户的权限。如果具有适合某网络的账户和组，则要确保可以识别登录该网络的用户和只能访问允许资源的用户。

通过设置强密码和实施账户锁定策略，可以帮助域抵御攻击。强密码会减少攻击者对密码的智能密码猜测和字典攻击的危险。账户锁定策略会减少攻击者通过重复登录企图危及用户所在域的安全的可能性。账户锁定策略将确定用户账户在禁用之前尝试登录的失败次数。

每个 Active Directory 用户账户都有许多账户选项，这些选项将确定如何对使用该特定用户账户登录网络的人员进行身份验证。管理员可以使用表 3-3 中的选项为用户账户设置密码和安全特定信息（同样适用于新建域用户账户）。

表 3-3 用户账户密码和安全特定信息的设置

账户选项	描述
用户下次登录时须更改密码	强制用户在下次登录网络时更改自己的密码。在确保该用户是知道密码的唯一人选时启用此选项
用户不能更改密码	防止用户更改自己的密码。要对用户账户（如 Guest 账户或临时账户）保持控制时启用此选项
密码永不过期	防止用户的密码过期。建议服务账户启用此选项并使用强密码
用可还原的加密来储存密码	允许用户从 Apple 计算机登录 Windows 网络。如果用户不从 Apple 计算机登录，则不要启用此选项
账户已禁用	防止用户使用选定的账户进行登录。很多管理员使用已禁用的账户作为公用用户账户的模板
交互式登录必须使用智能卡	要求用户拥有智能卡才能以交互方式登录网络，用户还必须具有连接到计算机的智能卡读卡器以及智能卡的有效个人标识号（PIN）。当启用此选项时，系统会自动将用户账户的密码设置为随机而复杂的值，并启用“密码永不过期”账户选项

2. 域中组

组是指用户与计算机账户、联系人以及其他可以作为单个单位管理的组的集合。属于特定组的用户和计算机被称为组成员。

Active Directory 域服务中的组都是驻留在域和组织单位容器对象中的目录对象。AD DS 在安装时会提供一组默认组。

AD DS 中的组可以执行以下操作。

- 通过将共享资源的权限分配给组而不是单个用户来简化管理。将权限分配给组时，也会将对资源的相同访问权限分配给该组的所有成员。
- 通过组策略将用户权限一次性分配给组来进行委派管理，然后可以向组中添加那些希望和组具有相同权利的成员。
- 创建电子邮件分发列表。

组的特征体现在它的作用域和类型上。组作用域确定了组在域或林内的应用程度。

此外，还存在无法修改或查看其成员身份的组，这些组被称为特殊身份组。根据不同环境，它们代表了不同时间内的不同用户。例如，Everyone 组代表所有当前网络用户的特殊身份组，包括来自其他域的来宾和用户。图 3-11 所示为系统安装后默认的域用户和组。

组的特征体现在用来标识组在域树或林中的应用程度的作用域。有三个组作用域：本地域组、全局组和通用组。

（1）本地域组。本地域组的成员可以包括域中的其他组和用户账户，管理员仅能在域内为这些组的成员分配权限。具有本地域作用域的组可帮助用户定义和管理单一域内的资源访问权限。这些组的成员可以包括下列组。

- 具有全局作用域的组。
- 具有通用作用域的组。
- 账户。

● 具有本地域作用域的其他组。
● 上面任意组的组合。

图 3-11 系统安装后默认的域用户和组

（2）全局组。全局组的成员只包括组定义所在域的其他组和用户账户，管理员可以在林中的任何域为这些组成员分配权限。使用具有全局作用域的组来管理需要进行日常维护的目录对象，如用户和计算机账户。由于具有全局作用域的组在自己的域外不会被复制，因此用户可以经常更改具有全局作用域的组中的账户，而不会对全局编录产生重复流量。当用户对复制到全局编录的域目录对象指定权限时，强烈建议使用全局组或通用组，而不要使用本地域组。

（3）通用组。通用组的成员可以包括域树或林中的任何域的其他组和用户账户，管理员可以在域树或林中的任何域为这些组成员分配权限。使用具有通用作用域的组来合并跨域的组。为此，管理员可向具有全局作用域的组中添加账户，并在具有通用作用域的组内嵌套这些组。使用此作用域时，对具有全局作用域的组成员身份的任何更改都不会影响具有通用作用域的组。不要经常更改具有通用作用域的组的成员身份，对这类组的成员身份的任何更改都会导致该组的全部成员身份被复制到林中的各个全局编录中。

AD DS 中有两种组类型：安全组和通讯组。管理员可以使用通讯组来创建电子邮件分发列表，而使用安全组来分配共享资源的权限。

权限与用户权限不同。权限用于确定可以访问共享资源的对象，并确定访问级别，如“完全控制”。管理员可以使用安全组来管理共享资源的访问和权限设置。系统将自动分配某些域对象上设置的权限，以允许针对默认安全组（如 Account Operators 组或 Domain Admins 组）的各种访问级别。与通讯组类似，安全组也可以用作电子邮件实体。将电子邮件发送到组时，也会将该邮件发送到该组的所有成员。

3.2.2 创建域用户和组

如果要管理域用户，需要在Active Directory域服务中创建用户账户。若要执行此过程，则创建的用户账户必须是Active Directory域服务中Account Operators组、Domain Admins组或Enterprise Admins组的成员，或者必须被委派了适当的权限。从安全角度来考虑，可使用“运行身份”来执行此过程。

如果未分配密码，则用户首次尝试登录时（使用空白密码）系统会弹出一条登录消息，显示“您必须在第一次登录时更改密码”。用户更改密码后，登录过程将继续。如果服务的用户账户的密码已更改，则必须重置使用该用户账户验证的服务。

如果要添加组，则可以单击要添加组的文件夹，然后单击工具栏上的“新建组”图标。完成此过程，最低需要使用Account Operators组、Domain Admins组、Enterprise Admins组或类似组中的成员身份。

3.3 组织单位

3.3.1 组织单位概述

域中包含的一种特别有用的目录对象类型是组织单位（OU）。OU是一个Active Directory容器，用于放置用户、组、计算机和其他OU。OU不能包含来自其他域中的对象。

OU是可以向其分配组策略设置或委派管理权利的最小作用域或单位。管理员使用OU可以在域中创建表示组织中的层次结构、逻辑结构的容器，然后可以根据组织模型管理账户及配置和使用资源。

OU可以包含其他OU。管理员可以根据需要将OU的层次结构扩展为模拟域中组织的层次结构。使用OU有助于最大限度地减少网络所需的域数目。

管理员可以使用OU创建能够缩放到任意大小的管理模型，可以具有对域中的所有OU或单个OU的管理权利。一个OU的管理员不一定对域中的任何其他OU具有管理权利。

3.3.2 操作组织单位所需的权限

若要新建、移动或删除OU，最低需要使用Account Operators组、Domain Admins组、Enterprise Admins组或类似组中的成员身份。

如果选定的OU包含其他对象，则“Active Directory用户和计算机”窗口会提示用户继续或取消移动或删除操作。如果选择继续，则OU中的所有对象都会被移动或删除。

任务实施

本任务需要创建公司的组织架构，在组织架构中创建相关的用户和组。公司的组织架构如表3-4所示。

表 3-4　公司的组织架构

一级 OU	二级 OU	三级 OU	域用户	组
著创公司	上海分公司	销售部 1	wangli	sd1
			zhangqi	
			xuhua	
		技术部 1	wuxin	td1
		人力资源部 1	xuli	hrd1
	苏州分公司	销售部 2	zhouli	sd2
		技术部 2	zhanglan	td2
		人力资源部 2	chenqing	hrd2

（1）选择“服务器管理器”→“工具”→“Active Directory 管理中心”选项，打开“Active Directory 管理中心”窗口，如图 3-12 所示。

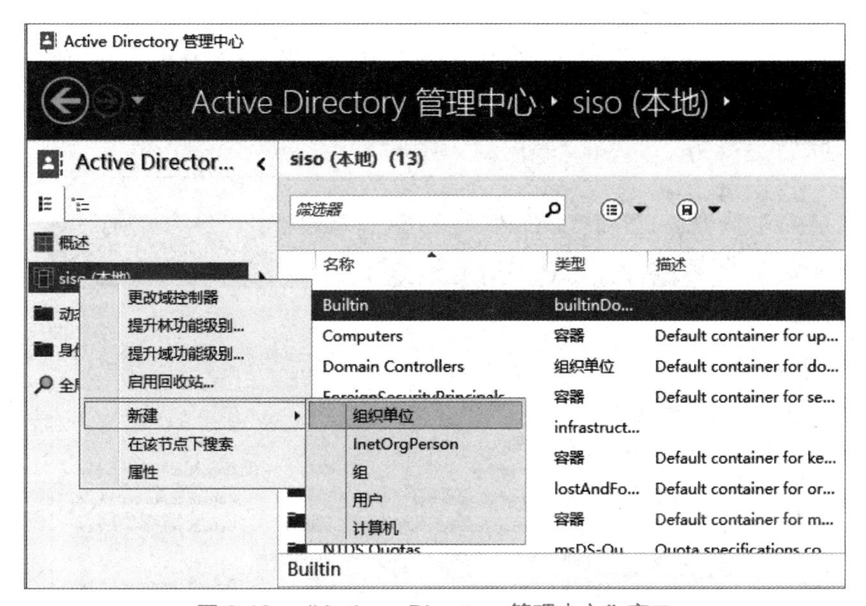

图 3-12　“Active　Directory 管理中心”窗口

（2）在“siso（本地）”选项上单击鼠标右键，在弹出的快捷菜单中选择“新建”→“组织单位”命令，打开“创建 组织单位：著创公司”窗口，如图 3-13 所示。

（3）在“著创公司”选项上单击鼠标右键，在弹出的快捷菜单中选择“新建”→“组织单位”命令，如图 3-14 所示，在打开的“创建 组织单位：著创公司”窗口中新建“上海分公司”和“苏州分公司”的 OU。

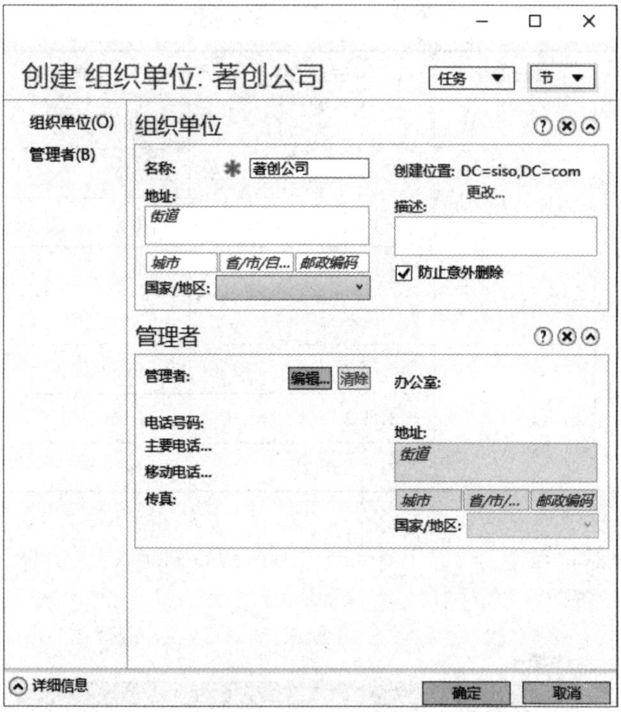

图 3-13　“创建组织单位：著创公司”窗口

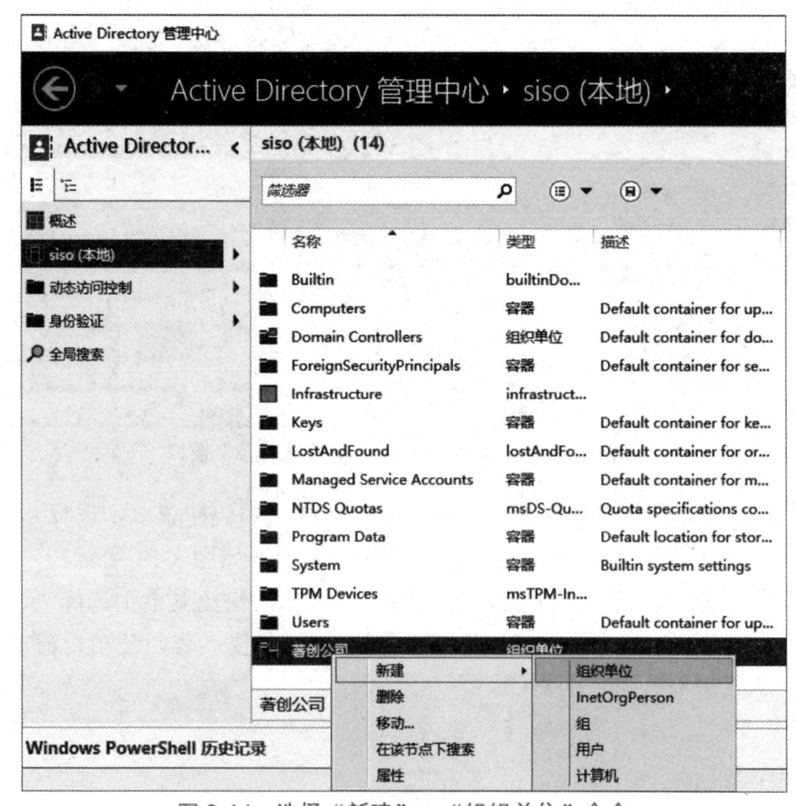

图 3-14　选择“新建”→“组织单位”命令

（4）按图 3-15 所示的步骤，在“上海分公司”和“苏州分公司”的 OU 内部分别创建销售部 1、技术部 1、人力资源部 1 和销售部 2、技术部 2、人力资源部 2 的 OU，结果如图 3-16 所示。

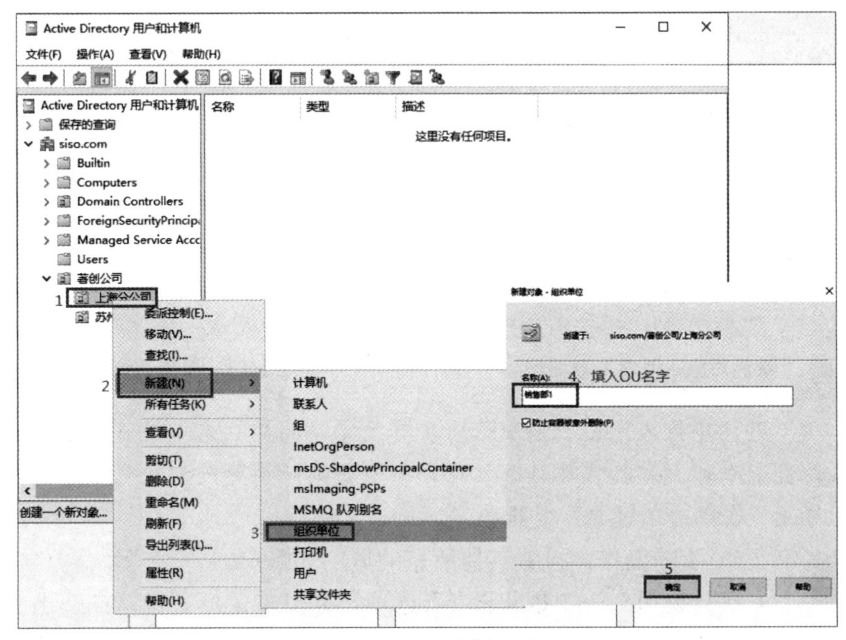

图 3-15　创建不同部门的 OU

图 3-16　公司的组织架构

（5）选中“上海分公司”→“销售部 1”选项，并单击鼠标右键，在弹出的快捷菜单中选择“新建”→“用户”命令，打开“新建对象 - 用户”对话框，如图 3-17 所示。

（6）设置用户密码及选项，如图 3-18 所示。

图 3-17 “新建对象 - 用户”对话框

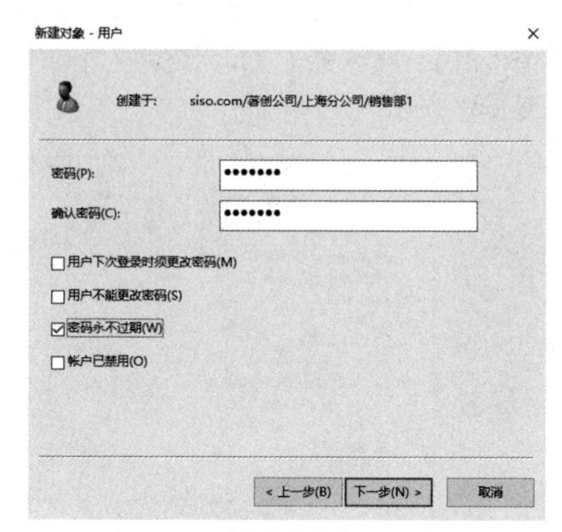

图 3-18 设置用户密码及选项

注意：在“用户登录名”文本框中请输入英文字符的用户名，最好不要使用汉字。公司管理员在设置密码时，一般需要勾选“用户下次登录时须更改密码”复选框，此处为了实验方便，勾选“密码永不过期”复选框。

（7）重复第（5）步的操作，设置其他所有的域用户账户。

（8）选中“上海分公司”→“销售部 1”选项，并单击鼠标右键，在弹出的快捷菜单中选择“新建”→“组”命令，打开“新建对象 - 组”对话框，如图 3-19 和图 3-20 所示。

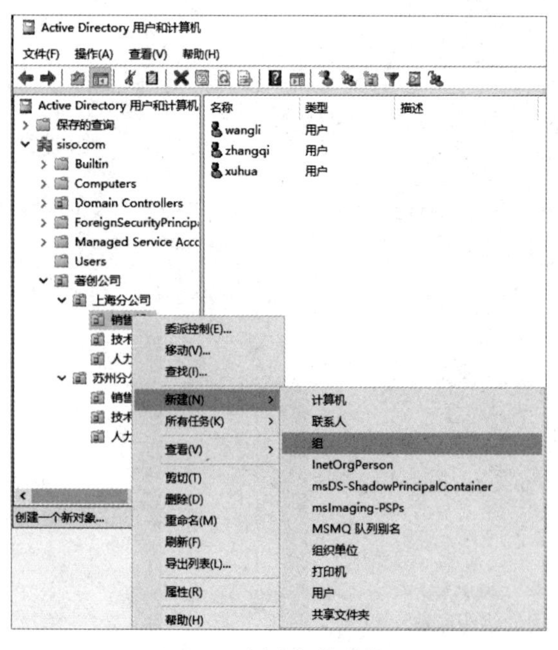

图 3-19 新建组的过程

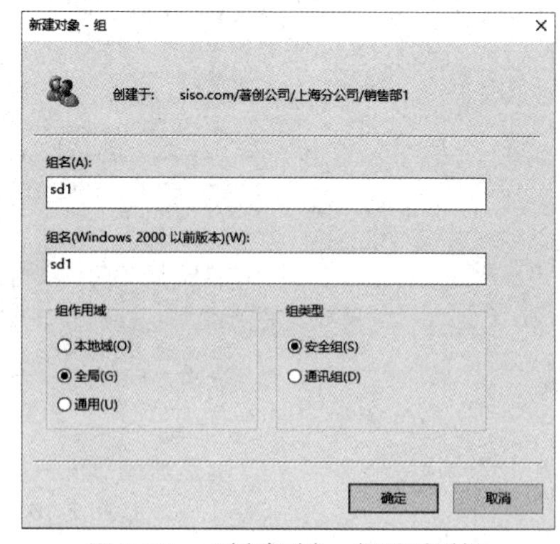

图 3-20 “新建对象 - 组”对话框

在图 3-20 中，组作用域和组类型的选择，参见 3.2.1 节中的介绍。

（9）将域用户加入组有两种方式：一是，通过“添加到组”命令直接把用户添加到组，如图 3-21 所示；二是，通过“属性”命令将用户添加到组，如图 3-22 所示。

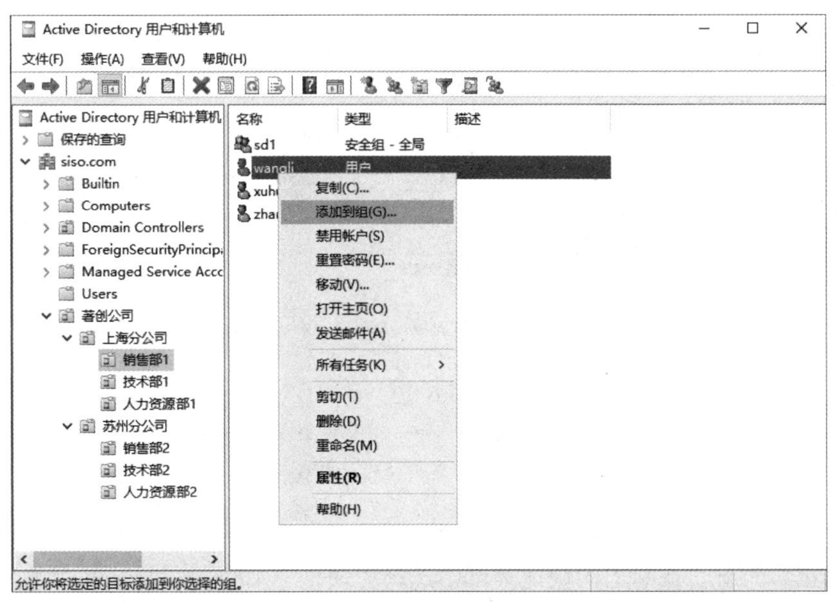

图 3-21　通过“添加到组”命令直接把用户添加到组

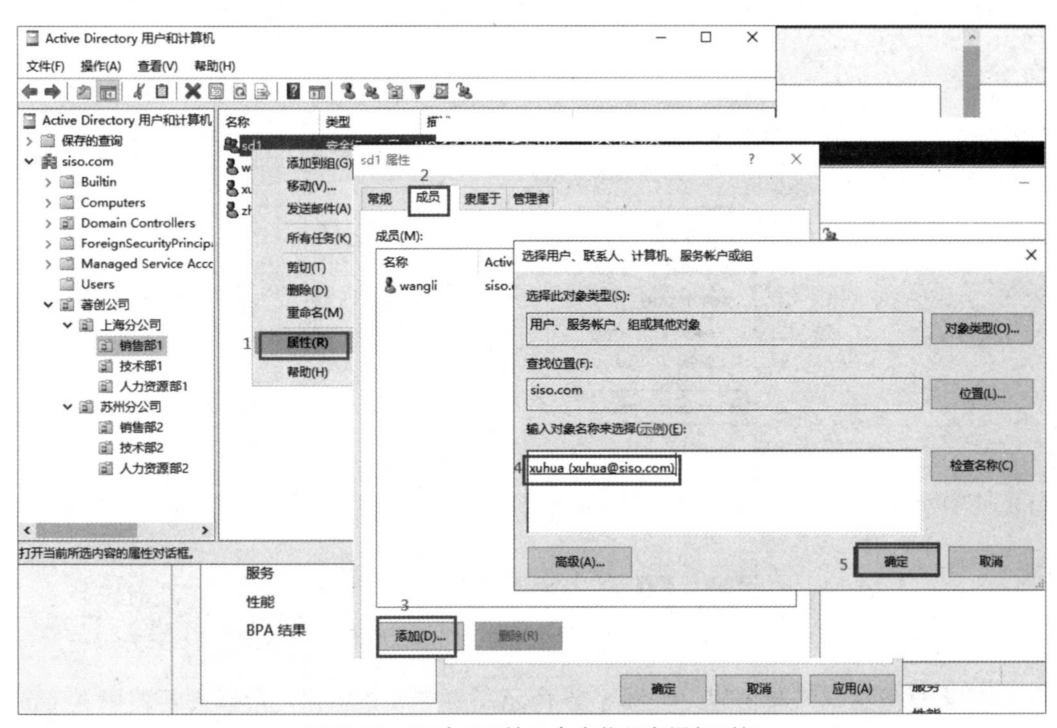

图 3-22　通过“属性”命令将用户添加到组

（10）重复上述操作，创建好所有的域用户和组，并将相应的用户添加到对应的组中。

任务拓展

（1）在删除创建的组织单位时，可能会报错，如图 3-23 所示。下面我们来解决该问题。

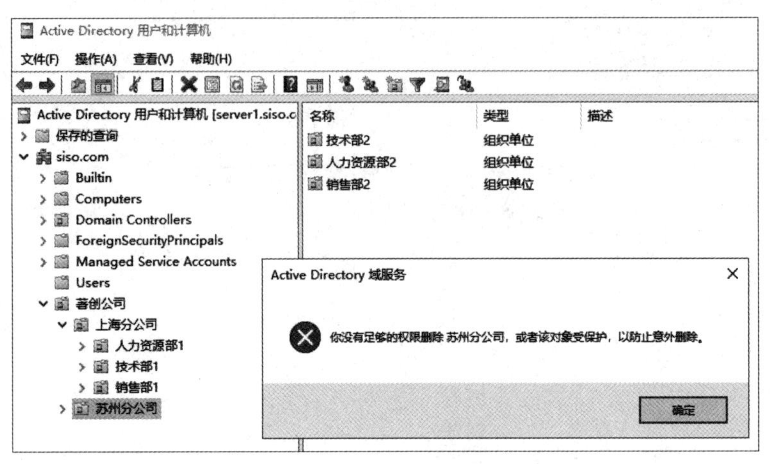

图 3-23　删除组织单位的权限不足

操作：选择“查看”→“高级功能”命令，然后在弹出的对话框中选中要删除的组织单位，单击鼠标右键，在弹出的快捷菜单中选择“属性”命令，在打开的“苏州分公司属性”对话框中选择“对象”选项卡，将“防止对象被意外删除”复选框前面的对钩去掉，如图 3-24 所示，单击“确定”按钮后，重新删除组织单位，即可删除。

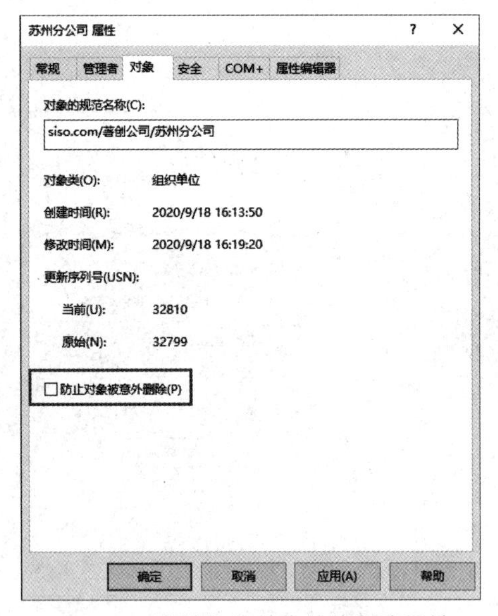

图 3-24　去掉组织单位的防删除属性

（2）重置域用户账户密码，如图 3-25 所示。要完成该操作，最低需要使用 Account Operators 组、Domain Admins 组、Enterprise Admins 组或类似组中的成员身份。

（3）出于安全考虑，若要防止特定用户登录，可以禁用用户账户而不删除它们。按图 3-26 所示的操作步骤可禁用某用户账户。按图 3-27 所示的步骤可启用某用户账户。要完成此过程，最低需要使用 Account Operators 组、Domain Admins 组、Enterprise Admins 组或类似组中的成员身份。

（4）按图 3-28 所示的步骤可移动用户账户。要完成此过程，最低需要使用 Account Operators 组、Domain Admins 组、Enterprise Admins 组或类似组中的成员身份。例如，徐华从上海销售部调职到苏州人力资源部，要对其账户 xuhua 进行移动。

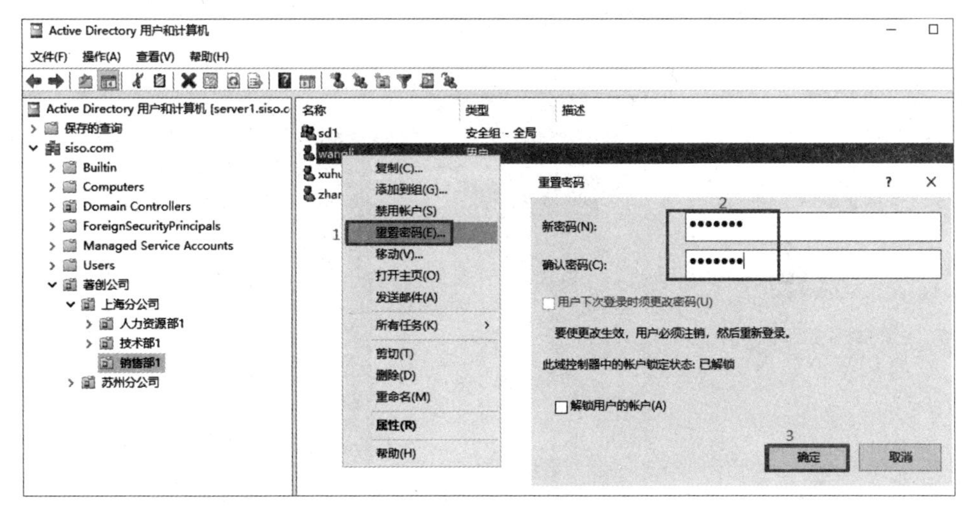

图 3-25 重置域用户账户密码

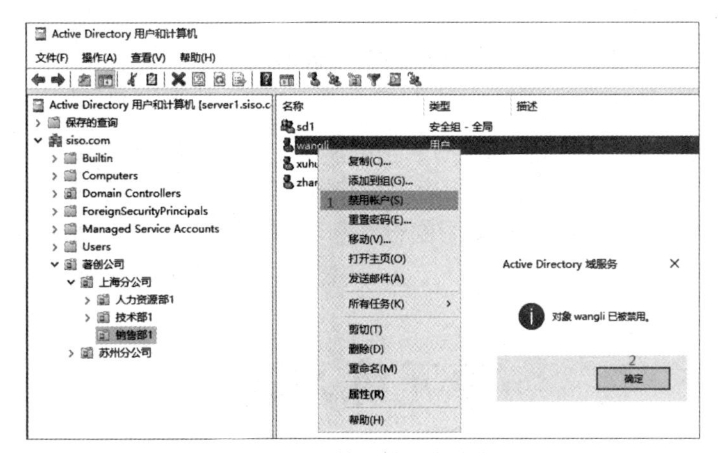

图 3-26 禁用某用户账户

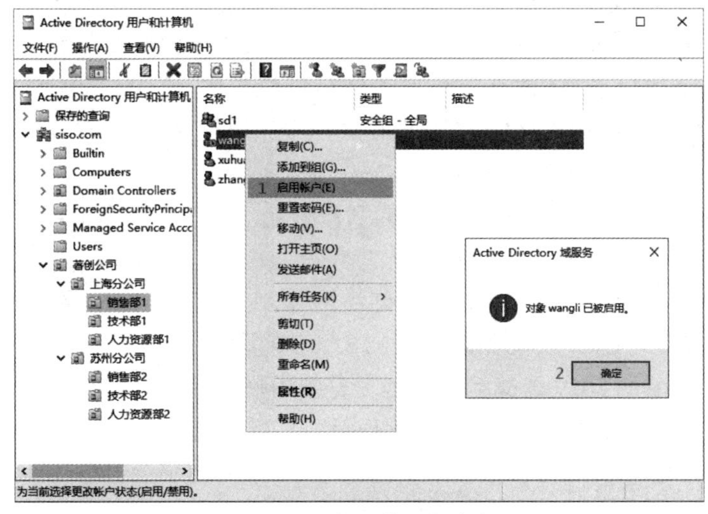

图 3-27 启用某用户账户

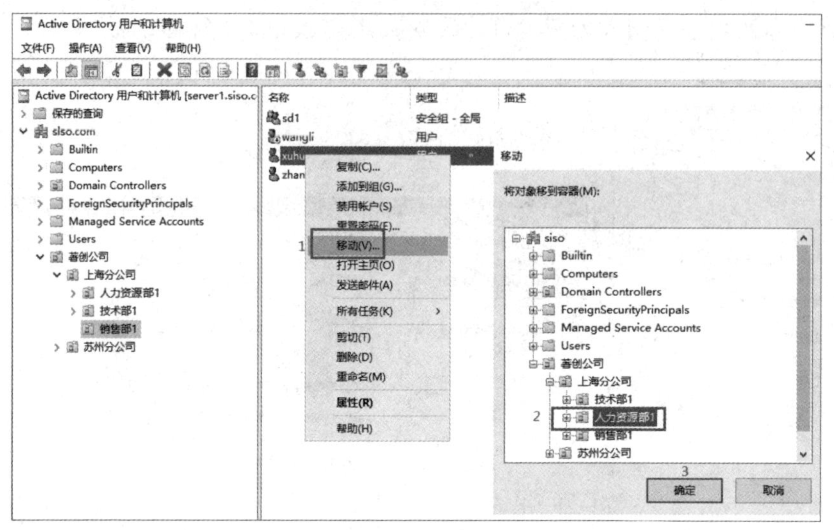

图 3-28　移动用户账户

单元小结

在公司的域服务器上通过设置不同级别的 OU，可以使公司的组织架构一目了然。在不同的 OU 中根据实际需求，可建立相应的用户账户和组，并将相关的用户加入相应的组。本章所建立的组用于后期进行文件权限的设置和管理，组织单位用于后期进行组策略管理，域用户可以在公司内部任何一台客户机上进行登录，使用域中的资源。

单元练习题

一、单项选择题

1．公司的计算机处在单域的环境中，你是域的管理员，公司有两个部门，分别是销售部和市场部，每个部门在活动目录中有一个相应的 OU（组织单位），分别是 SALES 和 MARKET。有一个用户 TOM 要从市场部转到销售部工作。TOM 的账户原来存放在组织单位 MARKET 里，如果想将 TOM 的账户存放到组织单位 SALES 里，应该通过（　　）来实现。

A．在组织单位 MARKET 里将 TOM 的账户删除，然后在组织单位 SALES 里新建

B．将 TOM 使用的计算机重新加入域

C．复制 TOM 的账户到组织单位里，然后将 MARKET 里 TOM 的账户删除

D．直接将 TOM 的账户移动到组织单位 SALES 里

2．Windows Server 2019 计算机的管理员有禁用账户的权限。当一个用户在一段时间内不使用账户时（可能是休假等原因），管理员可以禁用该用户账户。下列关于禁用用户账户的叙述正确的是（　　）。

A．Administrator 账户不可以被禁用

B．Administrator 账户可以禁用自己，所以在禁用自己之前应该先至少创建一个 Administrators 组的账户

C．禁用的账户过一段时间会自动启用

D．以上都不对

3．关于域组的概念，下列描述正确的是（　　）。

A．全局组只能将同一域内的用户加入全局组

B．通用组可以包含本地域组

C．本地域组的用户可以访问所有域的资源

D．本地域组可以包含其他域的本地域组

4．在系统默认情况下，下列（　　）组的成员可以创建本地用户账户。

A．Users　　B．Backup Operators

C．Guests　　D．Power Users

5．某公司的计算机处在单域环境中，域的模式为混合模式，管理员在创建用户组的时候，不能创建（　　）。

A．通用组　　B．本地域组

C．安全组　　D．全局组

6．公司最近安装了 Exchange Server 2019，网络管理员小张为每个用户账户创建了邮箱，为了方便管理，他希望创建组来专门发送电子邮件，那么他应该创建（　　）。

A．全局组　　B．通讯组　　C．安全组　　D．通用组

二、填空题

1．管理员的用户名为______________________________。

2．在 Windows 网络中，按照作用范围，用户账户可分为__________________________、____________________。

3．Windows Server 2019 安装完成后，有四个默认的本地用户账户：______________________、____________________________、____________________________和____________________________。

4．AD DS 中有两种组类型：通讯组和安全组。管理员可以使用______________________来创建电子邮件分发列表，而使用________________________来分配共享资源的权限。

5．域中包含的一种特别有用的目录对象类型是____________________。

三、解答题

1．组和组织单位有何区别？

2．组的特征体现在用来标识组在域树或林中的应用程度的作用域，三个组作用域分别是什么？简述各自的作用。

3．若要新建、移动或删除组织单位，则需要具有什么样的用户权限？简述组织单位的作用。

单元 4 组策略的配置与管理

学习目标

【知识目标】

- 了解组策略的概念和作用。
- 了解组策略与注册表的关系。
- 熟悉组策略的组成和功能。
- 掌握组策略的应用方式。
- 掌握组策略的处理顺序。

【技能目标】

- 掌握配置本地组策略和域环境下的组策略的方法。
- 掌握如何创建并链接组策略。
- 熟悉组策略的设置方法。
- 掌握修改组策略配置的选项。

引例描述

著创公司决定实施组策略来管理账户策略、配置服务器组策略以及提高计算机的安全性，如图 4-1 所示。在第 3 章中，公司已经进行了 OU 设置，管理员需要创建组策略对象（Group Policy Object，GPO）来部署计划，使一些策略可应用于所有域对象，一些策略应用于上海分公司，一些策略应用于苏州分公司，并且使计算机和用户设置不同的策略，所以必须将 GPO 管理委派给公司每个地点的管理员。

图 4-1　组策略管理

网络管理员小江通过查询资料，获知在域环境下建立组策略的基本步骤如下。

（1）创建好相应的组织单位。

（2）创建组织单位的组策略对象。

（3）编辑组织单位的组策略对象。

任务 1　配置本地安全策略

任务陈述

著创公司新购置了一台服务器，已经安装了 Windows Server 2019。公司管理员小江需要在该服务器上配置本地安全策略，完成对用户账户和计算机账户的集中化管理和配置。

知识准备

扫一扫，获取微课

4-1 组策略和本地安全策略（理论）

4.1　组策略

组策略是 Windows 的一个特性，可以控制用户账户和计算机账户的工作环境。组策略提供了操作系统、应用程序和活动目录中用户的集中化管理和配置功能。

4.1.1　组策略概述

组策略在部分意义上用于控制用户在计算机上的操作行为。例如，实施密码复杂性策略用于避免用户设置过于简单的密码；允许或阻止身份不明的用户从远程计算机连接到网络共享；阻止访问 Windows 任务管理器或限制访问特定文件夹；可以为特定用户或用户组定制可用的程序、桌面上的内容及“开始”菜单等，也可以在整个计算机范围内创建特殊的桌面配置等。简言之，组策略是 Windows 中的一套系统更改和配置管理工具的集合。

4.1.2　组策略的执行顺序

要完成一组计算机的中央管理目标，计算机应该接收和执行组策略对象。驻留在单台计算机上的组策略对象仅适用于该台计算机。要应用一个组策略对象到一个计算机组，组策略需要依赖于活动目录进行分发。活动目录可以分发组策略对象到一个 Windows 域中的计算机。

在默认情况下，系统每隔 90 分钟刷新一次组策略，随机偏移 30 分钟。在域控制器上，系统每隔 5 分钟刷新一次组策略。在刷新时，它会发现、获取和应用所有适用于这台计算机和已登录用户的组策略对象。某些设置（如自动化软件安装、驱动器映射、启动脚本或登录脚本）只在系统启动或用户登录时应用。用户可以从命令提示符窗口中使用“gpupdate”命令手动启动组策略刷新功能。

计算机执行组策略对象的顺序如下。

（1）本地：任何在本地计算机上的设置。在 Windows Vista 之前，每台计算机只能有一个本地组策略。在 Windows Vista 和之后的 Windows 版本中，允许每个用户账户分别拥有一个本地组策略。

（2）站点：任何与计算机所在的活动目录站点关联的组策略。如果多个组策略已链接到一个站点，则按照管理员设置的顺序进行处理。

（3）域：任何与计算机所在 Windows 域关联的组策略。如果多个组策略已链接到一个域，则按照管理员设置的顺序进行处理。

（4）组织单位：任何与计算机或用户所在的活动目录组织单位关联的组策略。如果多个组策略已链接到一个组织单位，则按照管理员设置的顺序进行处理。

4.1.3 组策略与注册表

注册表是 Windows 中保存系统、应用软件配置的数据库，随着 Windows 功能的不断丰富，注册表里的配置项也越来越多。很多配置项是可以自定义设置的，但这些配置项被发布在注册表的各个角落，如果用户进行手动配置，则非常困难和烦琐，而组策略则将系统重要的配置功能汇集成各种配置模块，供管理人员直接使用，从而达到方便管理计算机的目的。简单来说，组策略用于修改注册表中的配置项。当然，组策略使用自己更完善的管理组织方法，可以对各种对象中的设置进行管理和配置，远比用户手动修改注册表更方便、灵活，功能也更加强大。按 Windows+R 组合键打开“运行”对话框，然后在“打开”文本框中输入“regedit”，按回车键后打开“注册表编辑器”窗口，如图 4-2 所示。

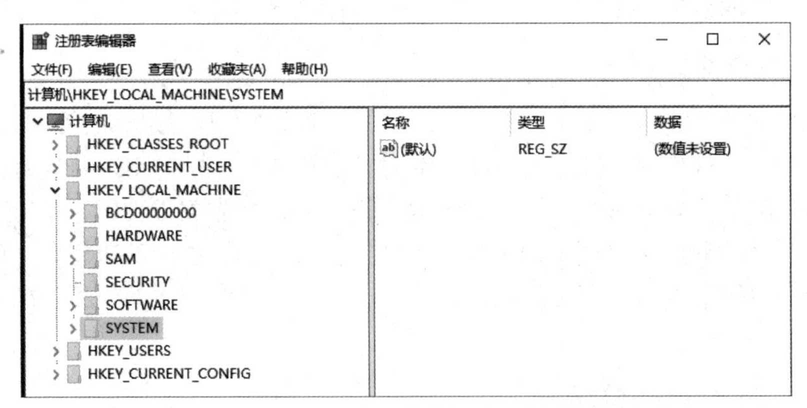

图 4-2 “注册表编辑器”窗口

4.2 本地组策略

4.2.1 本地组策略概述

本地组策略（Local Group Policy，LGP 或 LocalGPO）是组策略的基础版本，它面向独立且非域的计算机，影响本地计算机的安全设置，可以应用到域计算机。本地组策略的打开方法是在“运行”对话框中输入“gpedit.msc”，打开“本地组策略编辑器”窗口，如图 4-3 所示。

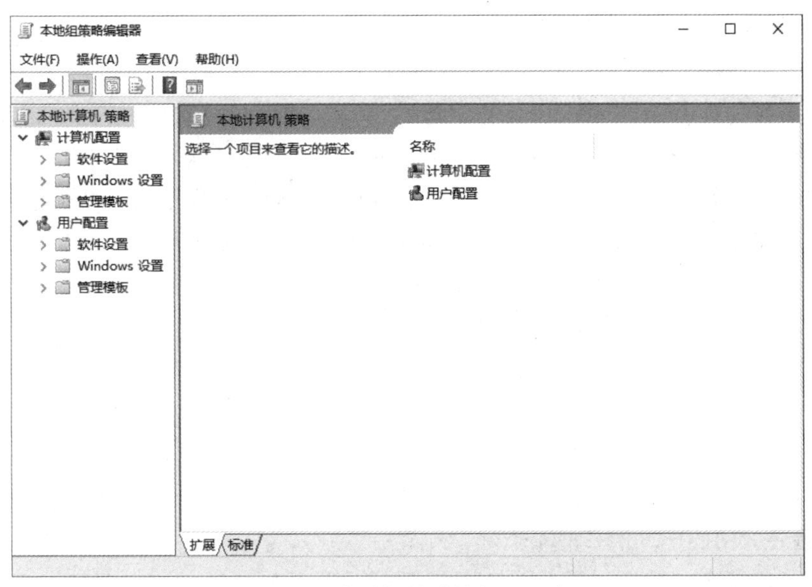

图 4-3 “本地组策略编辑器”窗口

4.2.2 本地组策略的分类

本地组策略主要包含计算机配置和用户配置。无论是计算机配置还是用户配置，都包括软件设置、Windows 设置和管理模板三部分内容。其中比较常用的是“计算机配置”→“Windows 设置”→“安全设置”中的各种配置，这部分的安全设置对应“本地安全策略”，单独设置“本地安全策略”的入口为选择“服务器管理器”→“工具”→“本地安全策略”选项，打开“本地安全策略”窗口，如图 4-4 所示。

图 4-4 “本地安全策略”窗口

本地安全策略主要包括账户策略和本地策略，详细介绍如下。

1. 账户策略

（1）密码策略。

- 密码必须符合复杂性要求：英文字母大小写、数字、特殊符号四者取其三。
- 密码长度最小值：设置范围为0～14，设置为0表示不需要密码。
- 密码最长使用期限：默认为42天，设置为0表示密码永不过期，设置范围为0～999。
- 密码最短使用期限：设置为0表示随时更改密码。
- 强制密码历史：最近使用过的密码不允许再使用，设置范围为0～24，默认为0，表示随意使用过去使用过的密码。

（2）账户锁定策略。

- 账户锁定阈值：输入几次错误密码后，将用户账户锁定，设置范围为0～999，默认为0，代表不锁定用户账户。
- 账户锁定时间：账户锁定多长时间后自动解锁，单位为分钟，设置范围为0～99 999，0表示必须由管理员手动解锁。
- 重置账户锁定计数器：用户输入的密码错误后开始计时，当该时间过后，计数器重置为0。此时间必须小于或等于账户锁定时间。 需要注意的是，账户锁定策略对本地管理员账户无效。

2. 本地策略

（1）审核策略。

（2）用户权限分配，常用策略如下。

- 关闭系统。
- 更改系统时间。
- 拒绝本地登录、允许本地登录（作为服务器的计算机不能让普通用户交互登录）。

（3）安全选项。

- 安全选项常用策略。
- 用户试图登录时的消息标题、消息文本。
- 访问本地账户的共享和安全模式（经典和仅来宾）。
- 使用空白密码的本地账户只允许登录到控制台。

注意：执行“gpupdate”命令使本地安全策略生效或重启计算机，执行“gpupdate/force”命名强制刷新策略。

任务实施

在服务器作为域控制器之前，完成如下本地安全策略的设置。

（1）配置密码策略。

- 密码必须符合复杂性要求。
- 密码长度最小值：7。
- 密码最短使用期限：3天。
- 密码最长使用期限：42天。
- 强制密码历史：3。

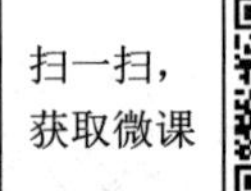

4-2 配置与管理本地组策略（操作）

● 账户锁定时间：30 分钟。
● 账户锁定阈值：3。
● 重置账户锁定计数器：30 分钟。

（2）只允许 Administrators 组的用户通过网络远程到服务器上。

（3）赋予 user1 用户修改系统时间的权限。

操作步骤如下。

（1）在“本地安全策略”窗口中，启用“密码必须符合复杂性要求”策略，如图 4-5 所示。

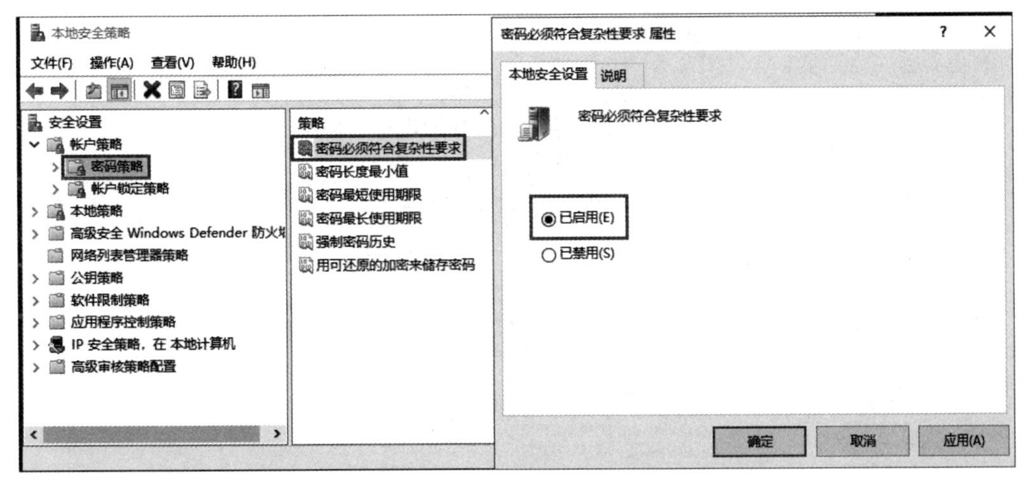

图 4-5　启用“密码必须符合复杂性要求”策略

（2）在“本地安全策略”窗口中，启用“密码长度最小值”策略，将其值设置为“7”，如图 4-6 所示。

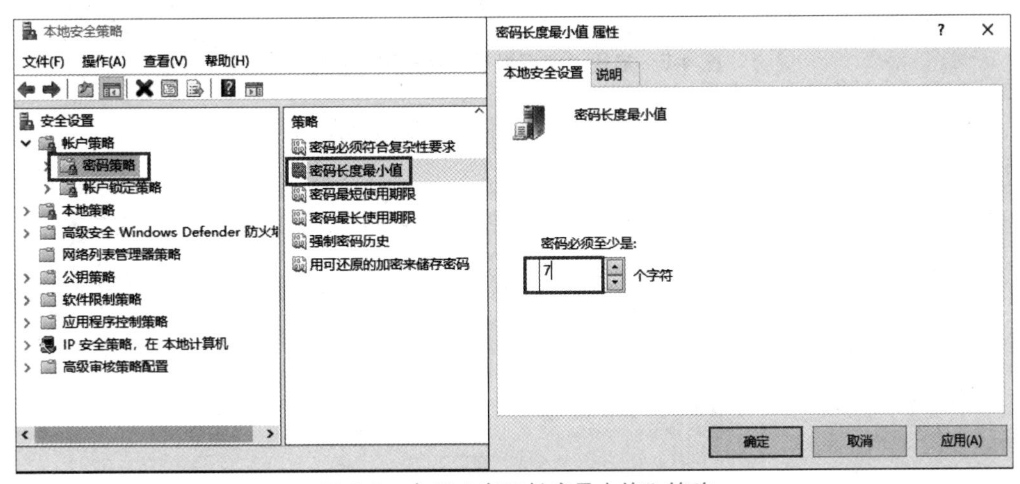

图 4-6　启用“密码长度最小值”策略

（3）在“本地安全策略”窗口中，启用“密码最短使用期限”策略，将其值设置为“3”，如图 4-7 所示。

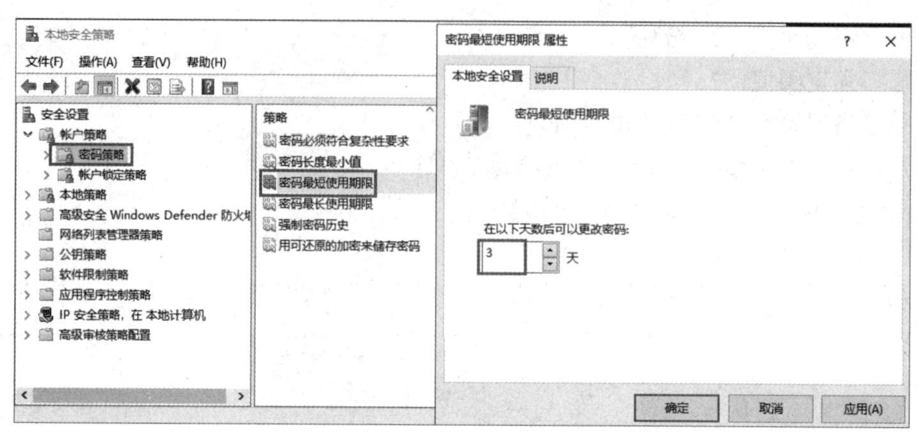

图 4-7　启用“密码最短使用期限”策略

（4）在“本地安全策略”窗口中，启用“密码最长使用期限”策略，将其值设置为“42”，如图 4-8 所示。

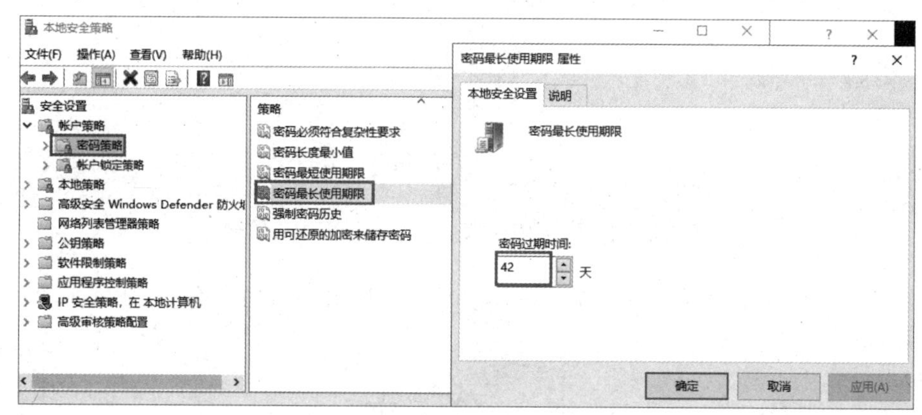

图 4-8　启用“密码最长使用期限”策略

（5）在“本地安全策略”窗口中，启用“强制密码历史”策略，将其值设置为“3”，如图 4-9 所示。

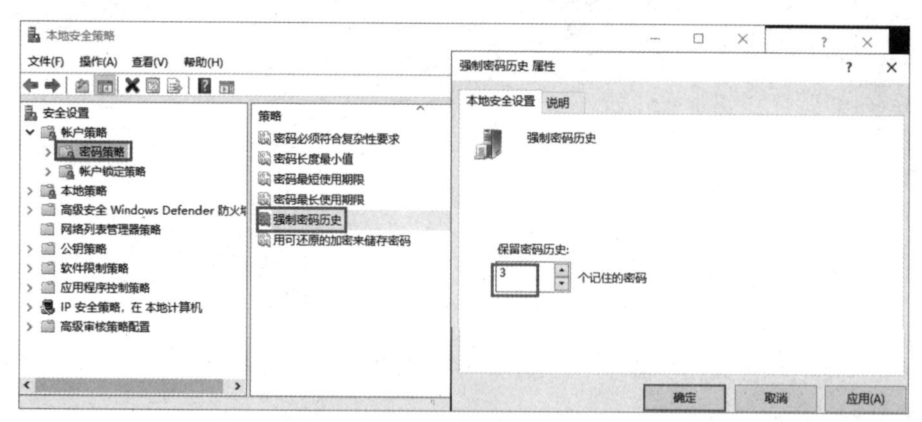

图 4-9　启用“强制密码历史”策略

（6）在“本地安全策略”窗口中，启用“账户锁定时间”策略，将其值设置为“30”，如图 4-10 所示。

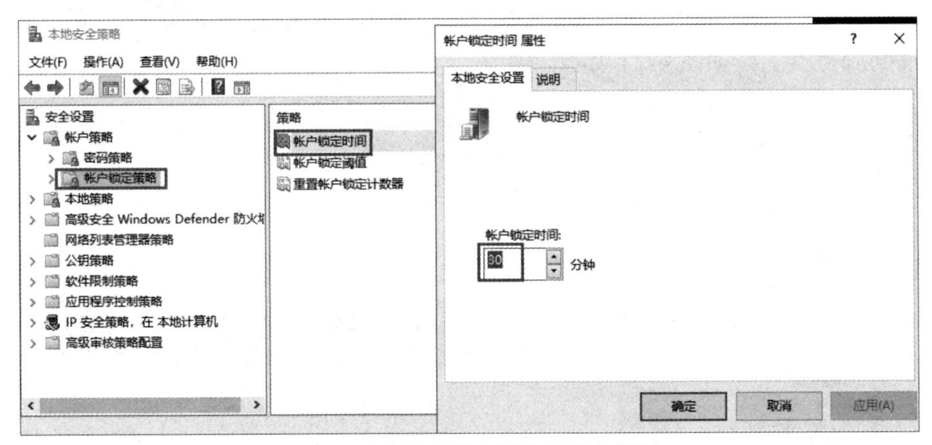

图 4-10 启用“账户锁定时间”策略

（7）在“本地安全策略”窗口中，启用“账户锁定阈值”策略，将其值设置为“3”，如图 4-11 所示。

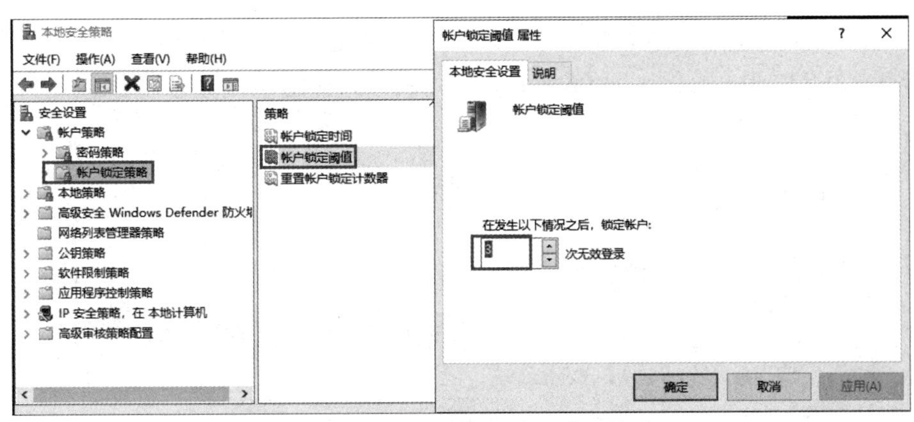

图 4-11 启用“账户锁定阈值”策略

（8）在“本地安全策略”窗口中，启用“重置账户锁定计数器”策略，将其值设置为“30”，如图 4-12 所示。

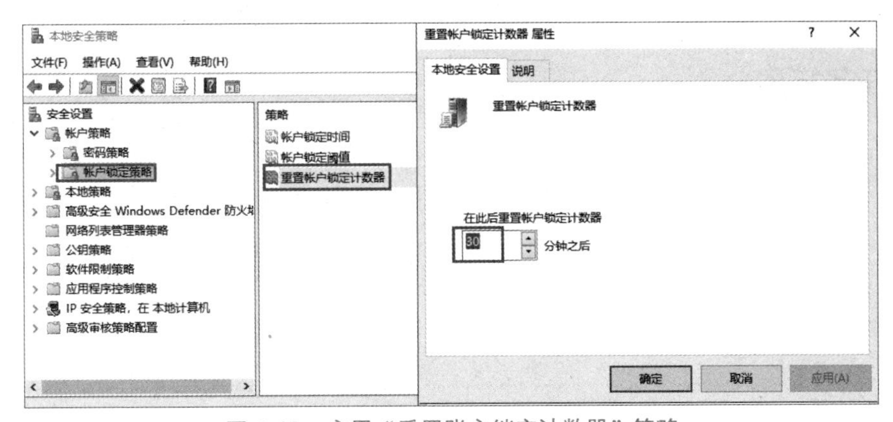

图 4-12 启用“重置账户锁定计数器”策略

（9）在“本地安全策略”窗口中，将默认的“Backup Operators”、“Everyone”和“Users”组删除，仅保留“Administrators”组，设置只允许 Administrators 组的用户通过网络远程到服务器上，如图 4-13 所示。

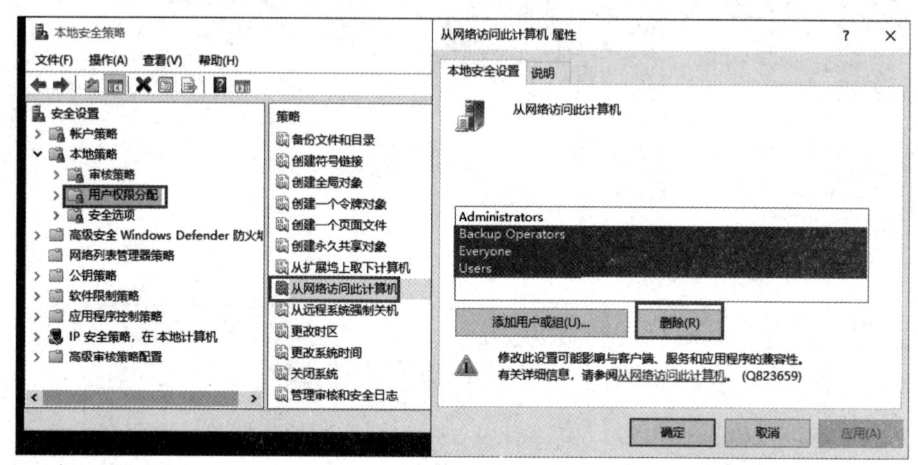

图 4-13　设置只允许 Administrators 组的用户通过网络远程到服务器上

（10）在“本地安全策略”窗口中，将默认的可修改系统时间的用户删除，并添加 user1 用户，然后赋予 user1 用户修改系统时间的权限，如图 4-14 所示。

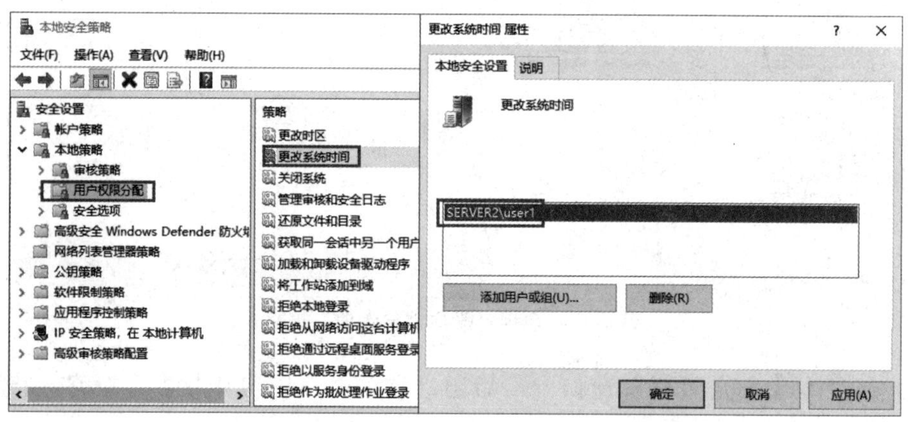

图 4-14　赋予 user1 用户修改系统时间的权限

任务拓展

用户可以使用命令提示符窗口或 Microsoft 管理控制台（MMC）打开“本地安全策略”窗口。要完成本地组策略的编辑，用户必须具有 GPO 的编辑设置权限。在默认情况下，Domain Administrators 组、Enterprise Administrators 组或 Group Policy Creator Owners 组的成员具有 GPO 的编辑设置权限。

（1）本地组策略对象（LGPO）在域控制器上不可用。

（2）本地组策略对象按以下顺序进行处理，最后一个 LGPO 优先于所有其他的 LGPO。

- 本地组策略（也被称为“本地计算机策略”）。
- 管理员或非管理员本地组策略。
- 特定用户本地组策略。

任务 2　创建域环境中的安全策略

任务陈述

著创公司的网络管理员小江，已经在公司的服务器上安装域控制器 siso.com，现在需要按照公司的信息安全规定对域或者 OU 内的账户和计算机账户进行集中管理和配置。

知识准备

扫一扫，获取微课

4-3 域环境中的组策略（理论）

4.3　域环境中的组策略

4.3.1　域环境中的组策略概述

组策略是 Active Directory 域服务中一个非常有价值的管理工具。通过使用组策略，管理员可以按照管理要求定义相应的策略，有选择地应用到 Active Directory 中的用户和计算机上。组策略的设置存储在域控制器的 GPO 中。管理员可以在站点、域中为整个公司设置组策略，从而集中地管理组策略，也可以在组织单位层次为每个部门设置组策略来实现组策略的分散管理。

组策略包括针对用户的组策略和针对计算机的组策略，可以使网络管理员实现用户和计算机的一对多管理的自动化。管理员使用组策略可以完成如下操作。

- 应用标准配置。
- 部署软件。
- 强制实施安全设置。
- 强制实施一致的桌面环境。

需要注意的是，当不同的策略出现矛盾时，后应用的策略会覆盖先前设置的策略，即子容器的组策略的优先级更高。多个组策略对象可链接到同一个容器上，它们的优先级可在控制台中被定义。

4.3.2　域环境中默认的组策略

在域环境中，有默认的组策略，如表 4-1 所示。

表 4-1　域环境中默认的组策略

组　策　略	描　　述
默认域策略	此策略链接到域容器，并且影响该域中的所有对象
默认域控制器策略	此策略链接到域控制器容器，并且影响该容器中的对象

默认域策略 GPO 和默认域控制器策略 GPO 对于域的正常运行非常关键。作为最佳操作，管理员不应该编辑默认域控制器策略 GPO 或默认域策略 GPO，不过在下列情况下除外。

（1）需要在默认域 GPO 中配置账户策略。

（2）如果在域控制器上安装的应用程序需要修改用户权限或审核策略设置，则必须在默认域控制器策略 GPO 中修改策略设置。

4.3.3　创建和编辑组策略对象

管理员可以使用组策略管理控制台（GPMC）来创建和编辑 GPO。需要注意的事项如下。

（1）在创建 GPO 时，只有将其链接到站点、域或组织单位时才会生效。

（2）在默认情况下，只有域管理员、企业管理员和组策略创建者所有者组的成员才能创建和编辑 GPO。

（3）若要在 GPO 中编辑 IPSec 策略，则 IPSec 账户必须是域 Administrators 组的成员。

管理员还可以通过以下方法编辑 GPO：在链接 GPO 的容器中右击该 GPO 的名称，然后在弹出的快捷菜单中选择“编辑”命令。

4.3.4　控制组策略对象的作用域

1. 链接组策略对象

若要将现有 GPO 链接到站点、域或组织单位，则管理员必须在该站点、域或组织单位上有链接 GPO 的权限。在默认情况下，只有域管理员和企业管理员对域和组织单位有此权限，林根域的企业管理员和域管理员对站点有此权限。

若要创建和链接 GPO，则管理员必须对所需域或组织单位有链接 GPO 的权限，并且必须有权在域中创建 GPO。在默认情况下，只有域管理员、企业管理员和组策略创建者所有者组的成员有创建 GPO 的权限。

对于站点，“在这个域中创建 GPO 并在此处链接”选项不可用。管理员可以在林中的任何域内创建 GPO，然后使用“链接现有 GPO”选项将其链接到站点。

2. 阻止继承组策略对象

在设置组策略时，域管理员、企业管理员和组策略创建者可以阻止组策略对域或组织单位的继承，如果阻止继承组策略对象，则会阻止子层自动继承链接到更高层站点、域或组织单位的组策略对象，步骤如下。

（1）打开组策略管理控制台，在林中找到包含要阻止继承 GPO 链接的域或组织单位，单击鼠标右键，在弹出的快捷菜单中选择“阻止继承”命令，如图 4-15 和图 4-16 所示。如果设置为阻止继承，则在控制台树中会显示一个感叹号。

图 4-15　阻止域的继承

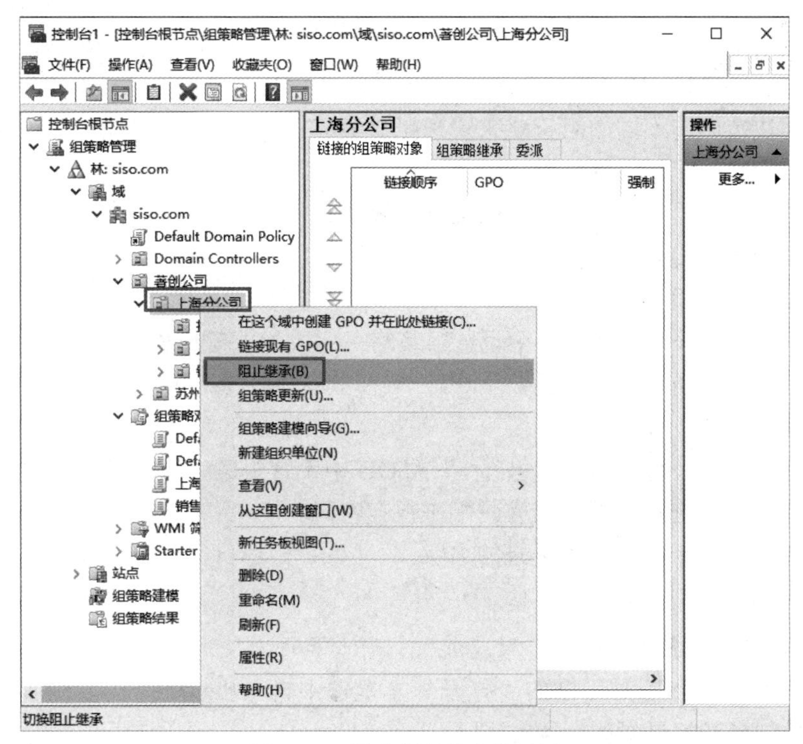

图 4-16　阻止组织单位的继承

（2）当需要取消继承时，只需把“阻止继承”命令前面的对钩取消就可以了，如图 4-17 所示。

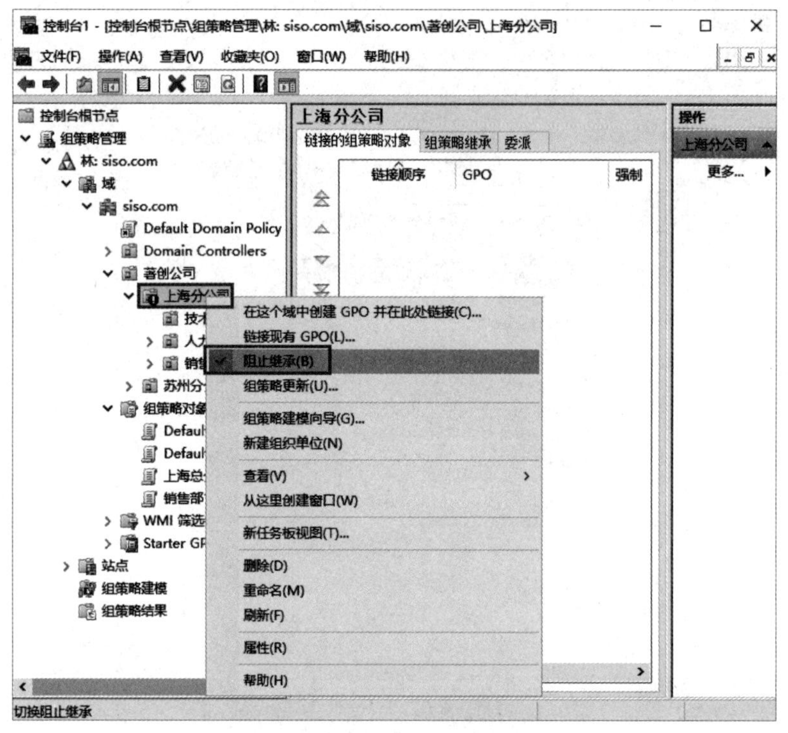

图 4-17　取消继承

扫一扫，获取微课

4-4 配置与管理域环境组策略（操作）

任务实施

著创公司决定实施不同的组策略来管理账户策略、配置服务器组策略以及提高计算机的安全性。组策略的配置信息如下。

（1）设置默认的组策略，完成密码策略的设置。

- 密码必须符合复杂性要求。
- 密码长度最小值：8。

（2）在“上海分公司”的 OU 中设置组策略，完成如下信息项的设置。

- 为所有用户设置统一的桌面。
- 禁用所有的移动设备。

（3）在“上海分公司”的“销售部 1”的 OU 中设置组策略，完成如下信息项的设置。

- 禁止用户使用远程桌面连接客户端来保存密码。
- 用户每次登录不显示上次登录的名字。

操作步骤如下。

1. 设置默认的组策略

（1）首先在“运行”对话框的“打开”文本框中输入“MMC”，如图 4-18 所示，打开控制台，控制台初始界面如图 4-19 所示。

（2）在控制台的“文件”下拉菜单中选择“添加/删除管理单元”命令，如图 4-20 所示，打开“添加或删除管理单元”对话框，在该对话框中添加“组策略管理”管理单元，如图 4-21 所示。

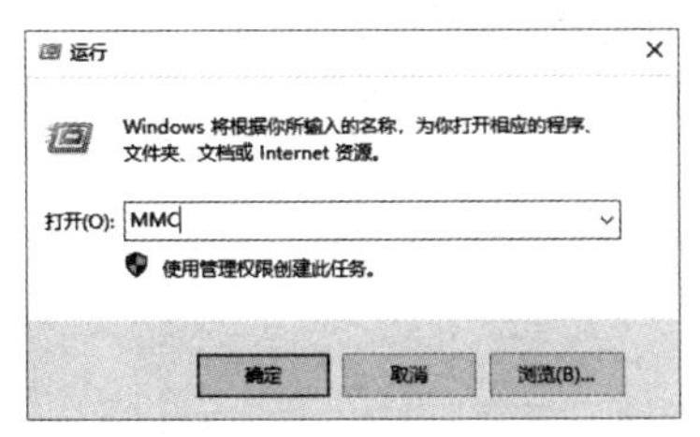

图 4-18　控制台入口

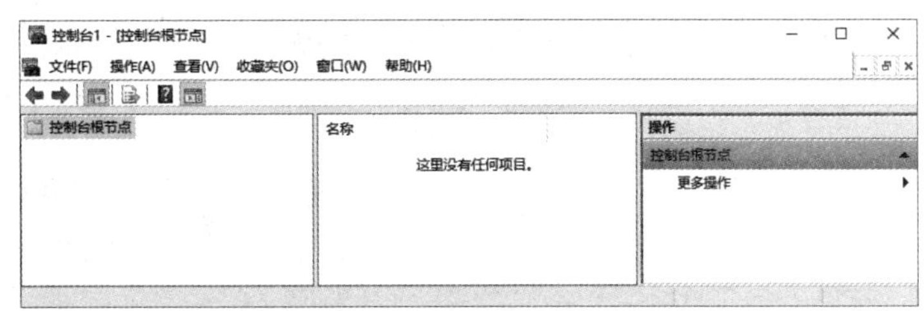

图 4-19　控制台初始界面

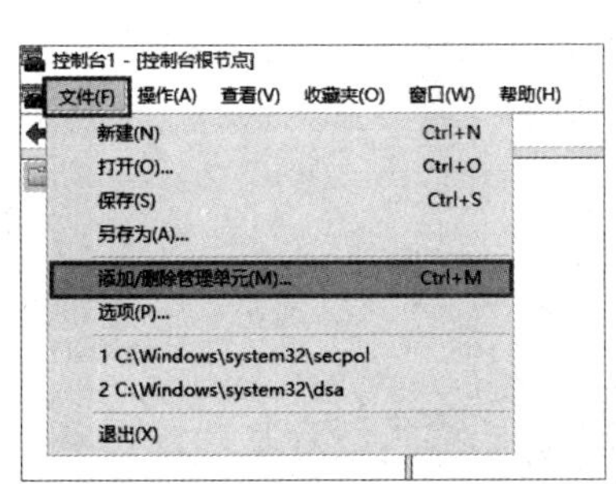

图 4-20　选择“添加/删除管理单元”命令

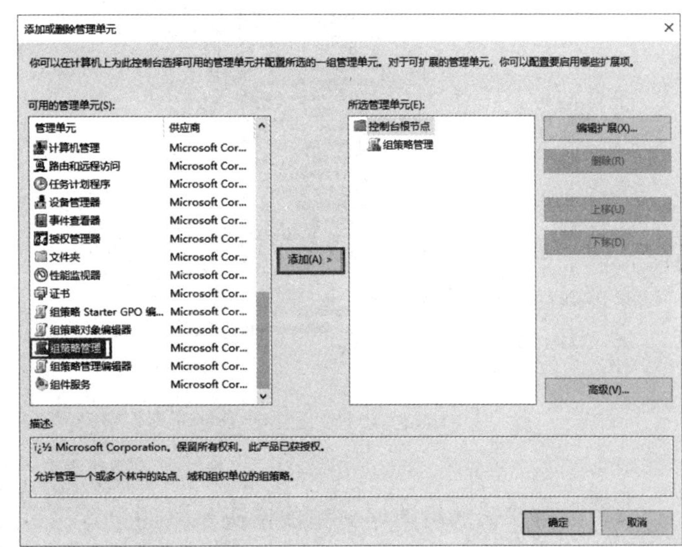

图 4-21　添加“组策略管理”管理单元

（3）在“控制台根节点”列表下，进行域的组策略设置，有两个入口（见图 4-22 和图 4-23）。

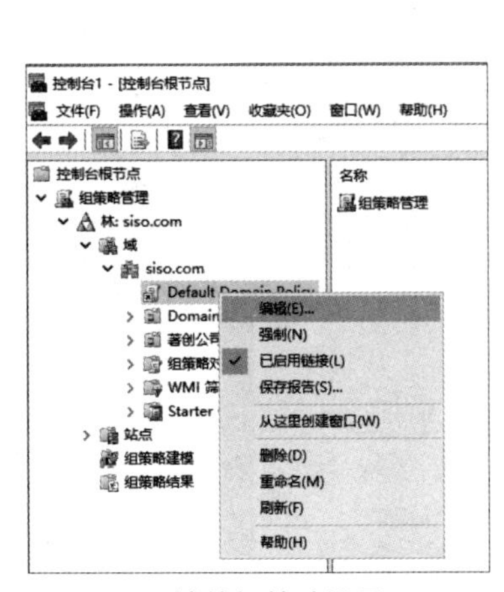

图 4-22　域的组策略设置入口一

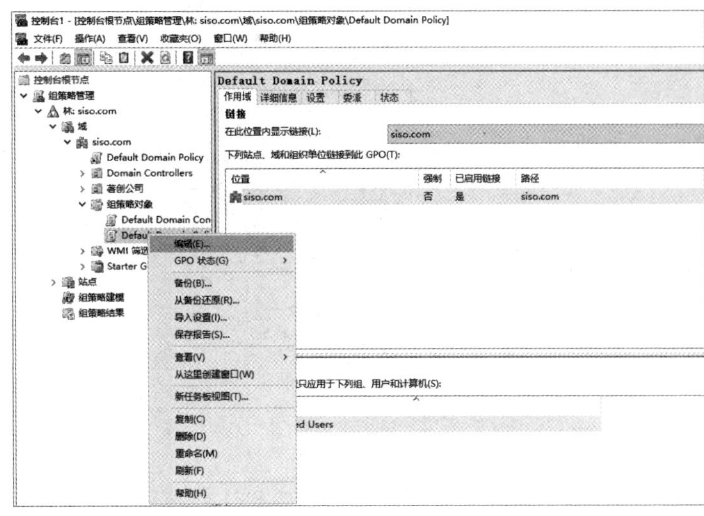

图 4-23　域的组策略设置入口二

选择右键快捷菜单中的“编辑”命令后调出“组策略管理编辑器”窗口，如图4-24所示。

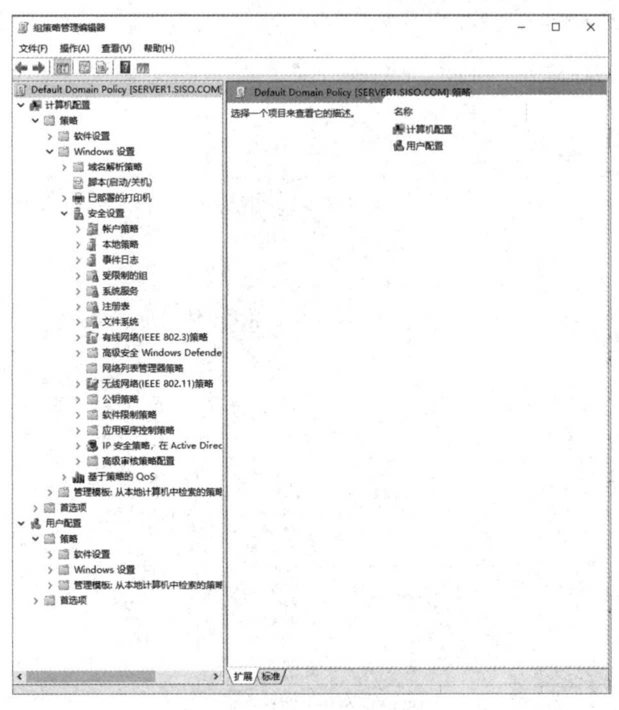

图4-24 “组策略管理编辑器”窗口

（4）编辑默认的组策略，完成密码策略的设置，启用“密码必须符合复杂性要求”策略，如图4-25所示；启用“密码长度最小值”选项，将其值设置为“8”，如图4-26所示。

图4-25 启用“密码必须符合复杂性要求”策略

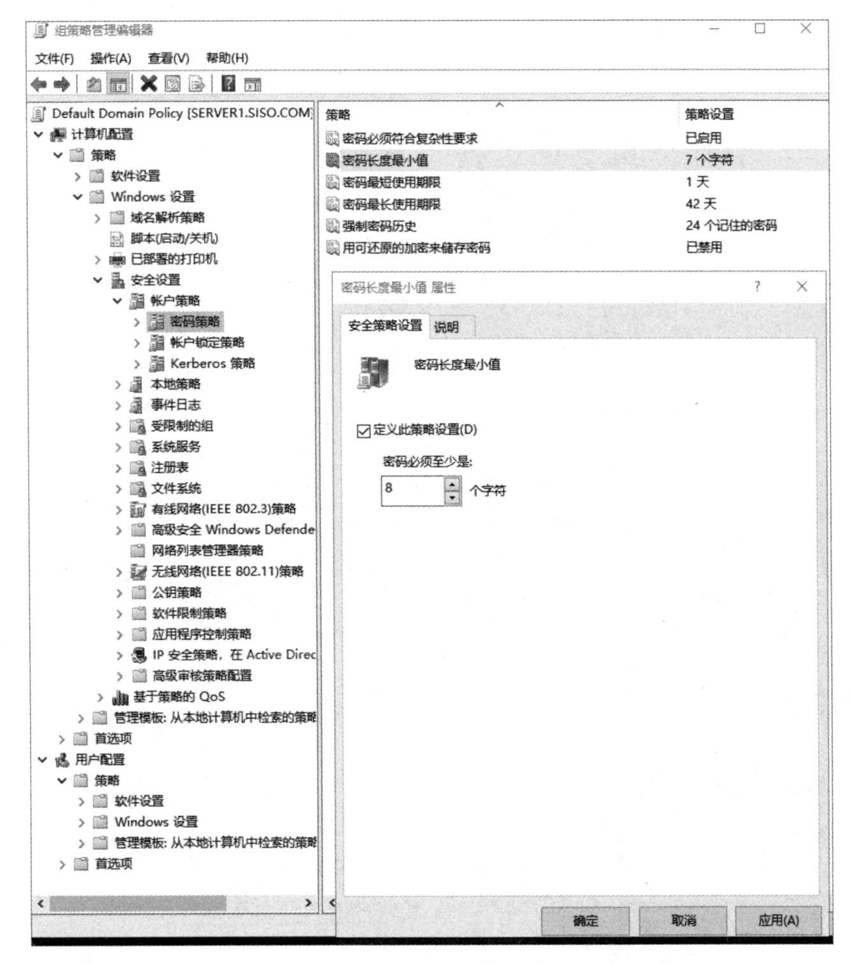

图 4-26　启用“密码长度最小值”策略

2. 设置“上海分公司”OU 的组策略

（1）在“控制台根节点”列表下，找到“上海分公司”选项，单击鼠标右键，在弹出的快捷菜单中选择“在这个域中创建 GPO 并在此处链接”命令，如图 4-27 所示。在打开的“新建 GPO”对话框的“名称”文本框中输入要创建的 GPO 的名字“上海分公司”，如图 4-28 所示，然后编辑“上海分公司”的 GPO，入口如图 4-29 所示。

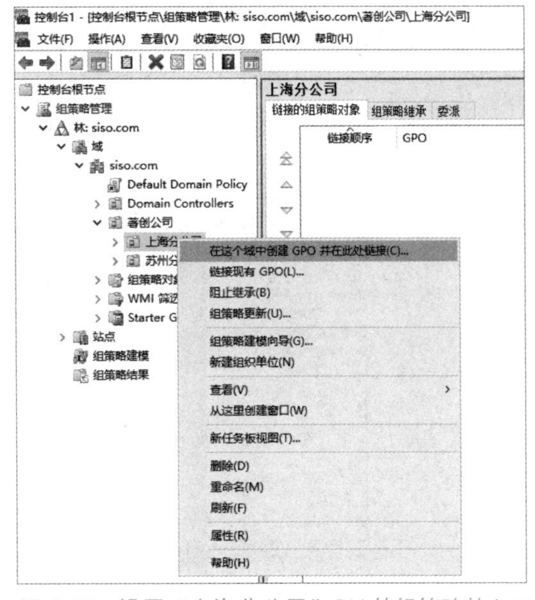

图 4-27　设置“上海分公司”OU 的组策略的入口

（2）在图 4-29 中，右击“上海分公司”选项，在弹出的快捷菜单中选择“编辑”命令，打开“上海分公司”的“组策略管理编辑器”窗口，如图 4-30 所示。

（3）编辑“上海分公司”的组策略，为所有用户设置统一的桌面，如图 4-31 所示；

禁用所有的移动设备，如图 4-32 所示。

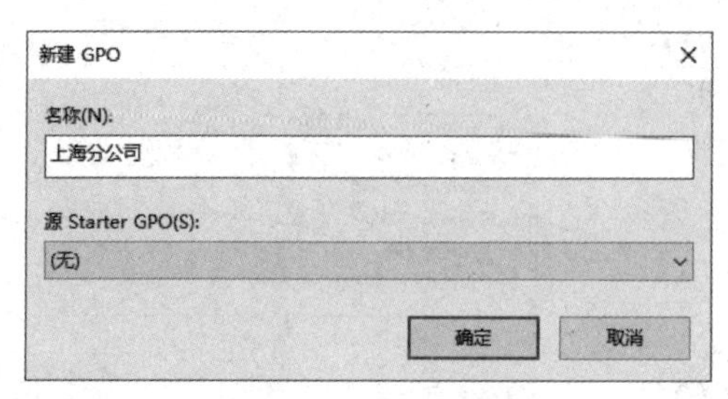

图 4-28　新建“上海分公司”的 GPO

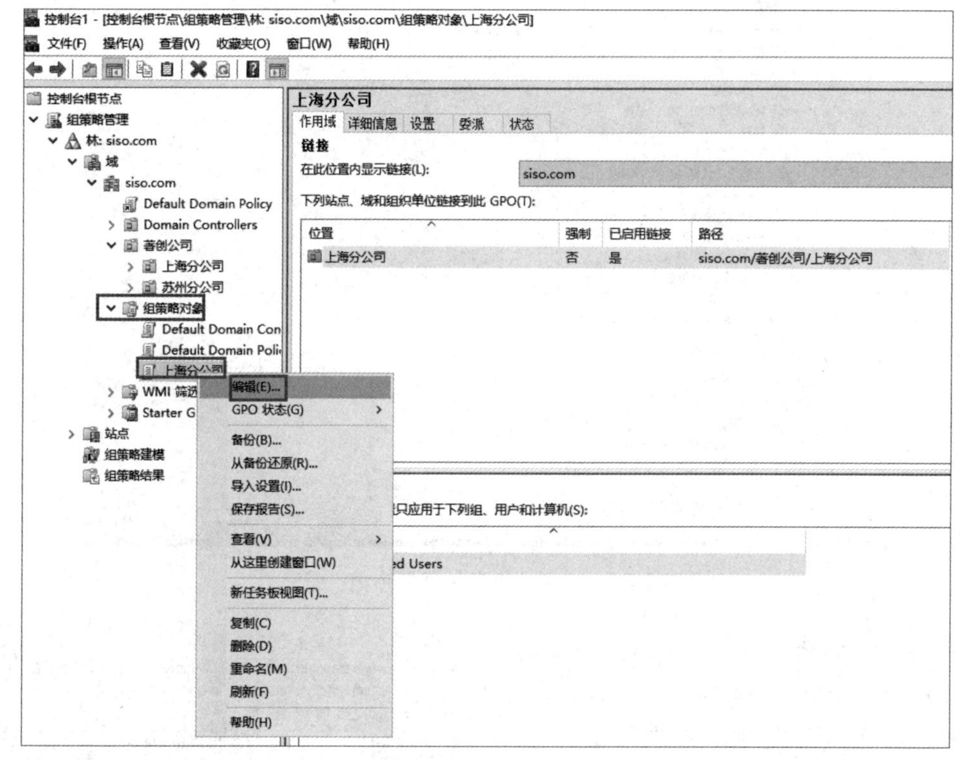

图 4-29　编辑“上海分公司”的 GPO 的入口

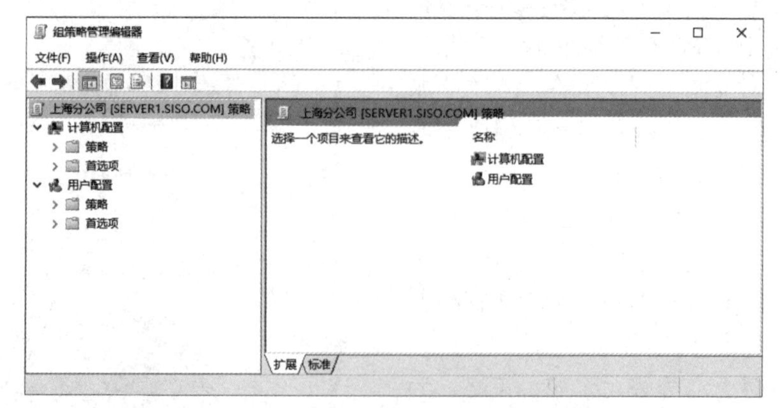

图 4-30　“上海分公司”的“组策略管理编辑器”窗口

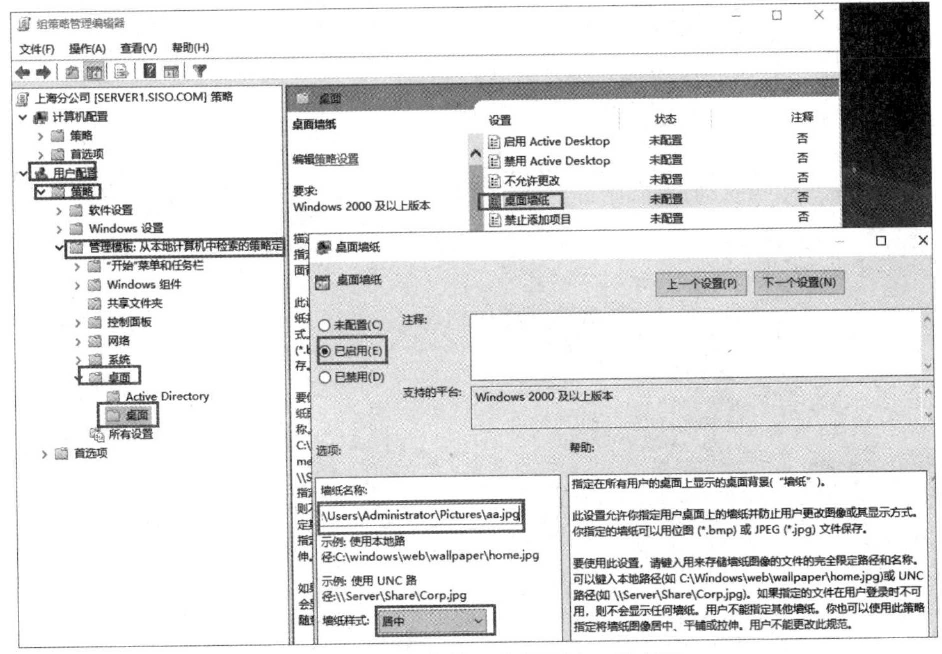

图 4-31 为所有的用户设置统一的桌面

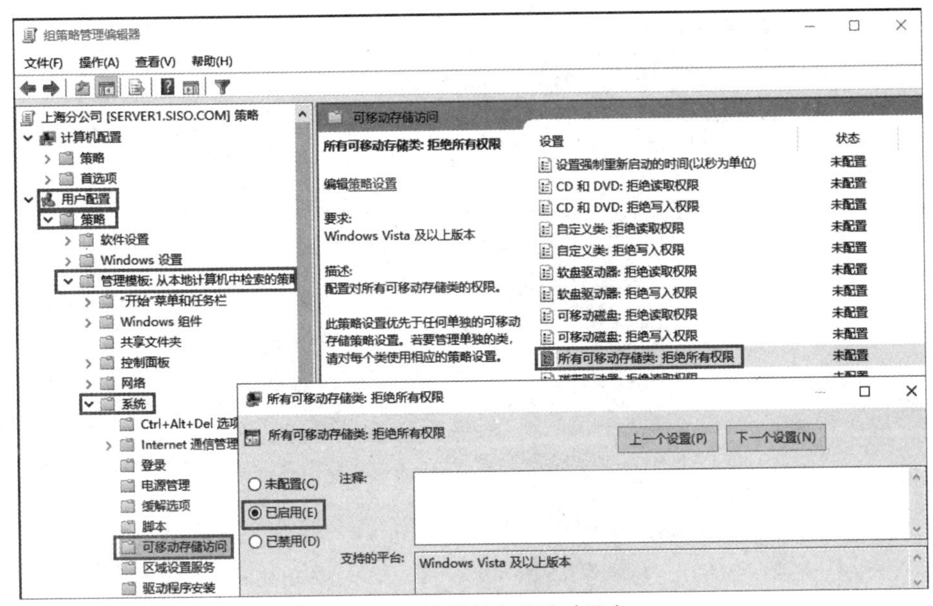

图 4-32 禁用所有的移动设备

3. 在“上海分公司”的“销售部 1”的 OU 中设置组策略

（1）在“控制台根节点”列表下，找到“上海分公司”的“销售部 1”的 OU，单击鼠标右键，在弹出的快捷菜单中选择“在这个域中创建 GPO 并在此处链接”命令，如图 4-33 所示。在打开的“新建 GPO”对话框的“名称”文本框中输入要创建的 GPO 的名字“销售部 1”，如图 4-34 所示，然后编辑“销售部 1”的 GPO，入口如图 4-35 所示。

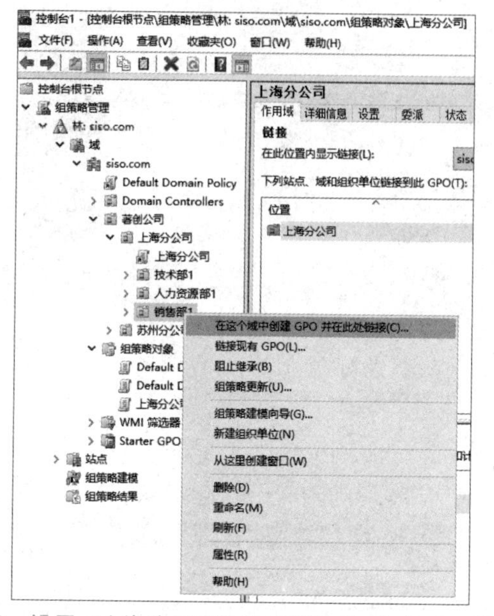

图 4-33 设置“上海分公司”的“销售部 1”的 OU 的组策略的入口

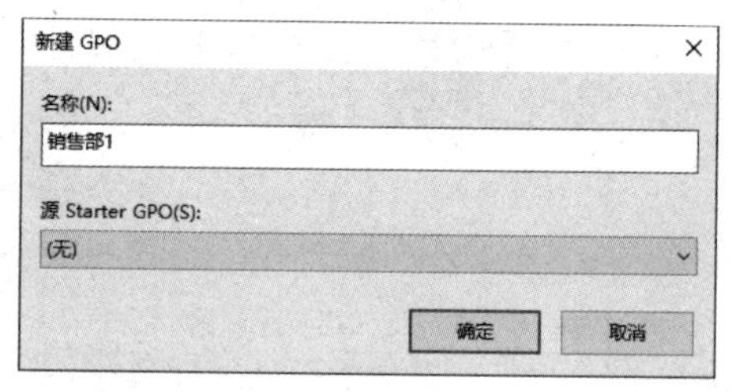

图 4-34 新建“销售部 1”的 GPO

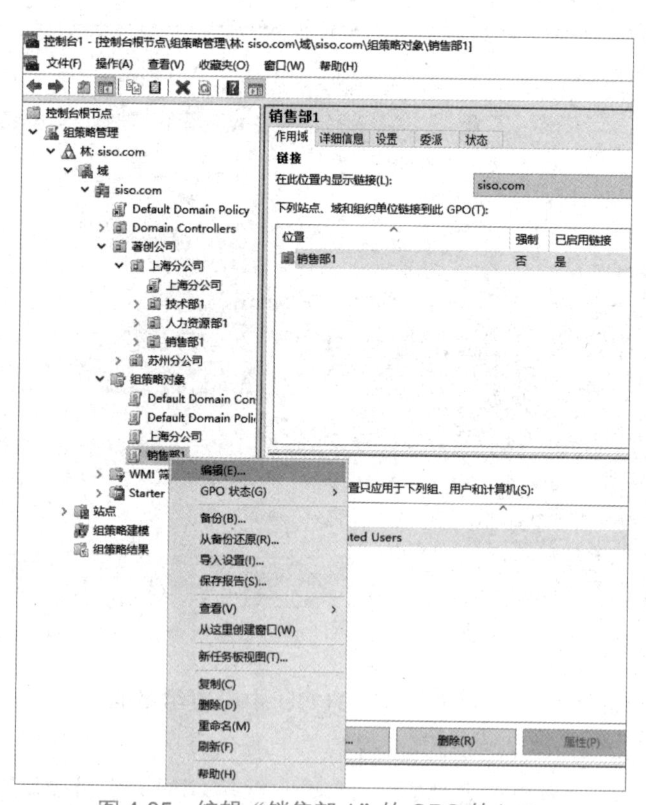

图 4-35 编辑“销售部 1”的 GPO 的入口

（2）在图 4-35 中，右击“销售部 1”选项，在弹出的快捷菜单中选择“编辑”命令，打开“销售部 1”的“组策略管理编辑器”窗口，如图 4-36 所示。

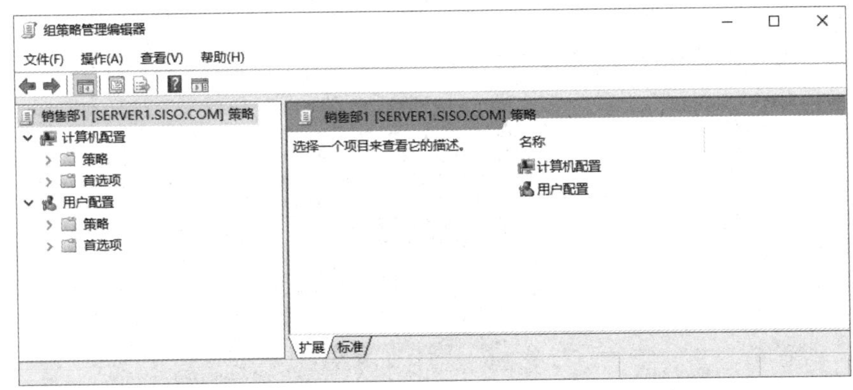

图 4-36 “销售部 1”的“组策略管理编辑器”窗口

（3）编辑“销售部 1”的组策略，选择“用户配置”→“策略”→“管理模板”→“Windows 组件”→“远程桌面服务”→“远程桌面连接客户端”选项，启用“不允许保存密码”策略，完成“禁止用户使用远程桌面连接客户端来保存密码”的设置，如图 4-37 所示。

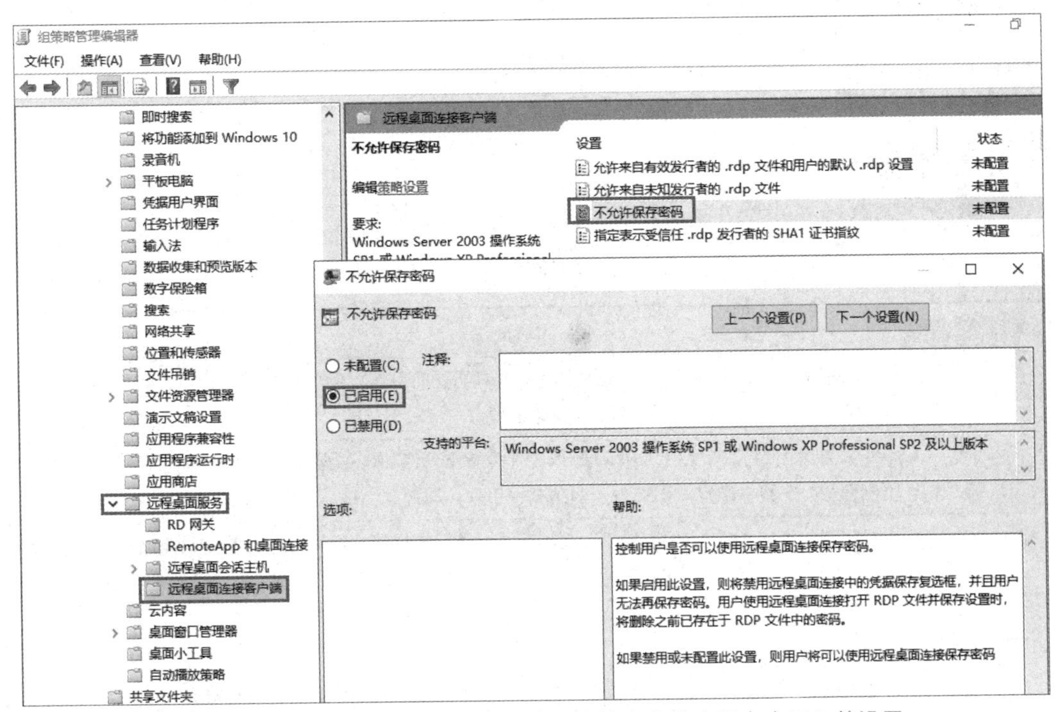

图 4-37 完成“禁止用户使用远程桌面连接客户端来保存密码”的设置

（4）编辑“销售部 1”的组策略，选择“计算机配置”→“策略”→“Windows 设置”→“安全设置”→“本地策略”→“安全选项”，打开“交互式登录：不显示上次登录 属性”对话框，完成“用户每次登录不显示上次登录的名字”的设置，如图 4-38 所示。

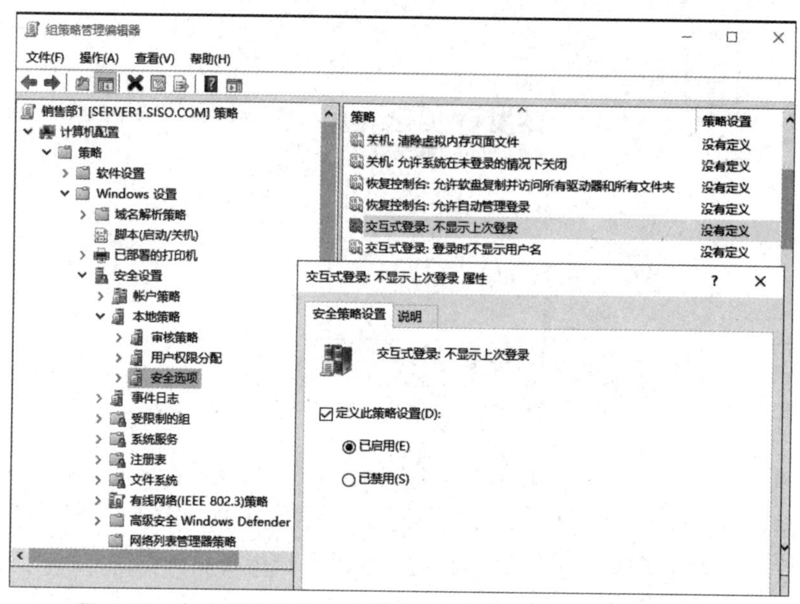

图 4-38　完成“用户每次登录不显示上次登录的名字”的设置

任务拓展

1. 配置组策略

组策略的配置选项如表 4-2 所示。

表 4-2　组策略的配置选项

配 置 选 项	描　　述
已启用	如果启用了组策略配置，也就启用了策略配置的操作。例如，为了阻止用户访问控制面板，会启用“禁止访问‘控制面板’”策略配置
已禁用	如果禁用组策略配置，那么表示取消其操作。例如，如果在子容器上禁用“禁止访问‘控制面板’”策略配置，那么表示明确允许用户访问控制面板
未配置	设置为“未配置”的组策略意味着将强制执行常规默认行为，并且特定组策略对于此设置无影响

2. 组策略脚本

管理员可以使用脚本执行很多任务。有些操作可能需要在每次计算机启动/关闭，或者用户登录/注销时执行，如清除界面文件或映射驱动器，以及清除用户的临时文件夹等。对于计算机来说，启动脚本在计算机启动时执行，关机脚本在计算机关闭时执行。对于用户来说，登录脚本在用户登录时执行，注销脚本在用户注销时执行。

脚本的首选位置是系统盘（C:\Windows\Sysvol）文件夹，管理员可以将脚本放置在网络的任何位置，只要接收脚本的用户或计算机能够访问网络，并且对该网络位置有“读取和执行”权限。这样，脚本就能通过 Sysvol 文件夹的复制过程复制到所有域控制器上。

3. 组策略首选项

组策略首选项扩展了 GPO 中可配置的范围。它不是强制实施的。组策略首选项使 IT 专业人员能够配置、部署和管理无法使用组策略进行管理的操作系统和应用程序，如映射驱动器、计划任务和“开始”菜单的设置。表 4-3 展示了组策略设置与组策略首选项的对比情况。

表 4-3 组策略设置与组策略首选项的对比情况

组策略设置	组策略首选项
严格强制实施组策略设置，其做法是将设置写入标准用户无法修改的注册表区域	写入注册表的位置是应用程序或操作系统用来存储设置的常规位置
通常禁用组策略所管理的设置的对应用户界面	不会使应用程序或操作系统禁用它们所配置的用户界面
以固定的时间间隔刷新组策略设置	默认使用与组策略设置相同的时间间隔刷新首选项

单元小结

本章主要讲述了本地组策略和域环境中的组策略，重点讲解了域环境中的组策略。公司利用域环境中的组策略，可以统一管理域中或各 OU 中的用户和计算机，使网络管理员能实现用户和计算机的一对多管理的自动化。由于不同的 OU 可以设置不同的组策略，因此管理员能方便、灵活地对各 OU 中的用户和计算机进行管理。

单元练习题

一、单项选择题

1．你是一个系统为 Windows Server 2019 的计算机的系统管理员，出于安全考虑，你希望使用这台计算机的用户账户在设置密码时不能重复使用前 5 次设置的密码，应该采取的措施是（　　）。

A．设置计算机本地安全策略中的密码策略，设置“强制密码历史”的值为“5”

B．设置计算机本地安全策略中的账户锁定策略，设置“账户锁定时间”的值为“5”

C．设置计算机本地安全策略中的密码策略，设置“密码最长使用期限”的值为“5”

D．制定一个行政规范，要求用户不得使用前 5 次设置的密码

2．你是某公司的网络管理员，工作职责之一就是负责维护文件服务器。你想审核 Windows Server 2019 服务器上的共享 Word 文件被删除的情况，需要启动的审核策略是（　　）。

A．审核过程跟踪　　B．审核对象访问

C．审核策略更改　　D．审核登录事件

3．对于 Windows Server 2019，下面有关安全策略的描述正确的是（　　）。

① 用户账户一旦被锁定，就只能等网络管理员解锁后，才可以再次使用该账户。

② 域中一台成员服务器上既设置了本地安全策略，也设置了域安全策略，如果两种策略有冲突，则本地安全策略中的设置先起作用。

③ 在默认状态下，管理员可以为所有新建立的域用户账户设置统一的密码：8888。

A．①③　　　　B．全部不正确

C．①②③　　　　D．①②

4．在下列策略中，（　　）只属于计算机安全策略。

A．密码策略　　　　B．软件设置策略

C．软件限制　　　　D．文件夹重定向

5．在 Windows Server 2019 的活动目录中，组策略应用的顺序为（　　）。

A．域→站点→ OU →子 OU　　　　B．站点→域→ OU →子 OU

C．子 OU → OU →域→站点　　　　D．子 OU → OU →站点→域

6．为了加强公司域的安全性，你需要设置域安全策略。下列与密码策略不相关的是（　　）。

A．密码必须符合复杂性要求　　　　B．密码长度最小值

C．密码最长使用期限　　　　D．账户锁定时间

二、填空题

1．在默认情况下，Microsoft Windows 每 ______ 分钟刷新一次组策略。

2．本地、站点、OU 和域组策略的执行顺序为 ______、______、______ 和 ______。

3．本地安全策略主要包括 ________ 策略和 ________ 策略。

4．组策略包括针对 ________ 的组策略和针对 ________ 的组策略，可以使网络管理员实现用户和计算机的一对多管理的自动化。

5．若要将现有 GPO 链接到站点、域或组织单位，则管理员必须在该站点、域或组织单位上有链接 ________ 的权限。

三、解答题

1．简述本地安全策略中的密码策略。

2．分析本地组策略和域环境中的组策略的区别。

3．如何设置 OU 的组策略？

单元 5
磁盘的配置与管理

学习目标

【知识目标】

- 了解文件系统的基本概念。
- 理解 NTFS 权限的配置方法。
- 了解磁盘的分类。
- 理解动态磁盘技术。

【技能目标】

- 掌握文件系统权限的配置方法。
- 掌握 NTFS 文件系统的压缩和文件加密方法。
- 掌握常用的磁盘管理命令。
- 掌握磁盘配额的配置方法。

引例描述

著创公司在 2020 年业务量增加明显，公司各部门员工的人数也增加了很多。网络管理员小张发现，公司内部文件服务器的文件系统有些混乱，主要问题是用户的权限混乱。

另外，目前公司的文件服务器存储空间已经不多，按照目前的文件存储速度，剩余的存储空间在两个月后将会耗尽。于是他向公司经理说明了情况，需要申请购买磁盘以扩充容量，如图 5-1 所示。

图 5-1　申请购买磁盘以扩充容量

公司经理告诉网络管理员小张，首先进行权限的设置，使用 NTFS 控制资源的访问。另外，目前公司的预算有些紧张，需要小张规划磁盘的管理制度，可以使用磁盘配额等方式来增加存储空间，一个月之后再购买磁盘来扩充容量。

任务 1　配置 NTFS 权限

任务陈述

著创公司的网络管理员小张，需要在 server1 服务器上对文件服务器进行重新梳理，为保证数据的规范和可靠性，他准备给用户配置 NTFS 权限。比如，研发部门的设计文档提交到服务器之后其他人员只能查看而不能修改，只有研发部门的人员才可以修改，为了保证数据的机密性，需要对文件夹进行加密。

公司的公用文件夹供员工存放一些设计标准、经典案例等文件，设计人员可以查看、新增文件，但不能删除文件。同时为了提高磁盘使用效率，小张需要将公用文件夹进行压缩。

知识准备

扫一扫，获取微课

5-1 文件系统（理论）

5.1　文件系统

文件和文件系统是计算机系统组织数据的集合单位。文件系统是操作系统在存储设备上按照一定的原则组织、管理数据所用的总体结构，规定了计算机对文件和文件夹的操作标准和机制。

Windows Server 2019 提供了强大的文件管理功能，其 NTFS 文件系统具有高安全性，用户可以十分方便地在计算机或者网络上处理、使用、组织、共享和保护文件及文件夹。Windows Server 2019 的磁盘分区可以使用两种主要的文件系统：FAT（File Allocation Table）和 NTFS（New Technology File System）。

5.1.1　FAT 文件系统

FAT 是文件分配表，是一个由微软公司发明并拥有部分专利的文件系统，供 MS-DOS 使用，也是所有非 NT 核心的微软窗口使用的文件系统。FAT 文件系统包括 FAT16 和 FAT32 两种，现在一般说的 FAT 专指 FAT32。FAT 文件系统有一个严重的缺点：当用户删除文件并写入新数据时，FAT 文件系统不会将文件整理成完整片段再写入，长期使用后会使文件数据变得逐渐分散，而降低读/写速度。碎片整理是一种解决上述问题的方法，但必须经常进行重组来保证 FAT 文件系统的效率。

为了解决 FAT16 文件系统对于卷大小的限制，同时让 DOS 的真实模式在非必要情况不减少可用常规内存状况下处理这种格式，微软公司决定实施新一代的 FAT，即 FAT32，其带有 32 位的簇数，使用了其中的 28 位。

使用 FAT32 文件系统的每个逻辑盘内部空间又可划分为三部分，分别是引导区（BOOT

区）、文件分配表区（FAT 区）、数据区（DATA 区）。引导区和文件分配表区又统称为系统区，占据整个逻辑盘前端很小的空间，用于存放有关管理信息。数据区是逻辑盘用来存放文件内容的区域，该区域以簇为分配单位供用户使用。

5.1.2 NTFS 文件系统

NTFS 是 Windows NT 内核的系列操作系统支持的一种特别为网络和磁盘配额、文件加密等管理安全特性设计的磁盘格式，提供了长文件名、数据保护和恢复功能，能通过目录和文件许可实现安全性，并支持跨越分区。

NTFS 文件系统功能强大，以卷为基础，卷建立在磁盘分区之上。分区是磁盘的基本组成部分，是一个能够被格式化的逻辑单元。一块磁盘可以分成多个卷，一个卷也可以由多块磁盘组成。卷中的一切都是文件，文件中的一切都是属性（从数据属性到安全属性，再到文件名属性），NTFS 卷中的每个扇区都分配给了某个文件，甚至系统的超数据也是文件的一部分。

NTFS 是 Windows Server 2019 推荐使用的高性能文件系统，它支持许多新的文件安全、存储和容错功能，而这些功能也是 FAT 文件系统所缺乏的，NTFS 文件系统具有如下特点。

1. 安全性

NTFS 文件系统能够轻松地指定用户访问某一文件或目录的权限大小。NTFS 文件系统能用一个随机产生的密钥将一个文件或者文件夹加密，对于同一个文件或文件夹，它可以为不同的用户指定不同的权限。只有文件的所有者和管理员能够掌握解密的密钥，其他人即使能够登录系统，也没有办法读取它。NTFS 还支持加密文件系统（EFS）以阻止未授权的用户访问文件。

2. 容错性

NTFS 文件系统使用了一种被称为事务登录的技术跟踪对磁盘的修改。NTFS 文件系统具有恢复能力，用户无须在 NTFS 卷中运行磁盘修复程序。系统一旦崩溃，NTFS 文件系统就会使用日志文件和复查点信息功能自动恢复文件系统的一致性。

3. 稳定性

NTFS 文件系统的文件不易受到病毒的侵袭和系统崩溃的影响。当 FAT 和 NTFS 两种文件系统在一块磁盘中并存时，NTFS 采用与 FAT 不同的方法来定位文件映像，克服了 FAT 文件系统存在许多闲置扇区空间的缺点。

4. 压缩机制

用户可以在 NTFS 卷中压缩单个文件或文件夹。NTFS 的压缩机制可以让用户直接读/写压缩文件，而不需要使用解压软件展开文件。

5. 可靠性

NTFS 文件系统把重要交易作为一个完整交易来处理，只有整个交易完成之后才算完成，这样可以避免丢失数据。例如，当计算机向 NTFS 分区中写文件时，会在内存中保留文件的一份副本，然后检查向磁盘中所写的文件是否与内存中的一致。如果两者不一致，操作系统就把相应的扇区标为坏扇区而不再使用它（簇重映射），然后用内存中保留的文件副本重新向磁盘中写文件。如果在读文件时出现错误，NTFS 文件系统则返回一个读错误信息，并告知相应的应用程序数据已经丢失。

6. 大容量

NTFS 文件系统彻底解决了存储容量限制的问题，支持的最大分区为 2TB，最大文件为 2TB，并且随着磁盘容量的增大，NTFS 文件系统的性能不会受到影响。

7. 支持磁盘配额

磁盘配额可以管理和控制每个用户所能使用的最大磁盘空间，这样可以更加有效地提高磁盘的使用效率。

扫一扫，获取微课

5-2 NTFS 权限（理论）

5.2 NTFS 权限

Windows Server 2019 在 NTFS 格式的卷上提供了 NTFS 权限，允许管理员为每个用户或组指定 NTFS 权限，以保护文件和文件夹资源的安全。NTFS 权限只适用于 NTFS 格式的磁盘分区，不能用于 FAT 或 FAT32 格式的磁盘分区。

5.2.1 NTFS 权限类型

不管是本地用户还是网络用户，最终都要通过 NTFS 权限的“检查”才能访问 NTFS 分区上的文件或文件夹。不同于读取、更改和完全控制三种共享权限，NTFS 的权限要稍微复杂和精细一些。NTFS 权限类型包括完全控制（Full Control）、修改（Modify）、显示文件夹内容（List Folder Contents）、读取和运行（Read & Execute）、写入（Write）、读取（Read）、特别的权限（Special）。这几种权限对文件和文件夹的作用有所不同，具体的说明如表 5-1 所示。

表 5-1 NTFS 权限类型说明

权限类型	文件的权限说明	文件夹的权限说明
完全控制	改变权限，成为拥有人，读、写、更改或删除文件	改变权限，成为拥有人，读、写、更改或删除子文件和子文件夹
修改	读、写、更改或删除文件	读、写、更改或删除子文件和子文件夹
显示文件夹内容	N/A	列出文件夹内容
读取和运行	读取文件内容，运行应用程序	遍历文件夹，读取子文件和子文件夹内容，运行应用程序
写入	覆盖写入文件，修改文件属性，查看文件拥有人和权限，但不能删除文件	创建子文件或子文件夹，修改子文件夹属性，查看子文件夹的拥有人和权限
读取	读取文件内容，查看文件属性、文件拥有人和权限	读取子文件或子文件夹的内容，查看子文件属性、子文件拥有人和权限
特别的权限	读取属性、写入属性、更改权限等不常用的权限	读取属性、写入属性、更改权限等不常用的权限

5.2.2 共享文件夹权限与 NTFS 权限组合

如果对一个文件夹同时设置了共享权限和 NTFS 权限，那么当用户通过网络访问共享文件夹时，就要同时受到这两种权限的约束，而且最终的有效访问权限是这两种权限中更严格的一种，也就是它们的交集。举例来说，如果共享权限是读取，NTFS 权限是完全控制，那么有效访问权限是读取。

这里需要说明的是，在 Windows Server 2019 中，只能把某个文件夹设为共享文件夹进行共享，而不能直接共享某个文件。如果想要共享某个文件，必须把它所在的文件夹设为共享文件夹，这样用户才可以通过网络先访问共享文件夹，进而访问共享文件夹里的文件。

5.2.3 多重 NTFS 权限

如果某个文件或者文件夹的权限授予了个别用户账户，又授予了某个组，而该用户正好是该组的一个成员，该用户就对同样的资源有了多个权限。除此之外，复制或移动文件夹也会对权限产生影响。对权限进行组合时，存在一些规则和优先级，如下所示。

1. 权限累积

如果某个用户“Jiang”对某个文件夹“Folder”有“读取”权限，而该用户所在的组“Network”对该文件夹“Folder”有“写入”和“读取”两种权限，那么该用户“Jiang”就对文件夹“Folder”有“写入”和“读取”两种权限。

2. 文件权限超越文件夹权限

NTFS 的文件权限高于 NTFS 的文件夹权限。比如，某个用户对某个文件有“修改”权限，那么即使该用户对文件所在的文件夹只有“读取”权限，该用户也能够修改该文件。

3. 拒绝权限优先于其他权限

如果某个用户账户对某个文件或者文件夹具有“拒绝”权限，那么不管该用户所在的组对该文件或者文件夹具有任何权限，该用户的其他任何权限都会被阻止。所以，对于权限累积的规则，“拒绝”权限是一个例外。

比如，Sun 账户对文件夹“Folder”具有“拒绝写入”权限，那么即使 Sun 账户所在的组“Network”对文件夹“Folder”具有“完全控制”权限，Sun 账户对文件夹“Folder”也只有“读取”权限。

4. 文件权限的继承

当用户对文件夹设置权限以后，在该文件夹中创建的新文件夹或者文件将默认自动继承这些权限。从上一级别继承过来的权限是不能被直接修改的，管理员只能在此基础上添加其他权限，也就是说，不能把之前的权限删除，只能添加新的权限。

5. 复制或移动文件或文件夹时权限的变化

在复制或移动文件或文件夹时，对权限的继承是有影响的，主要体现在以下几个方面。

- 在同一个卷内移动文件或文件夹时，此文件或文件夹会保留原来位置的一切 NTFS 权限；在不同的卷内移动文件或文件夹时，文件或文件夹将继承目的卷中的文件夹权限。
- 当复制文件或文件夹时，无论复制操作是否在同一卷中发生，文件或文件夹都将继承目的卷中的文件夹权限。
- 当文件或文件夹从 NTFS 文件系统移动到 FAT/FAT32 文件系统中时，NTFS 权限就会丢失。

5.3 NTFS 文件系统的压缩和加密

扫一扫，获取微课　5-3 配置 NTFS 权限（操作）

5.3.1 NTFS 文件系统的压缩

优化磁盘的一种方法是使用压缩，压缩文件、文件夹和程序，以减少其大小来释放存储空间。Windows Server 2019 的数据压缩功能是 NTFS 文件系统内置的，该功能可以对单个文件、整个目录或者卷进行压缩。

NTFS 文件系统的压缩只能在数据文件上执行，不能在文件系统元数据上执行。NTFS 文件系统的压缩过程和解压过程对用户而言是完全透明的，用户只需对数据文件应用压缩功能即可。操作系统对数据文件的压缩是在后台完成的，这样可以节省一定的磁盘存储空间。

5.3.2 NTFS 文件系统的加密

加密文件系统（Encrypting File System，EFS）提供了一种核心文件加密技术。EFS 仅用于 NTFS 卷上的文件和文件夹加密。

EFS 为 NTFS 文件提供文件级的加密。EFS 加密技术是基于公共密钥的系统，作为一种集成式系统服务运行，并且由指定的 EFS 恢复代理启用文件恢复功能。利用 EFS，用户可以使用加密格式将他们的数据存储在磁盘上，当加密某个文件后，该文件将一直以这种加密格式存储在磁盘上，从而保证文件的机密性。

任务实施

公司内部有两个主要部门：研发部门和信息中心。研发部门主要使用文件服务器中的“设计文档”文件夹，所有设计文档都存放在此文件夹中。另外，“公共文档”文件夹主要供公司所有设计人员存放设计案例使用。

1. 添加/删除用户组

要控制某个用户或用户组对一个文件或文件夹的访问权限，首先要把用户或用户组加入文件或文件夹的访问控制列表（ACL）中，或者从访问控制列表中删除。

（1）打开“计算机”窗口，找到 NTFS 文件系统的“设计文档”文件夹，单击鼠标右键，在弹出的快捷菜单中选择“属性”命令。

（2）在“设计文档 属性”对话框中，选择“安全”选项卡，在该选项卡中显示了各用户或用户组对该文件夹的 NTFS 权限，单击“编辑”按钮可修改 NTFS 权限，如图 5-2 所示。

（3）在“设计文档 的权限”对话框中可以选取用户或用户组并进行相应的权限设置，如图 5-3 所示。

（4）单击“添加”按钮，打开“选择用户或组”对话框，如图 5-4 所示，在“输入对象名称来选择（示例）”文本框中可以直接输入用户名称或组名称，再单击“检查名称”按钮来进行核实。

（5）单击“高级”按钮，然后单击“立即查找”按钮，则会在“搜索结果”列表框中显示所有的用户和用户组账户，此处选择“研发部门”用户组，如图 5-5 所示，最后单击“确定”按钮。

图 5-2 “安全”选项卡

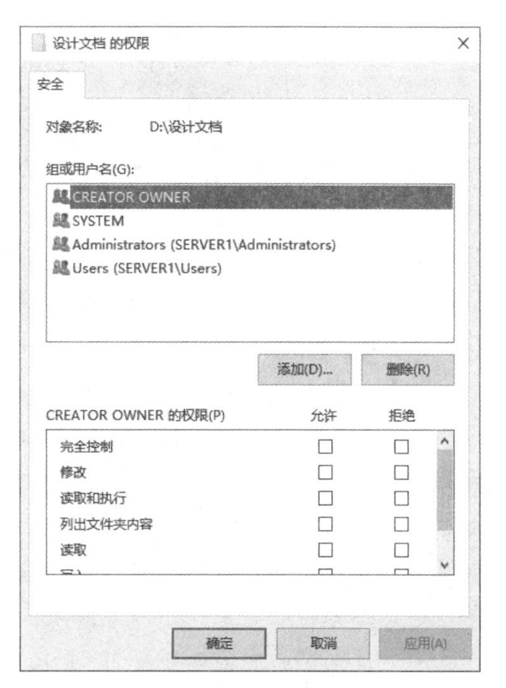

图 5-3 权限设置

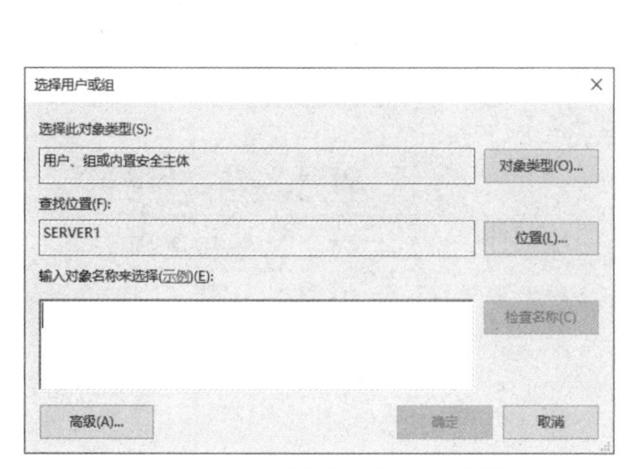

图 5-4 “选择用户或组”对话框

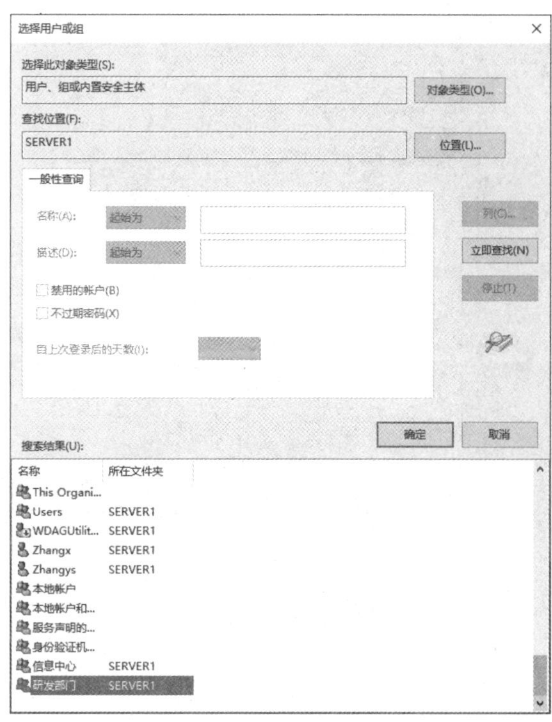

图 5-5 选择用户组

（6）回到“选择用户或组”对话框，此时在“输入对象名称来选择（示例）”文本框中已经选定用户组，如图 5-6 所示，单击“确定”按钮。

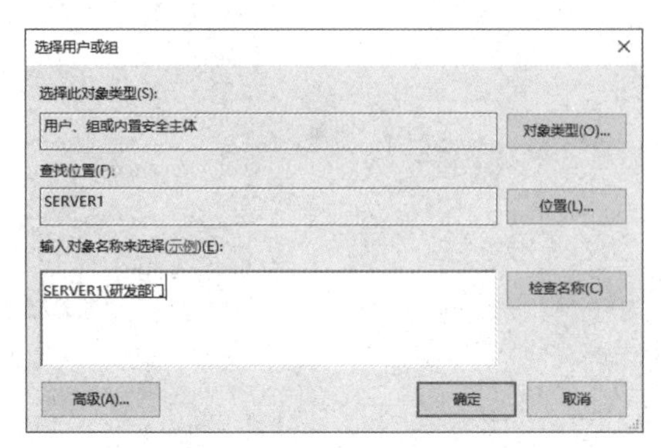

图 5-6　用户组已选定

2. NTFS 权限设置

（1）在“设计文档 的权限”对话框中，可以看到“组或用户名”列表框中已显示了刚刚添加的新用户组，下面来设置研发部门对“设计文档”文件夹的控制权限，如图 5-7 所示。

（2）按照同样的操作步骤来设置“公共文档”文件夹的权限，如图 5-8 所示，让所有人都可以存放文档，但不可以删除文档。

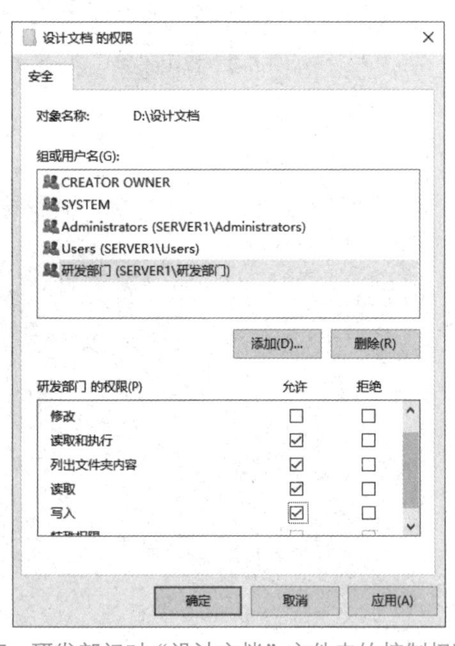

图 5-7　研发部门对“设计文档”文件夹的控制权限设置

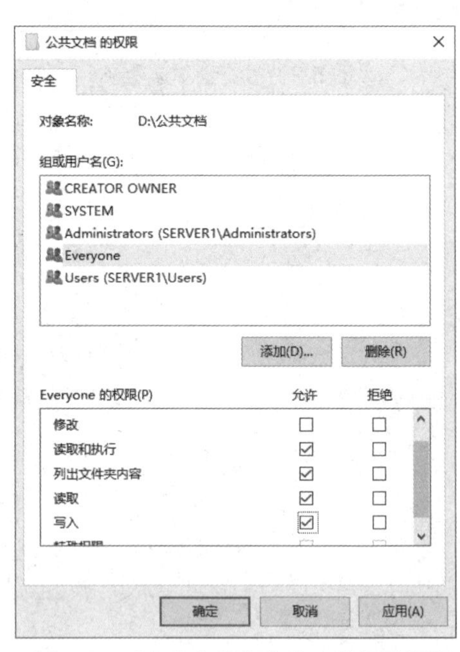

图 5-8　“公共文档”文件夹的权限设置

3. 压缩/加密文件夹

（1）打开资源管理器，找到要压缩的“公共文档”文件夹，单击鼠标右键，在弹出的快捷菜单中选择“属性”命令。

（2）在“属性”对话框的“常规”选项卡中，单击“高级”按钮。

（3）在打开的“高级属性”对话框中，勾选“压缩内容以便节省磁盘空间”复选框来压缩文件夹，如图 5-9 所示，选择完毕后单击“确定”按钮。

（4）返回“属性”对话框，单击“应用”按钮，打开“确认属性更改”对话框，如图 5-10 所示。选中“将更改应用于此文件夹、子文件夹和文件”单选按钮，文件夹内部的所有文件都会被压缩。

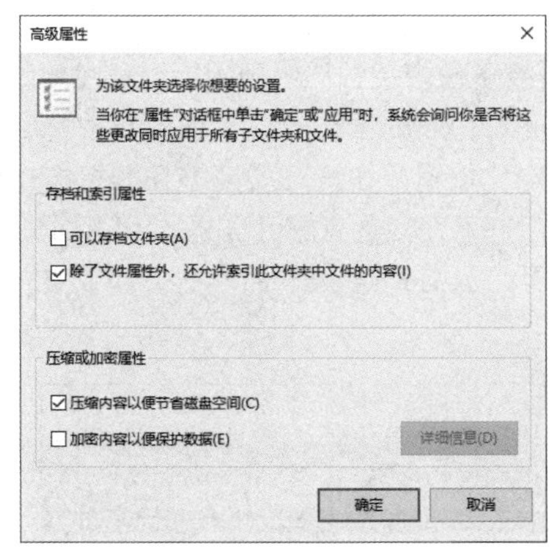

图 5-9　压缩文件夹

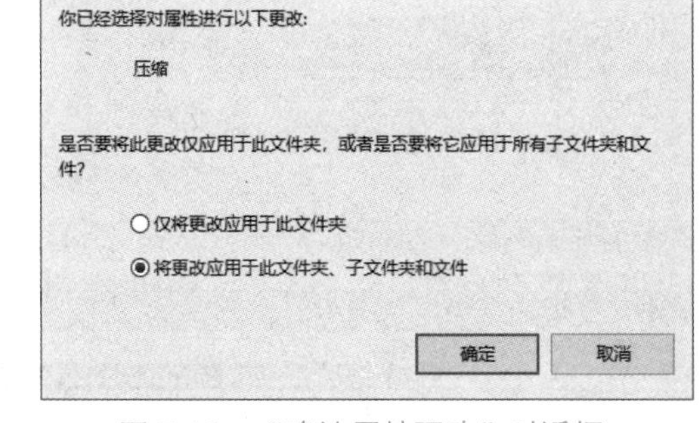

图 5-10　“确认属性更改”对话框

（5）在默认情况下，被压缩后的文件夹会显示两个点标识，如图 5-11 所示。

图 5-11　被压缩后的文件夹显示两个点标识

（6）按照上述操作，把“设计文档”文件夹进行加密处理，如图 5-12 所示。

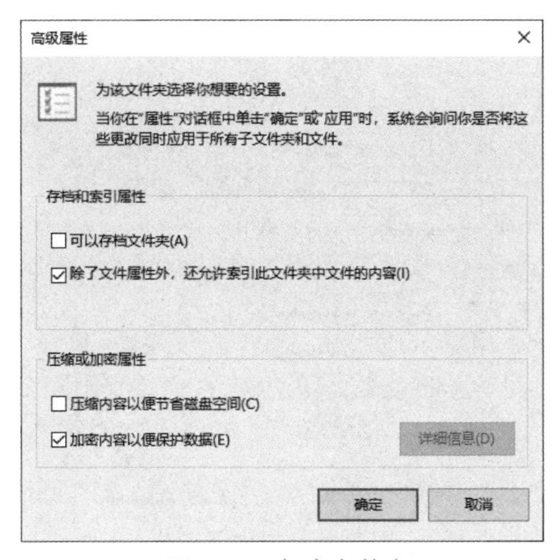

图 5-12　加密文件夹

任务拓展

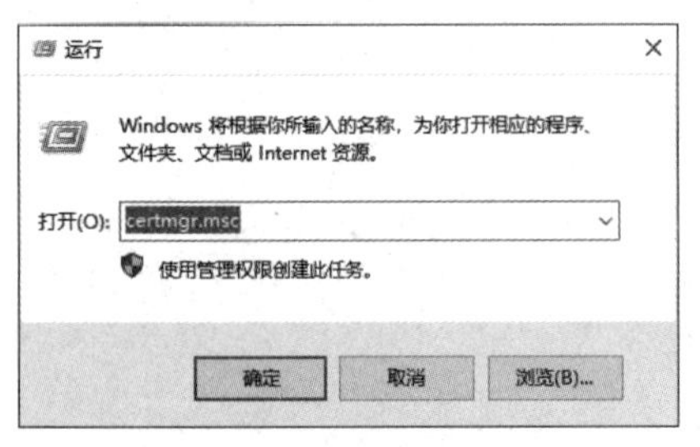

图 5-13　运行“certmgr.msc”命令

文件或文件夹的加密与解密过程都会使用 Windows 密钥，为了防止密钥丢失，我们可以备份用户的密钥。当需要备份密钥时，在“开始”菜单中打开“运行”对话框，输入“certmgr.msc”，如图 5-13 所示。

单击“确定”按钮，在打开的证书控制台树中找到一个以当前用户名命名的证书，如图 5-14 所示。这里需要说明的是，只有经过 EFS 加密的文件或文件夹才会出现该证书。

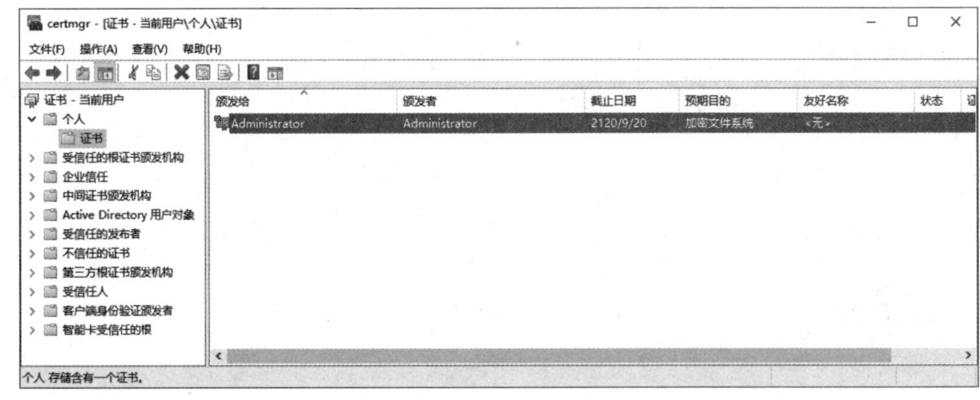

图 5-14　在证书控制台树中寻找以当前用户名命名的证书

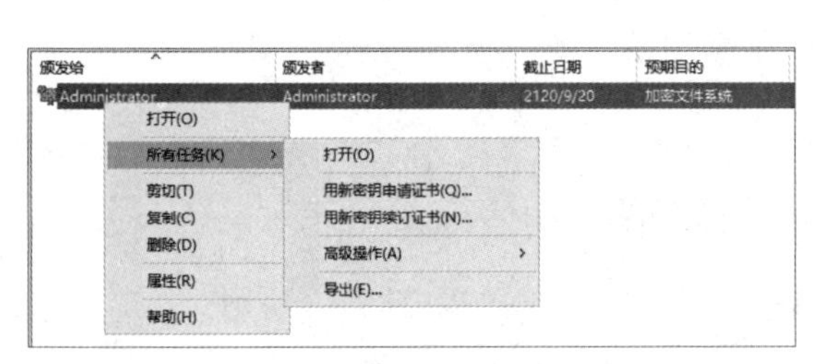

图 5-15　选择“所有任务”→“导出”命令

右击该证书，在弹出的快捷菜单中选择“所有任务”→“导出”命令，如图 5-15 所示。

在打开的“证书导出向导”对话框中单击“下一步”按钮，选中“是，导出私钥”单选按钮，再选择导出文件格式，最后设置密码（P@ssword），如图 5-16 所示。

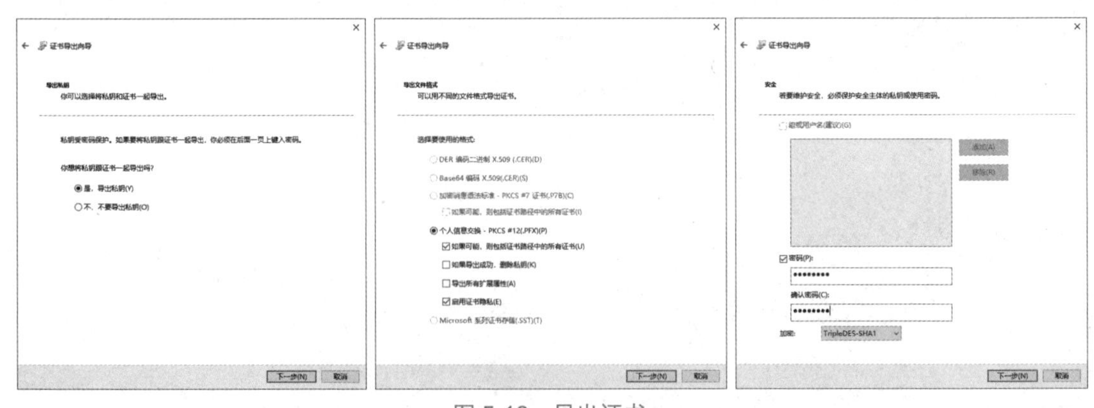

图 5-16　导出证书

任务 2　配置基本磁盘和动态磁盘

任务陈述

公司的服务器磁盘空间很快就要满了，公司采购了 3 块大容量磁盘，并且准备将磁盘转换为动态磁盘，在动态磁盘上分别创建简单卷（Simple Volume）、扩展卷（Extend Volume）、跨区卷（Spanned Volume）、带区卷（Striped Volume）、镜像卷（Mirrored Volume）和 RAID-5 卷。为了使员工更高效地使用磁盘，公司准备给每个员工设置磁盘配额。

知识准备

扫一扫，
获取微课

5-4 磁盘管理（理论）

5.4　磁盘分类

磁盘管理是服务器管理中一项很重要的工作，服务器的所有文件都是存放在磁盘上的。Windows Server 2019 的磁盘分为基本磁盘和动态磁盘两种类型。

5.4.1　基本磁盘

基本磁盘是 Windows 最常使用的默认磁盘类型，通过分区来管理和应用磁盘空间。一个基本磁盘可以划分为主磁盘分区（Primary Partition）和扩展磁盘分区（Extended Partition），但最多只能建立一个扩展磁盘分区。最多可以把基本磁盘分成 4 个主磁盘分区，或者 3 个主磁盘分区加上 1 个扩展磁盘分区，扩展磁盘分区又可以包含 1 个或多个逻辑驱动器。每个磁盘分区都被赋予了不同的驱动器号（C、D、E、F 等）。所有的磁盘分区在使用前必须先进行格式化操作。

1. 初始化磁盘

在计算机上创建新磁盘后，在创建分区之前必须先进行磁盘的初始化。安装新磁盘之后，首次启动“磁盘管理”会出现一个向导，列出操作系统检测到的新磁盘。根据向导完成操作之后，操作系统会对磁盘进行初始化，写入磁盘签名、扇区末尾标记和主启动记录（MBR）。如果用户在写入磁盘签名前取消该向导，磁盘会保持“未初始化”状态。

2. 主磁盘分区

在基本磁盘上创建的主磁盘分区，又叫作主分区，主分区中不能再划分其他类型的分区，因此每个主分区都相当于一个逻辑磁盘。在早期的 MBR 模式分区中，1 个基本磁盘可以创建 4 个主分区，或者 3 个主分区和 1 个扩展分区。现在的 GPT 分区至少可以划分 128 个主分区，未来很有可能不存在扩展分区的概念。

3. 扩展磁盘分区

严格地讲，扩展磁盘分区不是一个具有实际意义的分区，它仅仅是一个指向下一个分区的指针，这种指针结构将形成一个单向链表。这样在主引导扇区中除主分区外，仅需要存储一个被称为扩展磁盘分区的分区数据，通过这个扩展磁盘分区的分区数据可以找到下一个分区（实际上也就是下一个逻辑磁盘）的起始位置，以此起始位置类推可以找到所有的分区。

4. 逻辑驱动器

逻辑驱动器类似于主磁盘分区，在每块磁盘上创建的逻辑驱动器的数目不受限制。逻辑驱动器可以被格式化并分配驱动器号。

5. 磁盘格式化

磁盘格式化是指对磁盘或磁盘中的分区进行初始化的一种操作，这种操作通常会导致现有的磁盘或分区中所有的文件被清除。

5.4.2 磁盘转换

计算机中新安装的磁盘会被自动标识并且配置为基本磁盘。动态磁盘可以由基本磁盘转换而成，转换完成之后它可以创建更大范围的动态卷，也可以将卷扩展到多块磁盘。动态磁盘具有以下优点。

- 分区数量不受限制，没有主分区和逻辑分区的区别。
- 无须真正合并分区，可以创建跨多块磁盘的卷。
- 可以创建容错磁盘，实现数据的冗余备份，在系统出现故障时确保数据的完整性。

计算机可以在任何时候把基本磁盘转换为动态磁盘，而不丢失任何数据，基本磁盘现有的分区将被转换为卷。反之，如果将动态磁盘转换为基本磁盘，那么磁盘的数据将会丢失。

5.4.3 动态磁盘的卷类型

动态磁盘上所有的卷都是动态卷，其主要有以下 5 种类型。

1. 简单卷

简单卷与基本磁盘的分区类似，只是其空间可以扩展到非连续的空间上。简单卷采用 FAT 或者 NTFS 文件系统格式。只有一块磁盘时只能创建简单卷。

2. 跨区卷

跨区卷可以将多块磁盘（至少 2 块，最多 32 块）上的未分配空间合并成一个逻辑卷。使用时先写满一部分空间再写入下一部分空间。跨区卷可以在不使用装入点的情况下获得更多磁盘上的数据。通过将多块磁盘的未分配空间合并为一个跨区卷，可以释放驱动器号作为其他用途，并可创建一个较大的卷用于文件系统。

3. 带区卷

带区卷又被称为条带卷（RAID-0），最大支持 32 块磁盘，写入时将数据分成 64KB 大小相同的数据块，同时写入卷的每块磁盘成员的空间上。带区卷是 Windows 所有动态磁盘中读/写性能最好的卷，但是带区卷不能被扩展或镜像，并且不提供容错功能，如果带区卷中的某块磁盘出现故障，那么整个卷将无法工作。

4. 镜像卷

镜像卷又被称为 RAID-1 卷，它通过使用卷的两个副本或镜像复制存储在卷上的数据，提供数据的冗余性，但磁盘的空间利用率只有 50%，实现的成本较高。

在镜像卷中，写入磁盘的数据都会被存储到两个独立的物理磁盘的镜像中，如果其中一块磁盘出现故障，那么该磁盘上的数据将不可用，但是系统将会使用另一块磁盘中的数据继续工作。如果镜像卷中的一个镜像出现故障，则必须中断该镜像卷，使另一个镜像成为具有独立驱动器号的卷。

5. RAID-5 卷

RAID-5 卷又叫作“廉价磁盘冗余阵列”或者“独立磁盘冗余阵列”，是数据和奇偶校验间断分布在 3 块或多块物理磁盘上的容错卷。RAID-5 卷适用于大规模序列化读/写操作。RAID-5 卷至少需要 3 块磁盘，最大支持 32 块磁盘，每块磁盘必须提供相同的磁盘空间，磁盘的空间利用率为 $(n-1)/n$，n 为磁盘的数量。

5.5 磁盘配额

在计算机网络中，网络管理员有一项很重要的任务，就是为访问服务器资源的用户设置磁盘配额，也就是限制他们一次性访问服务器资源的卷空间数量。磁盘配额用于在计算机中指定磁盘的空间限制，即管理员为用户所能使用的磁盘空间进行配额限制，每个用户只能使用最大配额范围内的磁盘空间。

在 Windows Server 2019 中，对于跟踪磁盘配额以及控制磁盘空间的使用量，系统管理员可将 Windows 配置为两种情况。

- 当用户超出所指定的磁盘空间限制时，阻止其进一步使用磁盘空间并记录事件。
- 当用户超过指定的磁盘空间警告等级时，记录事件。

磁盘配额是以文件所有权为基础的，并且不受卷中用户文件的文件夹位置的限制，如果用户在同一个卷中的文件夹之间移动文件，则卷空间用量不变。磁盘配额只适用于卷，且不受卷的文件夹结构及物理磁盘布局的限制，如果卷有多个文件夹，则卷的配额将应用于该卷中的所有文件夹。如果单块磁盘有多个卷，并且配额是针对每个卷的，则卷的配额只适用于特定的卷。

在 NTFS 文件系统中，卷的使用信息是按用户安全标识（SID）存储，而不是按账户名称存储的。第一次打开“磁盘配额”对话框时，磁盘配额必须从网络域控制器或者本地用户管理器上获取用户账户名称，将这些用户账户名称与当前卷用户的 SID 进行匹配。

任务实施

5-5 配置基本磁盘和动态磁盘（操作）

公司采购了 3 块大容量磁盘，并且准备将磁盘转换为动态磁盘，在动态磁盘上分别创建简单卷、扩展卷、跨区卷、带区卷、镜像卷和 RAID-5 卷。

1. 在服务器上添加磁盘

（1）在 VMware 中选中虚拟机服务器，然后在“Windows Server 2019”主界面中单击“编辑虚拟机设置”链接，如图 5-17 所示。

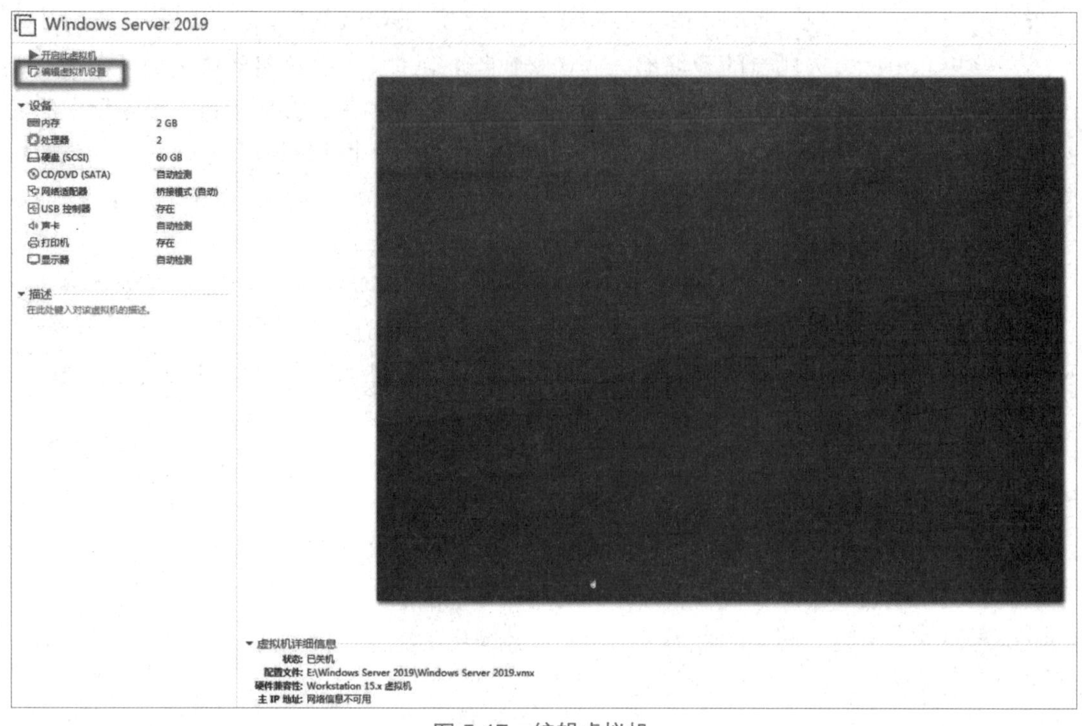

图 5-17 编辑虚拟机

（2）在“虚拟机设置”对话框中单击“添加”按钮，在打开的“添加硬件向导”对话框中选择硬件类型为“硬盘”，如图 5-18 所示。

图 5-18 添加硬盘

（3）单击“下一步”按钮，打开“选择磁盘类型”界面，选择“虚拟磁盘类型”为“SCSI”，如图 5-19 所示。

（4）单击“下一步”按钮，保持默认设置，然后单击“下一步”按钮，打开“指定磁盘容量”界面，在“最大磁盘大小（GB）”数值框中输入“10.0”，如图 5-20 所示，单击“下一步”按钮，之后单击“完成”按钮。

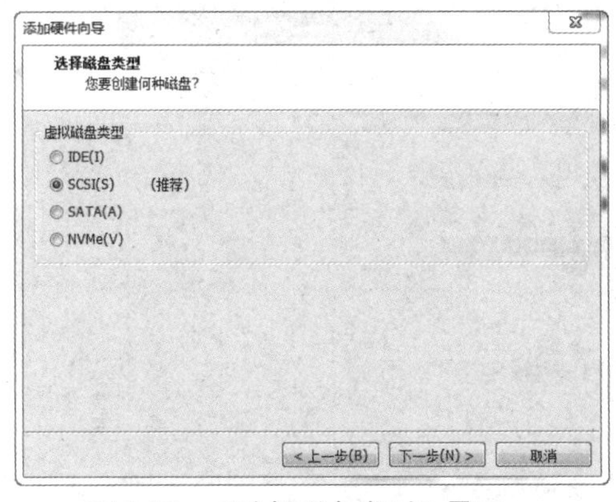

图 5-19　“选择磁盘类型”界面

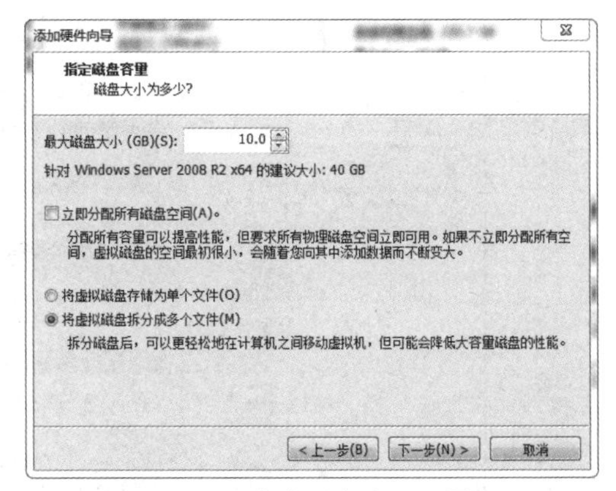

图 5-20　“指定磁盘容量”界面

（5）重复以上步骤，再添加 2 块相同的磁盘，并启动虚拟机。

（6）用本地管理员账户登录系统。

2. 将磁盘转换为动态磁盘

（1）打开“服务器管理器”窗口，选择左侧“文件和存储服务”中的“磁盘”选项，在右侧可以看到之前添加的 3 块未分配磁盘，如图 5-21 所示。

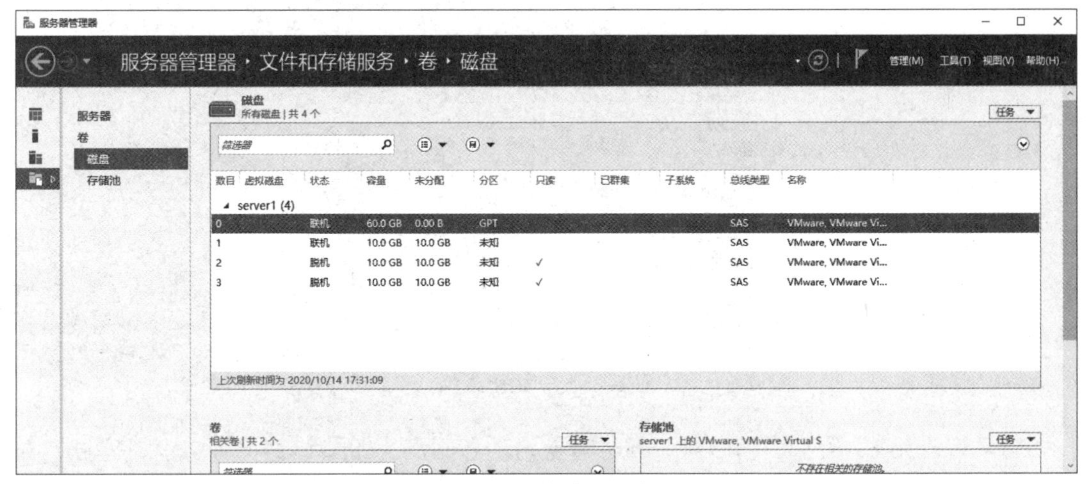

图 5-21　未分配磁盘

用户可以通过选择右上角“工具”下拉菜单中的“计算机管理”命令来管理磁盘，如图 5-22 所示。

（2）在 Windows Server 2019 中，新添加的磁盘默认已经处于联机状态，如果没有联机，用户可以先将磁盘进行联机操作。选中没有初始化的“磁盘 1”，单击鼠标右键，在弹出的快捷菜单中选择“初始化磁盘”命令，在打开的“初始化磁盘”对话框中选择磁盘分区形式为“MBR（主启动记录）”，如图 5-23 所示，然后单击“确定”按钮，此处将 3 块磁盘一起进行初始化操作。

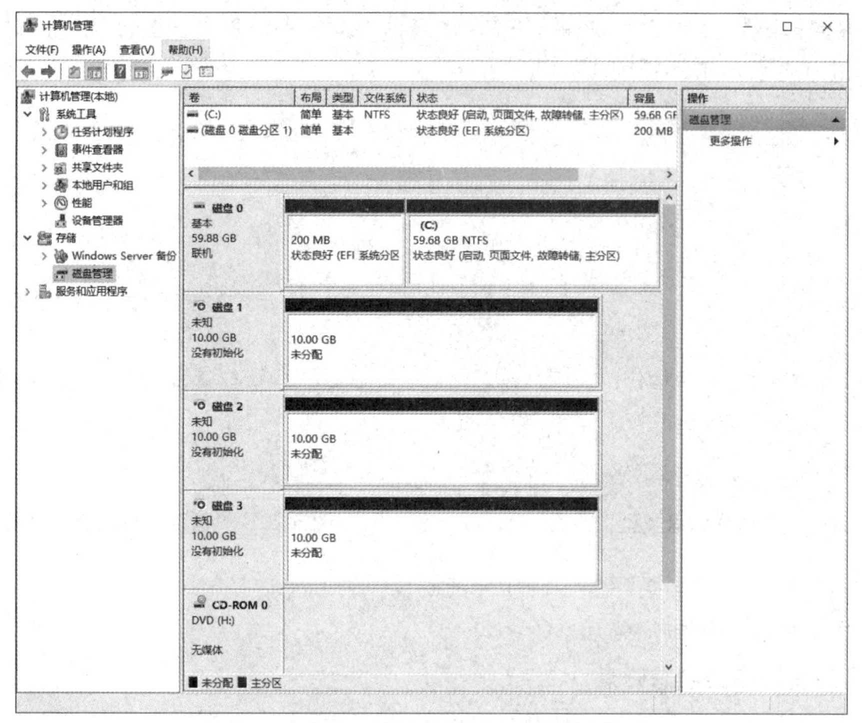

图 5-22 选择“计算机管理”命令管理磁盘

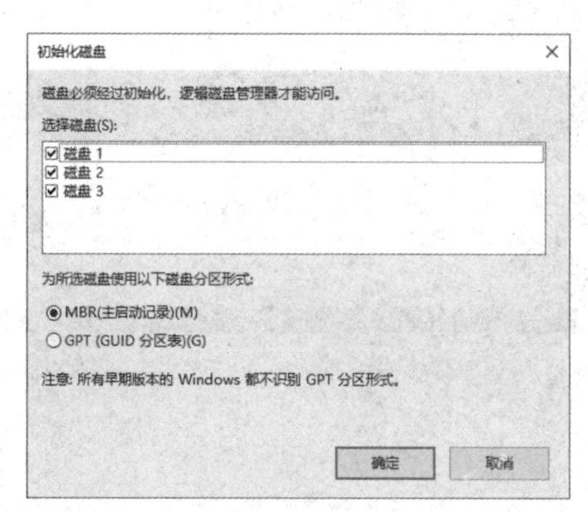

图 5-23 初始化磁盘

（3）将磁盘 1、磁盘 2 和磁盘 3 同时转换为动态磁盘，如图 5-24 所示，然后单击“确定”按钮。

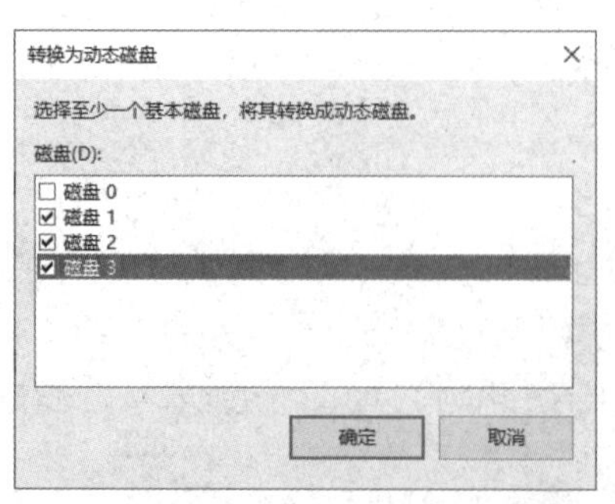

图 5-24 将磁盘转换为动态磁盘

（4）操作完成后，可以看到新添加的 3 块磁盘都变成了动态磁盘，如图 5-25 所示。

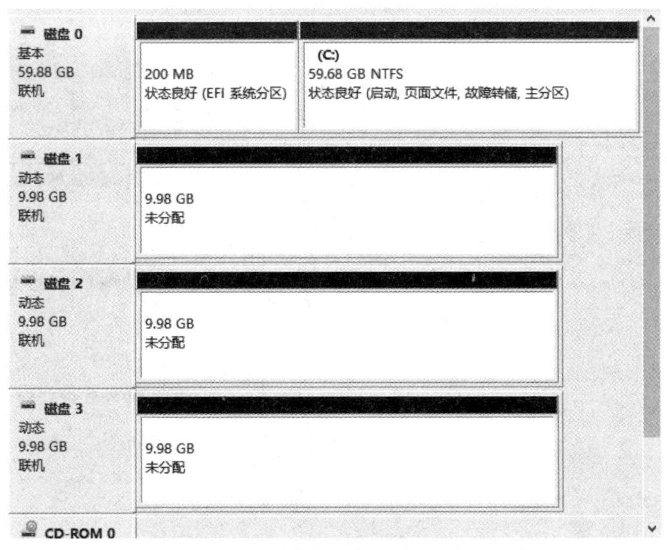

图 5-25　新添加的磁盘已变为动态磁盘

3. 创建简单卷

（1）在“磁盘 1”的未分配区域单击鼠标右键，在弹出的快捷菜单中选择“新建简单卷”命令。

（2）在打开的“新建简单卷向导”对话框中单击“下一步”按钮，在“指定卷大小”界面的“简单卷大小（MB）”数值框中输入简单卷的大小“2048”，单位为 MB（1GB=1024MB），如图 5-26 所示。

（3）单击“下一步”按钮，打开“分配驱动器号和路径”界面，保持默认设置（驱动器号为“D”），如图 5-27 所示。

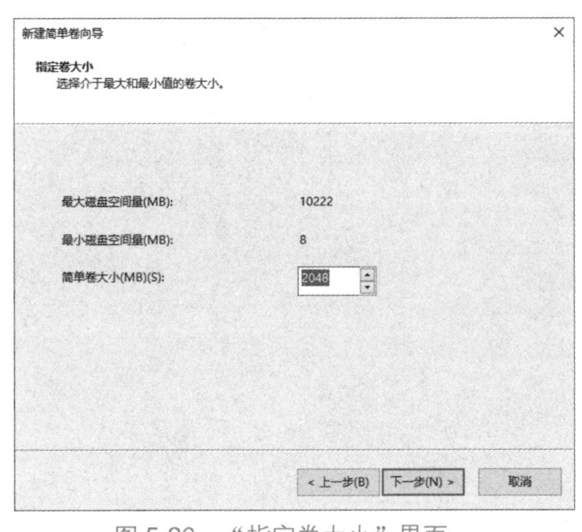

图 5-26　“指定卷大小”界面

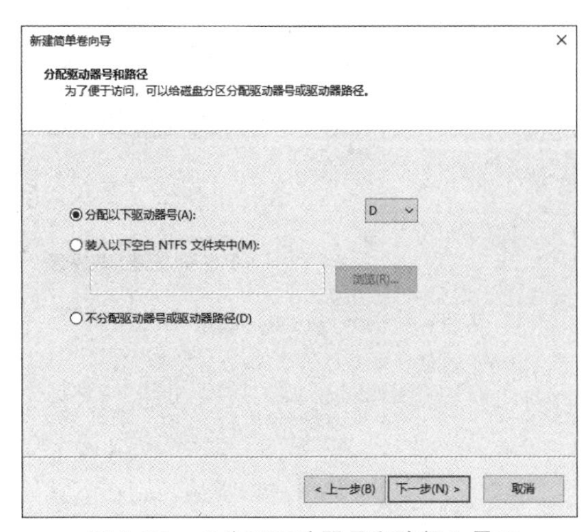

图 5-27　“分配驱动器号和路径”界面

（4）单击“下一步”按钮，打开“格式化分区”界面，选择格式化分区格式，保持默认设置（把 D 盘格式化为“NTFS”文件系统），如图 5-28 所示。

（5）在完成简单卷向导设置之后，可以看到 D 盘的空间大小为 2.00GB，如图 5-29 所示。

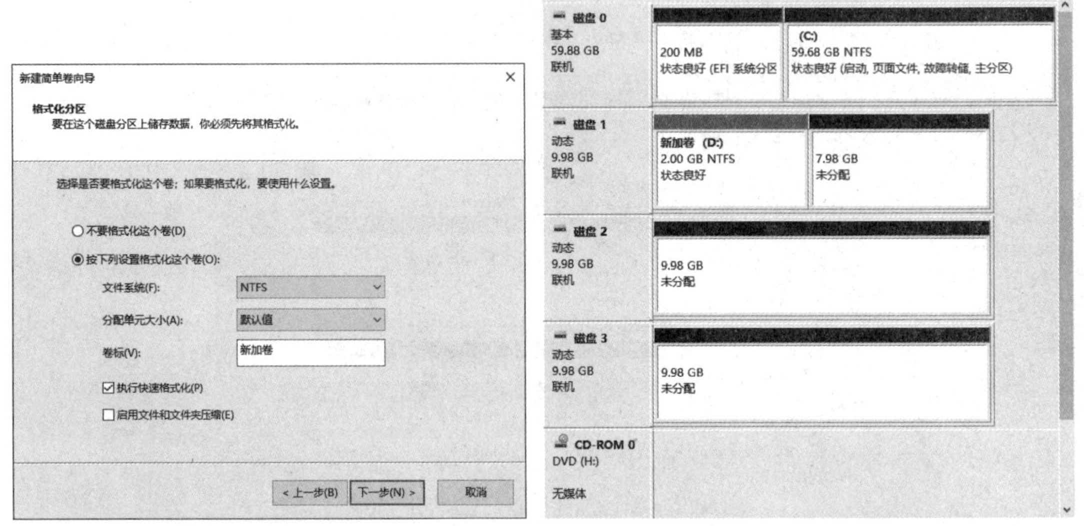

图 5-28 “格式化分区”界面　　　　图 5-29 D 盘空间大小

4. 创建扩展卷

（1）选择刚才新建的简单卷“D”，单击鼠标右键，在弹出的快捷菜单中选择“扩展卷”命令，如图 5-30 所示，然后在向导中单击“下一步”按钮。

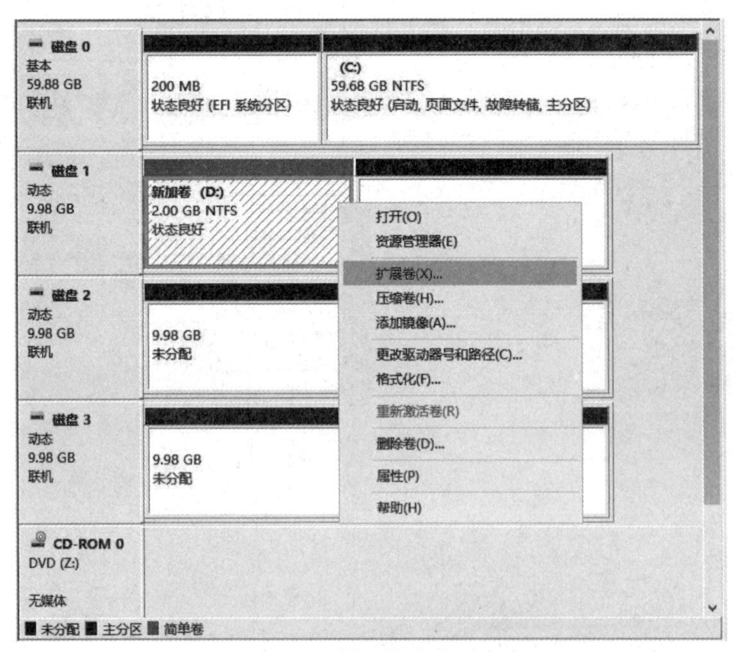

图 5-30 选择“扩展卷”命令

（2）在“选择磁盘”界面中，选择“磁盘 1”进行扩展，在“选择空间量（MB）”数值框中输入“2048”，如图 5-31 所示，然后单击“下一步”按钮。

（3）完成之后，原来的D盘容量由2.00GB变成了4.00GB，而未分配的容量由7.98GB降低到5.98GB，如图5-32所示。

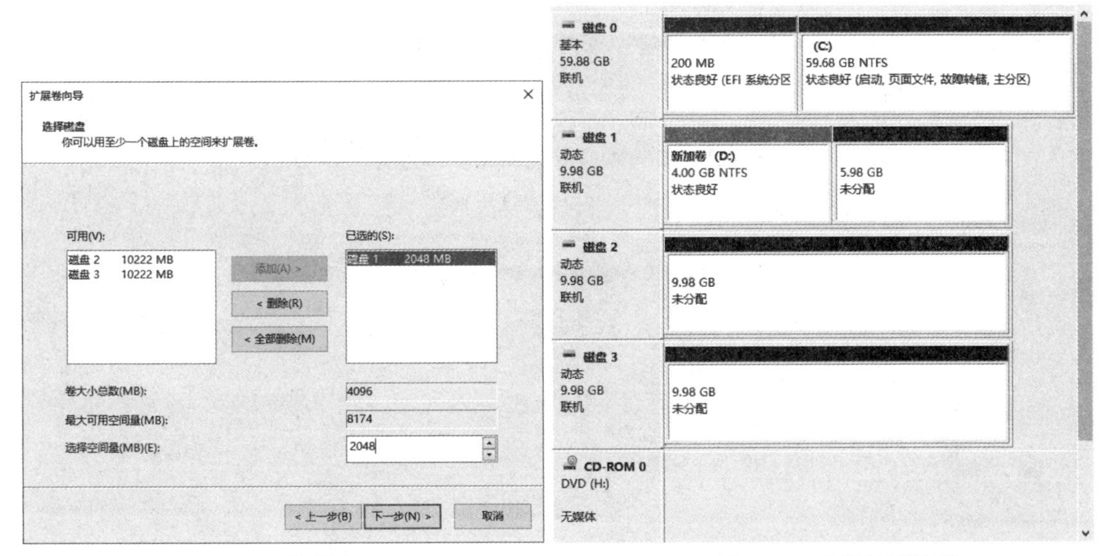

图5-31　扩展卷　　　　图5-32　容量扩展结果

5. 创建跨区卷

（1）在“磁盘1”的未分配区域单击鼠标右键，在弹出的快捷菜单中选择“新建跨区卷”命令，在打开的界面中单击“下一步”按钮，进入如图5-33所示的“选择磁盘”界面。

（2）选择“磁盘1”，在“选择空间量（MB）”数值框中输入“2048”，然后选择“磁盘2”，单击“添加”按钮后，在“选择空间量（MB）”数值框中输入“2048”，接着选择“磁盘3”，单击“添加”按钮后，在“选择空间量（MB）”数值框中输入“2048”，结果如图5-34所示。

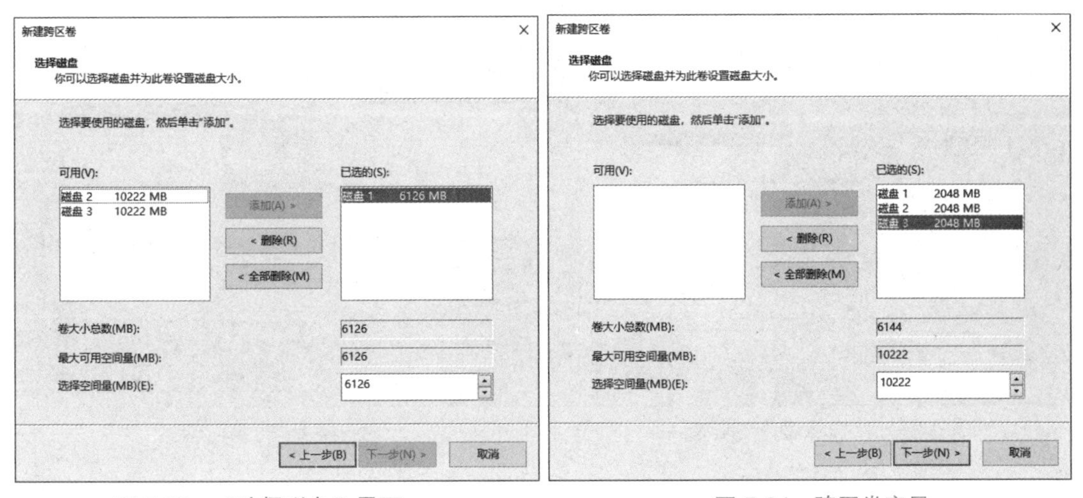

图5-33　“选择磁盘”界面　　　　图5-34　跨区卷容量

（3）单击“下一步”按钮，打开“分配驱动器号和路径”界面，保持默认设置，单击“下一步”按钮，格式化分区后单击“完成”按钮，从图5-35中可以看出跨区卷E涉及3块磁盘。

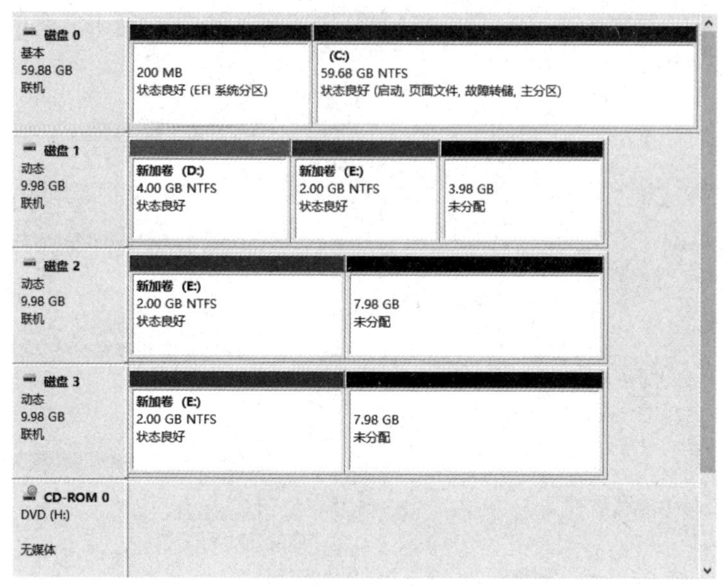

图 5-35　跨区卷

6. 创建带区卷

（1）在“磁盘 1”的未分配区域单击鼠标右键，在弹出的快捷菜单中选择“新建带区卷”命令，在打开的界面中单击“下一步”按钮，进入如图 5-36 所示的“选择磁盘”界面。

（2）选择“磁盘 1”，在“选择空间量（MB）”数值框中输入“2048”，然后选择“磁盘 2”，在“选择空间量（MB）”数值框中输入“2048”，单击“添加”按钮，结果如图 5-37 所示。

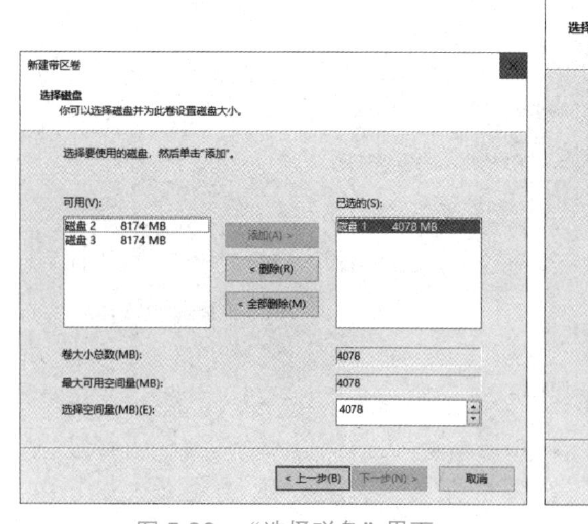

图 5-36　“选择磁盘”界面

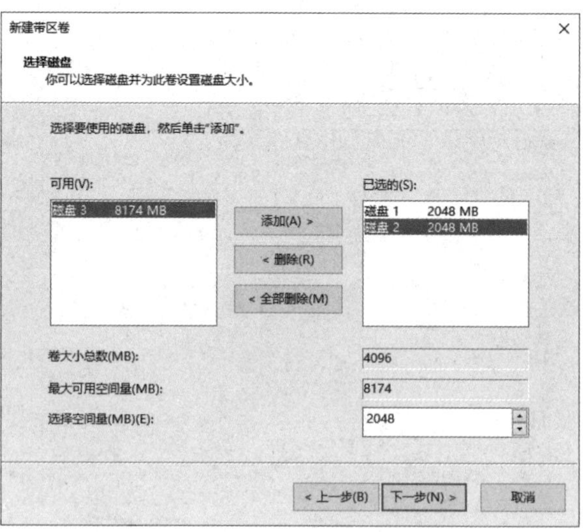

图 5-37　带区卷容量

（3）单击“下一步”按钮，打开“分配驱动器号和路径”界面，保持默认设置，单击“下一步”按钮，格式化分区后单击“完成”按钮，从图 5-38 中可以看出带区卷 F 涉及 2 块磁盘。

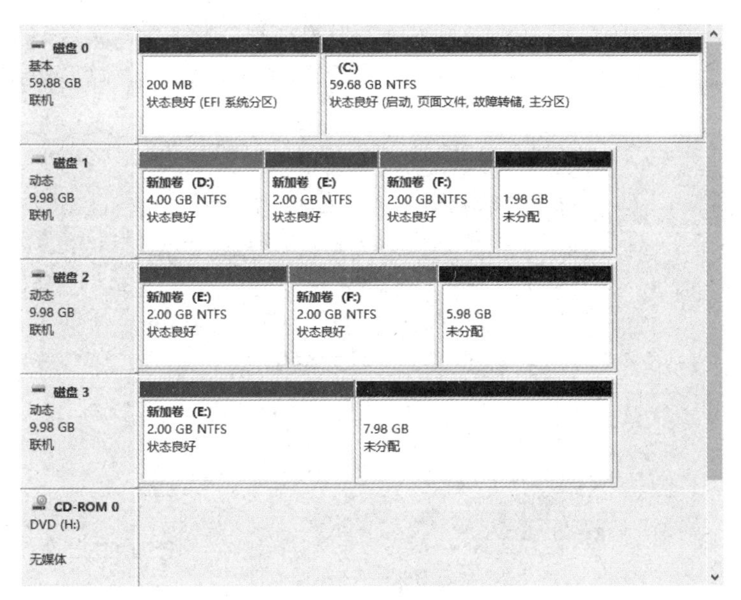

图 5-38　带区卷

7. 创建镜像卷

（1）在“磁盘 2”的未分配区域单击鼠标右键，在弹出的快捷菜单中选择“新建镜像卷”命令，在打开的界面中单击“下一步”按钮，进入“选择磁盘”界面，将“磁盘 2”和“磁盘 3”的空间容量都设置为“2048”，结果如图 5-39 所示。

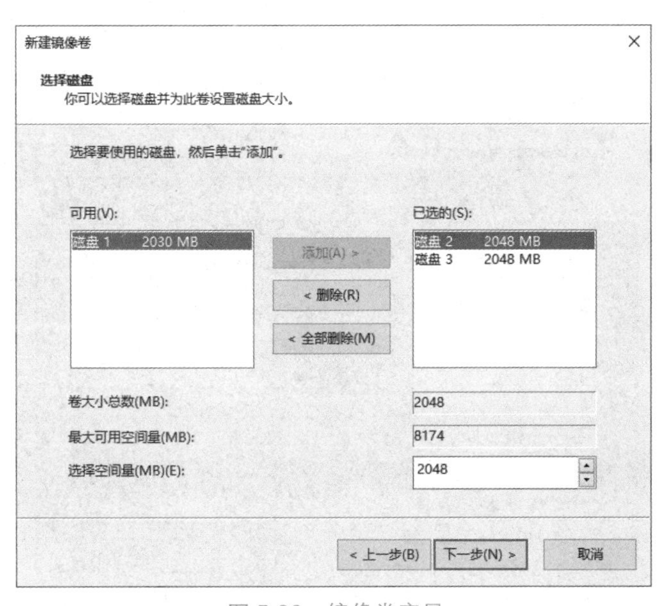

图 5-39　镜像卷容量

（2）单击“下一步”按钮，打开“分配驱动器号和路径”界面，保持默认设置，单击“下一步”按钮，格式化分区后单击“完成”按钮，从图 5-40 中可以看出镜像卷 G 涉及 2 块磁盘。

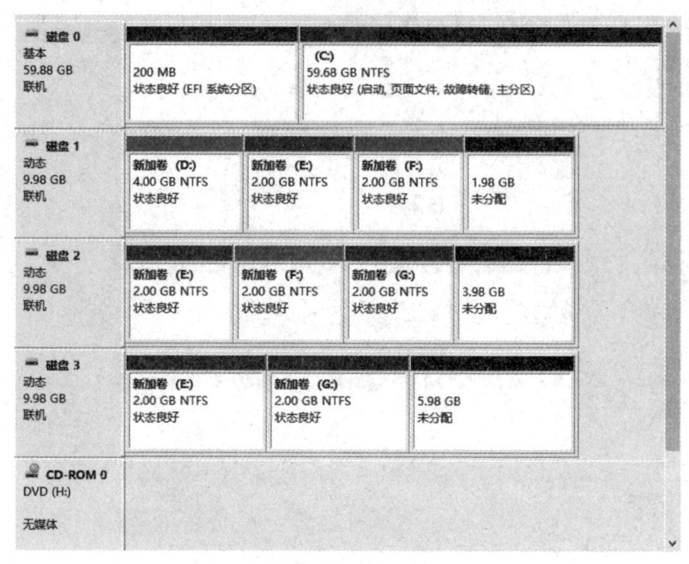

图 5-40　镜像卷

8. 创建 RAID-5 卷

（1）因为 RAID-5 卷至少需要 3 块磁盘，且每块磁盘必须提供相同的磁盘空间，所以需要先删除之前所创建的卷，然后重新将 3 块磁盘设置为动态磁盘。

（2）在“磁盘 1”的未分配区域单击鼠标右键，在弹出的快捷菜单中选择“新建 RAID-5 卷”命令，在“选择磁盘”界面中将 3 块磁盘全部添加到“已选的”列表框中，如图 5-41 所示。

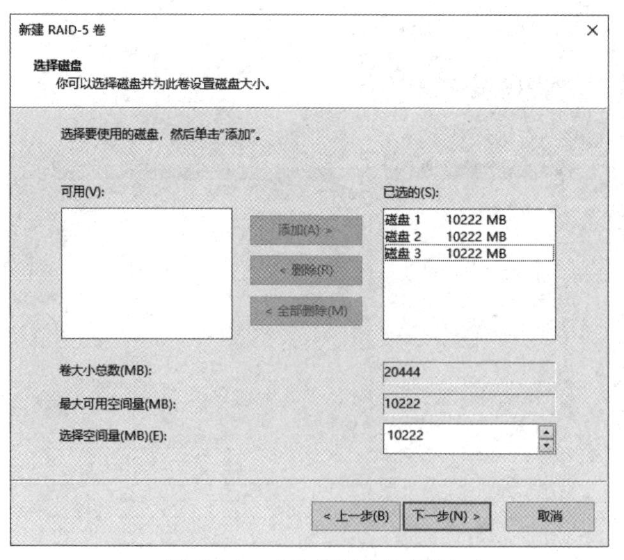

图 5-41　“选择磁盘”界面

（3）单击“下一步”按钮，打开“分配驱动器号和路径”界面，保持默认设置，单击“下一步”按钮，格式化分区后单击“完成”按钮，从图 5-42 中可以看出 RAID-5 卷 D 涉及 3 块磁盘。

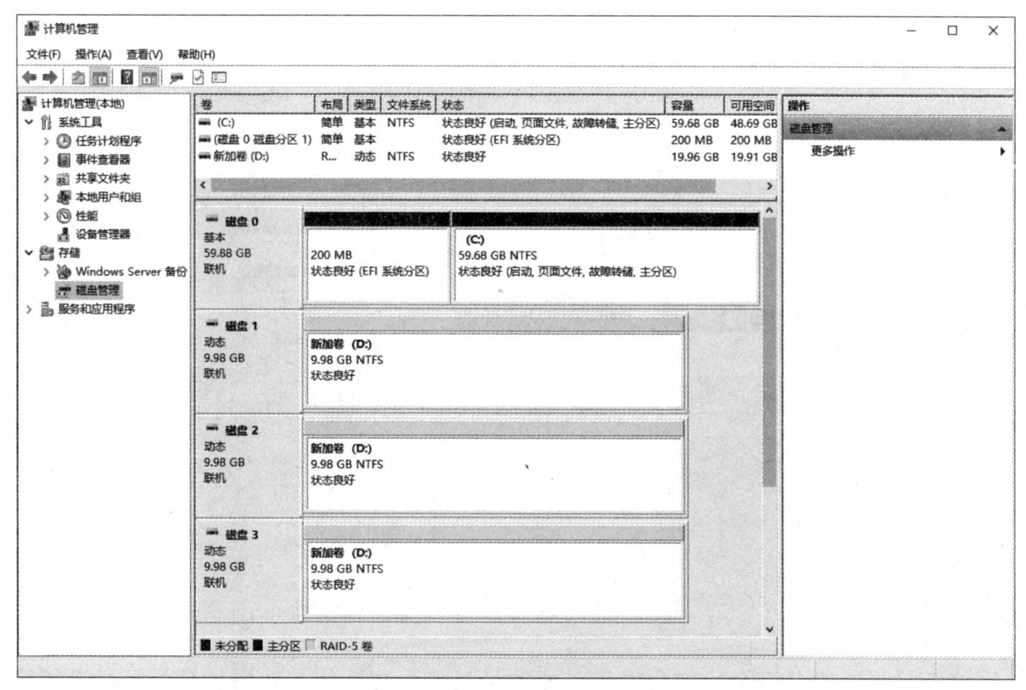

图 5-42　RAID-5 卷

任务拓展

1. 启动磁盘配额管理

利用磁盘配额，管理员可以根据用户所拥有的文件和文件夹来分配磁盘使用空间，首先需要启动磁盘配额管理。

右击要分配的磁盘空间驱动器盘符，在弹出的快捷菜单中选择“属性”命令，在打开的“新加卷（D:）属性”对话框中切换到“配额”选项卡，勾选“启动配额管理”复选框进行配置，如图 5-43 所示。

在“配额”选项卡中，勾选“拒绝将磁盘空间给超过配额限制的用户”复选框，超过配额限制的用户将收到系统的错误提示，并且不能向磁盘中写入数据；可以设置用户的磁盘空间限制为 2GB，当用户的磁盘空间达到 1.8GB 时，提示用户磁盘不足的信息；当用户的磁盘空间达到配额限制时，系统将记录事件。

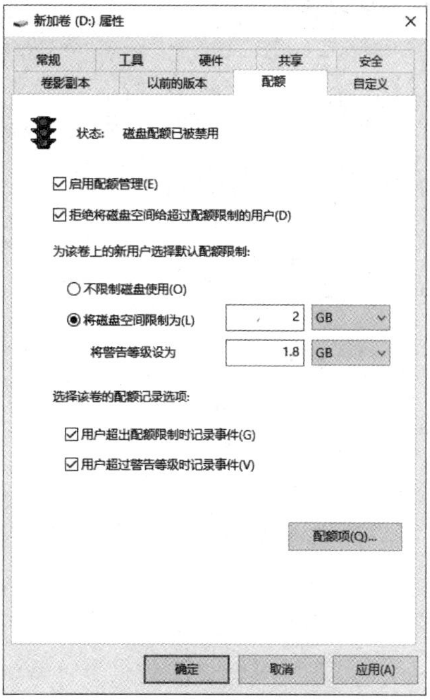

图 5-43　“配额”选项卡

2. 设置单个用户的磁盘配额

系统管理员可以为单个用户设置磁盘配额，这样更利于提高磁盘空间的利用率。在“配额”选项卡中，单击“配额项”按钮，在打开的界面中显示了在该盘中所有用户的磁盘配额项及使用情况，Administrators 组的用户不受磁盘配额的限制，如图 5-44 所示。

在“配额”下拉菜单中选择“新建配额项”命令，选择用户之后可以单独设置该用户的配额项，使之不受默认配额的限制，如图 5-45 所示。

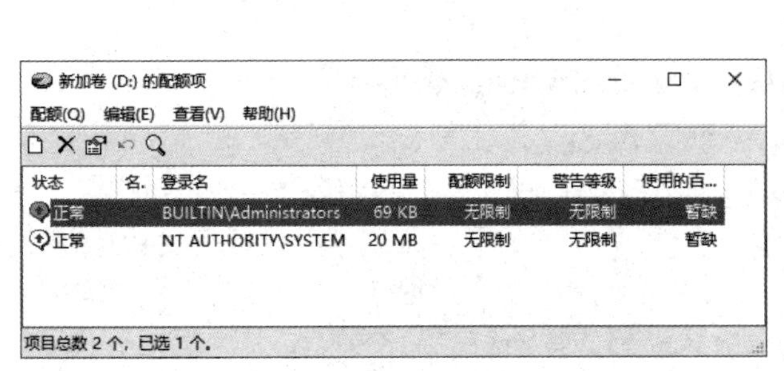

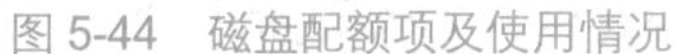
图 5-44　磁盘配额项及使用情况

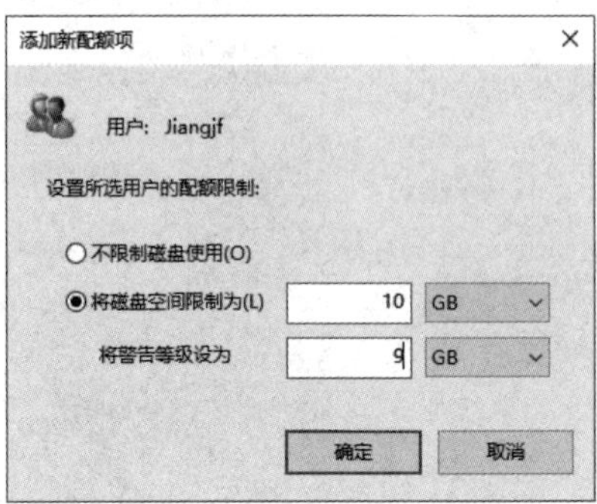

图 5-45　用户配额项的设置

单元小结

网络中最重要的是安全，安全中最重要的是权限。文件和文件系统是计算机系统组织数据的集合单位，NTFS 文件系统具有高安全性，用户可以方便地使用 NTFS 文件系统组织和保护文件及文件夹。存储文件的是磁盘，磁盘的管理技术是一个网络管理员最起码要掌握的技术。

单元练习题

一、单项选择题

1．在下列选项中，（　　）不是 NTFS 文件系统的普通权限。

A．读取　　B．写入

C．删除　　D．完全控制

2．在 Windows Server 2019 中，下面的（　　）功能不是 NTFS 文件系统特有的。

A．文件加密　　B．文件压缩

C．设置共享　　D．磁盘配额

3．关于 NTFS 权限的描述，错误的是（　　）。

A．文件夹权限超越文件权限　　B．文件权限是可继承的

C．拒绝权限优先于其他权限　　D．不同的文件夹权限是累加的

4．要启用磁盘配额管理，Windows Server 2019 驱动器必须使用（　　）。

A．FAT 文件系统　　B．NTFS 文件系统

C．FAT32 文件系统　　D．所有文件系统都可以

5．在下列选项中，关于磁盘配额的说法正确的是（　　）。

A．可以单独指定某个组的磁盘配额容量

B．不可以指定某个用户的磁盘配额容量

C．所有用户都会受到磁盘配额的限制

D．Administrators 组的用户不受磁盘配额的限制

二、填空题

1．将 FAT/FAT32 分区转化为 NTFS 分区可以使用 ____________ 命令。

2．NTFS 权限类型包括 _________、_________、读取和运行、显示文件夹内容、_________ 和 _________。

3．Windows Server 2019 中的磁盘分为 _________ 和 _________。

4．镜像卷的磁盘空间利用率为 ______，所以镜像卷的花费较高，而 RAID-5 卷的磁盘空间利用率为 ______，磁盘数量越多，冗余数据带区的成本越低，所以 RAID-5 卷的性价比较高，被广泛应用于数据存储领域。

5．基本磁盘最多可以分为 ______ 个主磁盘分区，或者 ______ 个主磁盘分区和 ______ 个扩展磁盘分区。

三、解答题

1．简述 FAT/FAT32 和 NTFS 文件系统的区别。

2．简述基本磁盘和动态磁盘的区别。

3．Windows Server 2019 支持的动态卷类型有哪些？各有什么特点？

单元 6 文件服务器的配置与管理

学习目标

【知识目标】

- 掌握共享文件夹的基本概念。
- 掌握共享权限和 NTFS 权限的区别和联系。
- 掌握文件服务器的角色和功能。
- 了解分布式文件系统的基本概念。

【技能目标】

- 熟练掌握设置共享文件夹的几种方法。
- 熟练掌握通过客户端访问共享文件夹的方法。
- 熟练掌握安装文件服务器角色并设置共享文件夹的方法。
- 掌握分布式文件系统的安装及常用设置方法。

引例描述

自从上次小陈安装好文件服务器后，她一直想在这台机器上进行一些设置。她知道文件服务器的主要作用是共享文件资源给网络中的其他计算机，但她现在还不知道如何创建共享文件资源，也不清楚在其他计算机上怎么访问文件服务器上的共享文件资源。带着这些问题，她去请教了蒋老师，如图 6-1 所示。蒋老师告诉小陈，在 Windows Server 2019 上创建共享文件资源有几种不同的方法：使用共享文件夹、安装文件服务器或使用分布式文件系统。读者最好能熟练掌握每种方法，在实际工作中根据具体的场景使用不同的方法。

图 6-1　文件服务器的配置与管理

任务1　配置共享文件夹和文件服务器

任务陈述

小陈了解了创建共享文件资源的几种方法，下面她打算先创建共享文件夹，然后通过 Windows Server 2019 文件服务器创建共享文件资源。小陈的任务是把目录 C:\SIE\Public 设为共享文件资源，并针对不同的用户分配不同的读/写权限。

知识准备

6-1 共享文件夹的基本概念（理论）

6-2 共享文件夹的访问方式（理论）

6.1　共享文件夹

1. 共享文件夹概述

简单来说，共享文件夹就是在一台计算机上要共享给其他计算机访问的文件夹。在一台计算机上把某个文件夹设为共享文件夹，用户就可以通过网络远程访问这个文件夹，从而实现文件资源的共享。

把文件夹作为共享资源供网络上的其他计算机访问，必须考虑访问权限，否则很可能给共享文件夹甚至整个操作系统带来严重的安全隐患。共享文件夹支持灵活的访问权限控制功能，该功能可以允许和拒绝某个用户或用户组访问共享文件夹，或者对共享文件夹进行读/写等操作。

2. 共享文件夹权限

与共享文件夹有关的两种权限是共享权限和 NTFS 权限。共享权限就是用户通过网络访问共享文件夹时使用的权限，而 NTFS 权限是指本地用户登录计算机后访问文件或文件夹时使用的权限。当本地用户访问文件或文件夹时，只会对用户应用 NTFS 权限。当用户通过网络远程访问共享文件夹时，先对其应用共享权限，然后对其应用 NTFS 权限。

共享权限分为读取、更改和完全控制三种，每种权限的简单说明如下。

（1）读取。用户对共享文件夹具有读取权限意味着可以查看该文件夹下的文件名称和子文件夹名称，还可以查看这些文件的内容或运行文件。读取权限是共享文件夹的默认权限，被分配给 Everyone 组。

（2）更改。更改权限除了包括读取权限，还增加了一些权限，包括在共享文件夹下创建文件和子文件夹、更改文件的内容、删除文件和子文件夹。

（3）完全控制。完全控制权限包括读取权限和更改权限。通过分配完全控制权限，用户可以更改文件和子文件夹的权限，以及获得文件和子文件夹的所有权。

为了让使用者更容易理解共享权限的含义，从 Windows Vista 开始，共享权限可以通过 4 种用户身份标识，即读者、参与者、所有者和共有者。前三种用户身份分别拥有读取权限、更改权限和完全控制权限。共有者也拥有完全控制权限，在默认情况下被分配给对文件夹具有所有权的用户或用户组。

对于共享权限而言，如果一个用户属于某个组，那么这个组的所有用户都自动拥有所属组的权限。如果一个用户属于多个组，那么这个用户的权限将是这些组的共享权限的累加（即权限的并集）。

3. 特殊的共享资源

读者后面会看到一些比较“奇怪”的共享资源，名称一般是“ADMIN$”“IPC$”等。其实这是操作系统为了自身管理的需要而创建的一些特殊的共享资源，不同的操作系统创建的特殊共享资源有所不同，不过这些共享资源有一个共同的特点，即共享名的最后一个字符是“$”。为了不影响操作系统的正常使用，建议读者不要修改或删除这些特殊的共享资源。表 6-1 显示了几个常用的特殊共享资源。

表 6-1　常用的特殊共享资源

共享资源名	说　　明
ADMIN$	用于计算机远程管理的共享资源，共享文件夹为系统根目录，如 C:\Windows
驱动器号 $	驱动器根目录下的共享资源，如 C$、D$
IPC$	共享命名管道的资源，计算机使用它远程查看和管理共享资源
SYSVOL$	域控制器上使用的共享资源
PRINT$	远程管理打印机时使用的共享资源
FAX$	传真服务器为传真用户提供共享服务的共享资源，用于临时缓存文件

如果想要共享某个文件夹，但出于安全方面的考虑，又不希望让网络中的所有人都看到，这时，通过在共享名的结尾添加“$”，就可以隐藏这些共享文件夹。

6.2　文件服务器概述

虽然共享文件夹是一种很好的实现资源共享的方式，不过在 Windows Server 2019 中还有一种更加专业的方法，即文件服务器，这是通过文件和存储服务角色实现的。在实际的生产应用场景中，如果一台服务器专门用于文件的存储、管理和共享，那么可以把它设置为文件服务器。Windows Server 2019 通过文件和存储服务角色来支持文件服务器的发布和管理。

Windows Server 2019 提供的文件和存储服务角色用于支持共享资源的发布和管理。通过安装文件和存储服务角色，用户可以更有效地管理和控制共享文件夹，还可以将其发布到基于域的分布式文件系统中。

扫一扫，获取微课　6-3 配置共享文件夹和文件服务器（操作）

任务实施

本任务使用一台安装 Windows Server 2019 的虚拟机，主机名为 SIE-Net，IP 地址为 192.168.0.200。客户端是一台安装 Windows 7 的虚拟机。

1. 创建共享文件夹

（1）使用管理员账户登录操作系统，在 C 盘下新建 SIE 文件夹并在 SIE 文件夹下新建 Public 子文件夹。在“开始”菜单中依次选择“Windows 管理工具”→“计算机管理”命令，打开“计算机管理”窗口，如图 6-2 所示。在“计算机管理”窗口的左侧窗格中，展开“共享文件夹”列表，然后选择“共享”选项。

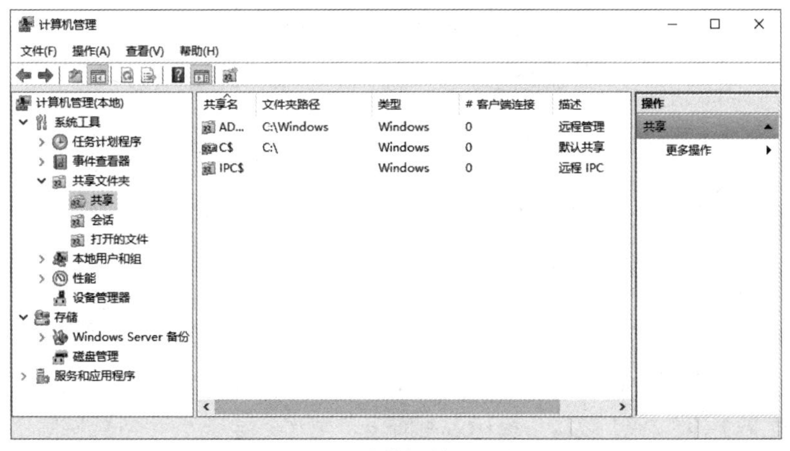

图 6-2 “计算机管理”窗口

（2）右击“共享”选项，在弹出的快捷菜单中选择“新建共享”命令，或者在“计算机管理”窗口的“操作”下拉菜单中选择“新建共享”命令，打开“创建共享文件夹向导”对话框，单击“下一步”按钮，打开“文件夹路径”界面。在“文件夹路径”界面中，手动输入要共享的文件夹路径，或者单击“浏览”按钮选择文件夹，如图 6-3 所示。

（3）单击“下一步”按钮，打开“名称、描述和设置”界面，在这里设置共享文件夹的名称和描述信息，如图 6-4 所示。

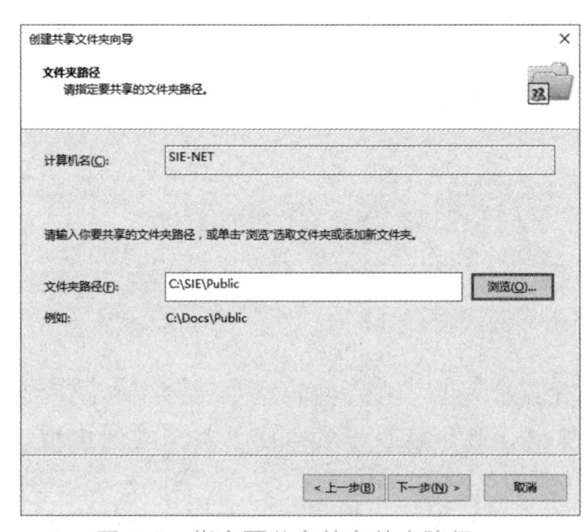

图 6-3 指定要共享的文件夹路径

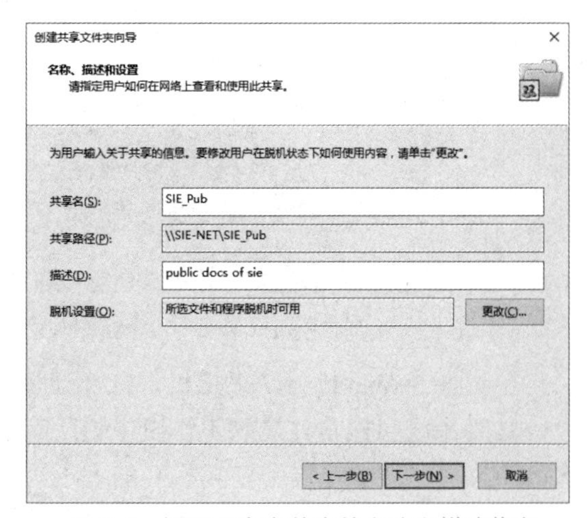

图 6-4 设置共享文件夹的名称和描述信息

（4）单击“下一步”按钮，打开“共享文件夹的权限”界面，在这里可以设置共享文件夹的权限。用户可以在三种预定义的权限类型中选择一种进行设置，也可以选中“自定义权限”单选按钮后单击“自定义”按钮，在打开的“自定义权限”对话框中自定义共享文件夹的权限。设置好之后单击“确定”按钮，返回“共享文件夹的权限”界面，如图 6-5 所示。

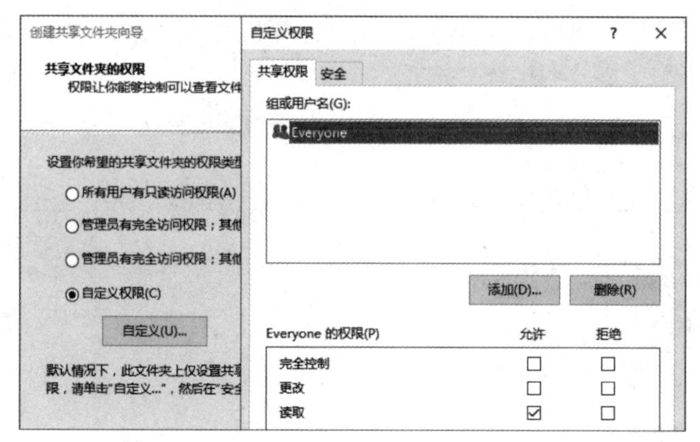

图 6-5　设置共享文件夹的权限

（5）单击“完成”按钮，打开“共享成功”界面，该界面显示了共享文件夹的摘要信息，并提示共享文件夹创建成功，如图 6-6 所示。单击“完成”按钮后返回“计算机管理”窗口，可以看到刚才创建的共享文件夹已经出现在共享资源列表中，如图 6-7 所示。

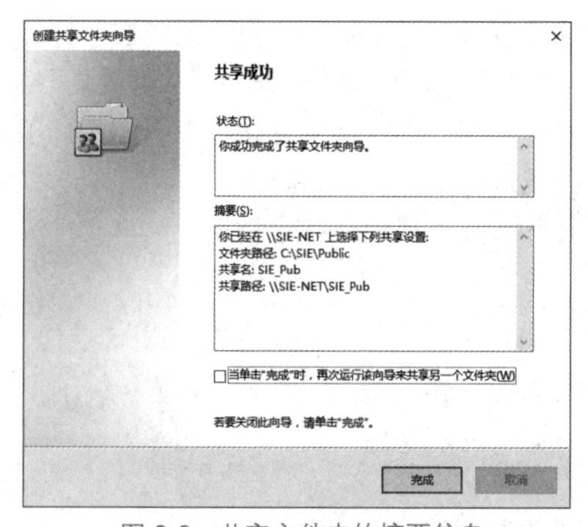

图 6-6　共享文件夹的摘要信息

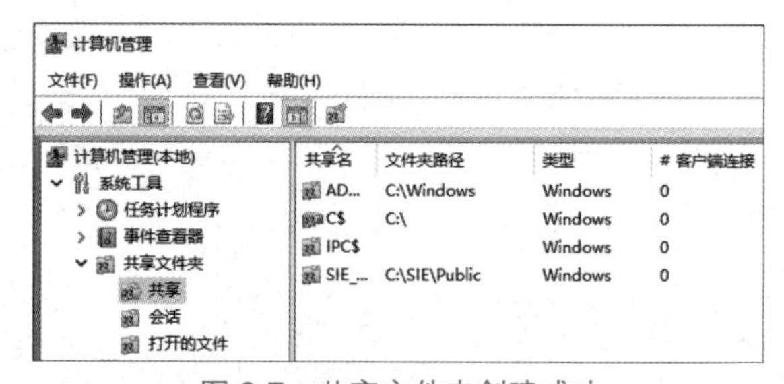

图 6-7　共享文件夹创建成功

2. 访问共享文件夹

1）查看工作组中的计算机

（1）登录 Windows 7 虚拟机，打开计算机资源管理器。在左侧窗格中选择“网络”选项，这时系统会搜索并显示工作组中的所有计算机，其中就包括共享文件夹所在的虚拟主机 SIE-NET（这里不区分计算机名的大小写），如图 6-8 所示。

（2）双击“SIE-NET”图标，系统提示需要提供 SIE-NET 的用户名和密码以连接到这台计算机。输入正确的用户名和密码后即可看到之前创建的共享文件夹 SIE_Pub，如图 6-9 所示。双击“SIE_Pub”图标可以进入共享文件夹并访问其中的共享资源。需要说明的是，当用户搜索网络中的计算机时，无法看到以“$”字符结尾的特殊共享文件夹，因为这些特殊资源默认是隐藏的。

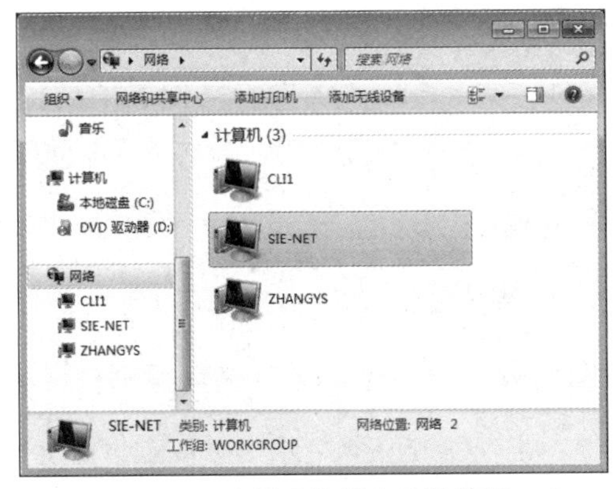

图 6-8　查看工作组中的计算机

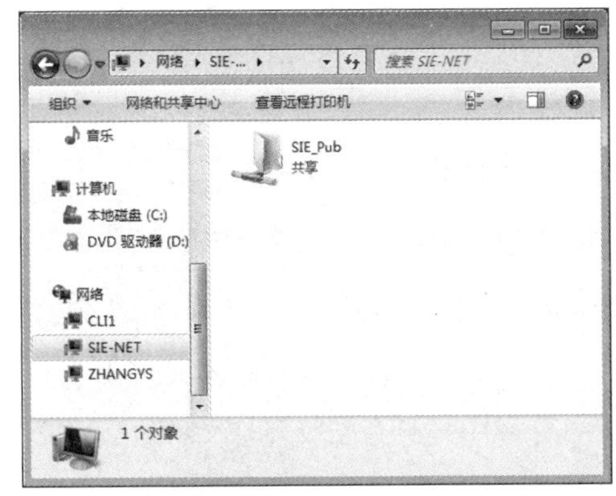

图 6-9　查看共享文件夹

2）使用计算机资源管理器访问共享文件夹

如果用户知道共享文件夹所在主机的名称或 IP 地址及共享文件夹名称，可以在计算机资源管理器的地址栏中直接输入相应的地址访问共享文件夹。地址的格式是“\\ 主机名称（或 IP 地址）\ 共享文件夹名称”。对于本例，我们在计算机资源管理器的地址栏中输入“\\SIE-NET\SIE_Pub”，然后输入正确的用户名和密码就可以看到并进入共享文件夹，如图 6-10 所示。除了在计算机资源管理器的地址栏中输入共享文件夹的地址，还可以在“运行”对话框中执行同样的操作。在这里要提醒一下读者，如果想查看隐藏的特殊共享文件夹，则需要在共享文件夹名称的结尾输入“$”字符。

图 6-10　输入共享文件夹地址

3）映射网络驱动器

通过映射网络驱动器，可以为共享文件夹在本地文件系统中分配一个驱动器，访问这个驱动器就相当于访问远程的共享文件夹。这样用户就不用每次手动输入共享文件夹的地址。

（1）选择计算机资源管理器左侧窗格中的“计算机”选项，或者直接双击系统桌面上的“计算机”图标，然后选择计算机资源管理器中的“映射网络驱动器”选项，打开“映射网络驱动器”对话框，在这里可以指定网络驱动器的盘符和共享文件夹的地址，如图 6-11 所示。

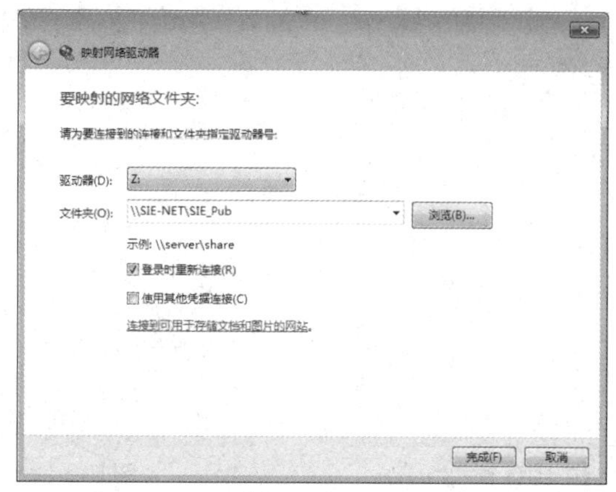

图 6-11　“映射网络驱动器”对话框

（2）在“驱动器”下拉列表中选择一个驱动器盘符，这里使用默认的编号“Z:”，然后手动输入共享文件夹的地址“\\SIE-NET\SIE_Pub”或者单击“浏览”按钮后选择相应的文件夹。如果想要每次登录时都重新连接，就勾选“登录时重新连接”复选框。单击“完成”按钮，即可在计算机资源管理器中看到网络驱动器 Z，如图 6-12 所示。如果想要断开网络驱动器，则可以右击网络驱动器 Z，在弹出的快捷菜单中选择“断开”命令即可。

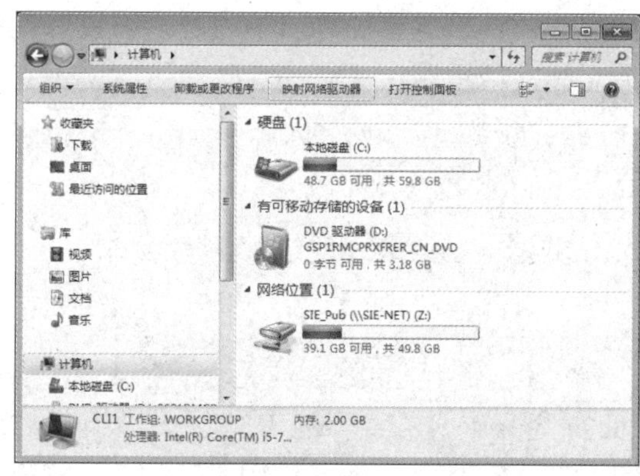

图 6-12　网络驱动器 Z

（3）用户还可以直接使用“net use”命令映射网络驱动器，如图 6-13 所示。在命令提示符窗口中输入“net use Y: \\SIE-NET\SIE_Pub”命令，可以把共享文件夹 \\SIE-NET\SIE_Pub 映射到网络驱动器 Y；输入“net use Y: /delete”命令可断开网络驱动器。

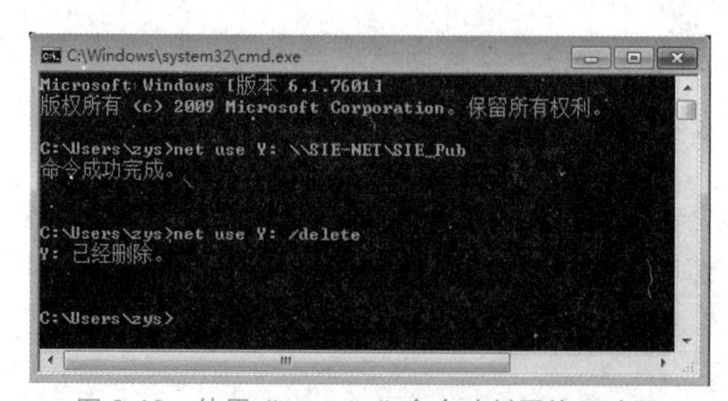

图 6-13　使用“net use”命令映射网络驱动器

3. 配置文件服务器

在 Windows Server 2019 中，文件和存储服务角色默认已经安装好。下面仍以 C:\SIE\Public 文件夹为例，通过文件和存储服务角色发布共享资源。

（1）在“服务器管理器”窗口的左侧窗格中选择“文件和存储服务”选项，在打开的新窗口中选择“共享”选项，打开“共享”窗格，如图 6-14 所示。

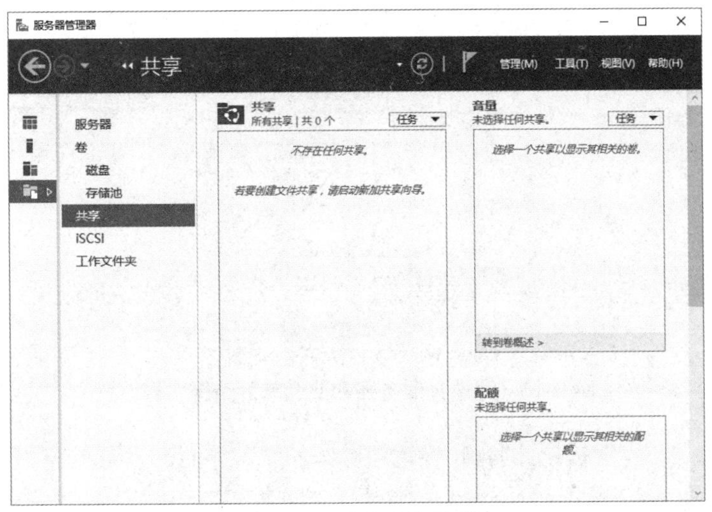

图 6-14　“共享”窗格

（2）在“共享”窗格中，选择“任务”下拉列表中的“新建共享”选项，或者直接单击该窗格主区域中的“若要创建文件共享，请启动新加共享向导。”链接，打开“新建共享向导”窗口，首先显示的是“为此共享选择配置文件”界面，如图 6-15 所示。下面根据向导提示，逐步设置共享文件夹的属性。

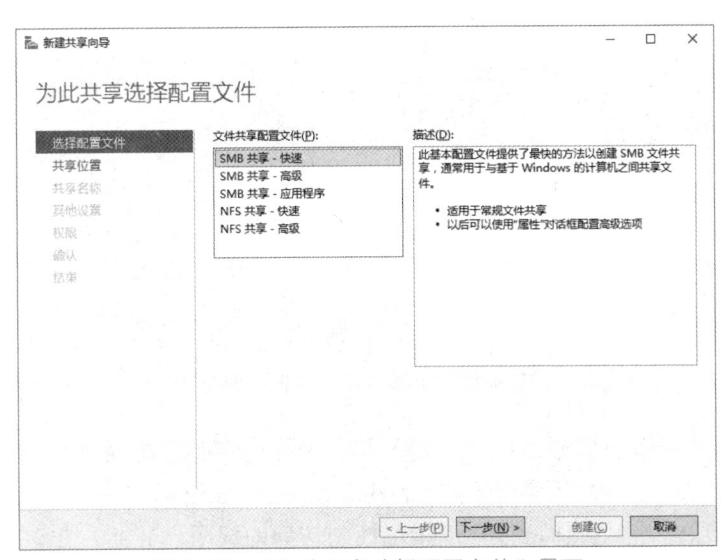

图 6-15　“为此共享选择配置文件”界面

（3）选择“SMB 共享 - 快速”配置文件，单击“下一步”按钮，打开“选择服务器和此共享的路径”界面，选择“共享位置”选项，在右侧选中“键入自定义路径”单选按钮，并选择待共享的文件夹，如图 6-16 所示。

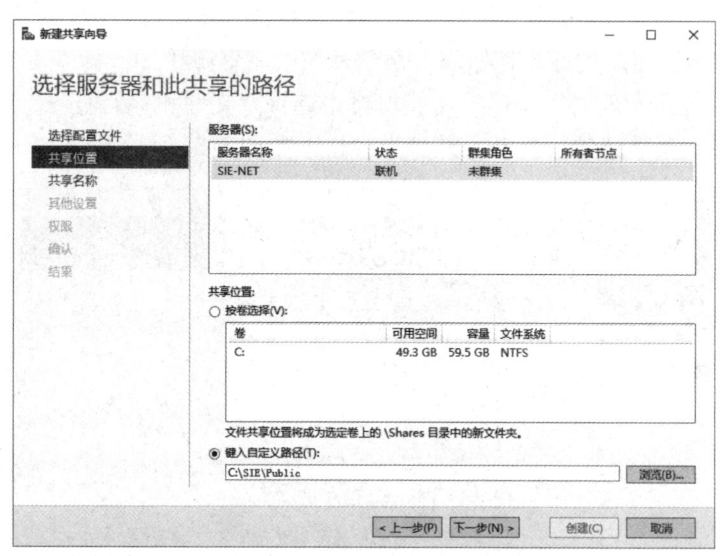

图 6-16 “选择服务器和此共享的路径”界面

（4）单击“下一步”按钮，打开“指定共享名称”界面，设置共享文件夹的共享名称和描述信息，如图 6-17 所示。

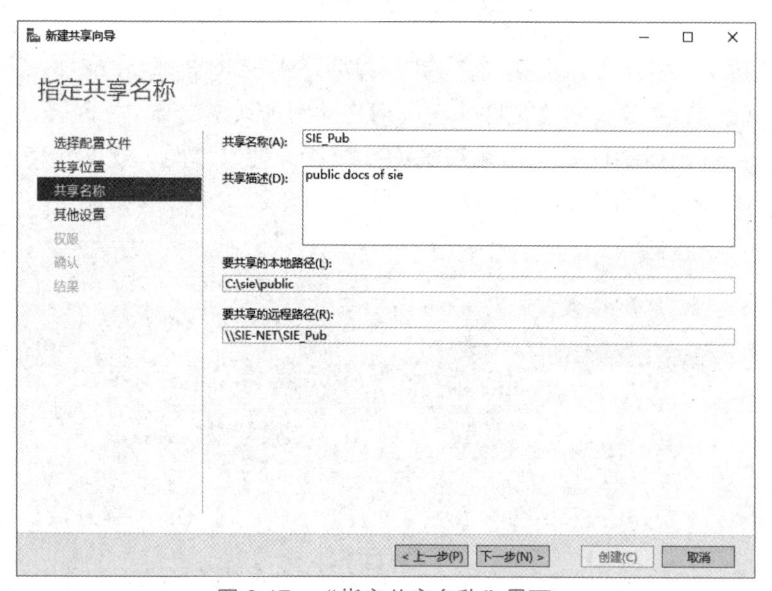

图 6-17 “指定共享名称”界面

（5）单击“下一步”按钮，打开“配置共享设置”界面。在该界面中可以设置是否允许共享缓存、是否对数据进行加密等共享行为，如图 6-18 所示。

（6）单击“下一步”按钮，打开“指定控制访问的权限”界面。在该界面中可以设置共享文件夹的访问权限，如图 6-19 所示。

（7）单击“下一步”按钮，打开“确认选择”界面，该界面显示了前几步设置的共享文件夹属性，单击“创建”按钮，创建共享文件夹。如果操作无误，则系统将显示共享文件夹创建成功，并在“共享”窗格中显示共享文件夹，如图 6-20 所示。

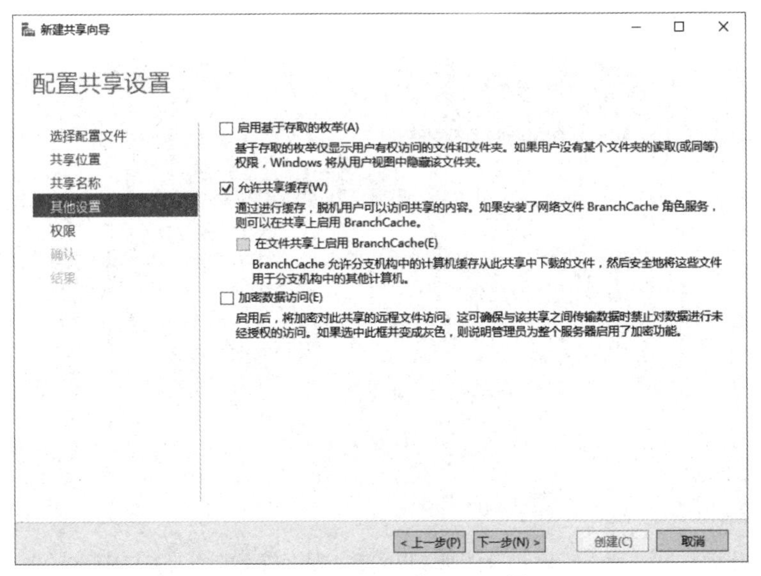

图 6-18　“配置共享设置”界面

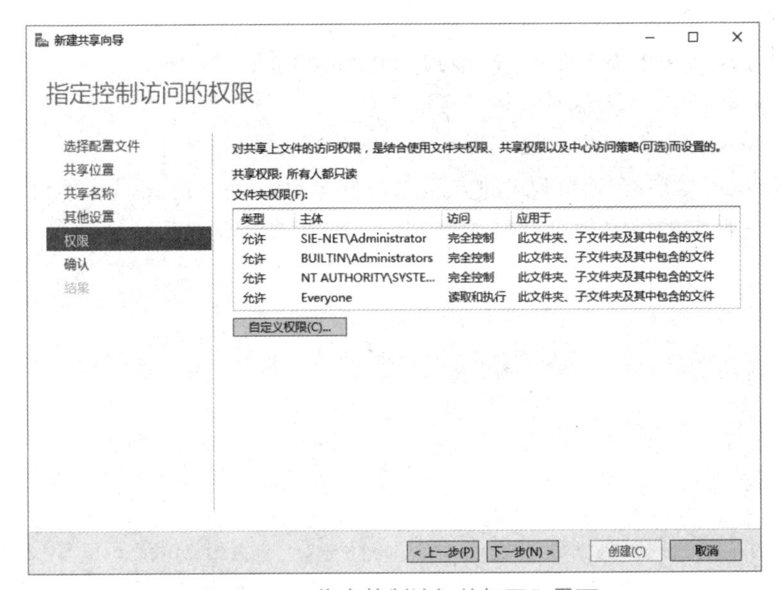

图 6-19　“指定控制访问的权限”界面

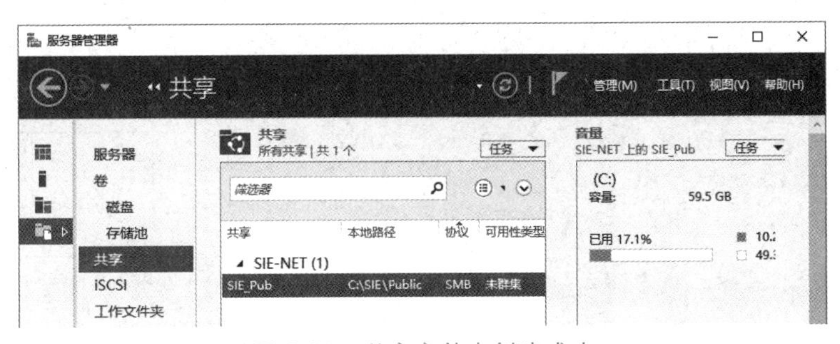

图 6-20　共享文件夹创建成功

（8）在客户端计算机上通过计算机资源管理器或映射网络驱动器的方式访问共享文件夹，验证结果如图 6-21 所示。

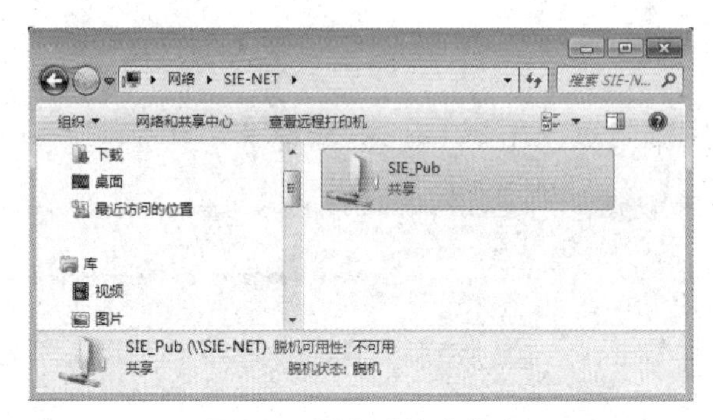

图 6-21　验证共享文件夹

任务拓展

不管是网络管理员，还是普通的计算机用户，都应该熟练掌握共享文件夹的使用方法。读者可按照下面的顺序完成共享文件夹的练习。

- 新建要共享的文件夹和测试文件。
- 修改共享文件夹的 NTFS 权限，为 Everyone 组设置完全控制权限。
- 使用计算机资源管理器创建共享文件夹。
- 设置共享文件夹的共享权限，为 Everyone 组设置读取权限。
- 在 Windows 客户端使用不同的方法访问共享文件夹，测试是否能够正常访问，以及共享文件夹的权限是否设置正确。

任务 2　安装与管理分布式文件系统

任务陈述

接下来，小陈的任务是创建基于分布式文件系统（Distributed File System，DFS）的文件资源共享和访问服务。具体的工作包括安装 DFS 角色服务、创建 DFS 命名空间、创建 DFS 文件夹及访问 DFS 命名空间。其中，DFS 命名空间被命名为 DOC，是一个独立的命名空间。文件夹目标的 UNC 路径是“\\SIE-NET\Docs\WLAN”。在创建基于域的 DFS 命名空间时，要求命名空间服务器加入域 siso.com，而且将其作为该域的域控制器。

知识准备

6-4 分布式文件系统（DFS）（理论）

6.3　分布式文件系统概述

不管是共享文件夹还是文件服务器，如果要访问的文件资源分布在多台计算机上，就都必须使用每台计算机上的每个共享资源的文件路径，这对用户来说是一个不小的挑战，尤其是当共享资源比较多时更是如此。分布式文件系统能够很好地解决这个问题。

不同于传统的集中式文件系统，分布式文件系统是一种全新的文件系统。分布式文件系统为分布于网络中分散的文件构建了一个统一的逻辑树结构。用户无须考虑文件的物理位置，只需要借助分布式文件系统提供的统一的命名空间就可以访问共享资源。

6.3.1 分布式文件系统的主要特性

分布式文件系统具有下面 3 个主要的特性。

1. 统一的文件访问

统一的文件访问特性主要得益于分布式文件系统具有统一的命名空间，对外提供一致的文件逻辑视图。用户访问共享资源时不用关心资源的物理存储位置，而且修改资源的物理存储位置也不会影响资源在命名空间中的访问路径。

2. 高可用性

如果使用基于域的命名空间，那么操作系统会自动将 DFS 命名空间发布到活动目录中，这样可以保证所有域服务器上的用户都可以发现 DFS 命名空间。另外，用户还可以把 DFS 命名空间和 DFS 共享文件夹从一台服务器复制到其他服务器上。这样，当主服务器不能访问时，用户可以从其他服务器上访问共享文件夹。

3. 服务器负载平衡

由于同一个共享文件可能分布在多台服务器上，因此管理员可以根据服务器的负载情况进行合理分流，从而在多台服务器上实现负载平衡。

6.3.2 DFS 命名空间

分布式文件系统为用户访问分散的文件资源提供了一种统一和透明的访问路径，这里所说的“统一”是指每种资源的访问路径是统一的，都采用 UNC 格式的访问路径，如 \\SIE-NET\SIE_Pub。“透明”是指用户看不到文件实际的物理位置，也不用关心这个位置。分布式文件系统实现“统一”和“透明”访问的关键就是命名空间。

DFS 命名空间把所有分散的文件资源集中起来，为每个文件指定唯一的访问路径，对外提供一个统一的逻辑视图。DFS 命名空间的结构如图 6-22 所示。

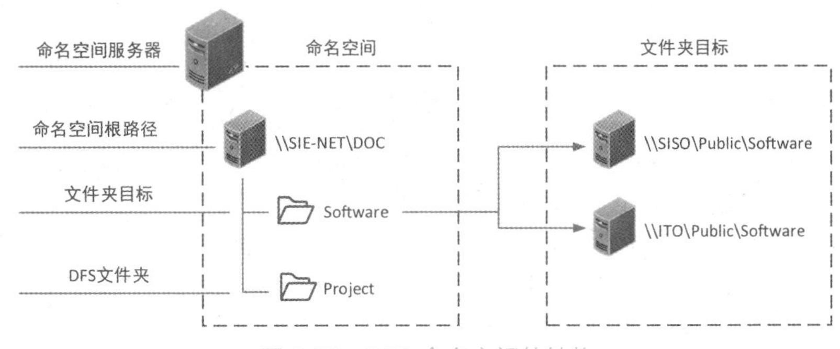

图 6-22 DFS 命名空间的结构

在 DFS 命名空间的结构中，有几个重要的概念需要特别说明。

1. 命名空间服务器

命名空间服务器就是保存 DFS 命名空间的服务器，可以是独立的服务器，也可以是基于域的域控制器或成员服务器。

2. 命名空间根路径

命名空间根路径是命名空间中所有访问路径的起始点，对应命名空间服务器上的一个共享文件夹。在图 6-22 中，\\SIE-NET\DOC 就是命名空间根路径。为了提高命名空间的可用性，管理员一般会将命名空间保存在多台命名空间服务器上。这样，当其中一台命名空间服务器失效时，用户可以从另一台命名空间服务器访问命名空间。

3. 文件夹目标

文件夹目标是与命名空间的某个文件夹关联的另一个命名空间的 UNC 路径，也就是保存实际内容的文件的位置。目标文件夹可以是本机或网络中的共享文件夹，也可以是另一个 DFS 文件夹。在图 6-22 中，名为 Software 的文件夹包含两个文件夹目标，一个指向 \\SISO\Public\Software，另一个指向 \\ITO\Public\Software。

4. DFS 文件夹

DFS 文件夹相当于 DFS 命名空间的子目录。没有文件夹目标的文件夹构成了命名空间的层次结构，具有文件夹目标的文件夹为用户提供实际的文件内容。当用户访问包含文件夹目标的文件夹时，将得到一个指向目标文件夹的引用。

DFS 命名空间有两种类型，即独立命名空间和基于域的命名空间。

1. 独立命名空间

独立命名空间是指在一台独立的计算机上以一个共享文件夹为基础，将分布于网络中的其他共享资源组织到一起，构成一个 DFS 命名空间。独立命名空间通常部署在未使用域服务的组织环境中。

2. 基于域的命名空间

基于域的命名空间将命名空间数据存储在活动目录的域成员上。基于域的命名空间是基于域名和根目录名称的命名空间，能够提高命名空间服务器的容错能力，还可以利用 DFS 复制机制在多个目标文件夹中复制数据。

任务实施

6-5 验证共享文件夹和文件服务器（操作）

1. 安装 DFS 角色服务

DFS 在逻辑组成上包括 DFS 命名空间服务器和 DFS 成员服务器两种服务器角色，因此 DFS 的安装也涉及这两种服务器。DFS 命名空间服务器需要安装文件服务器、DFS 命名空间和 DFS 复制角色服务；而 DFS 成员服务器只需要安装文件服务器和 DFS 复制角色服务，不需要安装 DFS 命名空间角色服务，因为 DFS 成员服务器并不存储 DFS 命名空间。

6-6 安装与管理分布式文件系统（操作）

（1）在“选择服务器角色”界面中，选择“DFS 复制”和“DFS 命名空间”两个角色，如图 6-23 所示。

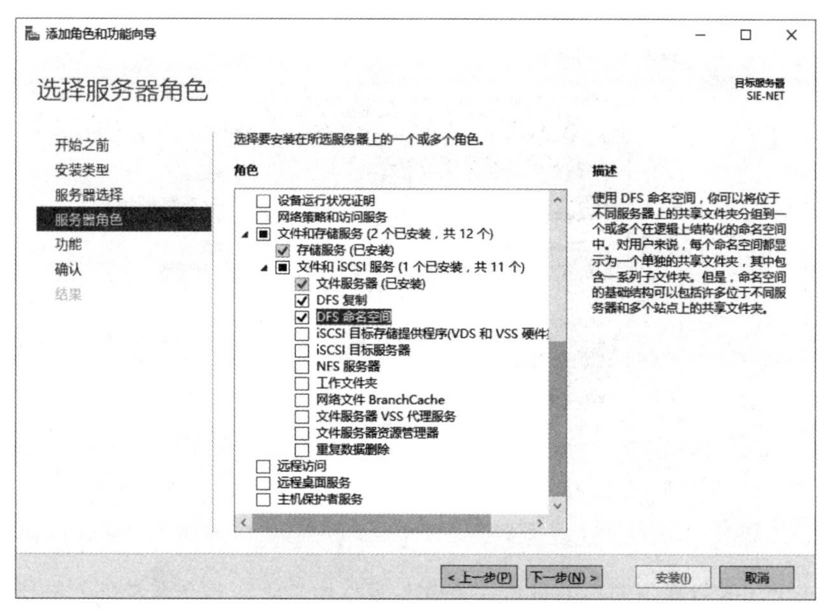

图 6-23 “选择服务器角色”界面

（2）单击“下一步”按钮，打开“选择功能”界面，选择要安装在服务器上的功能，如图 6-24 所示。单击“下一步”按钮后确认安装内容，然后单击“安装”按钮开始安装。安装完成后单击“关闭”按钮结束安装。

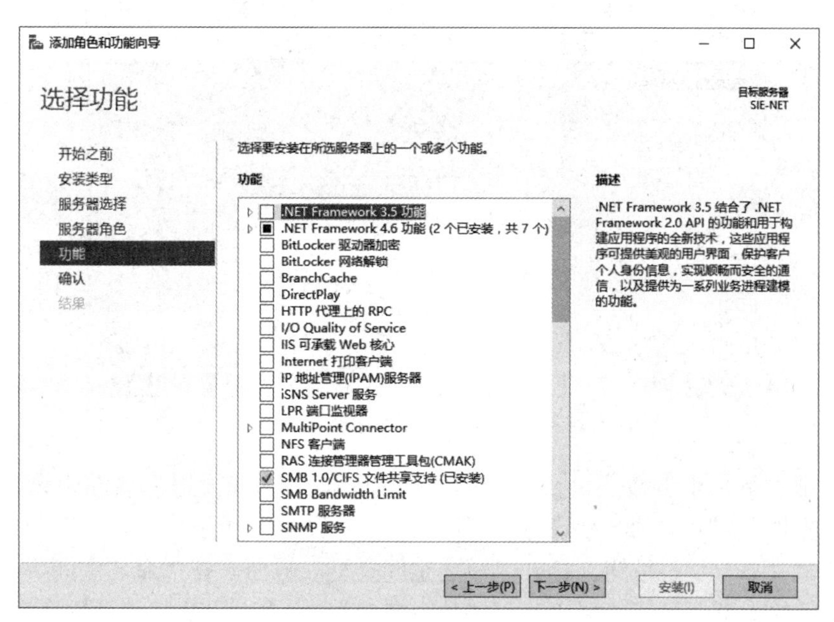

图 6-24 “选择功能”界面

2. 创建独立命名空间

（1）在“服务器管理器”窗口中，依次选择“工具”→“DFS Management”命令，打开“DFS 管理”窗口，如图 6-25 所示。

图 6-25 “DFS 管理”窗口

（2）单击“DFS 管理”窗口右侧的“操作”窗格中的“新建命名空间”链接，打开“命名空间服务器”界面。首先要指定命名空间服务器的名称，如图 6-26 所示。

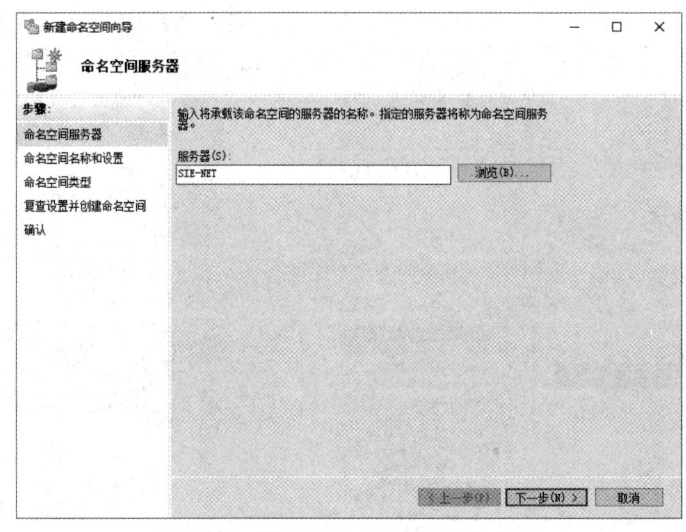

图 6-26 指定命名空间服务器的名称

（3）单击“下一步”按钮，在打开的“命名空间名称和设置”界面中设置命名空间的名称，这里把命名空间的名称设置为“DOC”，如图 6-27 所示。

（4）单击“下一步”按钮，打开“命名空间类型”界面。在“命名空间类型”界面中选择命名空间的类型，可以选择“基于域的命名空间”，也可以选择“独立命名空间”，这里选择“独立命名空间”，如图 6-28 所示。

（5）单击“下一步”按钮，打开“复查设置并创建命名空间”界面。在这个界面中显示了已为命名空间进行的设置。如果设置没有问题，则单击“创建”按钮，开始创建命名空间。命名空间创建成功后弹出“确认”对话框，单击“关闭”按钮结束创建过程并返回“DFS 管理”窗口。此时，新创建的独立命名空间会显示在“DFS 管理”窗口中，如图 6-29 所示。

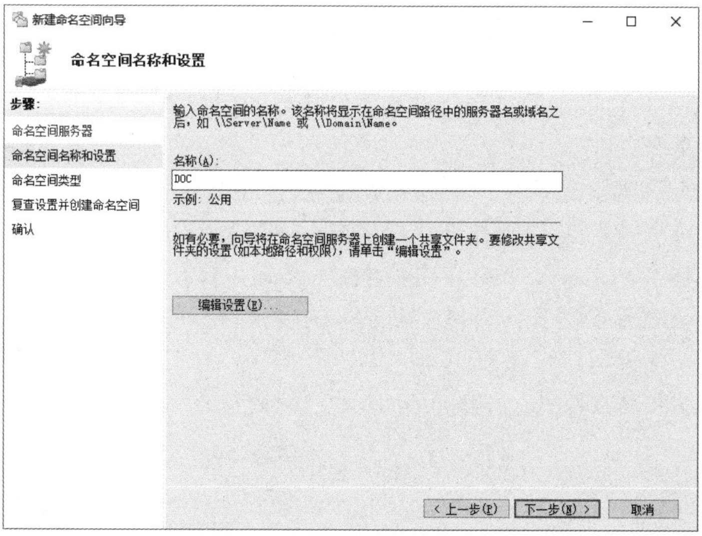

图 6-27　设置命名空间的名称

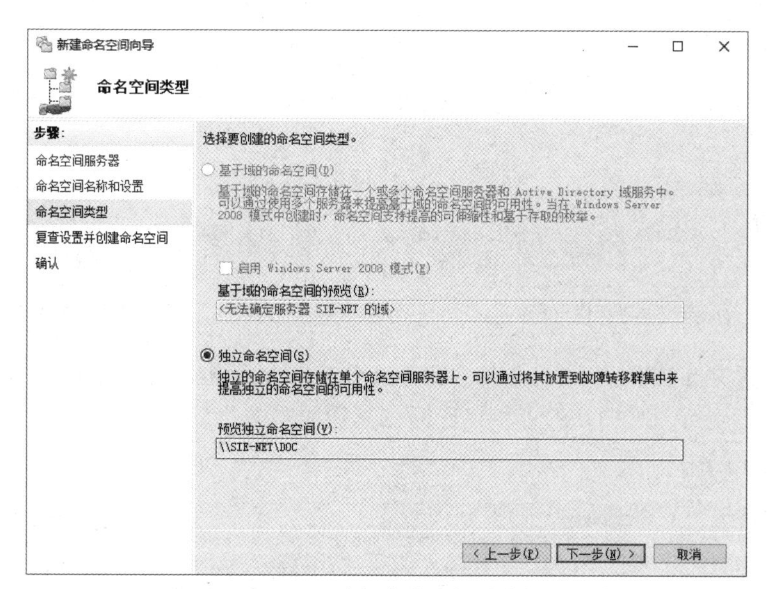

图 6-28　选择命名空间的类型

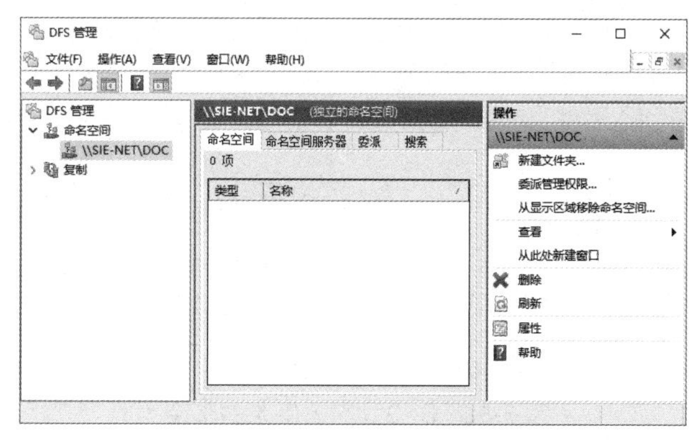

图 6-29　独立命名空间创建成功

3. 创建 DFS 文件夹和文件夹目标

上面创建了一个独立命名空间，接下来需要在这个独立命名空间中创建 DFS 文件夹，并把 DFS 文件夹关联到指定的共享文件夹中。这样，用户就可以通过 DFS 文件夹访问网络中指定的共享文件夹。

（1）在“DFS 管理”窗口中，选择左侧窗格中的命名空间，然后单击右侧“操作”窗格中的“新建文件夹”链接，打开“新建文件夹”对话框，在“名称”文本框中输入 DFS 文件夹的名称“WLAN”，然后单击“添加”按钮，打开“添加文件夹目标”对话框，指定具体的文件夹目标的路径，可以手动输入文件夹目标的 UNC 路径“\\SIE-NET\Docs\WLAN”，如图 6-30 所示。也可以单击“浏览”按钮，从打开的“浏览共享文件夹”窗口中搜索网络上的共享文件夹，如图 6-31 所示。

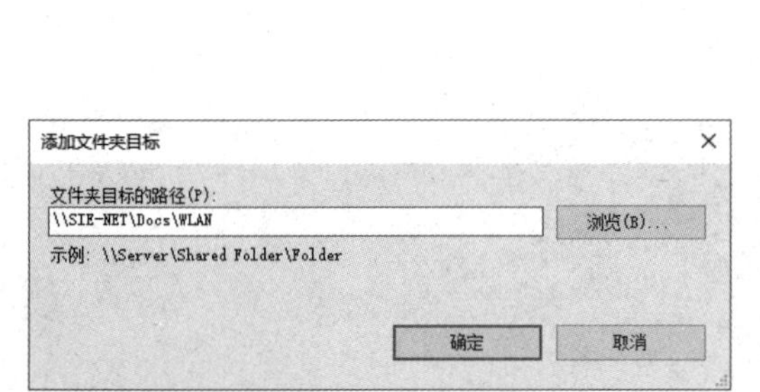

图 6-30　指定文件夹目标的路径

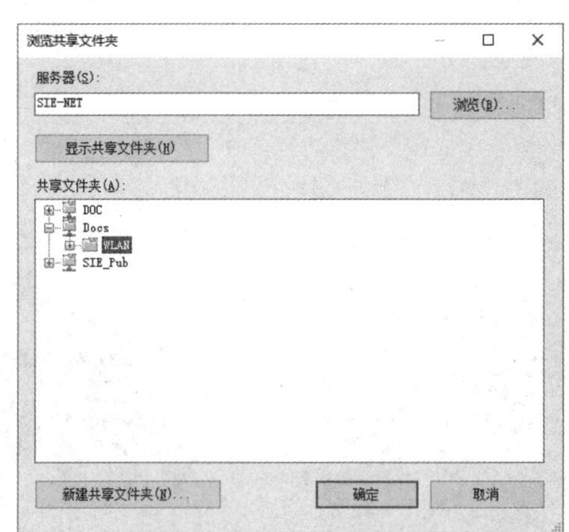

图 6-31　搜索网络上的共享文件夹

（2）选择好共享文件夹后可以在“新建文件夹”对话框中看到 DFS 文件夹目标的路径，如图 6-32 所示。如果 DFS 文件夹目标在其他服务器上还有副本，则可以按照上面的步骤继续添加。

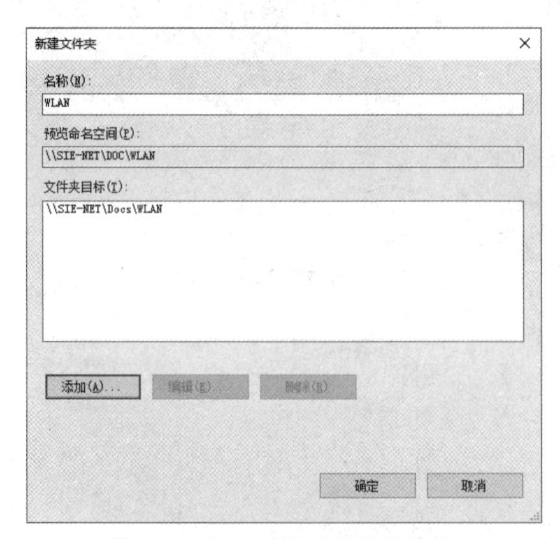

图 6-32　DFS 文件夹目录的路径

（3）单击“确定”按钮，创建文件夹目标。创建成功后在“DFS 管理”窗口中会显示新创建的文件夹目标，如图 6-33 所示。

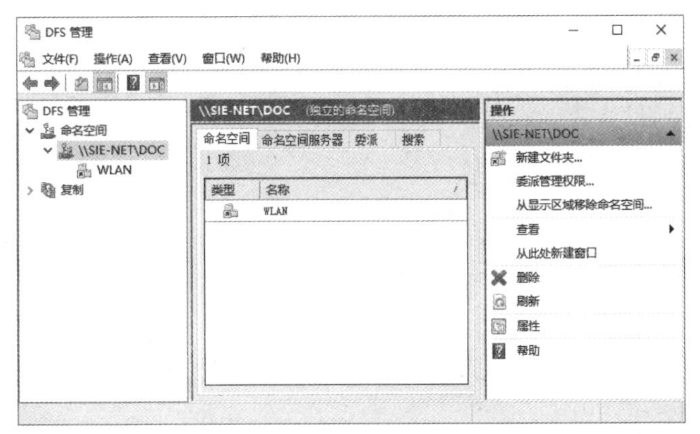

图 6-33　文件夹目标创建成功

4. 访问 DFS 命名空间

访问独立命名空间的方法与访问普通共享文件夹的方法相同，图 6-34 演示了通过计算机资源管理器访问独立命名空间的方法。

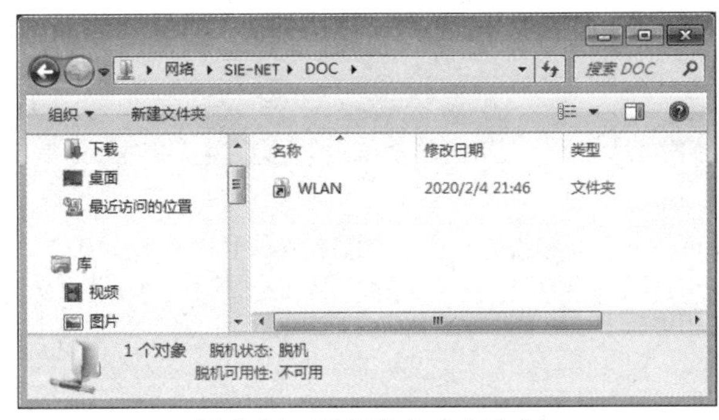

图 6-34　访问独立命名空间

访问基于域的命名空间与访问独立命名空间稍有不同。除了可以使用 UNC 路径，还可以使用域名进行访问。基于域的命名空间的路径格式是“\\ 域名 \ 命名空间”，如 \\siso.com\DOC\WLAN。基于域的命名空间还会被发布到活动目录中，因此用户可以使用活动目录查找 DFS 文件夹。由于我们还没有创建基于域的命名空间，因此这里不再进行演示。

5. 创建基于域的命名空间

创建基于域的命名空间要求命名空间服务器必须是活动目录服务的域成员。本任务使用的命名空间服务器的主机名为“SIE-NET”，已加入域 siso.com，且是域控制器。

（1）打开如图 6-25 所示的“DFS 管理”窗口，单击右侧“操作”窗格中的“新建命名空间”链接，打开“命名空间服务器”界面，指定命名空间服务器的名称为“sie-net”，如图 6-35 所示。

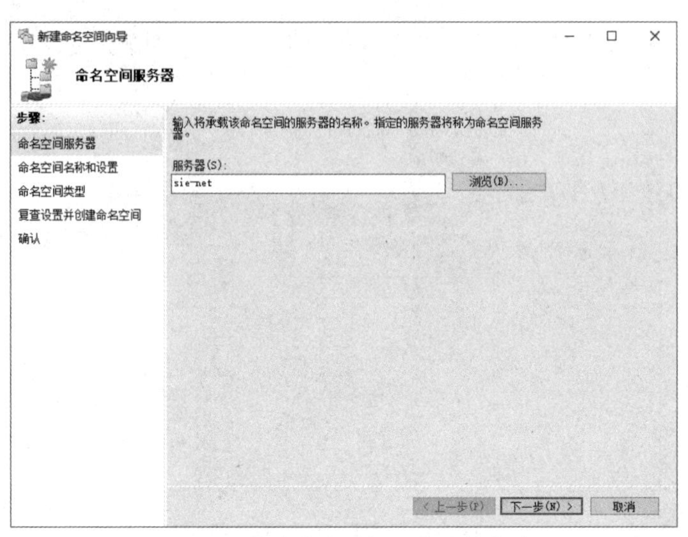

图 6-35　指定命名空间服务器的名称

（2）单击“下一步”按钮，打开“命名空间名称和设置”界面，设置命名空间的名称为“DOC2”，如图 6-36 示。

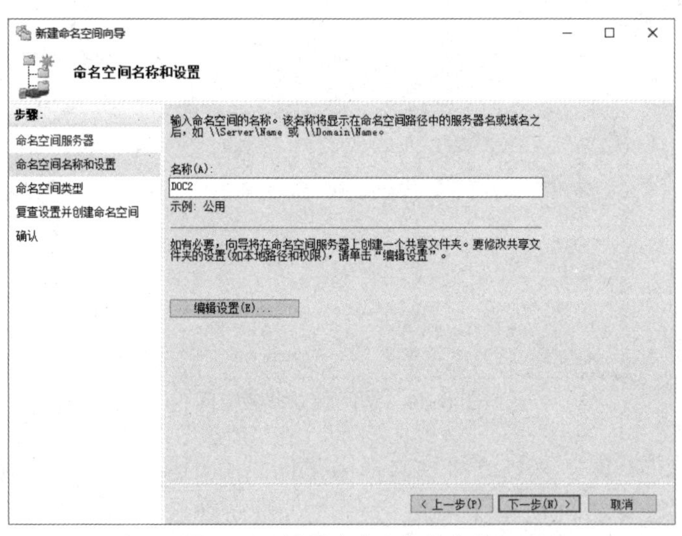

图 6-36　设置命名空间的名称

（3）单击“下一步”按钮，打开“命名空间类型”界面，选中“基于域的命名空间”单选按钮，并勾选“启用 Windows Server 2008 模式”复选框，如图 6-37 所示。

（4）单击“下一步”按钮，打开“复查设置并创建命名空间”界面。在这个界面中显示了已为命名空间进行的设置。如果设置没有问题，则直接单击“创建”按钮，开始创建命名空间。命名空间创建成功后弹出“确认”对话框，单击“关闭”按钮结束创建过程并返回“DFS 管理”窗口。此时，新创建的基于域的命名空间显示在“DFS 管理”窗口中，如图 6-38 所示。

（5）使用和为独立命名空间添加文件夹目标相同的方法为基于域的命名空间添加文件夹目标，如图 6-39 所示。

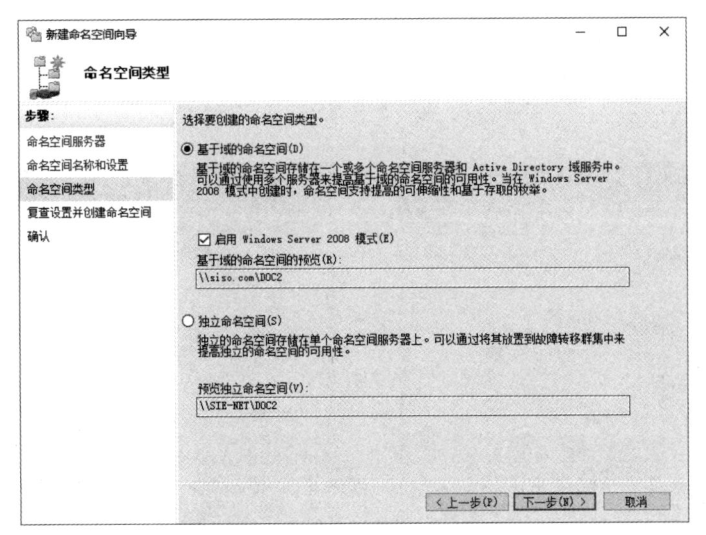

图 6-37　选择命名空间的类型

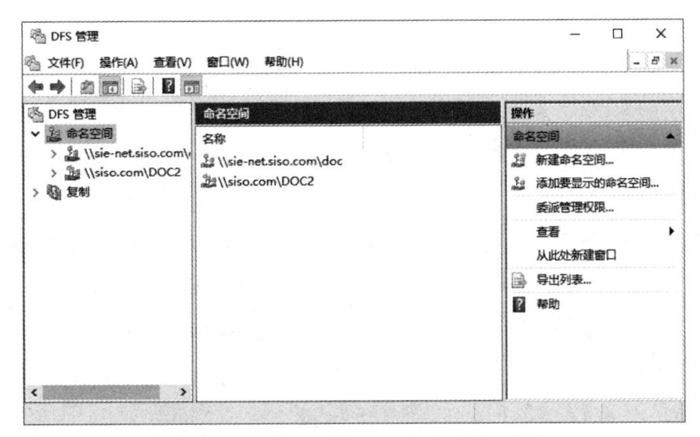

图 6-38　基于域的命名空间创建成功

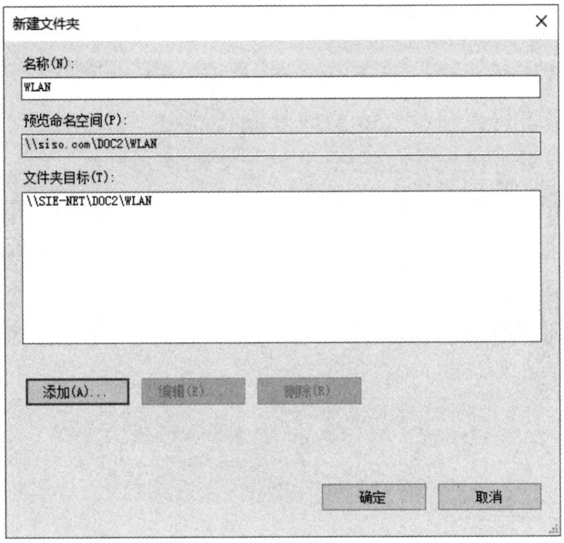

图 6-39　为基于域的命名空间添加文件夹目标

（6）使用 Windows 7 客户端计算机访问基于域的命名空间，可以使用 UNC 路径“\\SIE-NET\DOC2\WLAN”，也可以使用带有域名的路径“\\siso.com\DOC2\WLAN”，如图 6-40 和图 6-41 所示。

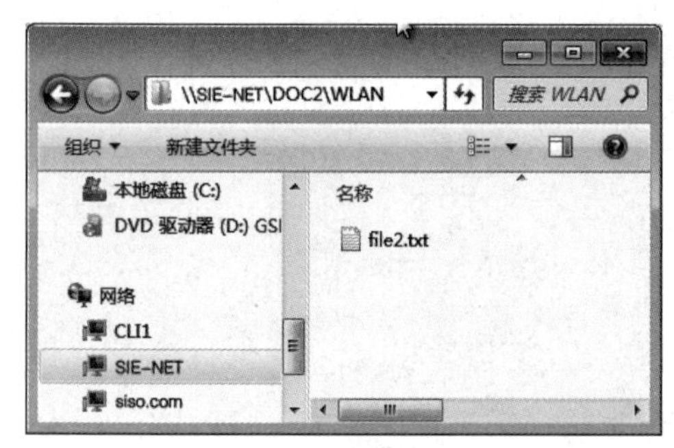

图 6-40　使用 UNC 路径访问基于域的命名空间

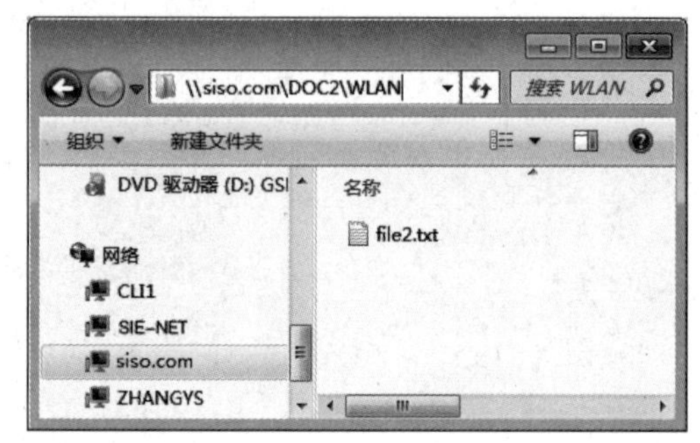

图 6-41　使用带有域名的路径访问基于域的命名空间

任务拓展

DFS 的文件资源分布在网络上的多台文件服务器上。为了提高系统的可用性，DFS 使用 DFS 复制功能在服务器之间提供文件资源的冗余存储。当一台服务器不可用时，用户可以从其他服务器访问文件。DFS 使用 DFS 复制功能，还能在多台服务器之间实现负载平衡。

DFS 复制使用一种被称为远程差分压缩（RDC）的压缩算法，能够在具有有限带宽网络连接的服务器之间进行文件同步。RDC 算法可以有效减小复制数据的规模，因为它会检测文件中数据的更改情况，并且只复制已更改的文件块而不复制整个文件。

使用 DFS 复制功能需要先创建复制组，复制组包含一组成员服务器，DFS 复制操作在这组成员服务器之间进行。同时，把要复制的文件夹添加到复制组中，当文件夹发生变化时，成员服务器负责进行数据的同步。参与 DFS 复制的服务器必须安装 DFS 复制角色服务，并且至少要有一台服务器安装 DFS 管理单元以进行 DFS 复制的管理。

部署 DFS 复制功能时会有以下限制。

（1）每台成员服务器最多可以加入 256 个复制组。

（2）每个复制组最多可以包含 256 台成员服务器

（3）每个复制组最多可以包含 256 个已复制文件夹。

（4）每台服务器最多可以具有 256 个连接（包括传入连接和传出连接）。

（5）在每台服务器上，复制组数、已复制文件夹数和连接数的乘积要小于或等于 2014。

（6）一个卷最多可以包含 800 万个已复制文件夹，一台服务器最多可以包含 1TB 已复制文件。

单元小结

网络操作系统的基本功能之一就是实现文件资源的共享和管理。作为一个出色的网络操作系统，Windows Server 2019 提供了多种途径来支持文件共享。共享文件夹是一种比较简单、易用的文件资源共享方式，支持灵活的访问权限控制功能。如果一台计算机作为专门的文件服务器，则可以安装 Windows Server 2019 提供的文件服务器角色实现共享资源的发布和管理。DFS 用于将分布在网络中的分散的文件资源集中在统一的命名空间中，以“统一”和“透明”的方式为用户提供稳定的文件访问服务。

单元练习题

一、单项选择题

1．在下列选项中，不属于共享权限的是（　　）。

A．读取　　B．更改

C．完全控制　　D．列出文件夹内容

2．网络访问和本地访问都要使用的权限是（　　）。

A．NTFS 权限　　B．共享权限

C．NTFS 权限和共享权限　　D．无

3．要发布隐藏的共享文件夹，需要在共享名称的最后添加（　　）。

A．#　　B．$

C．&　　D．@

4．在下列选项中，（　　）不是 DFS 的特性。

A．统一的文件访问　　B．高可用性

C．服务器负载平衡　　D．必须部署在域服务器上

5．在下列选项中，说法错误的是（　　）。

A．命名空间服务器用于保存具体的文件共享资源

B．命名空间根路径是所有访问路径的起始点

C．文件夹目标是保存实际内容的文件的位置

D．一个 DFS 文件夹可以包括多个文件夹目标

二、简答题

1．简述共享权限的类型和含义。

2．简述共享权限和 NTFS 权限的区别和联系。

3．DFS 命名空间有哪两种类型，它们之间有什么不同？

单元 7 打印服务器的配置与管理

学习目标

【知识目标】

- 熟悉打印服务的基本概念。
- 了解打印机的两种连接方式。
- 了解打印机的权限类别。
- 了解打印机优先级的基本概念。

【技能目标】

- 熟练掌握安装本地打印机和网络打印机的方法。
- 熟练掌握安装打印服务器角色的方法。
- 掌握常用的打印机管理操作。

引例描述

著创公司最近购买了两台打印机以满足员工日益增长的打印需求。IT 部门的主管让实习生小王把这两台打印机部署到公司的局域网中，要求所有员工的计算机都能连接到打印机。同时，要对打印机进行适当的管理，以提高打印服务的可用性。这个任务对小王来说是一个不小的挑战，因为他之前从来没有接触过打印机的配置和管理知识，如图 7-1 所示。

图 7-1 打印机的配置与管理

任务 1　配置打印服务器

任务陈述

虽然现在很多公司都在推行“无纸化”办公，打印似乎没有以前那么重要了，但其实有很多工作是离不开打印机的，打印机仍是不可或缺的。本任务主要进行打印机的配置和部署等操作。

知识准备

扫一扫，获取微课

7-1 打印服务概述（理论）

扫一扫，获取微课

7-2 打印服务器（理论）

7.1　打印服务概述

打印服务是任何单位和组织都必不可少的一项基本服务，人们经常借助打印机打印工作或学习资料。作为一名合格的网络管理员，必须熟练掌握打印服务的日常管理和维护。在深入学习如何安装与设置打印机之前，读者需要先了解与打印服务相关的基本概念。

7.1.1　打印服务的基本概念

1. 打印设备

打印设备是指实际执行打印任务的真实的物理设备，也就是我们通常所说的“打印机”。打印设备有本地打印设备和网络打印设备两种类型。打印设备可以使用不同的打印技术执行打印任务，而不同的打印技术最终呈现的打印效果也有所差别。常见的打印技术有针式打印、喷墨打印和激光打印。

2. 打印机

在 Windows 网络中，“打印机”是指操作系统和打印设备之间的软件接口，并不是指实际的打印设备。操作系统通过“打印机”向打印设备发送打印任务，由“打印机”控制打印任务的具体执行过程。不过大部分普通用户并没有严格区分“打印机”和打印设备的区别，当提到“打印机”时，其实指的就是打印设备。在不产生歧义的情况下，本文不特意区分二者的区别，用“打印机”指代打印设备。

3. 打印服务器

打印服务器是计算机网络中专门用于管理打印设备的计算机。打印服务器为用户提供打印服务。用户把要打印的文件提交给打印服务器，打印服务器经过处理后发送给打印设备进行打印。由此可见，打印服务器是用户和打印设备之间的“中转站”，因此打印服务器的配置和管理自然就成为打印服务管理的关键。

4. 打印机客户端

打印机客户端是和打印服务器相对的一个概念，也就是普通的用户或客户端计算机。打印机客户端把文件提交给打印服务器，是打印服务的发起方。

5. 打印驱动程序

打印服务器收到打印机客户端发送的打印文件后，必须通过特殊的指令通知打印设备。打印驱动程序的主要功能就是把这些指令转换为打印设备能够理解的语言，同时将打印文件发送给打印设备。一般来说，不同厂商的打印机使用不同的打印驱动程序。即使是同一厂商的打印机，在不同的操作系统上使用的打印驱动程序也是不同的。因此，只有在打印服务器上安装各种打印驱动程序，才能支持不同的操作系统。

7.1.2 打印机的连接方式

根据打印服务器和打印机连接方式的不同，可以把打印机分为本地打印机和网络打印机，分别对应“打印服务器 + 本地打印机”和“打印服务器 + 网络打印机”两种组合模式。两种组合模式的网络连接方式如图 7-2 和图 7-3 所示。

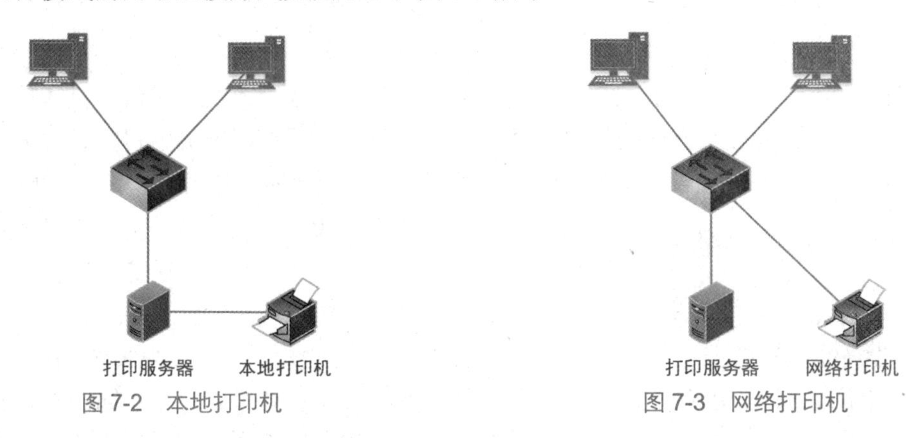

图 7-2 本地打印机　　图 7-3 网络打印机

1. 本地打印机

在“打印服务器 + 本地打印机”组合模式下，打印机和打印服务器直接相连，网络用户通过打印服务器共享打印机。

2. 网络打印机

在“打印服务器 + 网络打印机”组合模式下，打印机和局域网的交换设备互连（一般是交换机），具有独立的 IP 地址。打印服务器也和交换设备互连，并能够通过网络协议和打印机相互通信，对打印机进行管理。

通过比较两种组合模式可以发现，“打印服务器 + 本地打印机”组合模式中的打印机和打印服务器的物理端口相连。由于打印服务器的物理端口数量有限，只能支持少量的打印机，因此这种组合模式适用于小型的网络环境。而“打印服务器 + 网络打印机”组合模式中的打印机和交换设备互连，一台打印服务器可以同时管理大量的打印机，因此这种组合模式更适合在大型网络环境中使用。

扫一扫，获取微课　7-3 安装与设置打印服务器（操作）

任务实施

前面已经学习了打印服务的基本概念和打印机的两种连接方式，下面来学习安装本地打印机、打印服务器角色和网络打印机的方法。

1. 安装本地打印机

（1）进入计算机“控制面板”，单击“查看设备和打印机”链接，打开“设备和打印机”窗口，选择主菜单中的“添加打印机”命令，打开“添加设备”窗口。在默认情况下，系统开始自动搜索已连接的打印设备，可能需要较长时间。如果不想等待，则可以单击窗口左下角的“我所需的打印机未列出”链接，打开“按其他选项查找打印机”界面，选中“通过手动设置添加本地打印机或网络打印机”单选按钮，如图 7-4 所示。

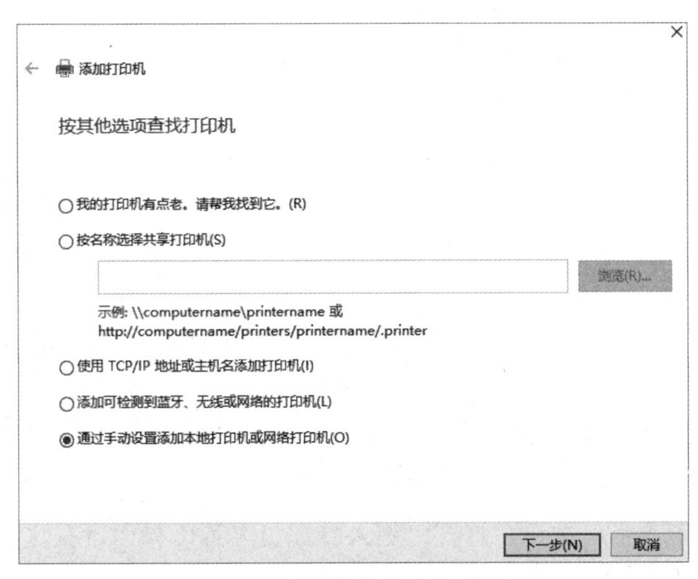

图 7-4 选择查找打印机的方式

（2）单击“下一步”按钮，打开“选择打印机端口”界面，如图 7-5 所示。

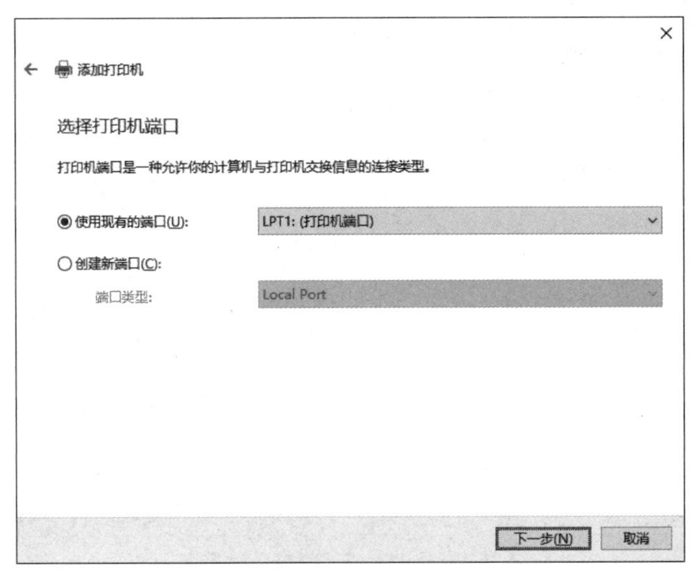

图 7-5 “选择打印机端口”界面

（3）选中“使用现有的端口”单选按钮，然后从右侧下拉列表中选择打印机的端口，这里选择“LPT1:（打印机端口）”。

（4）单击“下一步”按钮，打开“安装打印机驱动程序”界面，选择打印机生产厂商和打印机型号，如图 7-6 所示。

图 7-6 “安装打印机驱动程序”界面

（5）单击“下一步”按钮，打开“键入打印机名称”界面，在这里可以设置打印机的名称，如图 7-7 所示。

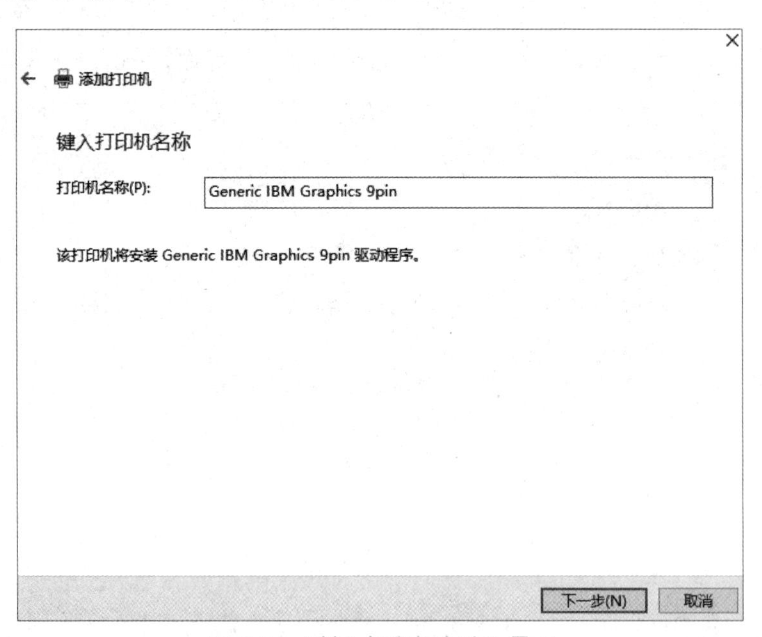

图 7-7 “键入打印机名称”界面

（6）单击“下一步”按钮，开始安装打印机。安装完成后进入“打印机共享”界面，如图 7-8 所示。由于我们要共享这台打印机，因此这里选中“共享此打印机以便网络中的其他用户可以找到并使用它”单选按钮，并设置打印机的共享名称、位置和注释信息。

图 7-8 “打印机共享”界面

（7）单击“下一步”按钮，系统提示成功添加打印机，如图 7-9 所示。单击“完成”按钮，结束安装过程。

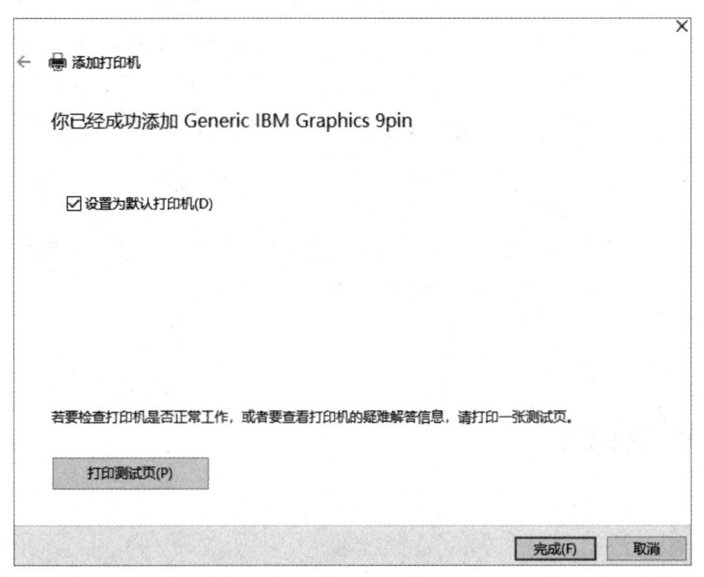

图 7-9 成功添加打印机

2. 安装打印服务器角色

安装打印服务器角色的方法和之前安装文件服务器角色的方法基本相同，下面介绍其中关键的几步。

（1）在“服务器管理器”窗口中单击“添加角色和功能”链接。在打开的“选择服务器角色”界面中勾选“打印和文件服务”复选框，单击“下一步”按钮，打开新界面，确认添加打印和文件服务所需的功能，单击“添加功能”后返回“选择服务器角色”界面，如图 7-10 所示。

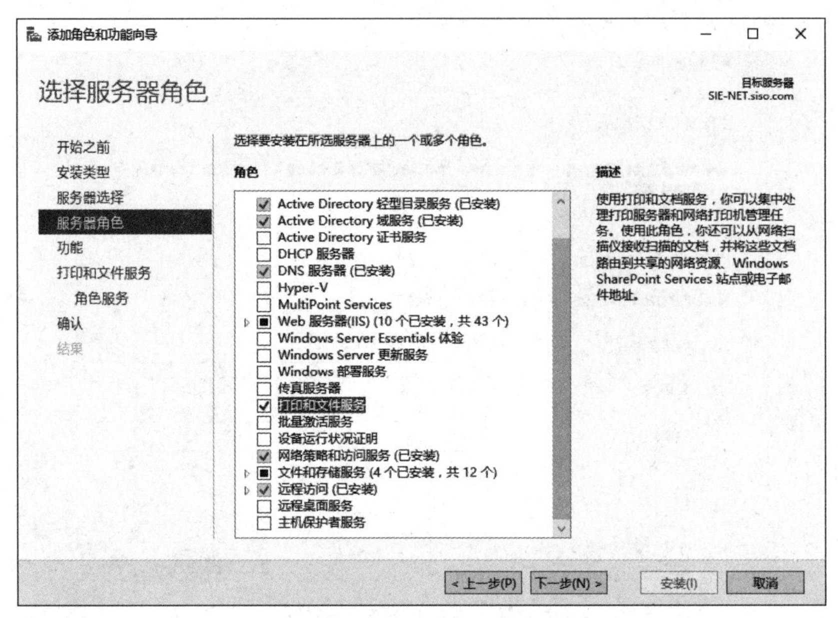

图 7-10 “选择服务器角色”界面

（2）单击“下一步”按钮，打开“打印和文件服务”界面，其中有打印和文件服务的简介，单击“下一步”按钮，打开“选择角色服务”界面，如图 7-11 所示，勾选“打印服务器”复选框，单击“下一步”按钮，打开“确认安装所选内容”界面。在这个界面中确认所要安装的角色服务是否正确，然后单击“安装”按钮，开始安装打印服务器角色。安装成功后，打开“安装结果”界面，单击“关闭”按钮，结束安装。

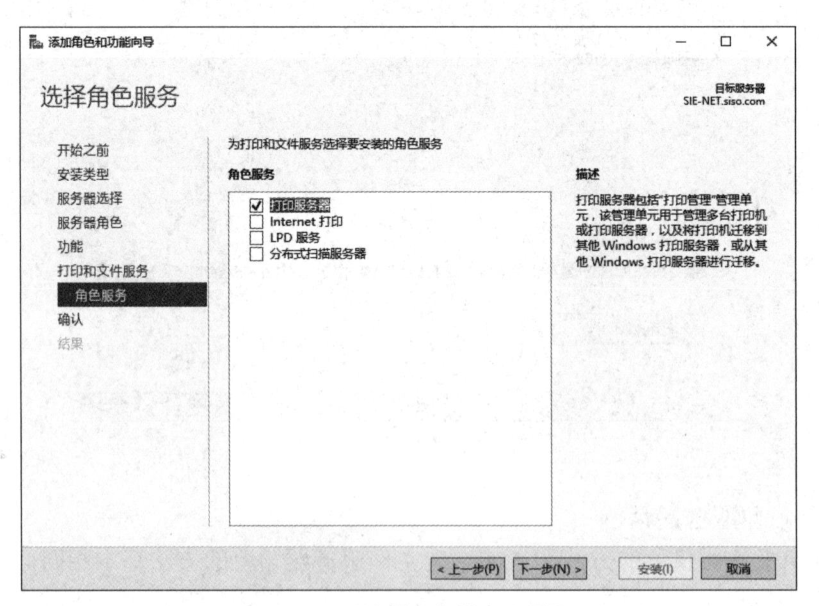

图 7-11 “选择角色服务”界面

（3）安装结束后，在“开始”菜单中选择“管理工具”→“打印管理”命令，打开“打印管理”窗口，依次选择左侧窗格中的“打印服务器”→“SIE-NET（本地）”→“打印机”选项，在主工作区中可以看到系统当前已安装的打印机列表，如图 7-12 所示。

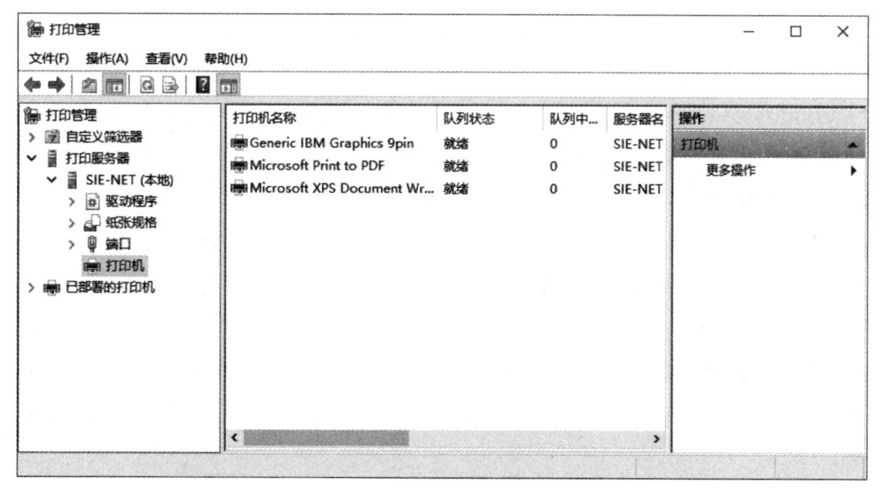

图 7-12　查看已安装的打印机列表

3. 安装网络打印机

网络打印机的安装可以通过打印机安装向导完成，还可以通过如图 7-12 所示的“打印管理”窗口完成。下面介绍如何通过打印机安装向导安装网络打印机（已提前安装一台网络打印机，IP 地址为 192.168.0.210，主机名为 SIE-NET2，共享名为 HP_LaserJet_2300L_PS_siepub）。

（1）在“按其他选项查找打印机”界面中，选中“按名称选择共享打印机”单选按钮，并输入共享打印机名称“\\SIE-NET2\HP_LaserJet_2300L_PS_siepub”，如图 7-13 所示。

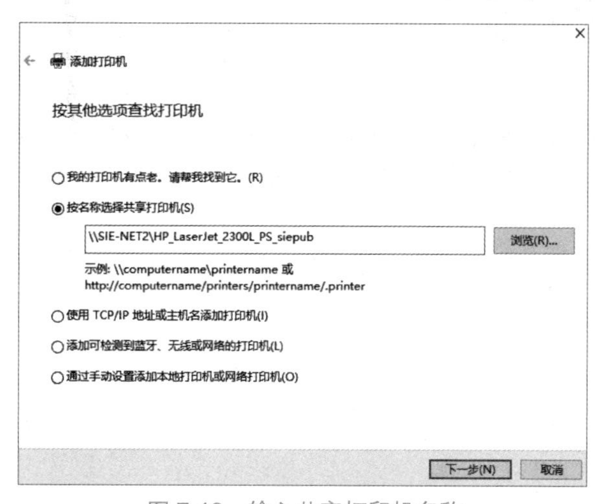

图 7-13　输入共享打印机名称

（2）单击“下一步”按钮，系统自动连接到共享打印机并下载和安装驱动程序。安装完成后会有相应的提示信息，依次单击“下一步”按钮和“完成”按钮结束安装。回到“控制面板”的“设备和打印机”窗口，可以看到新添加的共享打印机。

任务拓展

安装和部署共享打印机看似简单，其实有很多细节将会影响最终的运行效果，比如，打印机的数量是否合适、打印机的共享名称有哪些约定、打印机名称是否简单明了等。下面列举一些和打印机相关的设置规则，以帮助读者在部署共享打印机时减少错误。

- 虽然Windows Server 2019支持使用包括空格和特殊字符在内的字符为打印机命名，但如果要与其他计算机共享打印机，应避免使用空格和特殊字符，并且打印机的名称最好不要超过32个字符。
- 打印机客户端使用打印机的位置名称对打印机进行位置跟踪，因此位置名称最好简单明了，不要使用只有少数人才明白的特殊名称，尽量把打印机名称控制在32个字符以内。
- 把打印机放置在距用户最近的位置当然最好，但这往往受制于网络基础结构和办公环境。操作者要充分利用网络基础结构，尽量不让打印机和用户跨越多个网络交换设备。
- 在不同版本的操作系统上，打印服务器的功能特性有所不同。比如，在个人版本的操作系统上，每台打印服务器最多只能接收10台其他计算机的并发连接。因此，在配置打印服务器时，要充分考虑操作系统的影响。
- 打印服务器有很多专为打印服务设计的功能。如果要同时管理多台打印机且增加打印机的吞吐量，则最好部署一台专门的Windows Server 2019打印服务器。

任务2　管理打印服务器

任务陈述

安装和部署打印服务器只是第一步。要想让打印机工作得更好，必须进行适当的管理，包括设置共享打印机权限、优先级、后台打印等。在本任务中，我们将学习一些基本的共享打印机管理方法。

知识准备

扫一扫，获取微课

7-4 管理打印机（理论）

7.2　管理打印服务器相关概念

1. 打印机权限

在Windows Server 2019中，管理员可以为打印机设置一定的权限，控制哪些用户可以使用打印机、哪些用户可以管理打印机或管理打印文档，还可以授权其他用户对打印机的权限进行管理。打印机的权限分为以下三种类别。

（1）打印权限。打印权限是指允许用户连接到打印机，将文档发送给打印机并交由打印机打印的权限。在默认情况下，Everyone组内的所有成员都具有打印权限。

（2）管理打印机权限。管理打印机权限是指用户能够执行一些与“打印”权限相关的任务，并且对打印具有完全的管理控制权限。如果一个用户具有管理打印机权限，就可以暂停和重新启动打印机、更改后台打印设置、共享打印机、重新设置打印机权限和修改打印机属性。在默认情况下，Administrators 组和 Power Users 组内的成员具有管理打印机权限。

（3）管理文档权限。管理文档权限是指用户可以暂停、恢复、重新开始和取消由其他用户提交的打印文档，还可以重新安排这些打印文档的先后次序。但是，管理文档权限并不能让用户发送文档到打印机，或者控制打印机本身的状态。在默认情况下，Creator Owner 组内的成员具有管理文档权限。

2. 打印机优先级

有时候用户需要让打印设备能够对不同的打印文档进行区分，先打印优先级高的文档，再打印优先级低的文档。为了实现这种需求，可以在一台打印设备上创建多台打印机，然后为不同的打印机设定不同的优先级。发往高优先级打印机的文档先打印，发往低优先级打印机的文档后打印。设置打印机优先级的逻辑如图 7-14 所示。

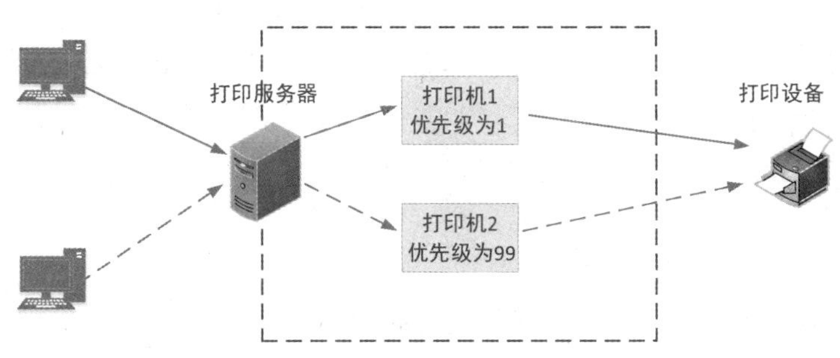

图 7-14 设置打印机优先级的逻辑

3. 打印机池

如果企业有多台打印设备，则可以把这些打印设备配置成打印机池。打印机池对外表现为一台逻辑打印机，由连接到打印服务器的具有多个端口的打印设备组成。有了这样一台逻辑打印机后，用户就不用自己查找当前哪台设备可用，只需要把打印文档提交到打印机池，打印机池将会检查所有可用的打印机，并将打印文档通过端口发送给具体的打印设备。利用打印机池，既可以减少用户的打印工作量，提高打印速度，还可以增强打印机的容错能力。

在配置打印机池时，有以下两点需要注意。

（1）打印机池中的所有打印设备必须使用相同的驱动程序。

（2）由于用户不知道自己发送的打印文档是由打印机池中的哪一台打印设备打印的，因此最好将这些打印设备放在同一个位置，方便用户取回打印文件。

任务实施

扫一扫，获取微课

7-5 管理打印服务器（操作）

在 Windows Server 2019 中安装打印服务器非常方便，基本上只需按照安装向导进行安装即可。

1. 管理打印机权限

（1）在“开始”菜单中依次选择“管理工具”→“打印管理”命令，打开“打印管理”

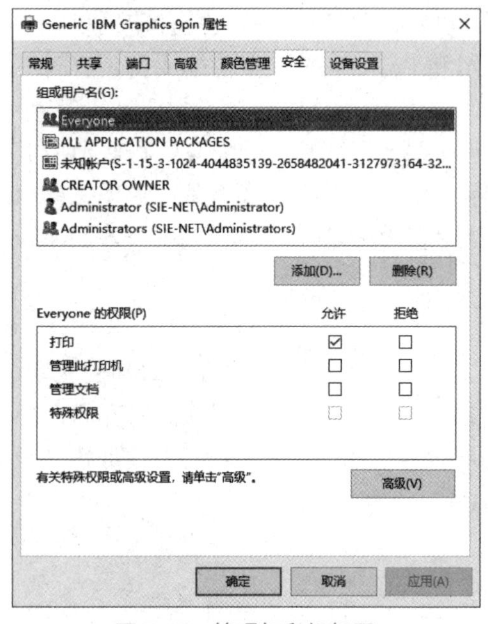

图 7-15　管理打印机权限

窗口，选择左侧窗格中的“打印机”选项，可以在主工作区中看到系统已安装的打印机，右击要修改权限的打印机，在弹出的快捷菜单中选择“属性”命令，打开“Generic IBM Graphics 9pin 属性”（此处的名称根据所选打印机的不同而不同）对话框，切换到“安全”选项卡，如图 7-15 所示。

（2）选中要修改权限的组或用户名，勾选“允许”或“拒绝”复选框以允许或拒绝相应的权限。如果要为其他用户或组设置权限，则单击“添加”按钮进行选择即可。如果要查看特殊权限或进行其他高级设置，则单击“高级”按钮，打开“Generic IBM Graphics 9pin 的高级安全设置”（此处的名称根据所选打印机的不同而不同）窗口，如图 7-16 所示。

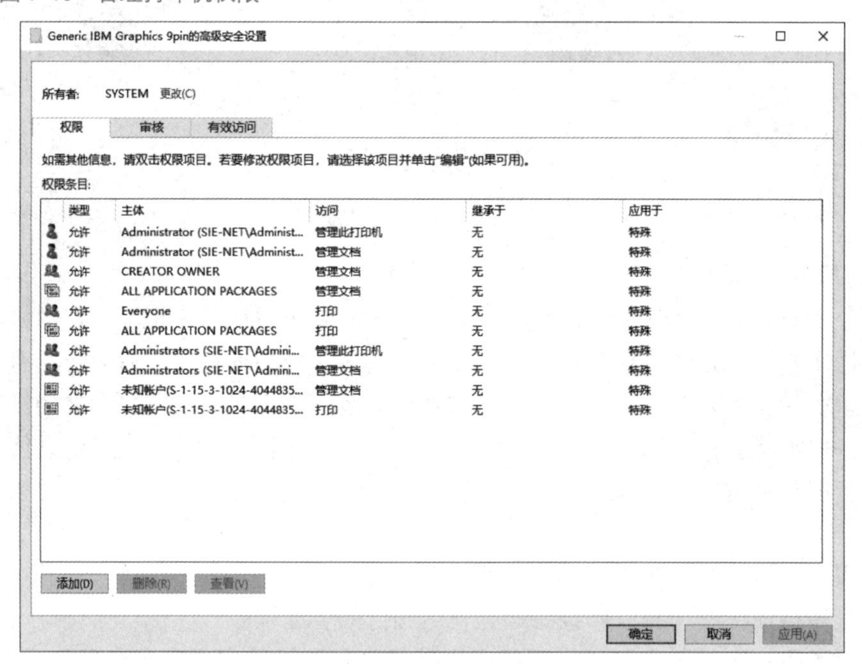

图 7-16　打印机高级安全设置

2. 设置打印机优先级

打开“Generic IBM Graphics 9pin 属性”对话框，切换到“高级”选项卡，将“优先级”的值设为“1”，如图 7-17 所示。优先级数值的范围是 1～99，数值越大，优先级越高。

3. 配置打印机池

要配置打印机池，需要在一台打印服务器上添加多台打印机，步骤如下。

（1）将一台打印机添加到打印服务器中，并安装相应的驱动程序。

（2）将其他打印机连接到打印服务器的其他可用端口。

（3）在“打印管理”窗口中选择要配置成打印机池的打印机，打开“Generic IBM Graphics 9pin 属性”对话框，切换到“端口”选项卡，勾选“启用打印机池”复选框，之后勾选要加入打印机池的打印机，此处将 LTP1 和 LTP2 端口上的打印机加入打印机池，如图 7-18 所示。需要注意的是，打印机池中打印机的型号和使用的驱动程序需要一致。

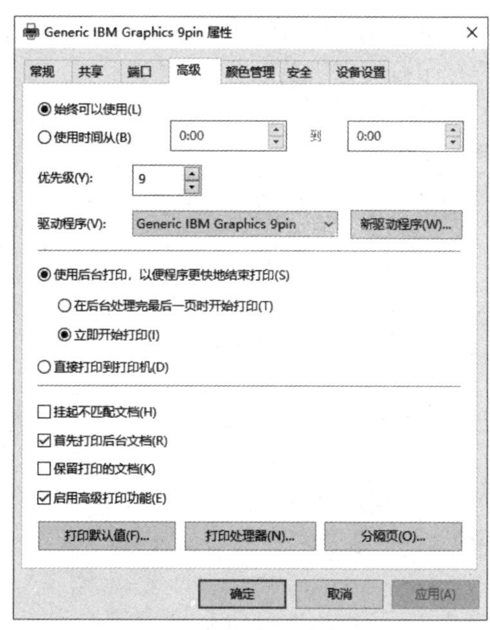

图 7-17　设置打印机优先级

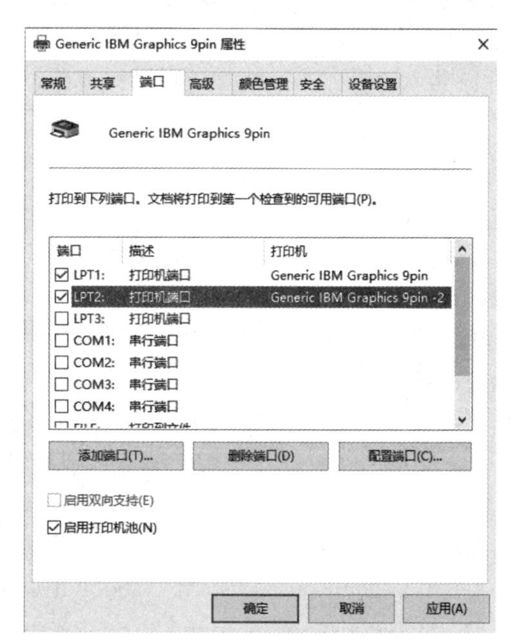

图 7-18　配置打印机池

任务拓展

后台打印又被称为假脱机服务，主要功能是在用户把打印文档发往打印机时对打印流程进行管理，比如，跟踪打印机端口、处理打印机优先级、向打印设备发送打印作业等。后台打印程序把接收的打印任务保存到磁盘上，默认使用的目录是 %SystemRoot%System32\spool\PRINTERS。为了防止磁盘空间不足而导致打印任务堵塞，可以把这个目录放在有更大空间的磁盘上以提高打印服务器的性能。

在“开始”菜单中依次选择“管理工具”→“打印管理”命令，打开“打印管理”窗口。在窗口左侧窗格中，右击打印服务器的名称，在弹出的快捷菜单中选择“属性”命令，打开“打印服务器 属性”对话框，切换到“高级”选项卡，在“后台打印文件夹”文本框中输入新的目录，单击“确定”按钮完成设置，如图 7-19 所示。

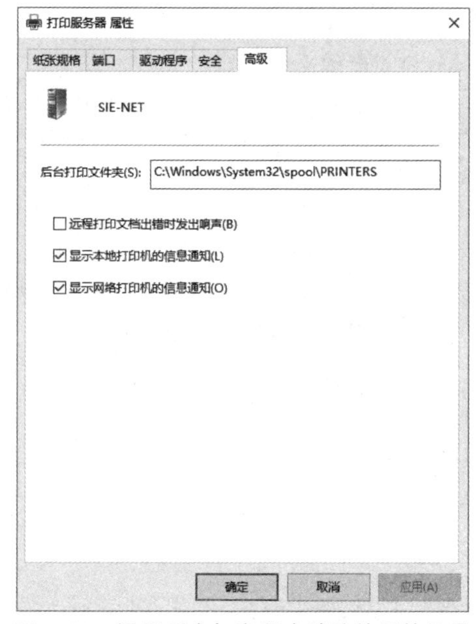

图 7-19　设置后台打印程序默认使用的目录

单元小结

本单元主要介绍的知识点是打印服务的基本概念及打印服务器的安装与管理。根据打印服务器和打印机连接方式的不同，可以把打印机分为本地打印机和网络打印机。又介绍了安装本地打印机及向打印服务器添加网络打印机的方法。同时，介绍了如何对打印服务器进行基本的管理，包括管理打印机权限、设置打印机优先级及配置打印机池。

单元练习题

一、单项选择题

1．在下列选项中，不属于打印机权限的是（　　）。

A．读取　　　　B．打印

C．管理打印机　　　　D．管理文档

2．打印机的后台打印程序默认使用的目录是（　　）。

A．%SystemRoot%System32\spool\SERVERS

B．%SystemRoot%System32\spool\PRINTERS

C．%SystemRoot%System32\spool\drivers

D．%SystemRoot%System32\spool\tools

3．打印服务器与打印设备相连，不能使用的端口是（　　）。

A．并行端口（LTP）　　　　B．RS232

C．串行端口（COM）　　　　D．TCP/IP 端口

4．在默认情况下，Everyone 组的成员拥有的打印机权限是（　　）。

A．打印权限　　　　B．管理打印机权限

C．管理文档权限　　　　D．特殊权限

5．完成实际文件打印的打印组件是（　　）。

A．打印机驱动程序　　　　B．打印机客户端

C．打印服务器　　　　D．打印设备

二、简答题

1．简述打印机、打印设备和打印服务器的区别和联系。

2．简述打印机的三种权限的含义。

3．简述打印机优先级的实现方式。

单元 8 路由与远程服务的配置与管理

学习目标

【知识目标】

- 了解路由及路由器的基本概念。
- 熟悉路由表和路由条目的概念。
- 了解静态和动态路由协议。
- 理解 VPN 的工作原理。

【技能目标】

- 掌握配置静态路由的方法。
- 掌握启用 RIP 路由协议的方法。
- 掌握配置 VPN 服务器的方法。

引例描述

随着著创公司业务规模的不断扩大，越来越多的员工有了远程办公的需求。如果直接向运营商租用专线，则成本太高。公司最近购置了几台服务器，决定打通公司内部的网络，让员工能远程连接公司内部网络服务器以访问公司内部的资源。领导把这个艰巨的任务交给了小强，如图 8-1 所示。

图 8-1　配置路由和远程服务

任务1　配置静态和动态路由

任务陈述

在我们每天使用的网络中，路由器是其中最关键的网络设备，把许许多多的网络连接在一起，构成了无所不包的Internet。本任务来配置静态和动态路由。

知识准备

8.1　路由的基本概念

扫一扫，获取微课

8-1 路由器和路由表（理论）

8.1.1　IP路由和路由器

1. 路由与路由器

Internet是由一个个小型的网络互联而成的，作为一个普通的计算机用户，只是身处其中一个小网络中。当用户需要把数据从一个网络传输到另一个网络时，需要使用某种网络设备在网络之间进行转发，路由器就是专门负责这个任务的网络设备。

路由器一般是指专门的硬件设备，被称为专用路由器和硬件路由器。当然，路由器也可以由软件来实现，被称为主机路由器或软件路由器。路由器把计算机网络划分为逻辑上分开的子网，不同子网间用户的通信必须通过路由器。路由器收到一个子网发送的数据包后，根据数据包的相关信息决定从哪个接口把数据包转发出来。路由器的这种功能就是所谓的"路由"，这是路由器的核心功能。

安装Windows Server 2019的计算机就是一台软件路由器，它可以为不同网络的互联提供基本的路由功能。

2. 路由表

路由器根据路由表为数据包确定转发路径。路由表是存储在路由器内部的一种专门的数据结构，由很多被称为路由条目的表项组成。每个路由条目一般包括网络目标、网络掩码、网关（下一跳地址）、接口、跃点数字段。当路由器收到数据包时，首先检查数据包里的网络目标是否包含在路由表中。如果是，就根据相应的接口和下一跳地址进行转发，否则就交给默认网关处理。

不同路由协议的路由表结构略有不同，下面介绍几个路由条目的常见字段。

- 网络目标。路由器把网络分隔成独立的子网，每个子网都用唯一的网络号标识。网络号和IP地址的格式相同，都用32位的二进制数表示。路由条目里的网络目标就是数据包最终要到达的子网的网络号。
- 网络掩码。路由器使用网络掩码对目标主机地址进行"逻辑与"操作，得到网络目标，然后根据网络目标从路由表中搜索匹配的路由条目。
- 网关（下一跳地址）。如果路由器根据数据包的网络目标无法从路由表中找到匹配的路由条目，就把数据包转交给网关代表的路由器，由这台路由器进行下一步的路由操作。因此，网关代表转发数据包的路由器的 IP 地址。

- 接口（送出接口）。送出接口是路由的物理接口，路由器把数据包从送出接口转发出去。
- 跃点数（度量值）。从源主机到目标主机的转发路径可能有多条，路由器使用跃点数表示每条路径的传输成本，或者度量值。不同的路由协议使用不同的标准确定路径的度量值，例如，RIP 协议使用数据包到达目标网络经过的路由器数量作为度量值，而 OSPF 协议则会考虑物理链路的带宽。路由器总是选择度量值最小的路径转发数据包。

扫一扫，获取微课　8-2 静态路由和动态路由（理论）

8.1.2　静态路由和动态路由

从上面的介绍中可以看出，路由表对于路由器确定数据包转发路径非常重要，那么路由表是如何生成的呢？会不会发生变化？要回答这些问题，我们需要先了解关于路由表的两个重要概念，即静态路由和动态路由。

1．静态路由

静态路由是网络管理员根据网络拓扑结构手动配置的路由条目。网络管理员必须对网络拓扑结构非常熟悉，才能正确配置静态路由。

静态路由是由网络管理员手动配置的，路由器之间不需要相互交换路由信息，因此静态路由的网络开销较小，对设备的资源要求不高。因为路由器之间不需要相互交换路由信息，不用担心路由信息被其他人截获，所以静态路由的安全性较高。

但静态路由也有明显的缺点，当网络拓扑结构发生变化时（如路由器的增加或删除），网络管理员必须及时修改静态路由，否则路由器只能根据过时的路由表转发数据包。因此，静态路由适用于网络拓扑结构比较简单、不经常变化的小型网络，在复杂的大型网络中使用更多的是动态路由。

2．动态路由

动态路由是指在路由器上运行某种路由协议，使路由器相互交换路由信息的路由条目。每台路由器根据自身及其他路由器的路由信息自动生成路由表。常见的路由协议有 RIP、EIGRP 和 OSPF。

当网络拓扑结构发生变化时，路由器能通过交换路由信息获知这些变化，并重新计算和生成路由条目，基本不需要网络管理员参与。动态路由最主要的优点就是伸缩性强，如果用户向网络中添加一台新路由器，只要在这台路由器上配置相应的路由协议，就能让所有的路由达到“收敛”的状态。但动态路由也有不足，因为路由器之间要频繁交换路由信息，所以会增加路由器的资源消耗，占用一定的网络带宽。

8.2　安装“网络策略和访问服务”服务器角色

在 Windows Server 2019 中，只有先安装“网络策略和访问服务”服务器角色才能使用路由和远程访问服务。

（1）在“服务器管理器”窗口中，单击“添加角色和功能”链接，在打开的“选择服务器角色”界面中勾选“网络策略和访问服务”及“远程访问”复选框，如图 8-2 所示。

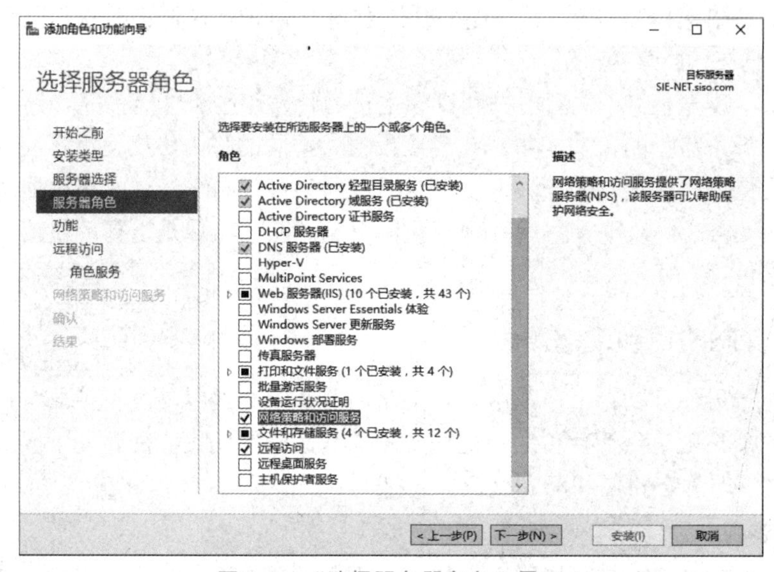

图 8-2 “选择服务器角色”界面

（2）依次单击“下一步”按钮，在打开的“选择角色服务”界面中勾选“路由”复选框，如图 8-3 所示。

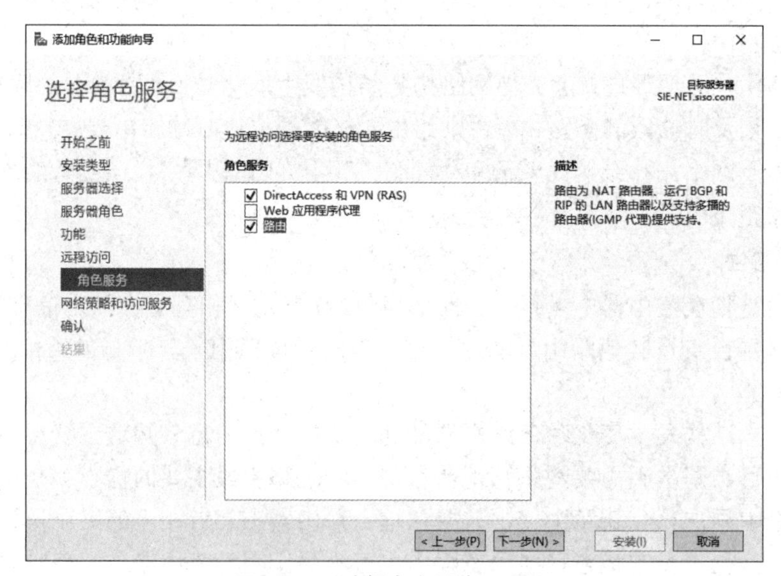

图 8-3 “选择角色服务”界面

（3）单击“下一步”按钮，打开“确认安装所选内容”界面，确认安装信息无误后，单击“安装”按钮，开始安装“网络策略和访问服务”服务器角色。安装成功后单击“关闭”按钮结束安装过程。

任务实施

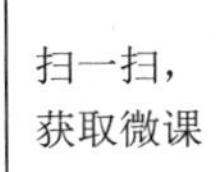

8-3 网络基础设置和连通性测试（操作）

扫一扫，
获取微课

8-4 路由设置（操作）

公司的网络拓扑结构如图 8-4 所示。本任务涉及 4 台虚拟机，其中 2 台使用的操作系统是 Windows Server 2019，即图 8-4 中的 SIE-NET 和 SIE-NET2；另外 2 台使用的操作系统是 Windows 7，作为客户端来验证网络的连通性。4 台虚拟机的 IP 地址等相关参数如表 8-1 所示。

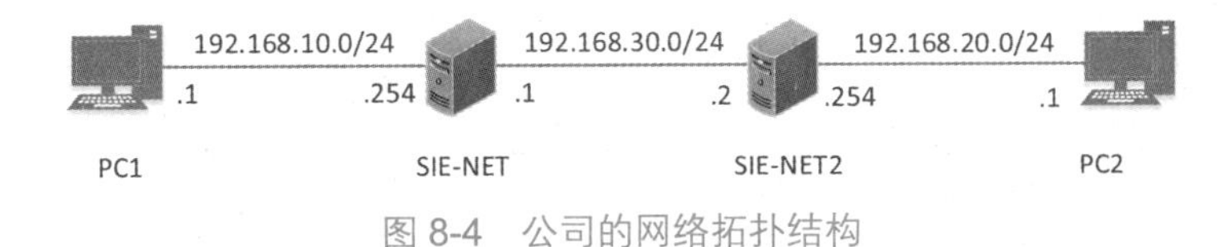

图 8-4　公司的网络拓扑结构

表 8-1　虚拟机的 IP 地址等相关参数

设　　备	IP 地址	子 网 掩 码	网　　关
PC1	192.168.10.1	255.255.255.0	192.168.10.254
SIE-NET 本地连接	192.168.10.254	255.255.255.0	N/A
SIE-NET 本地连接 2	192.168.30.1	255.255.255.0	N/A
SIE-NET2 本地连接	192.168.30.2	255.255.255.0	N/A
SIE-NET2 本地连接 2	192.168.20.254	255.255.255.0	N/A
PC2	192.168.20.1	255.255.255.0	192.168.20.254

1. 为虚拟机添加网络适配器

安装好的虚拟机默认只有一个网络适配器。为了实现路由功能，需要分别为 SIE-NET 和 SIE-NET2 配置两个 IP 地址，因此各需要安装两个网络适配器。下面以 SIE-NET 为例介绍为虚拟机添加网络适配器的步骤。

（1）在“SIE-NET-VMware Workstation”窗口的左侧窗格的虚拟机列表中右击“SIE-NET”选项，在弹出的快捷菜单中选择“设置”命令，打开“虚拟机设置”对话框，如图 8-5 和图 8-6 所示。

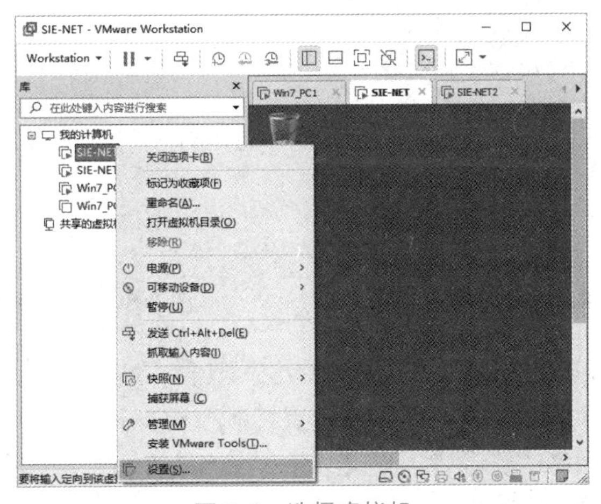

图 8-5　选择虚拟机

图 8-6 “虚拟机设置”对话框

（2）在“虚拟机设置”对话框中单击“添加”按钮，打开“添加硬件向导”对话框，如图 8-7 所示，选择“硬件类型”列表框中的“网络适配器”选项，然后单击“完成”按钮，返回“虚拟机设置”对话框，可以看到新添加的网络适配器已经出现在“硬件”选项卡的列表框中，如图 8-8 所示。

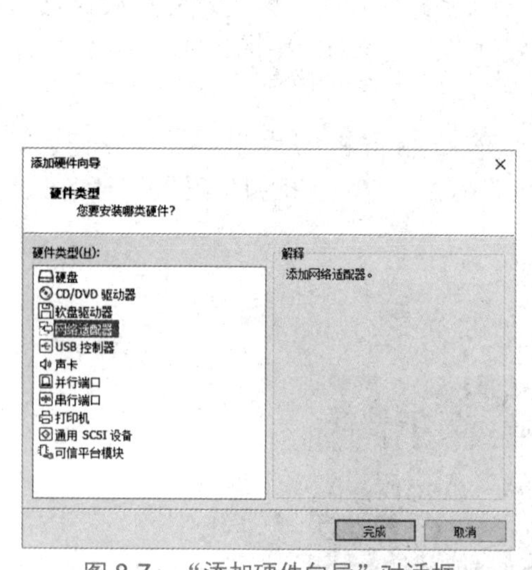

图 8-7 “添加硬件向导”对话框

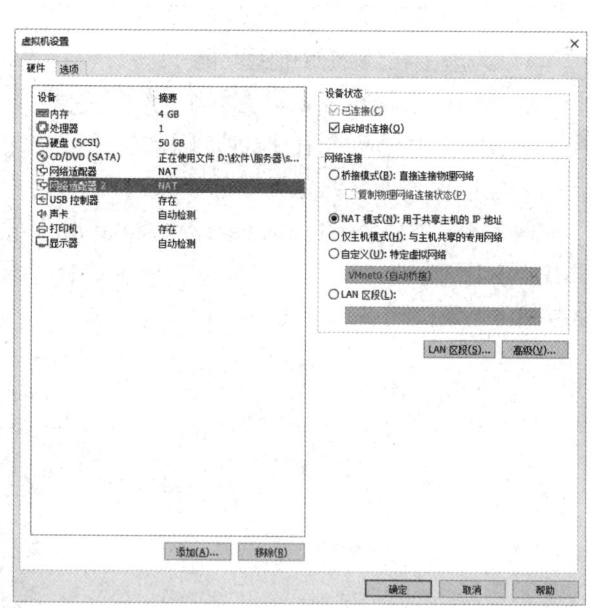

图 8-8 新添加的网络适配器

（3）使用相同的方法为 SIE-NET2 添加网络适配器。

（4）搭建好网络拓扑结构并按照要求设置好 4 台虚拟机的 IP 地址后，首先在 PC1 上使用“ping”命令测试网络的连通性，测试结果如图 8-9 所示。需要注意的是，为节省篇幅，这里使用“-n”选项设置“ping”命令只发送两个回显请求数据包。

① 执行“ping 192.168.10.254 -n 2”命令并观察测试结果。

② 执行“ping 192.168.30.1 -n 2”命令并观察测试结果。

③ 执行“ping 192.168.20.1 -n 2”命令并观察测试结果。

```
C:\Windows\system32\cmd.exe
C:\Users\zys>ping 192.168.10.254 -n 2

正在 Ping 192.168.10.254 具有 32 字节的数据:
来自 192.168.10.254 的回复: 字节=32 时间<1ms TTL=128
来自 192.168.10.254 的回复: 字节=32 时间<1ms TTL=128

192.168.10.254 的 Ping 统计信息:
    数据包: 已发送 = 2，已接收 = 2，丢失 = 0 (0% 丢失)，
往返行程的估计时间(以毫秒为单位):
    最短 = 0ms，最长 = 0ms，平均 = 0ms

C:\Users\zys>ping 192.168.30.1 -n 2

正在 Ping 192.168.30.1 具有 32 字节的数据:
请求超时。
请求超时。

192.168.30.1 的 Ping 统计信息:
    数据包: 已发送 = 2，已接收 = 0，丢失 = 2 (100% 丢失)，

C:\Users\zys>ping 192.168.20.1 -n 2

正在 Ping 192.168.20.1 具有 32 字节的数据:
请求超时。
请求超时。

192.168.20.1 的 Ping 统计信息:
    数据包: 已发送 = 2，已接收 = 0，丢失 = 2 (100% 丢失)，

C:\Users\zys>
```

图 8-9　在 PC1 上测试网络的连通性

（5）在 PC2 上测试网络的连通性，测试结果如图 8-10 所示。

① 执行“ping 192.168.20.254 -n 2”命令并观察测试结果。

② 执行“ping 192.168.30.2 -n 2”命令并观察测试结果。

③ 执行“ping 192.168.10.1 -n 2”命令并观察测试结果。

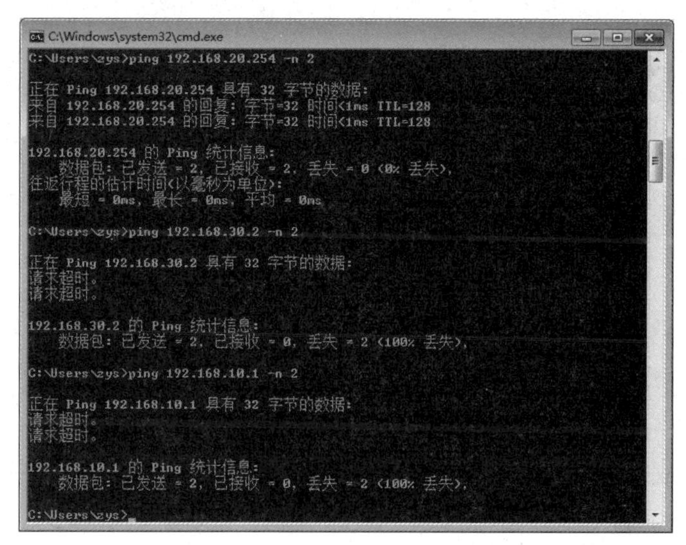

图 8-10　在 PC2 上测试网络的连通性

2. 启用路由和远程访问服务

（1）登录服务器 SIE-NET，在“开始”菜单中选择“Windows 管理工具”→“路由和远程访问”命令，打开“路由和远程访问”窗口，如图 8-11 所示。

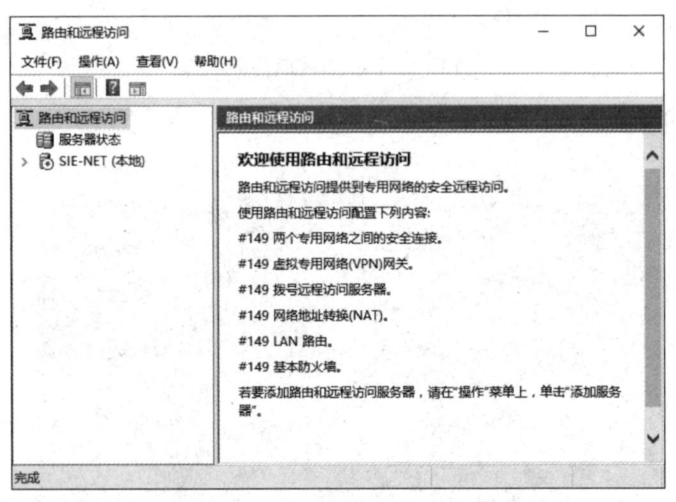

图 8-11 “路由和远程访问”窗口

（2）在“路由和远程访问”窗口左侧窗格中右击“SIE-NET（本地）”选项，在弹出的快捷菜单中选择“配置并启用路由和远程访问”命令，打开“路由和远程访问服务器安装向导”界面，单击“下一步”按钮，打开“配置”界面，选中“自定义配置”单选按钮，如图 8-12 所示。

（3）单击“下一步”按钮，打开“自定义配置”界面，勾选“LAN 路由”复选框，如图 8-13 所示。

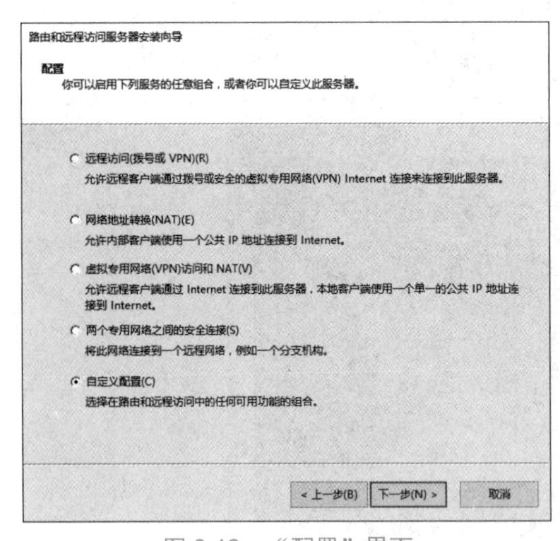

图 8-12 “配置”界面

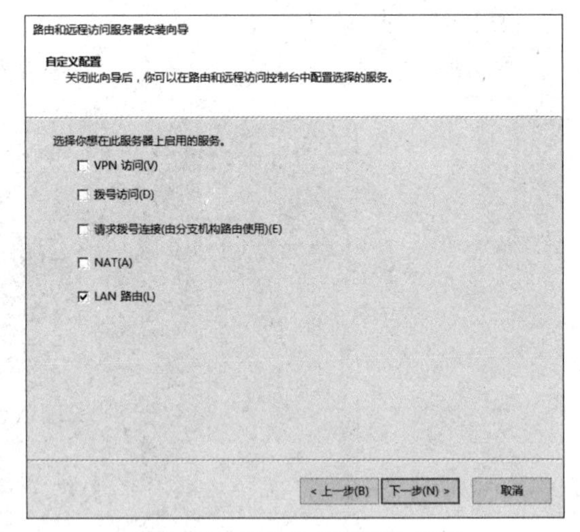

图 8-13 “自定义配置”界面

（4）单击“下一步”按钮，系统会启用选中的网络服务。在打开的提示框中单击“完成”按钮关闭安装向导。

（5）在 SIE-NET2 上使用同样的方法启用路由和远程访问服务。

（6）分别在 SIE-NET 和 SIE-NET2 上进行与前面相同的网络连通性测试。可以看到，在启用了“LAN 路由”服务后，第 2 个和第 5 个测试结果是通的，其他几个测试结果不变，如图 8-14 和图 8-15 所示。

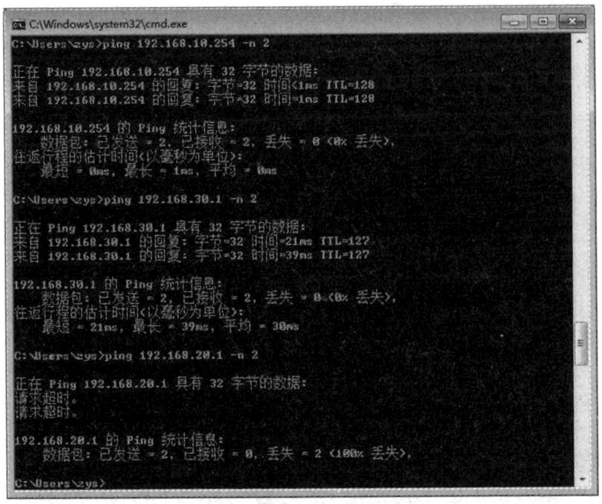

图 8-14　在 SIE-NET 上测试网络的连通性

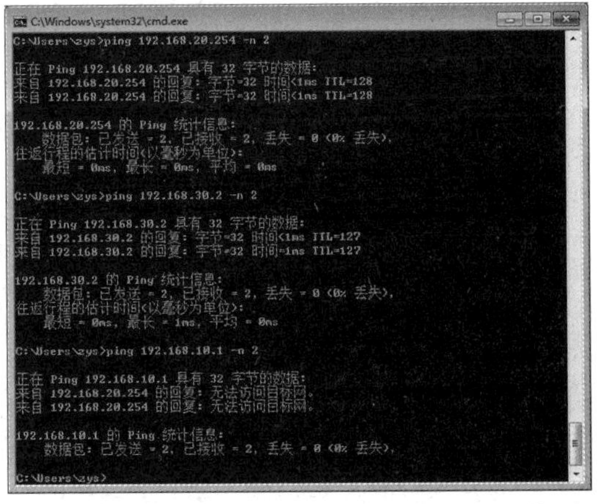

图 8-15　在 SIE-NET2 上测试网络的连通性

3. 配置静态路由

（1）登录 SIE-NET，打开“路由和远程访问”窗口，在窗口左侧窗格中展开“SIE-NET（本地）”下的“IPv4”列表，右击“静态路由”选项，在弹出的快捷菜单中选择“新建静态路由”命令，打开“IPv4 静态路由”对话框，设置 SIE-NET 到 192.168.20.0/24 子网的静态路由，如图 8-16 所示。

（2）登录 SIE-NET2，用同样的方法设置 SIE-NET2 到 192.168.10.0/24 子网的静态路由，如图 8-17 所示。

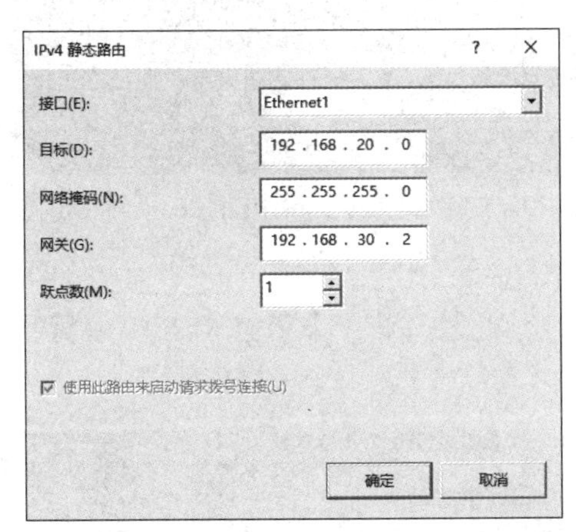

图 8-16　设置 SIE-NET 到 192.168.20.0/24 子网的静态路由

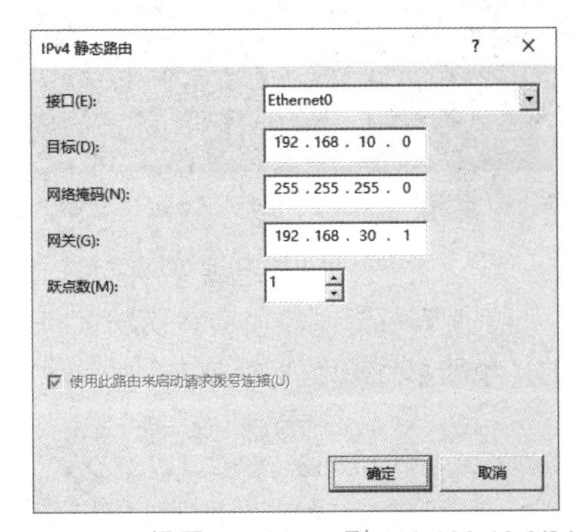

图 8-17　设置 SIE-NET2 到 192.168.10.0/24 子网的静态路由

设置好的静态路由会显示在“静态路由”窗格中，如图 8-18 所示（这里只显示 SIE-NET 的静态路由）。

用户可以使用“route print 192.168.*”命令在命令提示符窗口中查看本机到指定网段的路由信息，如图 8-19 和图 8-20 所示。在“route print”命令的输出结果中，每一个路由条目包括 5 个字段，分别是网络目标、网络掩码、网关、接口和跃点数。如果网关字段显示的是“在链路上”，则表示这是一条直连路由。

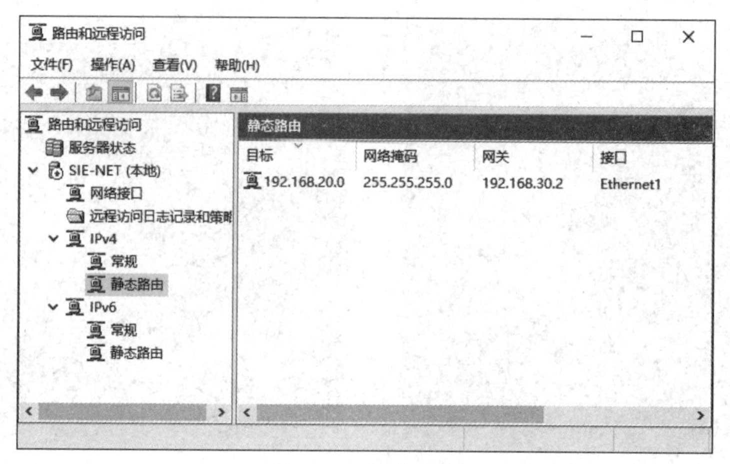

图 8-18　静态路由

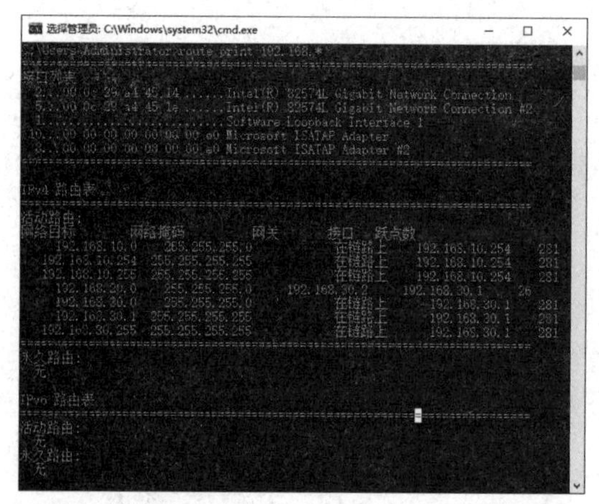

图 8-19　使用“route print 192.168.*”命令查看 SIE-NET 的路由信息

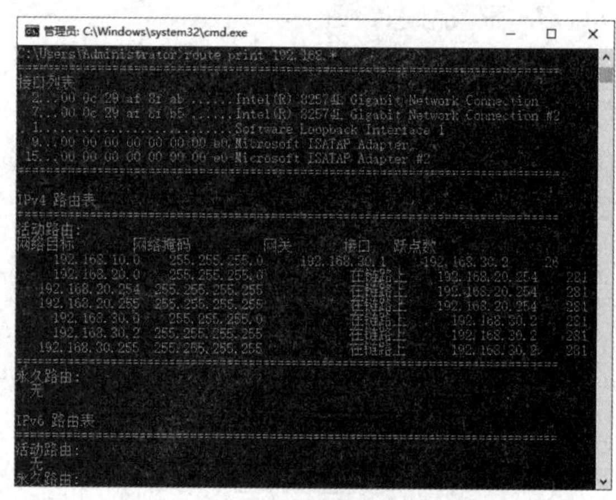

图 8-20　使用“route print 192.168.*”命令查看 SIE-NET2 的路由信息

（3）配置好静态路由后再次测试网络的连通性。此时，第 3 个和第 6 个测试结果是通的，如图 8-21 和图 8-22 所示。

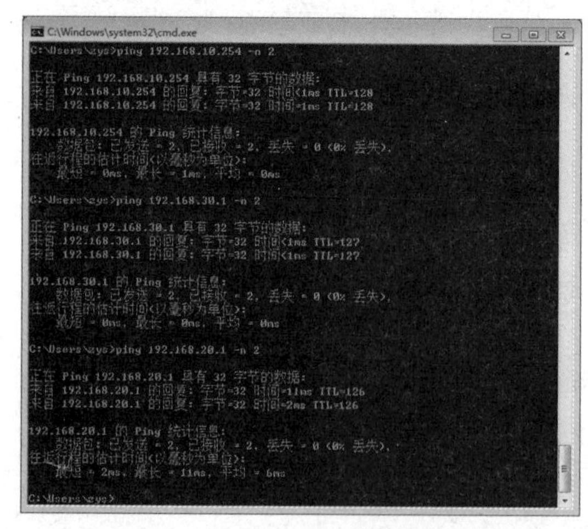

图 8-21　在 PC1 上测试网络的连通性

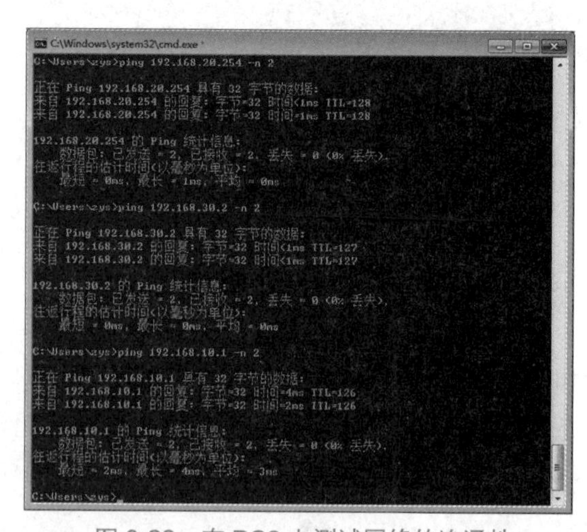

图 8-22　在 PC2 上测试网络的连通性

4. 配置 RIPv2 动态路由协议

在上面的实验中，我们通过给 SIE-NET 和 SIE-NET2 配置静态路由实现了网络连通。不过在大型网络中，使用更多的还是动态路由协议。下面以 SIE-NET 为例，演示配置 RIPv2 动态路由协议的方法。

（1）首先删除 SIE-NET 上已添加的静态路由。登录 SIE-NET，打开“路由和远程访问”窗口，选择左侧窗格中的“SIE-NET（本地）”→“IPv4”→“静态路由”选项，在主工作区中右击要删除的静态路由条目并在弹出的快捷菜单中选择“删除”命令即可。

（2）在“路由和远程访问”窗口中右击“常规”选项，在弹出的快捷菜单中选择“新增路由协议”命令，打开“新路由协议”对话框，如图 8-23 所示。选择“RIP Version 2 for Internet Protocol”选项，单击“确定”按钮后回到“路由和远程访问”窗口。此时，在“IPv4”列表下多出一个“RIP”路由协议选项，如图 8-24 所示。

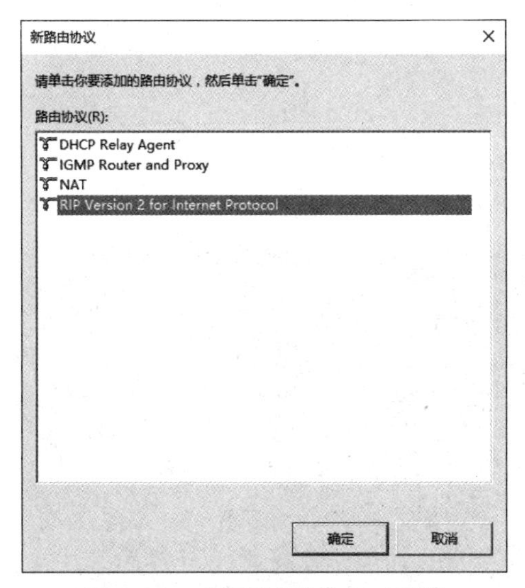

图 8-23 “新路由协议”对话框

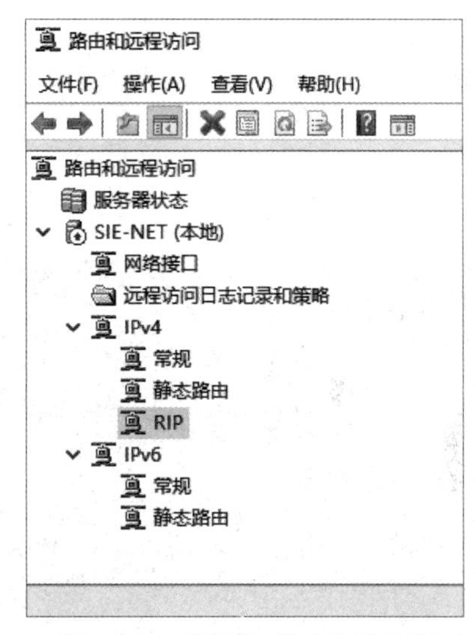

图 8-24 “RIP”路由协议选项

（3）右击“RIP”路由协议选项并在弹出的快捷菜单中选择“新增接口”命令，在打开的“RIP Version 2 for Internet Protocol 的新接口”对话框中选择运行 RIP 协议的网络接口，在此例中为 SIE-NET 选择“Ethernet1”接口，如图 8-25 所示。

（4）单击“确定”按钮，打开“RIP 属性 -Ethernet1 属性”对话框，可以对“Ethernet1”接口的属性进行设置。这里保持默认选项，直接单击“确定”按钮即可，如图 8-26 所示。

（5）使用同样的方法为 SIE-NET2 设置 RIPv2 动态路由协议，不过 SIE-NET2 运行 RIPv2 协议的接口是“Ethernet0”，所以要在图 8-25 中选择“Ethernet0”接口。设置好之后使用“route print 192.168.*”命令查看 SIE-NET 和 SIE-NET2 的路由信息，如图 8-27 和图 8-28 所示。

（6）再次测试网络的连通性。可以看到，RIPv2 动态路由协议的运行效果和静态路由是完全相同的。

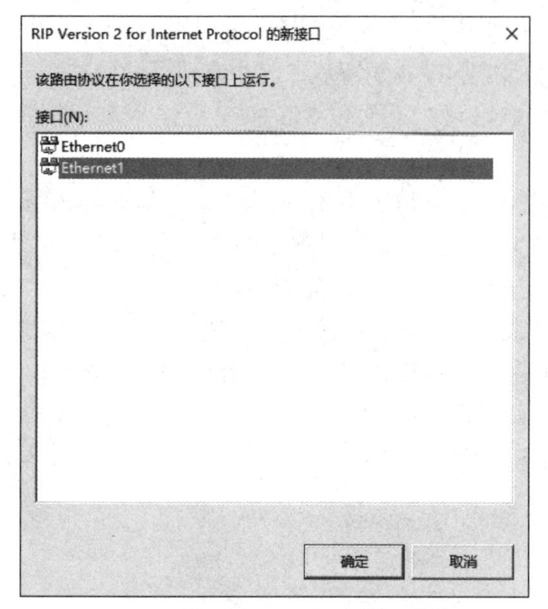

图 8-25　选择运行 RIP 协议的网络接口

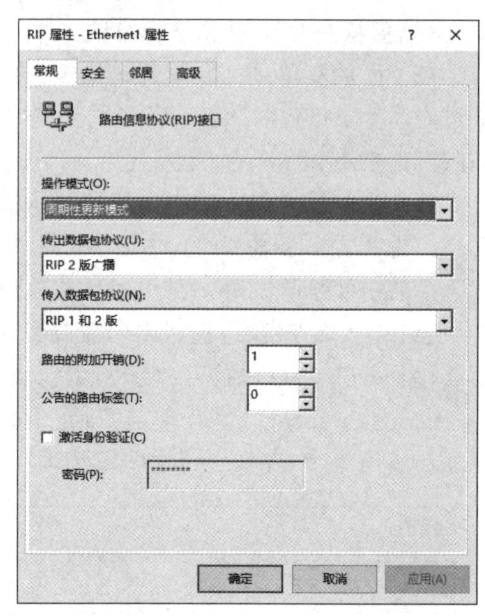

图 8-26　设置“Ethernet1”接口的属性

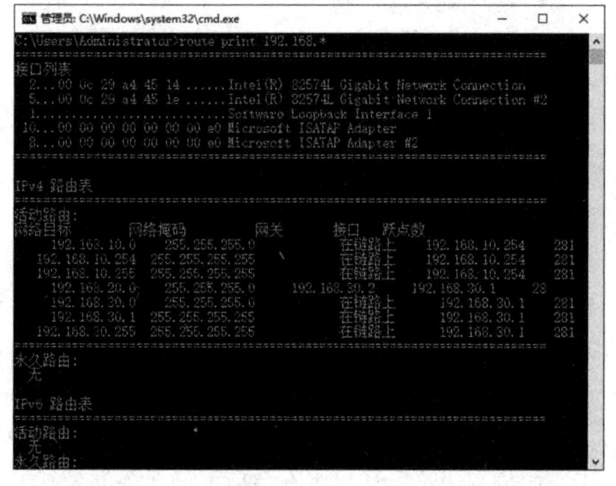

图 8-27　使用“route print 192.168.*”命令查看 SIE-NET 的路由信息

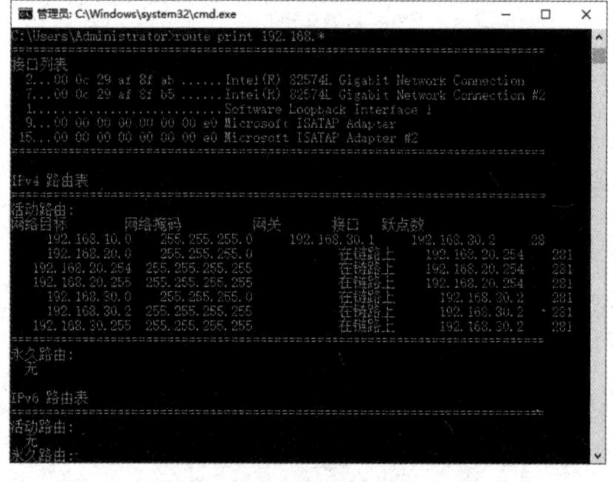

图 8-28　使用“route print 192.168.*”命令查看 SIE-NET2 的路由信息

任务拓展

动态路由协议的种类较多，常用的有 RIP 和 OSPF 两种。

1. RIP

RIP 是一种距离向量路由协议，是 Internet 中最早使用的动态路由协议，有 RIPv1 和 RIPv2 两个版本。RIP 协议采用到达目标网络的路由器数目作为衡量网络路径的度量值，也就是俗称的路由器跳数。运行 RIP 协议的路由器会和相邻的路由器交换路由信息。RIP 协议简单、易配置，但它只能用于小型网络中。因为 RIP 协议支持的最大路由器跳数是 15，也就是说，超过 15 台路由器的目标网络都会被认为是不可达的。RIP 协议有以下几个主要特征。

- RIP 协议选择路径时采用路由器数目作为度量值。
- RIP 协议支持的最大路由器跳数是 15。
- 在默认情况下，RIP 协议每隔 30 秒广播一次路由更新，即使网络拓扑结构没有变化，也要发送路由更新。
- RIPv1 在路由更新中不包含子网掩码，因此不支持 VLSM 和不相连的子网。RIPv2 在这一点有所改进，在路由更新中包含子网掩码，因此支持 VLSM 和不相连的子网。

2. OSPF

OSPF 是开放最短路径优先的简称。OSPF 协议是一种典型的链路状态路由协议。这里的链路可以理解为路由器的物理接口和物理链路。按照 OSPF 的规定，运行 OSPF 协议的路由器和相邻的路由器互相交换链路状态信息，包括链路 IP 地址、子网地址、接口类型等。每台路由器都会把收到的路由更新信息广播给相邻的路由器。按照这种设计，当网络达到收敛状态时，所有的路由器都能获知整个网络的拓扑结构，因而能计算出达到每个网络的最优路径。广播路由更新会导致网络风暴，为了减少路由更新给网络带来的影响，OSPF 把网络分成多个区域，并严格控制区域内路由器和区域间路由器的路由更新次数。OSPF 协议具有以下特征。

- OSPF 采用链路的带宽作为计算路径开销的依据，不受路由器跳数的限制，支持各种规模的网络，最多可支持几百台路由器。
- 如果网络的拓扑结构发生变化，则 OSPF 协议将立即发送路由更新，使其他路由器能快速获知网络变化并重新计算最优路径。
- OSPF 协议支持路由验证，只有通过验证的路由器才能相互交换路由信息。
- OSPF 协议在路由更新中包含子网掩码，因此支持 VLSM 和 CIDR。
- OSPF 协议支持到同一目标网络的多条负载路由。

任务 2　配置 VPN 连接

随着业务的不断扩张，企业一般会部署 VPN 网络以满足出差在外的员工远程访问公司内部网络的资源或者部分员工在家办公时访问内部网络服务器的需求。如果公司有分支机构，则还要考虑总公司和分公司之间的网络互联需求。本任务重点关注与 VPN 相关的一些基本概念，以及怎样在 Windows Server 2019 中搭建 VPN 服务器。

扫一扫，
获取微课

8-5 虚拟专用网络（VPN）（理论）

8.3　VPN 概述

VPN 是一种在公用网络（如 Internet）或专用网络上创建安全的点对点连接的技术。

通过部署VPN技术，员工可以通过公用网络远程访问公司内部网络的资源，或者在家办公时可以安全访问公司内部网络服务器。VPN可以看作公司内部网络的扩展，相比于向运营商租用专线，VPN是一种价格更低、更安全的资源共享和网络互联解决方案。

1. VPN的两种应用模式

VPN有两种应用模式：远程访问和远程网络互联。

（1）远程访问。远程访问VPN又被称为点到站点VPN、桌面到网络VPN或客户机到服务器VPN。从用户的角度来看，远程访问VPN是VPN客户端（即用户的计算机）与公司的VPN服务器之间的点对点连接，用户看不到也不用考虑VPN客户端和公司VPN服务器之间的网络结构，VPN的作用就是为VPN客户端和VPN服务器提供一条逻辑的专用链路。作为传统的拨号远程访问的替代解决方案，远程访问VPN能够廉价、高效且安全地连接移动用户和远程工作者。远程访问VPN的连接模式如图8-29所示。

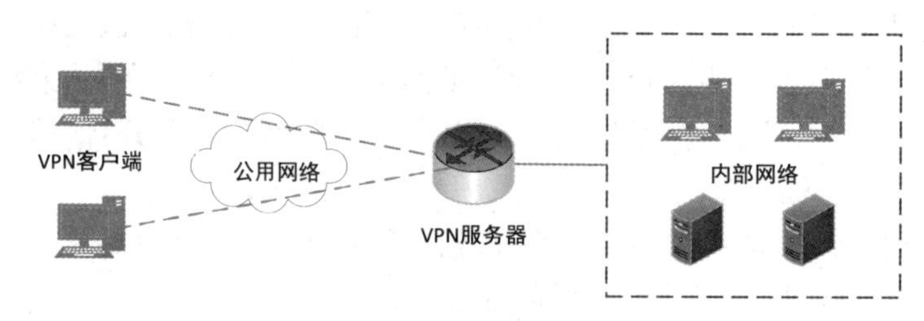

图8-29　远程访问VPN的连接模式

（2）远程网络互联。远程网络互联VPN又被称为站点到站点VPN、网关到网关VPN或网络到网络VPN。不同于远程访问VPN，远程网络互联VPN连接的两端是两个专用网络。远程网络互联VPN可以使公司总部与分支机构或其他公司之间通过公用网络建立安全的网络连接。远程网络互联VPN的连接模式如图8-30所示。

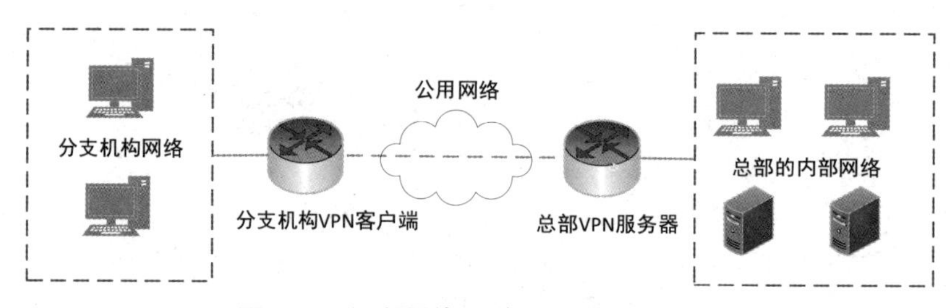

图8-30　远程网络互联VPN的连接模式

2. VPN的主要功能特性

（1）封装。封装就是在一种网络协议的数据单元之前加上另一种网络协议的包头，使得封装后的数据可以在另一种网络协议上传输。

（2）身份验证。身份验证的主要功能是验证VPN两端的合法身份。VPN有以下3种身份验证方式。

- 点对点协议（Point-to-Point，PPP）。点对点协议是一种用户级的身份验证方式。VPN使用点对点协议验证发起VPN连接的VPN客户端的用户信息，还要检查VPN用户是否具有相应的权限。点对点协议的身份验证可以是双向的，也就是说，VPN服务器和VPN客户端都可以验证对方身份的合法性。

- 互联网密钥交换（Internet Key Exchange，IKE）。IKE 是一种计算机级的身份验证方式，VPN 客户端和 VPN 服务器使用 IKE 交换计算机证书或预共享密钥以建立 IPSec 关联。
- 数据源身份验证和数据完整性。数据源身份验证和数据完整性身份验证方式是在数据中添加基于加密密钥的加密校验和来验证用户身份的，而加密密钥只有数据发送方和接收方知道，因此可以验证数据是否来自 VPN 连接的另一端，以及数据在传输过程中是否被修改。

（3）数据加密。发送方在发送数据时对数据进行加密，接收方在收到数据后进行解密。加密和解密要用到双方的通用加密密钥，没有通用加密密钥的用户即使截获了数据也无法对数据进行解密，这样可以保证数据的机密性。

3. VPN 隧道协议

隧道技术是实现 VPN 最典型和应用最广泛的技术。VPN 隧道在 VPN 的两端建立一条逻辑上的专用安全通道，也就是 VPN 连接，在 VPN 隧道上可以传输各种应用数据，其就像局域网中的一条普通链路一样。数据在 VPN 隧道中传输时要经过封装、传输和解封过程，这主要是借助隧道协议实现的。隧道协议就是使用一种网络协议来传输另一种网络协议的数据单元。下面介绍几种 VPN 常用的隧道协议。

（1）PPTP。PPTP（Point-to-Point Tunneling Protocol）是在 PPP 协议的基础上开发的一种增强型安全协议，可以通过口令验证协议（PAP）、可扩展认证协议（EAP）等增强数据传输的安全性。PPTP 协议增强了 PPP 协议的身份验证、数据压缩和加密机制。PPTP 协议可以对多种协议进行加密，然后将其封装在 IP 包头中通过 IP 网络或公用网络（如 Internet）发送。PPTP 协议可用于远程访问与远程网络互联两种模式的 VPN。

（2）L2TP/IPSec。L2TP（Layer Two Tunneling Protocol）协议使用 IPSec ESP（封装安全负载）协议加密数据。L2TP 协议可以对多协议通信进行加密，然后通过任何支持点对点数据传输的介质发送。L2TP 是 PPTP 和 L2F（第 2 层转发）协议的组合。L2TP 使用 IPSec 提供加密服务，L2TP 和 IPSec 的组合称为 L2TP/IPSec。VPN 客户端和 VPN 服务器必须均支持 L2TP 和 IPSec。L2TP 可用于远程访问与远程网络互联两种模式的 VPN。

（3）SSTP。SSTP（Secure Socket Tunneling Protocol，安全套接字隧道协议）使用 HTTPS 协议创建 VPN 隧道，通过安全套接字层（SSL）来确保数据传输的安全性。SSL 提供了增强的密钥协商、加密和完全性检查功能以确保数据传输的安全性。SSTP 创建一个在 HTTPS 协议上传送的 VPN 隧道，从而消除与基于 PPTP 或 L2TP 的 VPN 连接有关的诸多问题。SSTP 只适用于远程访问模式的 VPN，不支持远程网络互联模式的 VPN。

任务实施

图 8-31 拓扑结构

在本任务中，我们把一台安装 Windows Server 2019 的虚拟机配置成 VPN 服务器，并且在一台 Windows 7 虚拟机客户端上发起 VPN 连接，拓扑结构如图 8-31 所示。与任务 1 一样，SIE-NET 也需要添加一个网络适配器，并且把两个接口的 IP 地址分别配置为 192.168.0.200 和 192.168.1.200。读者可以参考任务 1 中的具体操作步骤，这里不再赘述。

1. 配置并启用 VPN 服务器

（1）打开“路由和远程访问”窗口，在窗口左侧窗格中右击“SIE-NET（本地）”选项。如果之前已经启用了路由和远程访问服务，则需要先在弹出的快捷菜单中选择“禁用路由和远程访问”命令，然后选择“配置并启用路由和远程访问”命令，打开“路由和远程访问服务器安装向导”界面。在“配置”界面中选中“远程访问（拨号或 VPN）”单选按钮，如图 8-32 所示。

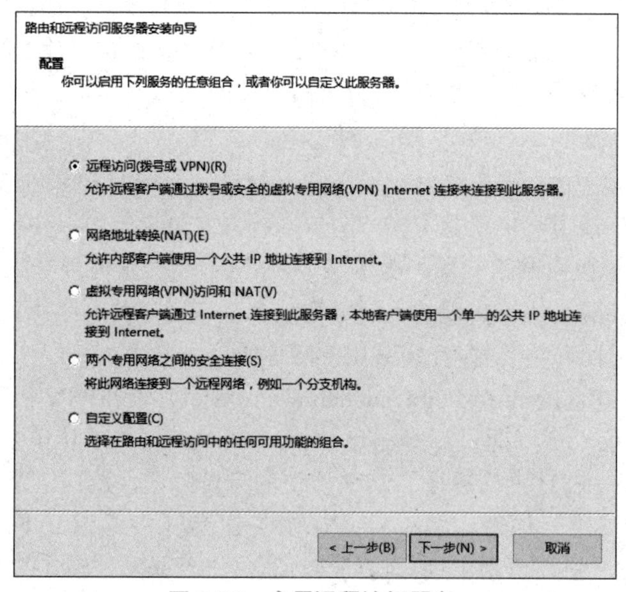

图 8-32　启用远程访问服务

（2）单击“下一步”按钮，打开“远程访问”界面，勾选“VPN”复选框，如图 8-33 所示。

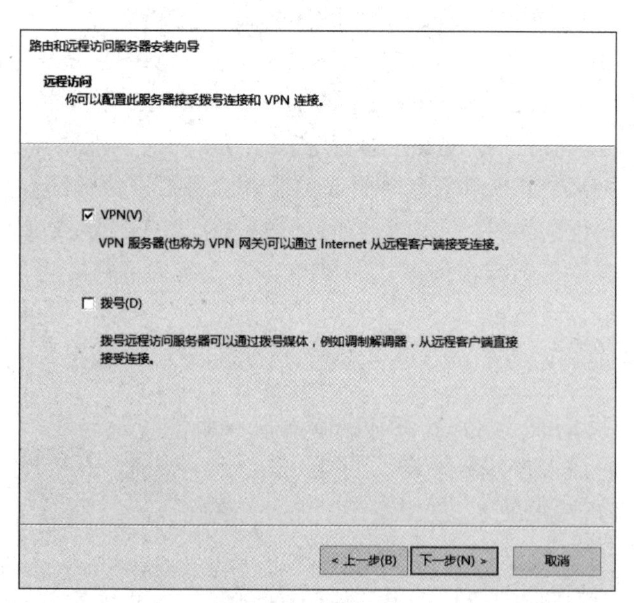

图 8-33　选择 VPN

（3）单击“下一步”按钮，打开“VPN 连接”界面。要允许 VPN 客户端连接到 SIE-NET 服务器，SIE-NET 至少要有一个网络接口作为公用网络接口，这里选择“Ethernet0”作为 SIE-NET 的公用网络接口，同时取消勾选“通过设置静态数据包筛选器来对选择的接口进行保护”复选框，如图 8-34 所示。

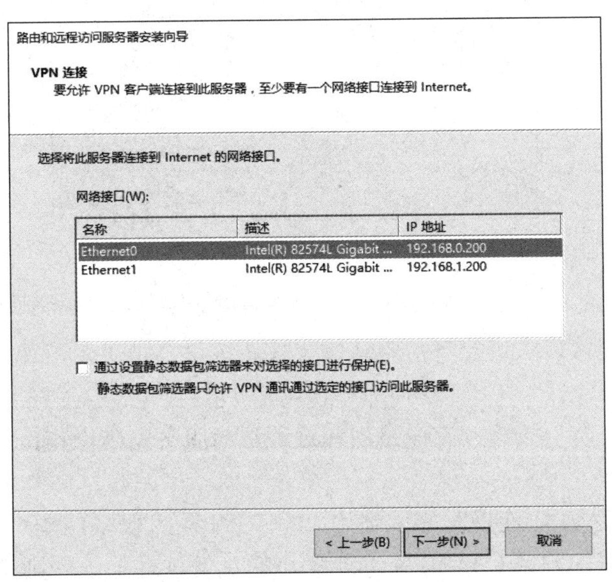

图 8-34　选择公用网络接口

（4）单击“下一步”按钮，打开“IP 地址分配”界面，选择为 VPN 客户端分配 IP 地址的方式。如果 VPN 服务器使用 DHCP 服务器为 VPN 客户端分配 IP 地址，则可以选中“自动”单选按钮，这里选中“来自一个指定的地址范围”单选按钮，如图 8-35 所示。

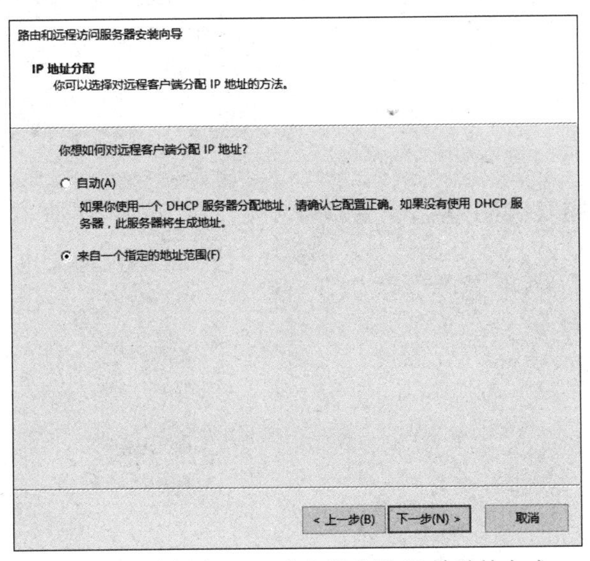

图 8-35　选择为 VPN 客户端分配 IP 地址的方式

（5）单击“下一步”按钮，打开“地址范围分配”界面，单击“新建”按钮，打开“新建 IPv4 地址范围”对话框，指定 IP 地址范围，如图 8-36 所示。设置好之后单击“确定”

按钮回到“地址范围分配”界面。

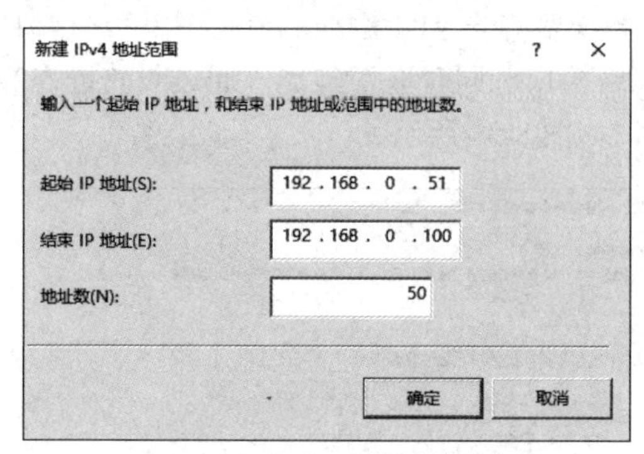

图 8-36　指定 IP 地址范围

（6）单击“下一步”按钮，打开“管理多个远程访问服务器”界面，指定路由和远程访问服务对客户端连接请求进行身份验证的方式。这里选中“否，使用路由和远程访问来对连接请求进行身份验证”单选按钮，如图 8-37 所示。

（7）单击“下一步”按钮，完成路由和远程访问服务安装操作，然后单击“完成”按钮即可。

（8）客户端发起 VPN 连接时必须使用具有 VPN 拨入权限的账户。如果 VPN 没有加入域，那么用户身份的验证是以 VPN 本地账户的身份进行的，否则是以域账户的身份进行的。以域账户为例，打开“Administrator 属性”对话框，切换到“拨入”选项卡，在“网络访问权限”选区中选中“允许访问”单选按钮，如图 8-38 所示。

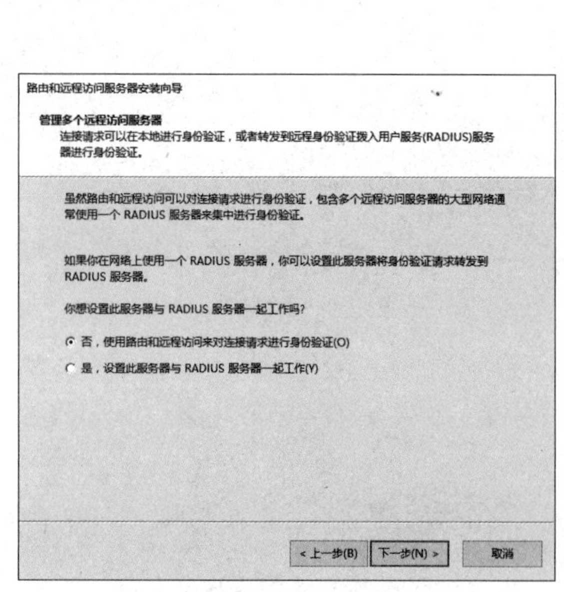

图 8-37　选择身份验证方式

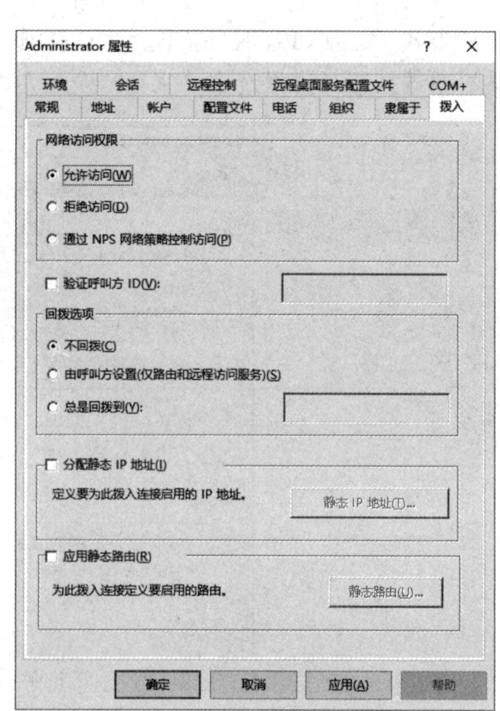

图 8-38　允许用户拨入

2. 创建 VPN 远程连接

（1）登录 Windows 7 虚拟机，打开“网络和共享中心”窗口，单击“设置新的连接或网络”链接，打开“设置连接或网络”窗口，如图 8-39 所示。

（2）选择“连接到工作区”选项，单击“下一步”按钮，打开“您想使用一个已有的连接吗？”界面，选择“否，创建新连接”选项，单击“下一步”按钮，打开“您想如何连接？”界面，选择“使用我的 Internet 连接（VPN）”选项，单击“下一步”按钮，在打开的界面中选择“我将稍后设置 Internet 连接”选项，打开“键入要连接的 Internet 地址”界面，如图 8-40 所示。

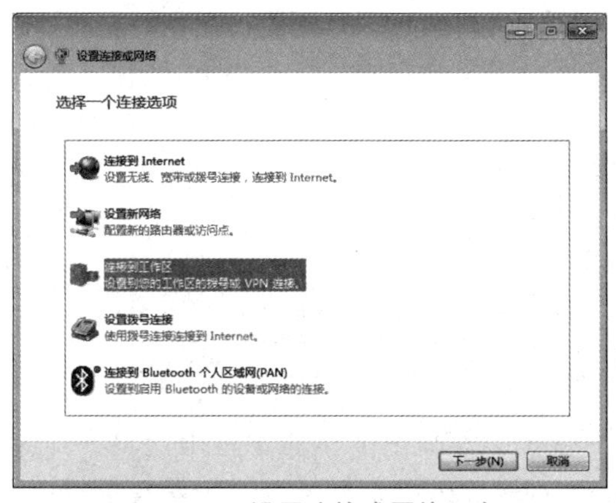

图 8-39 “设置连接或网络”窗口

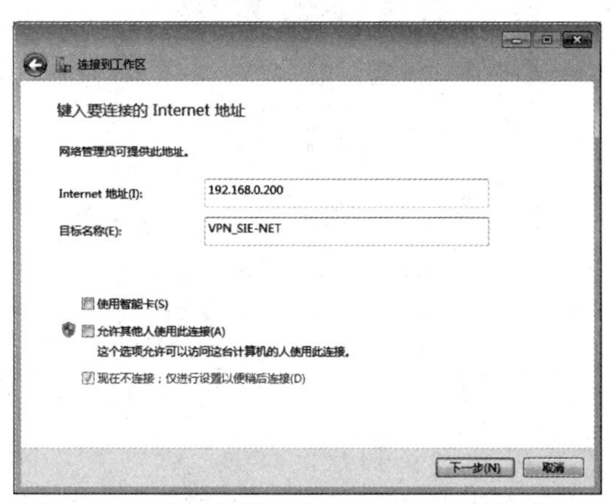

图 8-40 “键入要连接的 Internet 地址”界面

（3）输入 VPN 服务器公用网络接口的 IP 地址“192.168.0.200”，在“目标名称”文本框中输入“VPN_SIE-NET”，单击“下一步”按钮，打开“键入您的用户名和密码”界面，如图 8-41 所示。输入用户名和密码后，单击“创建”按钮，系统提示 VPN 连接已经可以使用，但需要先设置 Internet 连接才可进行连接。

（4）在“网络和共享中心”窗口中单击“连接到网络”链接，或者直接单击桌面任务栏右侧的网络连接图标，打开“当前连接到”界面，如图 8-42 所示。

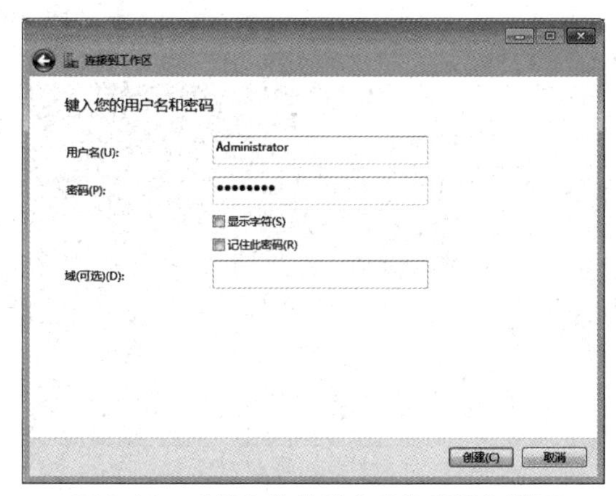

图 8-41 “键入您的用户名和密码”界面

图 8-42 “当前连接到”界面

（5）选择“VPN_SIE-NET”选项并单击“连接”按钮，打开“连接 VPN_SIE-NET”对话框，如图 8-43 所示。

（6）输入 VPN 连接的用户名和密码后单击“连接”按钮。系统开始向 VPN 服务器发送 VPN 连接请求，如果输入的用户名和密码正确，就可以建立 VPN 连接并应用 VPN 设置，如图 8-44 所示。

图 8-43 “连接 VPN_SIE-NET”对话框

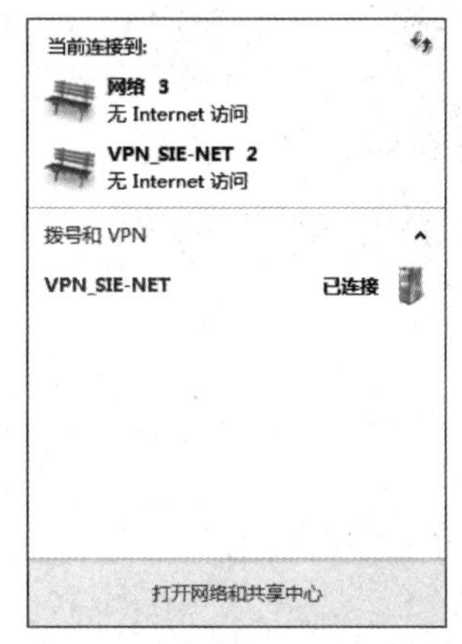

图 8-44 成功建立 VPN 连接

（7）在图 8-44 中，右击“VPN_SIE-NET”选项，在弹出的快捷菜单中选择“状态”命令，打开“VPN_SIE-NET 状态”对话框，切换到“详细信息”选项卡，在这里可以看到 VPN 连接的详细信息，包括 VPN 身份验证和数据加密方式、VPN 隧道客户端和服务器的 IP 地址等，如图 8-45 所示。

用户可以打开命令提示符窗口，输入“ipconfig /all”命令查看 VPN 客户端分配到的 IP 地址，如图 8-46 所示。从图 8-46 中可以看出，VPN 连接已建立成功，并且成功获得了 IP 地址，即 192.168.0.52。

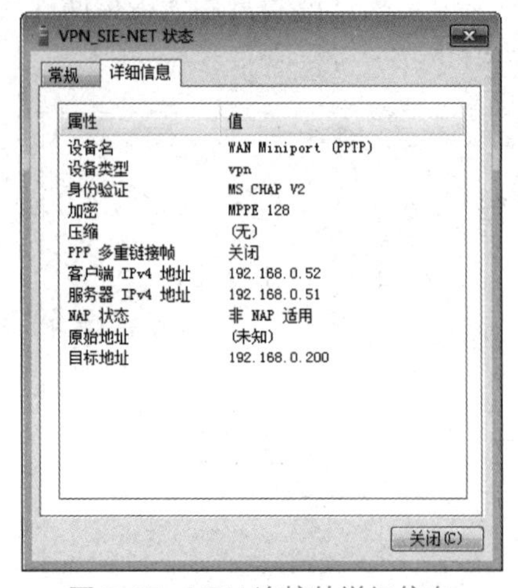

图 8-45 VPN 连接的详细信息

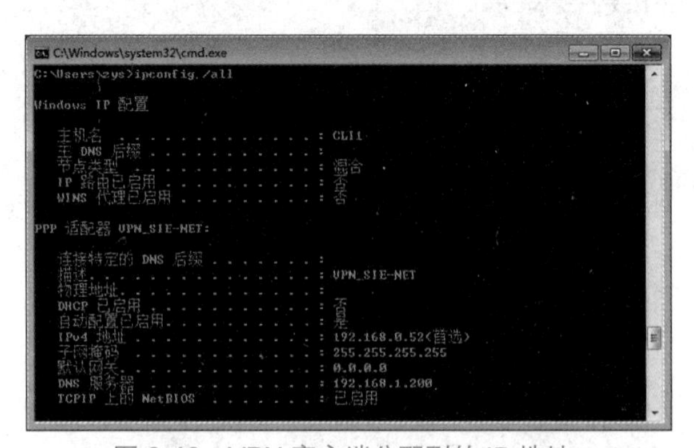

图 8-46 VPN 客户端分配到的 IP 地址

任务拓展

扫一扫，获取微课 8-7 L2TP VPN设置（操作）

1. 部署基于 L2TP/IPSec 的远程访问 VPN

L2TP 协议本身并不对数据执行加密操作，而是借助 IPSec 实现加密的。L2TP 协议需要验证所有 VPN 客户端的计算机证书，因此需要部署 PKI 数字证书。不过 RRSA 在 L2TP/IPSec 身份验证中提供了预共享密钥支持，用户使用预共享密钥可以在 VPN 客户端与 VPN 服务器之间建立 L2TP/IPSec 连接，但是预共享密钥的安全性不如数字证书高。

（1）登录 VPN 服务器 SIE-NET，在“路由和远程访问”窗口中打开“SIE-NET（本地）属性”对话框，切换到“安全”选项卡，如图 8-47 所示[①]。单击“身份验证方法”按钮，在打开的“身份验证方法”对话框中勾选“加密的身份验证（CHAP）”复选框，如图 8-48 所示。单击“确定”按钮，返回“SIE-NET（本地）属性”对话框，勾选“允许 L2TP/IKEv2 连接使用自定义 IPSec 策略”复选框，然后在“预共享的密钥”文本框中输入预共享密钥，这里设置的预共享密钥是“a1b2c3”，单击“确定”按钮，系统会提示若要为 L2TP 连接启用自定义 IPSec 策略，必须重新启动路由和远程访问服务。

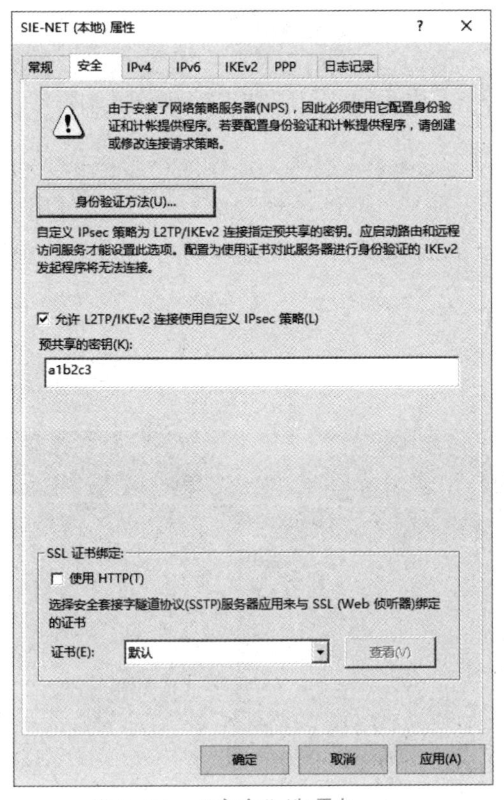

图 8-47 “安全”选项卡

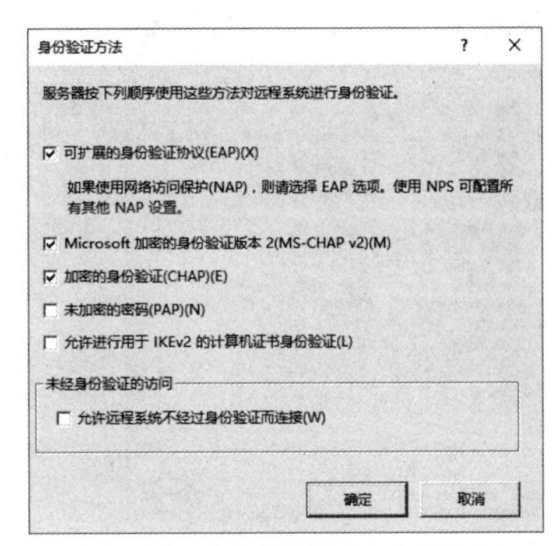

图 8-48 “身份验证方法”对话框

（2）登录 Windows 7 客户端，在如图 8-42 所示的窗口中，右击“VPN_SIE-NET”选项，在弹出的快捷菜单中先选择“断开”命令，断开当前 VPN 连接，然后选择“属性”命令，打开“VPN_SIE-NET 属性”对话框，切换到“安全”选项卡，如图 8-49 所示。

① 图 8-47 中“IPsec”的正确写法应为“IPSec”。

（3）在“VPN 类型”下拉列表中选择“使用 IPSec 的第 2 层隧道协议（L2TP/IPSec）”选项，然后单击“高级设置”按钮，打开 L2TP 的“高级属性”对话框，如图 8-50 所示，选中“使用预共享的密钥作身份验证”单选按钮，并在“密钥”文本框中输入和 VPN 服务器相同的预共享密钥“a1b2c3”，单击“确定”按钮，返回“VPN_SIE-NET 属性”对话框。

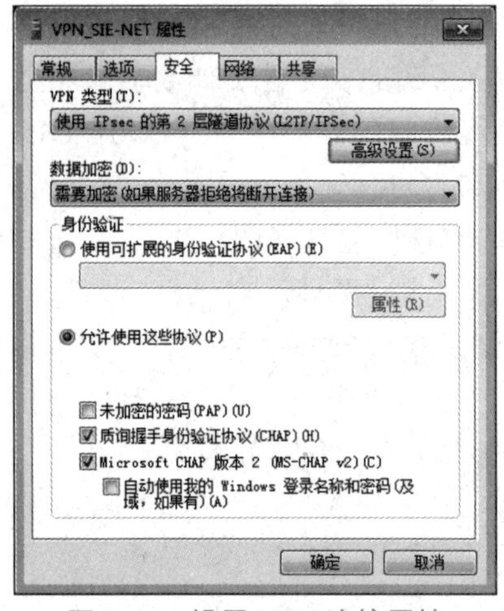

图 8-49　设置 VPN 连接属性

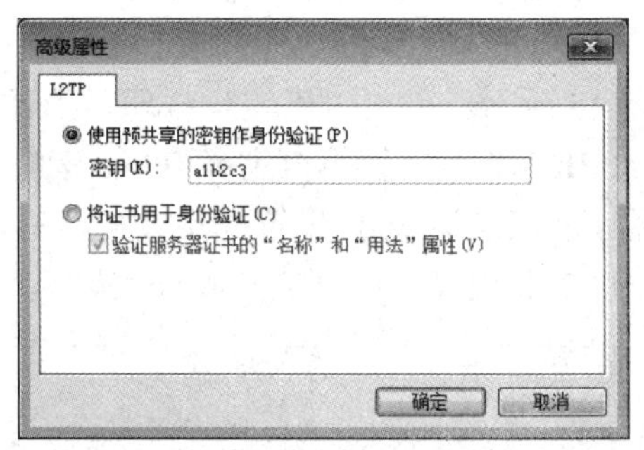

图 8-50　L2TP 的“高级属性”对话框

（4）使用与前面的任务实施部分相同的方法验证 VPN 连接。连接成功后打开“VPN_SIE-NET 状态”对话框，切换到“详细信息”选项卡，可以看到这次 VPN 连接使用的是 L2TP/IPSec 隧道协议，如图 8-51 所示。使用“ipconfig /all”命令查看客户端 IP 地址等参数，如图 8-52 所示。

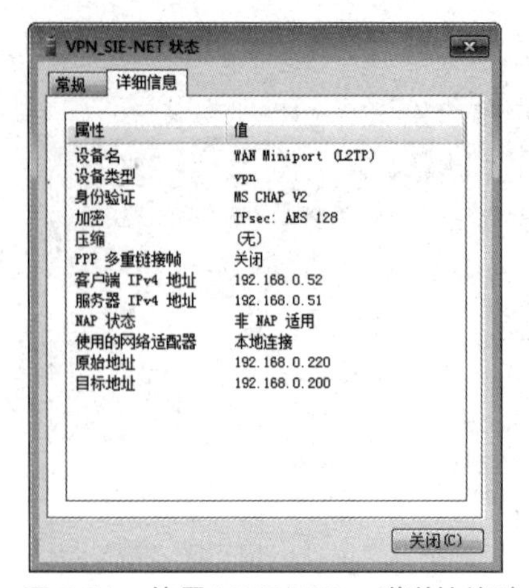

图 8-51　使用 L2TP/IPSec 隧道协议建立 VPN 连接

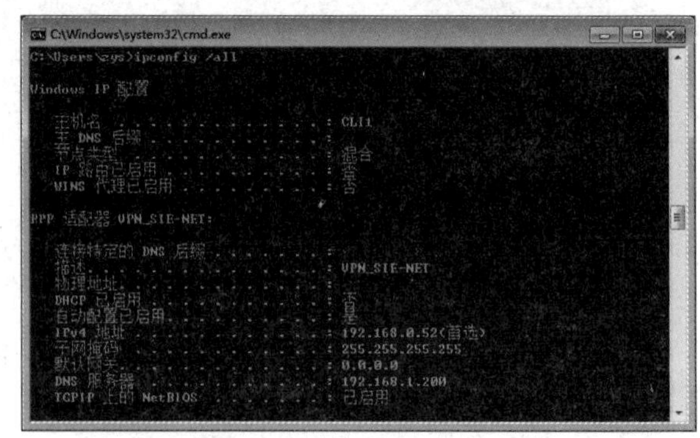

图 8-52　使用“ipconfig/all”命令查看客户端 IP 地址等参数

单元小结

本单元首先介绍了与 IP 路由及路由器相关的基本概念。位于不同子网的计算机相互通信时，需要借助路由器转发数据包，路由器主要依赖于内部的路由表确定数据包的转发路径，生成路由表的方式有两种：一种是静态路由；另一种是动态路由。当公司员工需要远程连接公司内部网络服务器或访问内部网络资源时，管理员一般会部署 VPN 服务器。VPN 在客户端和服务器之间建立透明的安全连接。本单元还介绍了部署 VPN 服务器的具体方法。

单元练习题

一、单项选择题

1．在下列选项中，不属于静态路由的特点的是（　　）。

A．必须手动配置路由条目

B．路由器之间不需要交换路由信息

C．网络拓扑结构发生变化时路由表不变

D．适用于复杂的大型网络

2．在下列选项中，不属于动态路由的特点的是（　　）。

A．网络拓扑结构发生变化时需要网络管理员手动调整路由信息

B．路由器通过交换路由信息生成路由表

C．对路由器资源、网络带宽消耗较大

D．适合在复杂的大型网络中使用

3．路由条目中不包含（　　）字段。

A．网络目标　　B．源网络地址　　C．网关　　D．网络掩码

4．要把一台 Windows Server 2019 服务器配置为 VPN 服务器，需要安装（　　）。

A．“Windows 部署服务”和“部署服务器”角色服务

B．“Windows 部署服务”和“部署传输”角色服务

C．“网络策略和访问服务”和“路由和远程访问服务”角色服务

D．“网络策略和访问服务”和“主机凭据授权协议”角色服务

5．在下列选项中，关于 VPN 的说法正确的是（　　）。

A．VPN 指的是用户自己租用的线路，是公用网络上完全隔离的安全线路

B．VPN 指的是用户通过公用网络建立的临时的安装连接

C．VPN 不能提供信息验证和身份认证功能

D．VPN 只能提供身份认证功能，不能提供数据加密功能

二、简答题

1．简述静态路由和动态路由的区别。

2．简述路由条目的主要字段的含义。

3．简述 VPN 的工作原理和主要功能。

单元 9 DHCP 服务器的配置与管理

学习目标

【知识目标】

- 了解 DHCP 服务器在网络中的作用。
- 理解 DHCP 服务器的工作原理。
- 理解 DHCP 作用域的概念。
- 理解 DHCP 中继服务的原理。

【技能目标】

- 掌握安装 DHCP 服务器的方法。
- 能够正确创建与管理 DHCP 作用域。
- 掌握配置 DHCP 中继代理的方法。

引例描述

著创公司原来所有计算机的 IP 地址都是手动分配的，考虑员工计算机水平的差异，为了简化网络管理，该公司准备部署 DHCP 服务器，为公司的计算机动态分配 IP 地址，如图 9-1 所示。

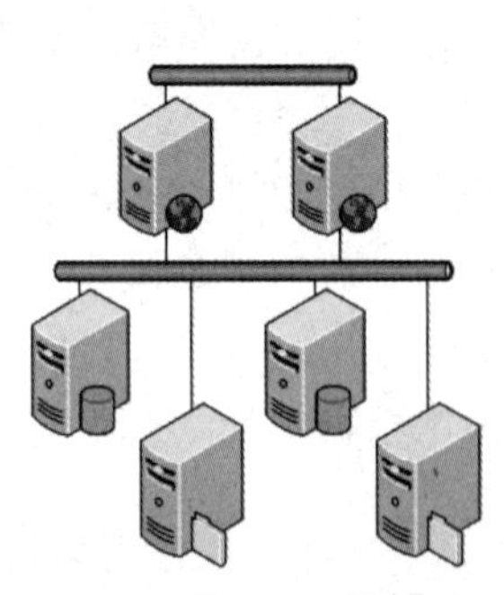

图 9-1　搭建 DHCP 服务器任务

网络管理员小张通过查询资料，得知搭建 DHCP 服务器的基本步骤如下。

（1）添加并授权 DHCP 服务。

（2）配置 DHCP 作用域和作用域参数。

（3）客户端通过 DHCP 协议动态获取 IP 地址。

任务 1　添加并授权 DHCP 服务

任务陈述

著创公司的管理员小张，需要在服务器上通过 Windows Server 2019 中的“添加角色和功能向导”安装 DHCP 服务，在安装过程中可以创建一个作用域，最后对该服务器进行授权。

公司共分为 3 个部门，其 IP 地址规划如表 9-1 所示。

表 9-1　3 个部门的 IP 地址规划

部　　门	规 划 网 段	预 留 主 机	DNS 服务器
销售部	192.168.10.1/24～ 192.168.10.200/24	192.168.10.1 192.168.10.200	192.168.0.100
技术部	192.168.20.1/24～ 192.168.20.200/25	192.168.20.1 192.168.20.200	192.168.0.100
人力资源部	192.168.30.1/24～ 192.168.30.200/26	192.168.30.1 192.168.30.200	192.168.0.100

知识准备

9-1 动态主机配置协议 DHCP（理论）

9-2 DHCP 服务的作用域参数（理论）

9.1　DHCP 概述

DHCP（Dynamic Host Configuration Protocol，动态主机配置协议）提供了即插即用联网（Plug-and-Play Networking）机制。这种机制允许一台计算机加入新的网络并获取 IP 地址，而不用用户手动参与。通过 DHCP 服务，网络中的设备可以从 DHCP 服务器中获取 IP 地址和其他信息。DHCP 协议自动分配 IP 地址、子网掩码、默认网关、DNS 服务器地址等参数。

在大型网络中，使用 DHCP 分配 IP 地址是首选方法，否则对庞大的网络手动分配地址既花费时间又容易出错。DHCP 分配的 IP 地址并不是永久的，而是在一段时间内租用给主机的。如果主机关闭或者离开网络，该主机地址就可以返回地址池中供其他主机使用，这一点可以满足现在移动用户办公的需求。

9.1.1　IP 地址分配方式

在一个企业的网络内分配 IP 地址时会考虑多种情况，比如，网络中的 IP 地址可以动态分配给用户，也可以静态设定；可以按照 IP 地址的类别分配给不同的用户；可以根据设备的不同特点与作用分配给不同的用户等。

1. 静态分配地址

当采用静态分配 IP 地址方式时，网络管理员必须给设备设定 IP 地址、子网掩码、默认网关、DNS 服务器地址参数。图 9-2 所示为给一台计算机分配静态 IP 地址的界面，各个参数都是手动输入的。

当采用静态分配 IP 地址方式时，网络管理员必须知道网络中的各种参数，如网关的地址、DNS 服务器的地址等。静态 IP 地址一般会供一些固定的服务器使用，如 DNS 服务器、Web 服务器、打印机等设备，如果服务器的 IP 地址经常改变，就会导致一些功能不能正常使用。

与动态 IP 地址相比，静态 IP 地址有其自身的优点，但对于大规模的局域网来说，静态分配 IP 地址是一件非常耗时的事情，而且分配用户的数量越多，越容易出错（重复使用、输入错误等），所以在分配静态地址时需要做好文档记录，列出分配清单。

2. 动态分配地址

由于静态分配 IP 地址工作量繁重，而且容易出错，因此在大型网络中，通常使用动态主机配置协议（DHCP）为终端设备分配 IP 地址。

DHCP 协议可以为用户自动分配 IP 地址、子网掩码、默认网关和 DNS 服务器地址等参数。在大型网络中，DHCP 协议是为用户分配 IP 地址的首选，而且网络管理员可以使用 DHCP 协议设置各种安全策略，如 ARP 攻击检测、IP 地址合法性检测等。图 9-3 所示为用户主机 A 通过 DHCP 服务器获得 IP 地址的界面。

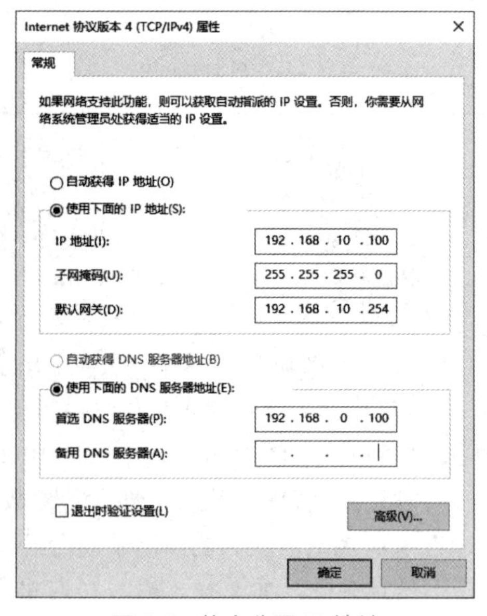

图 9-2 静态分配 IP 地址

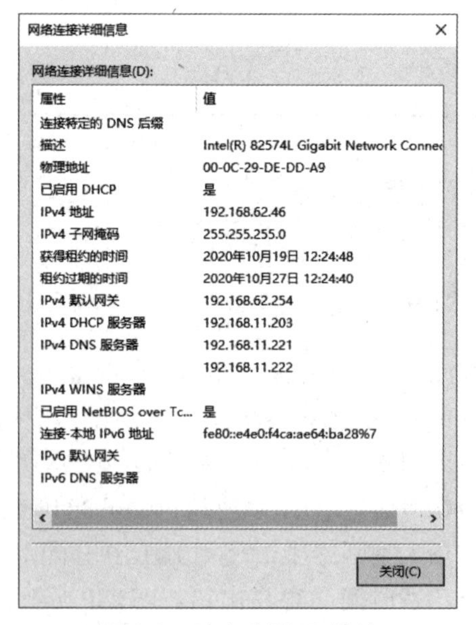

图 9-3 动态分配 IP 地址

9.1.2 DHCP 的工作过程

DHCP 采用客户端/服务器通信模式，客户端向服务器提出配置申请，服务器返回 IP 地址等相应的配置参数，以实现 IP 地址等参数的动态配置。在 DHCP 的典型模型中，一般包含一台 DHCP 服务器和多台客户端，如图 9-4 所示。

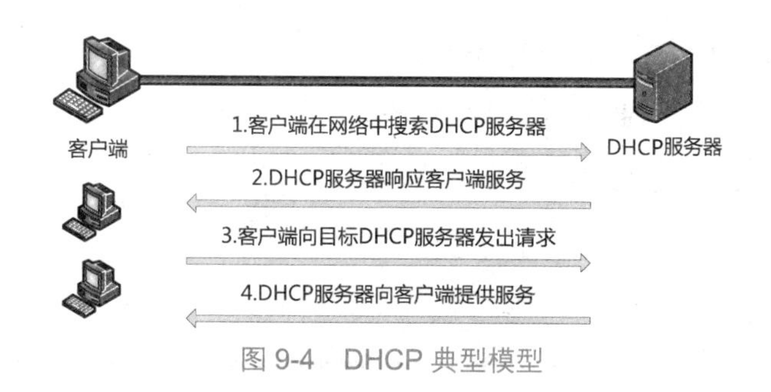

图 9-4　DHCP 典型模型

DHCP 的工作过程主要分为 4 个阶段。

1. 客户端发送 DHCP 发现报文——DHCP Discovery 报文

当 DHCP 客户端首次登录网络时，它发现本机上没有任何 IP 地址设定，将以广播方式发送 DHCP Discovery 报文来寻找 DHCP 服务器，即向 255.255.255.255 发送特定的广播消息，如图 9-5 所示。网络上每一台安装了 TCP/IP 协议的主机都会收到这个广播消息，但只有 DHCP 服务器才会做出响应。首先客户端发送 DHCP 请求报文，源 IP 地址为 0.0.0.0，目的 IP 地址为 255.255.255.255。DHCP 在传输层是基于 UDP 协议工作的，目标端口号为 67，源端口号为 68。

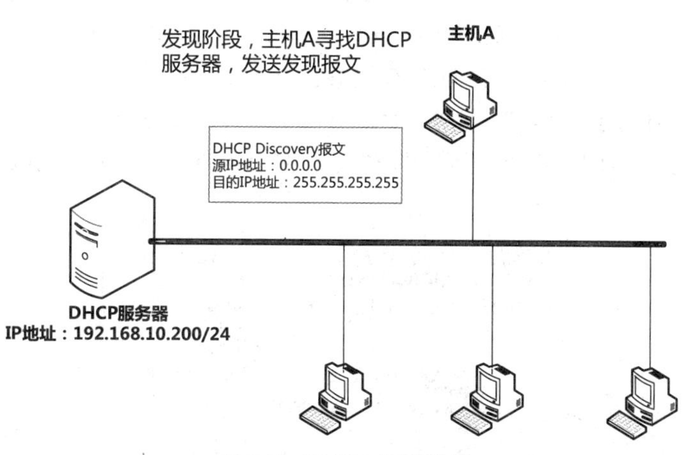

图 9-5　DHCP 发现阶段

2. DHCP 服务器响应请求——DHCP Offer 报文

本地网络上的所有主机都能收到 DHCP Discovery 报文，但只有 DHCP 服务器才会回答此广播报文，如图 9-6 所示。DHCP 服务器收到 DHCP Discovery 报文后，先在其数据库中查找该计算机的配置信息，若找到，则返回找到的信息；如果没找到，说明这是一个新用户，就从 IP 地址池中取一个地址分配给该计算机，并通过 DHCP Offer 报文返回。这里需要说明一点，在 IP 地址实际分配过程中，DHCP 服务器在发送 DHCP Offer 报文之前，会先广播一个 ARP 报文来确认要分配的 IP 地址是否有客户端已经私下配置了，如果没有客户端私下配置，那么这时才会广播 DHCP Offer 报文，否则会以同样的过程再分配另一个 IP 地址。由于 DHCP 服务器是具有固定 IP 地址的，因此返回的 DHCP Offer 报文中源 IP 地址是 DHCP 服务器的 IP 地址 192.168.10.200，另外，由于客户端没有 IP 地址，因此目的 IP 地址也是一个广播地址。同时，DHCP 服务器为此客户端保留其提供的 IP 地址，从而不会为其他 DHCP 客户端分配此 IP 地址。

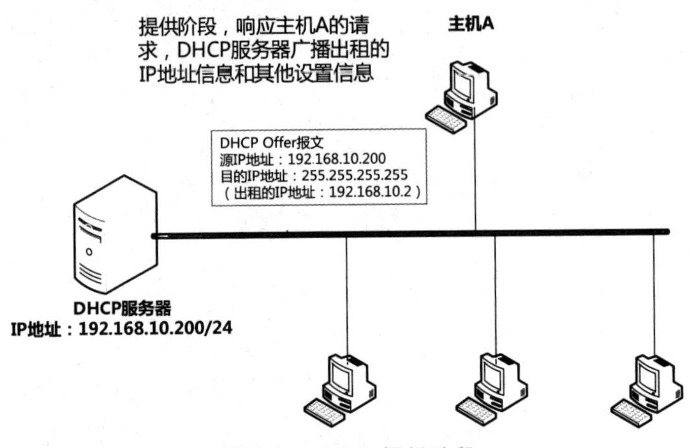

图 9-6　DHCP 提供阶段

3. 客户端请求 DHCP 提供的 IP 地址——DHCP Request 报文

如果网络上有多台 DHCP 服务器，则客户端可能会收到多条 DHCP Offer 消息。如果有多台 DHCP 服务器向 DHCP 客户端发来 DHCP Offer 消息，则 DHCP 客户端只接收第一个收到的 DHCP Offer 消息，然后以广播方式回答一个 DHCP Request 请求消息，如图 9-7 所示，该消息中包含向它所选定的 DHCP 服务器请求 IP 地址的内容。与 DHCP Discovery 一样，DHCP Request 请求也是广播消息，目的 IP 地址为 255.255.255.255，源 IP 地址为 0.0.0.0（因为此时客户端还没有 IP 地址，所以源 IP 地址是 0.0.0.0），DHCP Request 格式与 DHCP Discovery 格式一致。

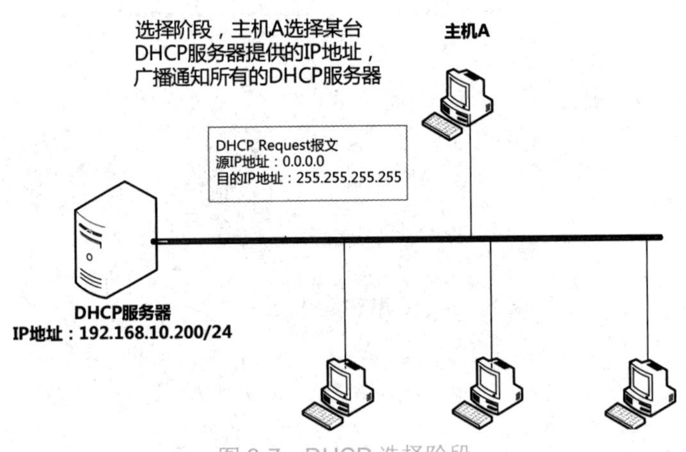

图 9-7　DHCP 选择阶段

4. DHCP 服务器确认所提供的 IP 地址——DHCP Ack 报文

当 DHCP 服务器收到客户端的请求后，会广播并返回客户端一个 DHCP 确认消息，如图 9-8 所示，表明已经接受客户端的选择，并且将这一 IP 地址的合法租用信息都放入该广播报文中发送给客户端。

客户端在收到 DHCP Ack 广播后，会向网络发送三个针对此 IP 地址的 ARP 解析来执行冲突检测，查询网络上是否有其他机器使用该 IP 地址。如果发现该 IP 地址已经被使用，则客户端会发出一个 DHCP DECLINE 数据包给 DHCP 服务器，拒绝此 IP 地址租约，并重新发送 DHCP Discovery 报文。此时，在 DHCP 服务器管理控制台中，会显示此 IP 地址为 BAD_ADDRESS。

如果网络上没有其他主机使用此 IP 地址，则客户端的 TCP/IP 协议使用租约中提供的 IP 地址完成初始化，并且将收到的 IP 地址与客户端的网卡进行绑定，从而可以和其他网络中的主机进行通信。

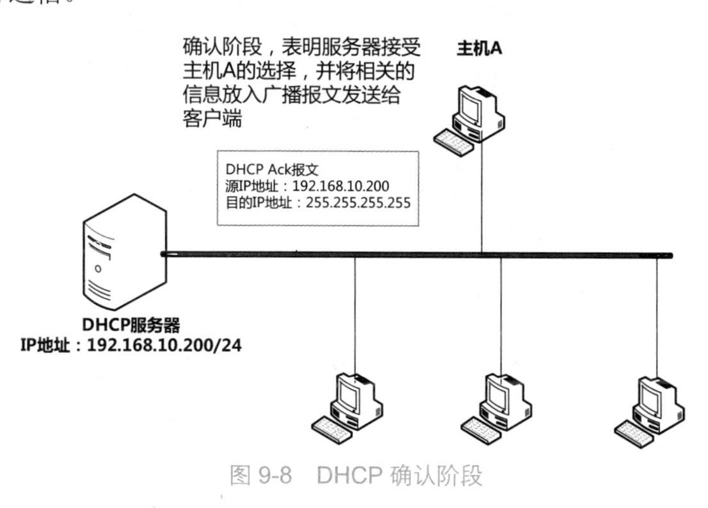

图 9-8　DHCP 确认阶段

9.1.3　DHCP 租约

DHCP 服务器向 DHCP 客户端出租 IP 地址会有租用期限，租用期限满后 DHCP 服务器便会收回出租的 IP 地址。DHCP 客户端从 DHCP 服务器获得 IP 地址的过程称为 DHCP 的租约过程。如果 DHCP 客户端需要延长其 IP 地址租用期限，则必须重新向 DHCP 服务器申请 IP 地址租约。DHCP 客户端启动和 IP 地址租用期限超过 50% 时，DHCP 客户端都会自动向 DHCP 服务器发送更新其 IP 地址租约的消息，如图 9-9 所示。

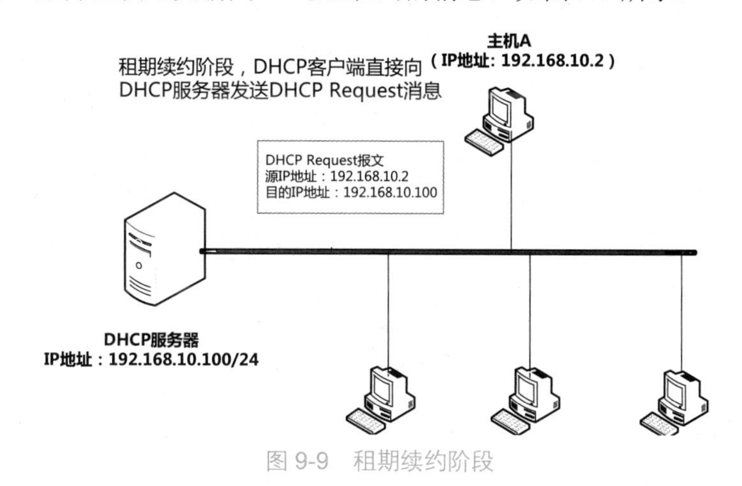

图 9-9　租期续约阶段

租期续约阶段的工作流程描述如下。

（1）通常 DHCP 客户端使用 IP 地址的期限超过 50% 时，向服务器发送单播 DHCP Request 报文续延租用期限。

（2）当 DHCP 客户端收到 DHCP 服务器发送的 DHCP Ack 报文后，则认为续租成功。如果没有收到 DHCP Ack 报文，则 DHCP 客户端可以继续使用当前的 IP 地址。在租用期限超过 87.5% 时，DHCP 客户端向 DHCP 服务器发送广播 DHCP Request 报文续延租用期限。在租用期限到期时，DHCP 客户端自动放弃使用此 IP 地址，并开始新的 DHCP 租约过程。

9.1.4　DHCP 作用域参数

用作 DHCP 服务器的计算机需要安装 TCP/IP 协议，并需要设置静态 IP 地址、子网掩码、默认网关等参数。

DHCP 作用域常用的基本参数如下。

- 作用域名称：要确保局域网内所有地址都能分配到一个 IP 地址，首先要创建一个作用域。
- 地址分发范围（地址池）：确定 DHCP 地址池范围，其中可以排除网关地址等。比如，地址池范围从 192.168.10.1～192.168.10.200。
- 路由器（默认网关）：编号“003”，网络的出口网关 IP 地址。
- DNS 服务器：编号“006”，客户端使用的 DNS 服务器地址。
- DNS 域名：编号“015”，客户端使用的 DNS 名称。
- 租约时间：默认将客户端获取的 IP 地址使用期限限制为 8 天。

9.1.5　DHCP 服务器授权

在网络中安装了 DHCP 服务器后，网络中的客户端就可以通过 DHCP 服务器获取 IP 地址，如果网络中的 DHCP 服务器不止一台，客户端就可能从非法的 DHCP 服务器中获取错误的 IP 地址，从而导致网络故障。

为了解决这种问题，Windows 在 DHCP 服务器中引入了“授权”功能。它要求加入 Active Directory 的 DHCP 服务器必须在 Active Directory 中经过“授权”，才能提供地址分配服务，但如果 DHCP 服务器没有加入 Active Directory，那么仍然可以在“未授权”的情况下分配 IP 地址。

扫一扫，获取微课　9-3 添加并且授权 DHCP 服务（操作）

任务实施

在部署 DHCP 服务器之前应该先进行规划，明确 IP 地址的分配方案。在此任务中，IP 地址 192.168.10.1/24～192.168.10.200/24 用于自动分配，并将 IP 地址 192.168.10.1/24、192.168.10.200/24 排除，预留给指定的终端设备使用。DHCP 服务器网络的拓扑结构如图 9-10 所示，域控制器作为 DHCP 服务器提供服务。

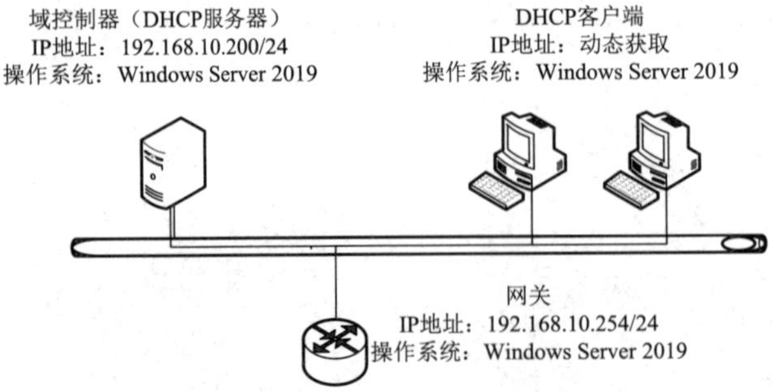

域控制器（DHCP服务器）
IP地址：192.168.10.200/24
操作系统：Windows Server 2019

DHCP客户端
IP地址：动态获取
操作系统：Windows Server 2019

网关
IP地址：192.168.10.254/24
操作系统：Windows Server 2019

图 9-10　DHCP 服务器网络的拓扑结构

1. 安装 DHCP 服务器角色

（1）将 Windows Server 2019 虚拟机设置成 DHCP 服务器，最简单的方法是通过“添加角色和功能向导”窗口添加 DHCP 服务器角色，通过“开始”菜单打开“添加角色和功能向导”窗口，选择目标服务器并添加 DHCP 服务器角色，如图 9-11 和图 9-12 所示。

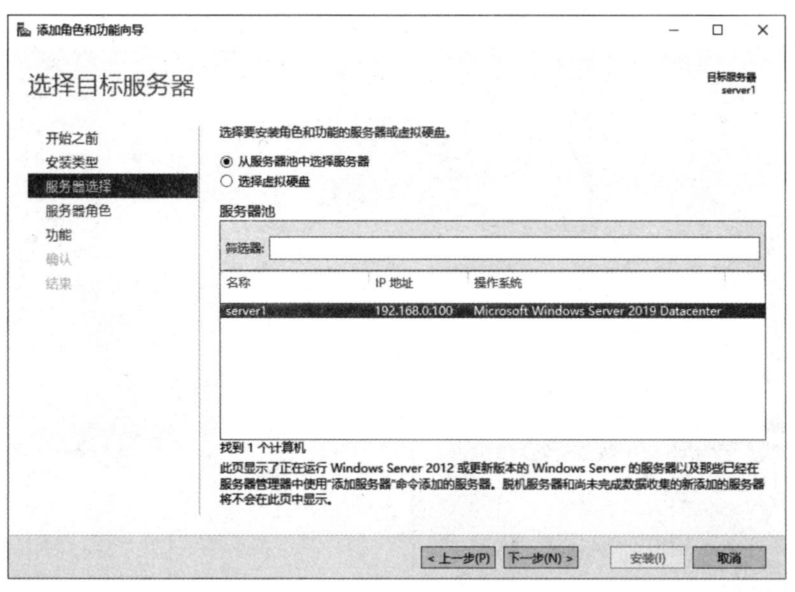

图 9-11　选择目标服务器

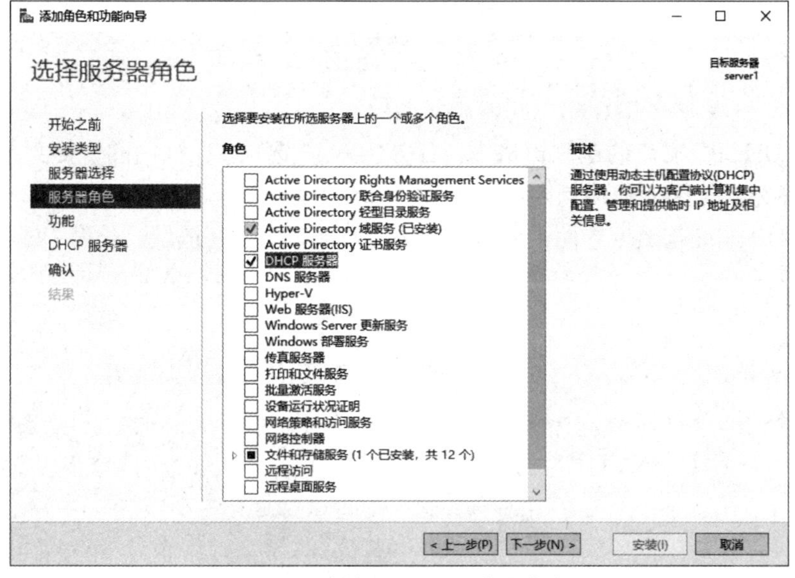

图 9-12　添加 DHCP 服务器角色

（2）完成 DHCP 服务器角色的安装以后，在“服务器管理器”窗口中可以看到 DHCP 服务器角色的信息，如图 9-13 所示。

（3）在“服务器名称”列表中找到 DHCP 服务器，单击鼠标右键，在弹出的快捷菜单中选择“DHCP 管理器”命令，打开“DHCP”窗口，如图 9-14 所示。

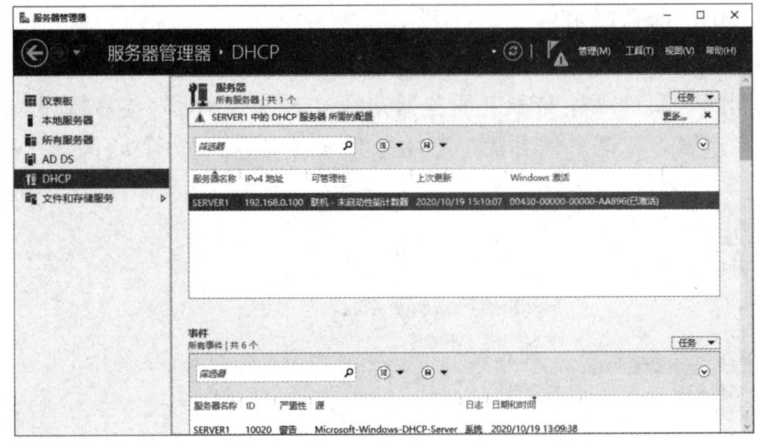

图 9-13 在“服务器管理器”窗口中查看添加的 DHCP 服务器角色

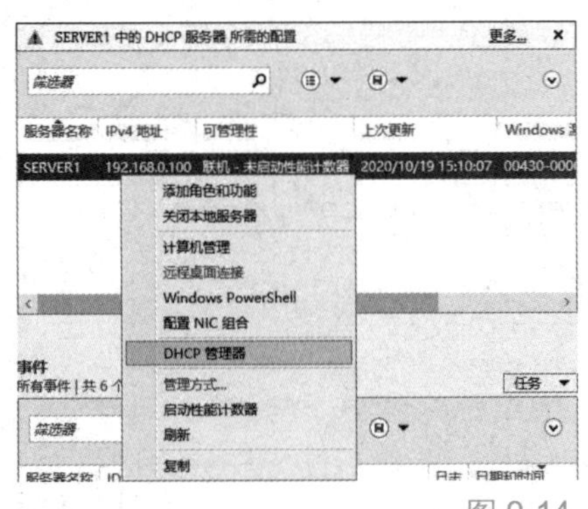

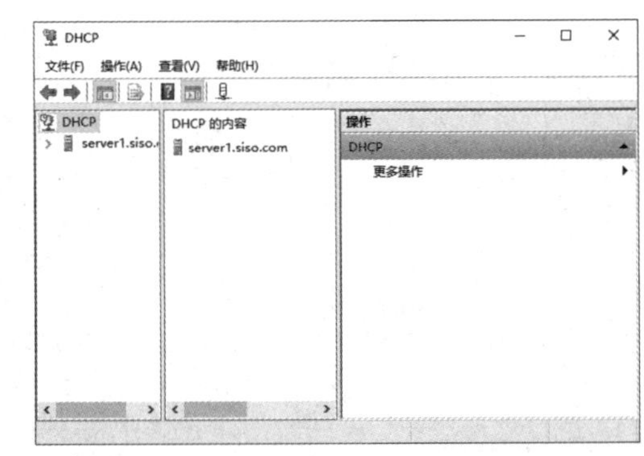

图 9-14 “DHCP”窗口

2. 配置 DHCP 服务器作用域和作用域选项

（1）在“DHCP”窗口的左侧窗格中，右击“IPv4”选项，在弹出的快捷菜单中选择“新建作用域”命令，打开“作用域名称”界面，如图 9-15 所示。

（2）在“IP 地址范围”界面中设置起始 IP 地址、结束 IP 地址、长度、子网掩码参数，如图 9-16 所示。

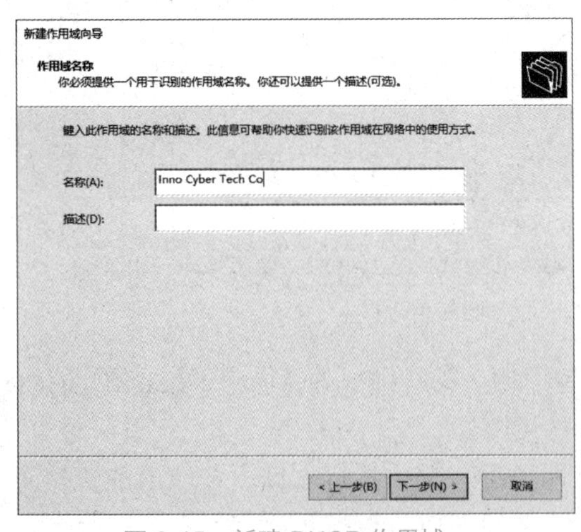

图 9-15 新建 DHCP 作用域

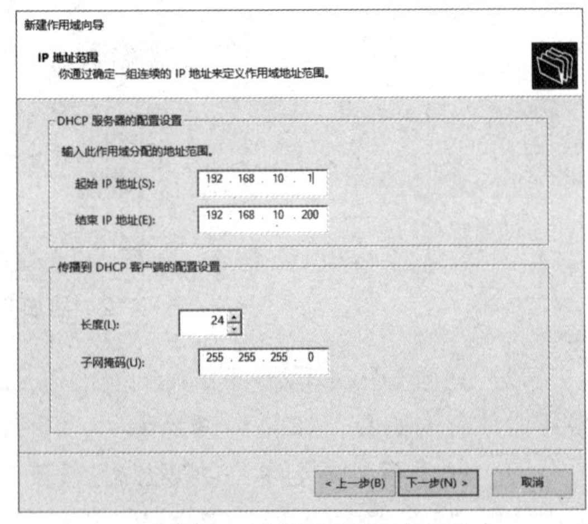

图 9-16 设置 IP 地址等参数

（3）在“添加排除和延迟”“租用期限”“路由器（默认网关）”界面中分别设置排除的地址范围、租用期限、默认网关参数，如图 9-17 所示。

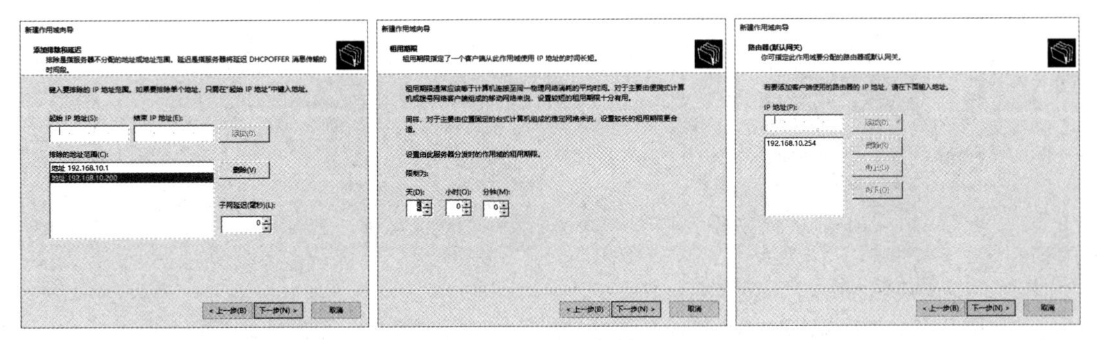

图 9-17　作用域参数配置

（4）配置域名称和 DNS 服务器，如图 9-18 所示，单击“下一步”按钮，之后不需要输入 WINS 服务器信息，一直单击“下一步”按钮，直至完成。

（5）若 DHCP 服务器已经加入了域，则需要对 DHCP 服务器进行授权操作，对 DHCP 服务器的授权必须具有域管理员权限。

（6）安装完毕之后，用户可以在“服务器管理器”窗口的“角色”列表下看到 DHCP 服务器和相关的作用域，也可以通过管理工具打开“DHCP”窗口进行查看，如图 9-19 所示。

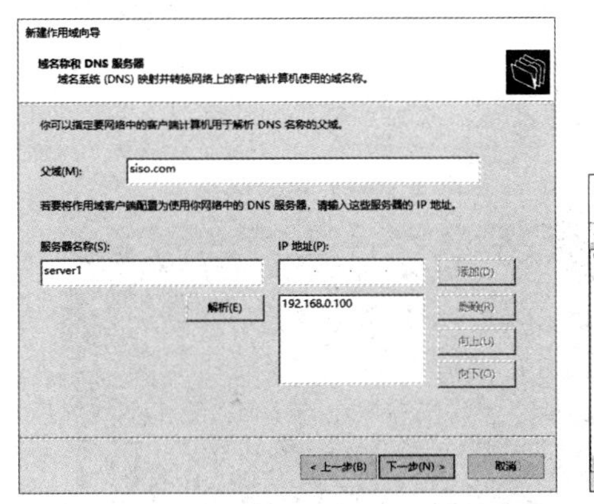

图 9-18　配置域名称和 DNS 服务器

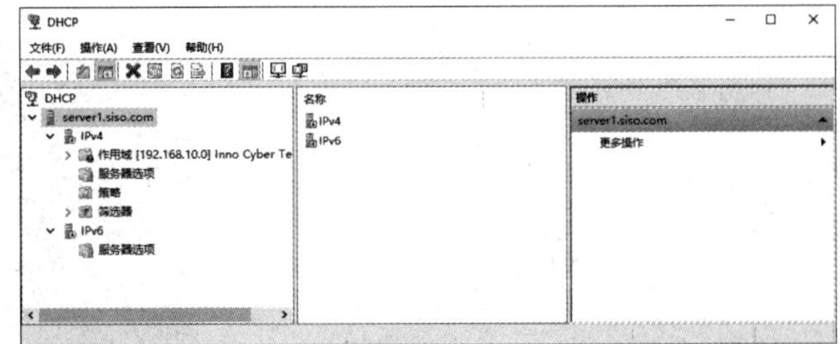

图 9-19　通过“DHCP”窗口查看 DHCP 服务器和相关的作用域

3. 授权 DHCP 服务器

（1）重启 Windows Server 2019 虚拟机后用域账户登录系统，然后打开“DHCP”窗口，右击要授权的 DHCP 服务器，在弹出的快捷菜单中选择“授权”命令，如图 9-20 所示。

（2）授权后的 DHCP 服务器图标出现了一个对钩，如图 9-21 所示。若要解除授权，只需再次右击 DHCP 服务器，在弹出的快捷菜单中选择“撤销授权”命令即可。

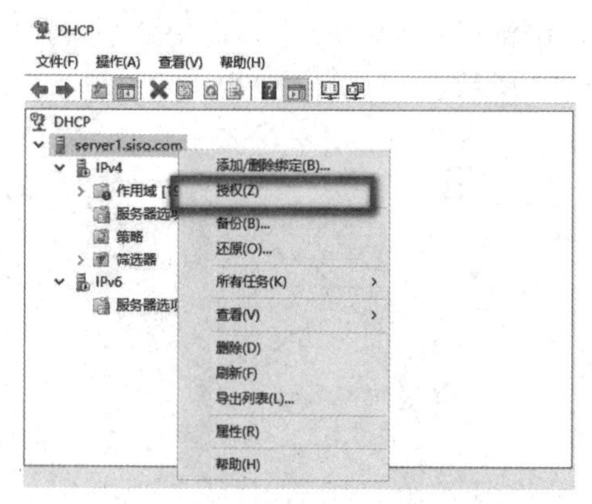

图 9-20　授权 DHCP 服务器

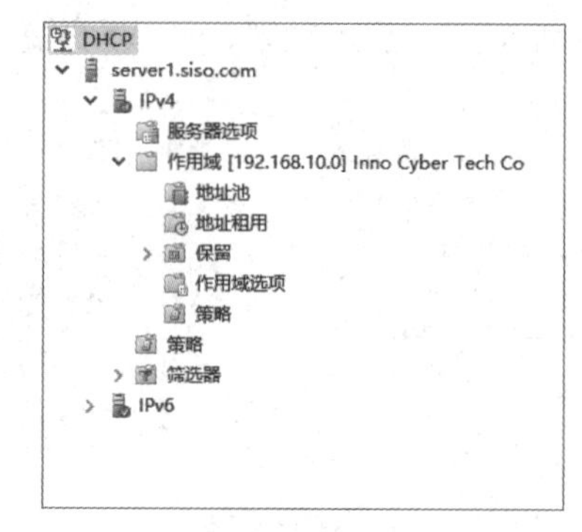

图 9-21　已授权 DHCP 服务器

4．配置 DHCP 客户端和测试

目前常用的操作系统均可以作为 DHCP 客户端，本任务使用 Windows 平台作为客户端进行配置。在客户端计算机上打开“Internet 协议版本 4（TCP/IPv4）”对话框，选中“自动获得 IP 地址”和“自动获得 DNS 服务器地址”单选按钮，随后打开“网络连接详细信息”对话框，如图 9-22 所示。

用户可以通过命令提示符窗口，输入“ipconfig/all”和“ping”命令对 DHCP 客户端进行测试，如图 9-23 所示。手动释放 DHCP 客户端 IP 地址租约使用“ipconfig/release”命令，手动更新 DHCP 客户端 IP 地址租约使用“ipconfig/renew”命令。

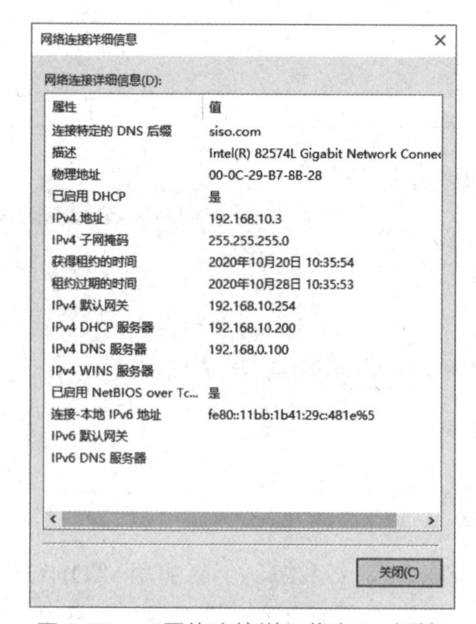

图 9-22　“网络连接详细信息”对话框

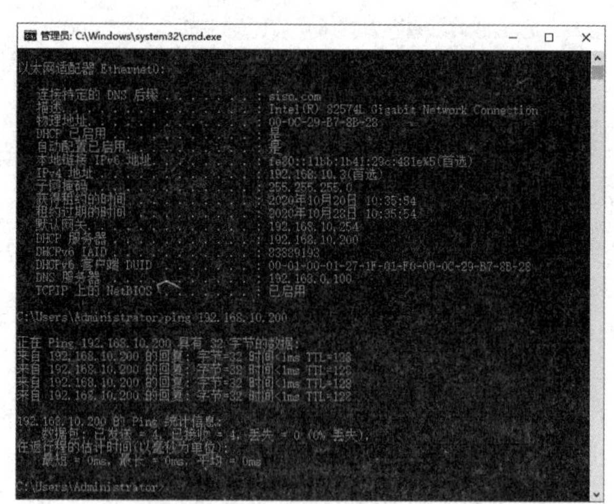

图 9-23　DHCP 测试

继续登录 DHCP 服务器，打开“DHCP”窗口，在左侧窗格中双击 DHCP 服务器，在展开的控制台树中双击作用域，然后选择“地址租用”选项，可以看到当前 DHCP 服务器的作用域中租用 IP 地址的客户端信息，如图 9-24 所示。

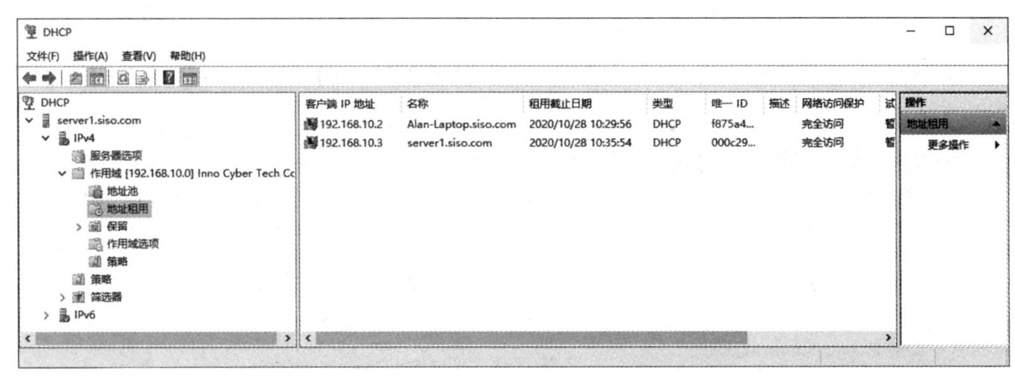

图 9-24　IP 地址租约

任务拓展

在 DHCP 服务器上可以从几个不同的级别管理 DHCP 选项。

1. 服务器选项

服务器选项是默认应用于所有 DHCP 服务器作用域中的客户和类选项。服务器选项在安装完 DHCP 服务之后就存在了，在这个选项上单击鼠标右键，在弹出的快捷菜单中选择“配置选项”命令，打开如图 9-25 所示的“服务器选项”对话框，在该对话框中可以配置 DHCP 服务器的服务器选项类型。

2. 保留选项

保留选项用于给特定的 DHCP 客户端预留指定的 IP 地址。在保留地址时首先需要在 DHCP 服务器的作用域中添加保留，如图 9-26 所示，这些保留的地址预留给作用域中单独的 DHCP 客户端使用。

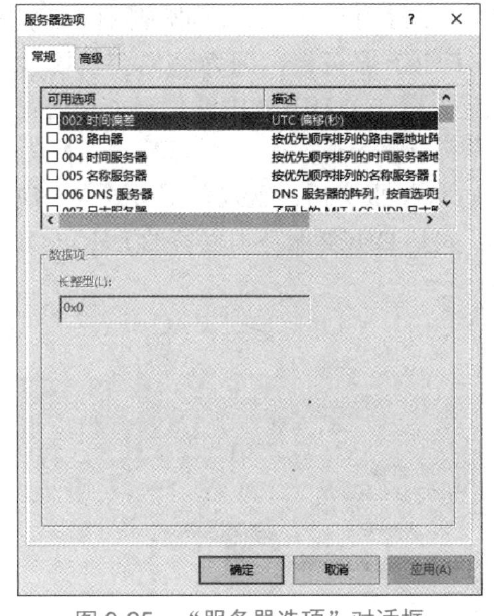

图 9-25　“服务器选项”对话框

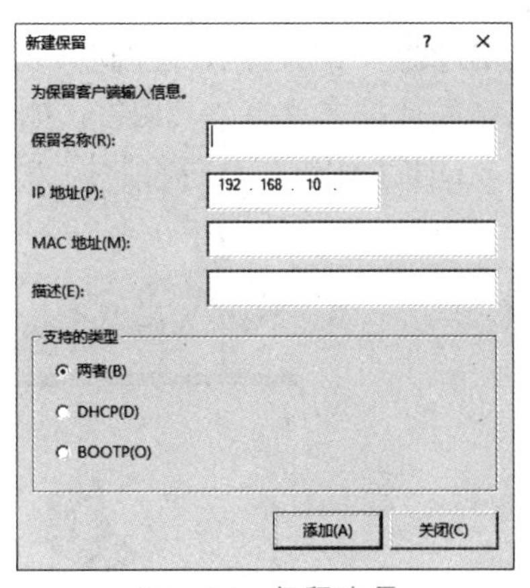

图 9-26　保留选项

3. DHCP 选项冲突优先级

如果不同级别的 DHCP 选项出现冲突，则 DHCP 客户端应用 DHCP 选项的完整优先级顺序如下。

（1）DHCP 客户端手动配置。

（2）保留选项。

（3）作用域选项。

（4）服务器选项。

任务 2　架设 DHCP 中继代理服务器

任务陈述

DHCP 中继代理可以将 DHCP 请求发送到远程网络中的 DHCP 服务器上。公司网络中存在多个子网，而 DHCP 服务器与客户端处于不同的子网中，这样就需要配置 DHCP 中继代理，让 DHCP 中继代理来转发 DHCP 报文到 DHCP 服务器。

知识准备

9.2　DHCP 中继

9.2.1　DHCP 中继代理

DHCP Relay（DHCPR）也被称为 DHCP 中继。中继可以实现跨越物理网段处理和转发 DHCP 信息的功能。并不是每个网络上都有 DHCP 服务器，因为这样会使用大量的 DHCP 服务器，而比较推荐的方式是每个网络至少有一个 DHCP 中继代理，它配置了 DHCP 服务器的 IP 地址信息。

当 DHCP 中继代理收到主机发送的 DHCP Discovery 报文后，就以单播方式向 DHCP 服务器转发此报文并等待其回答，如图 9-27 所示。收到 DHCP 服务器回答的 DHCP Offer 报文后，DHCP 中继代理再将此报文发回主机。

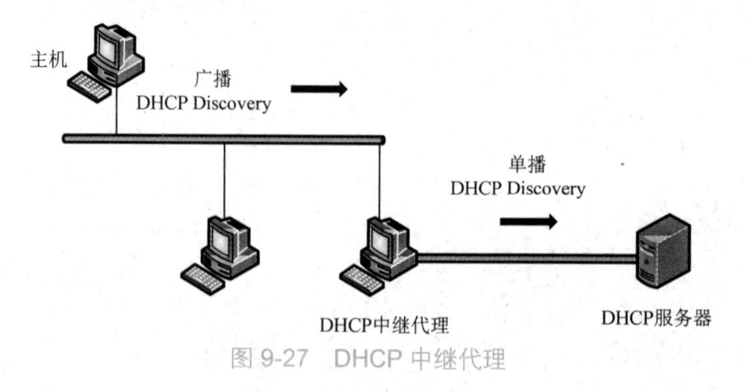

图 9-27　DHCP 中继代理

9.2.2 DHCP 中继的工作过程

（1）当 DHCP 客户端启动并进行 DHCP 初始化时，它会在本地网络上广播配置请求报文。

（2）如果本地网络存在 DHCP 服务器，则可以直接进行 DHCP 配置，不需要设置 DHCP 中继。

（3）如果本地网络不存在 DHCP 服务器，则与本地网络相连的具有 DHCP 中继功能的网络设备收到该广播报文后，将进行适当处理并转发给指定的其他网络上的 DHCP 服务器。

（4）DHCP 客户端向指定的 DHCP 服务器发送请求获取 IP 地址的报文。

任务实施

扫一扫，获取微课

9-4 架设 DHCP 中继代理服务器（操作）

在本任务中，DHCP 服务器需要完成 2 个作用域的创建，然后配置 DHCP 中继代理服务器并进行测试。本任务构建了如图 9-28 所示的拓扑结构（在 VMware 中开启 3 台虚拟机），其中子网 2 属于跨网段的网络，所以需要 DHCP 中继代理转发 DHCP 报文。

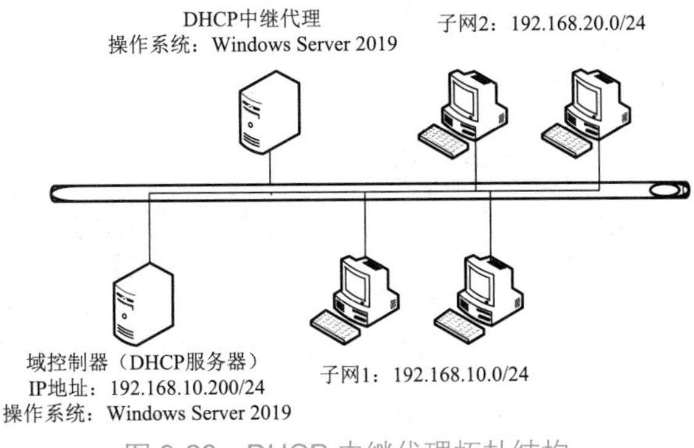

图 9-28 DHCP 中继代理拓扑结构

1. DHCP 中继代理网络连接

（1）在 DHCP 服务器中，按照之前的方法添加新的作用域，如图 9-29 所示。

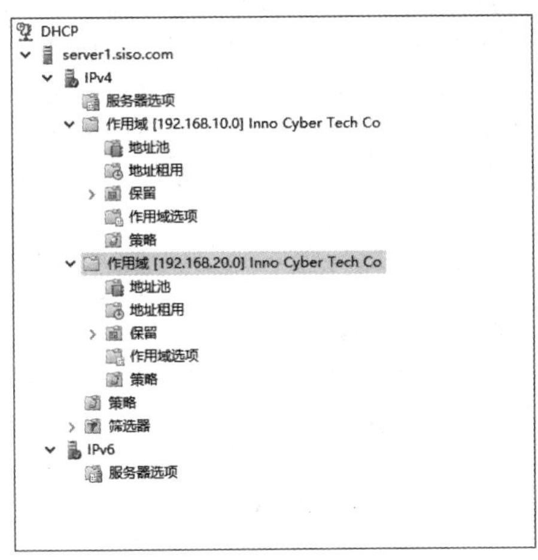

图 9-29 添加新的作用域

（2）在“虚拟机设置”对话框中为DHCP中继代理添加一个网卡，如图9-30所示，这里有一点非常重要，要将第一个网卡设置为“桥接模式”，将新增的网卡设置为“VMnet1（仅主机模式）”。

图9-30　DHCP中继代理双网卡设置

（3）分别设置两个网卡的IP地址为DHCP服务器作用域1和作用域2的网关（路由器）地址，如图9-31所示。

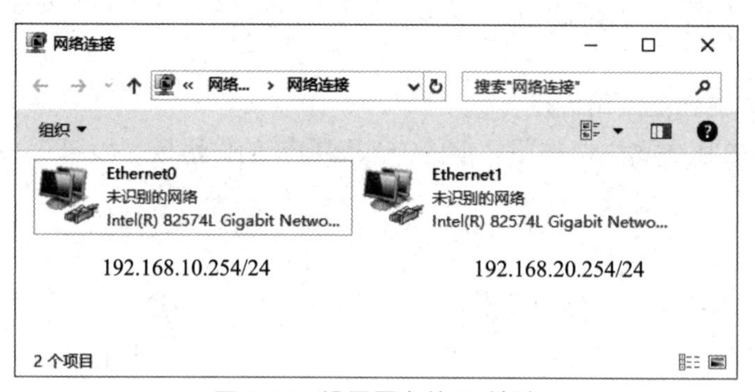

图9-31　设置网卡的IP地址

2. 安装“远程访问服务”角色服务

（1）打开DHCP中继代理服务器的“服务器管理器”窗口，单击“添加角色和功能”链接，然后在“选择服务器角色”界面中勾选“远程访问”复选框，如图9-32所示。

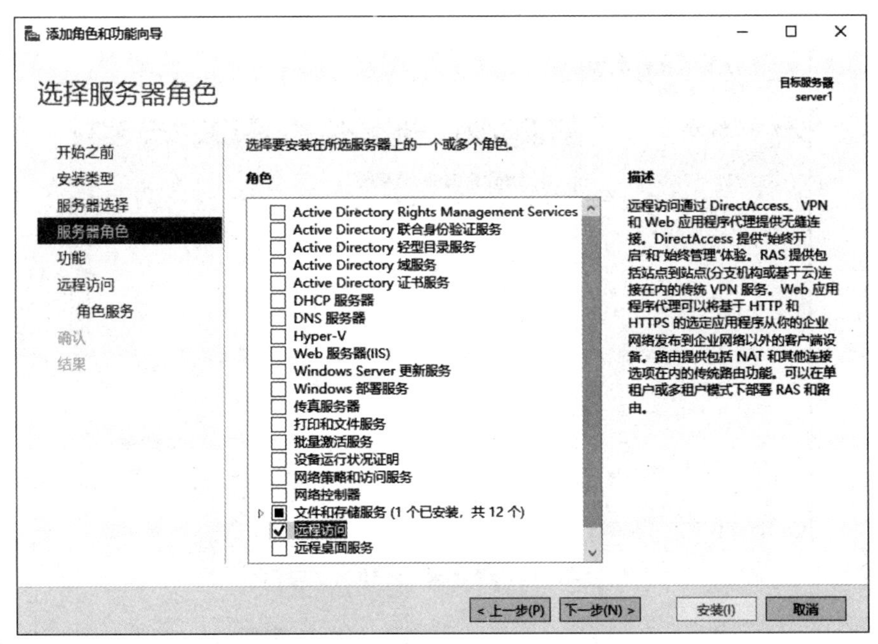

图 9-32　“选择服务器角色”界面

（2）单击“下一步”按钮，在打开的“选择角色服务”界面中勾选“路由”复选框，安装相应的角色服务，如图 9-33 所示。

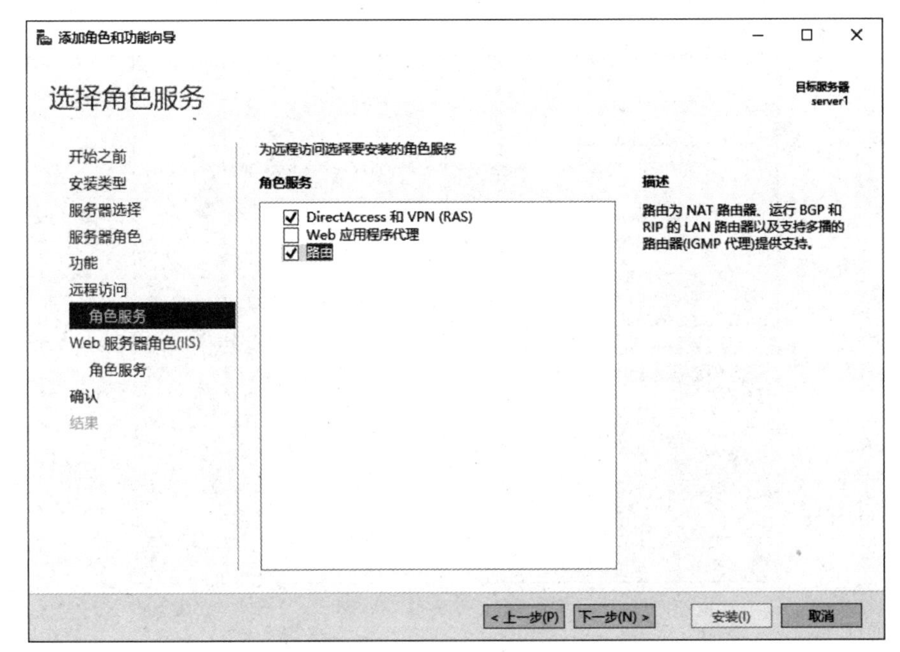

图 9-33　“选择角色服务”界面

如果“远程访问”和“路由”服务之前已经安装，则可以省略上述操作。

3. 增加 LAN 路由功能

（1）通过“开始”菜单，打开“服务器管理器”窗口，在右上角的“工具”下拉菜单中，选择“路由和远程访问”命令，打开“路由和远程访问”窗口，如图 9-34 所示。

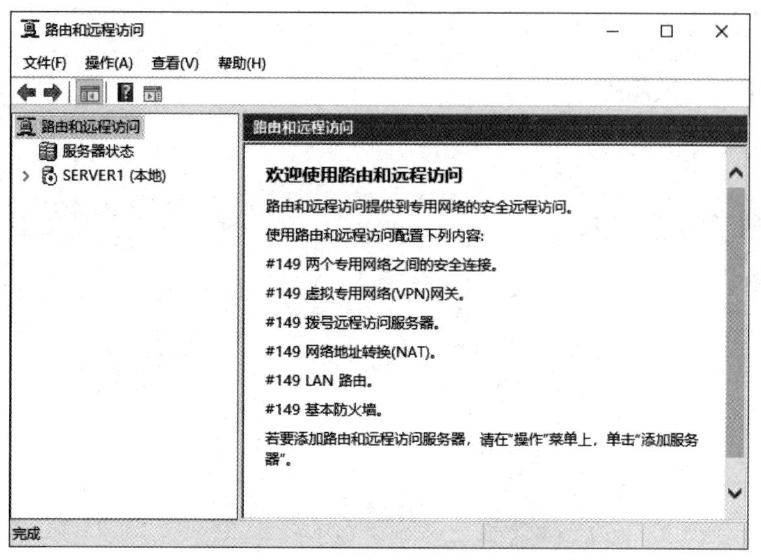

图 9-34 “路由和远程访问”窗口

（2）右击“SERVER1（本地）”选项，在弹出的快捷菜单中选择“配置并启动路由和远程访问”命令，打开“配置”对话框，单击“下一步”按钮，在打开的“配置”界面中选中“自定义配置”单选按钮，如图 9-35 所示。

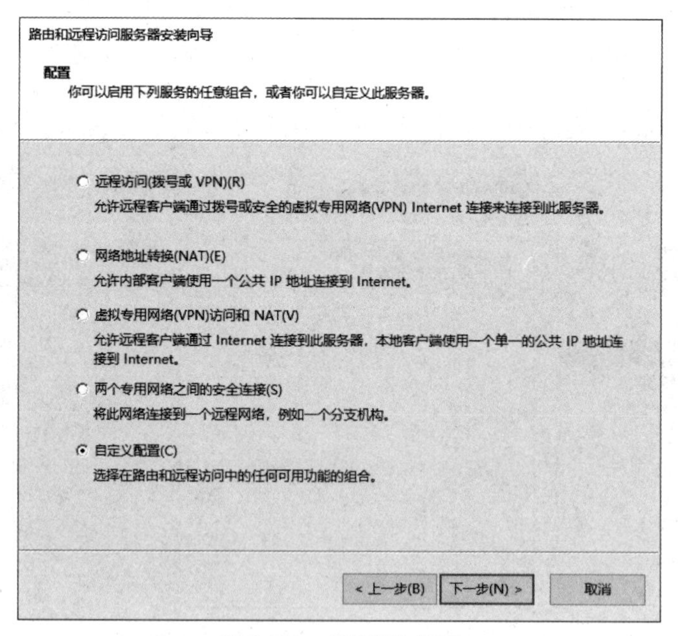

图 9-35 “配置”界面

（3）单击“下一步”按钮，在打开的“自定义配置”界面中勾选“LAN 路由”复选框，如图 9-36 所示。

（4）单击“下一步”按钮，打开“启动服务”界面，单击“启动服务”按钮即可启动服务，如图 9-37 所示。

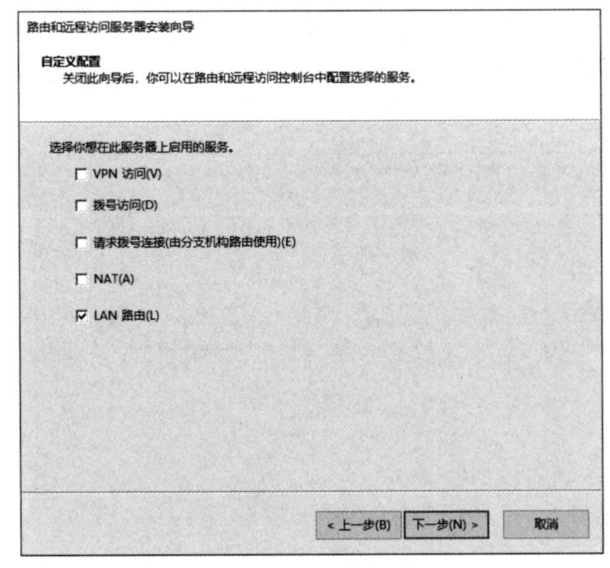

图 9-36　LAN 路由选择

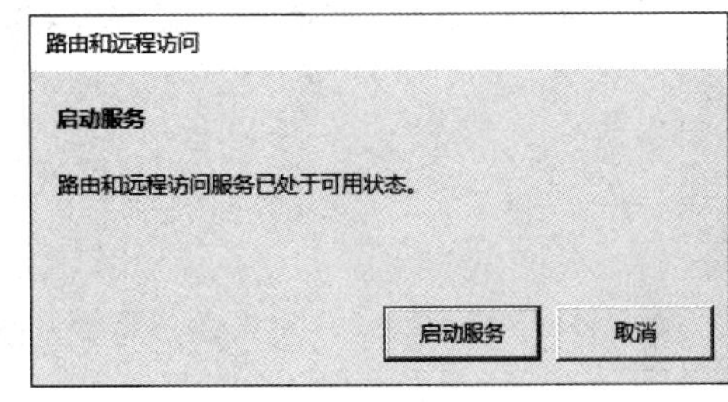

图 9-37　“启动服务”界面

4. 添加 DHCP 中继代理程序

（1）在“路由和远程访问”窗口中展开控制台树，在“IPv4”列表的“常规”选项上单击鼠标右键，在弹出的快捷菜单中选择“新增路由协议”命令，打开“新路由协议”对话框，选择“DHCP Relay Agent”选项，如图 9-38 所示。

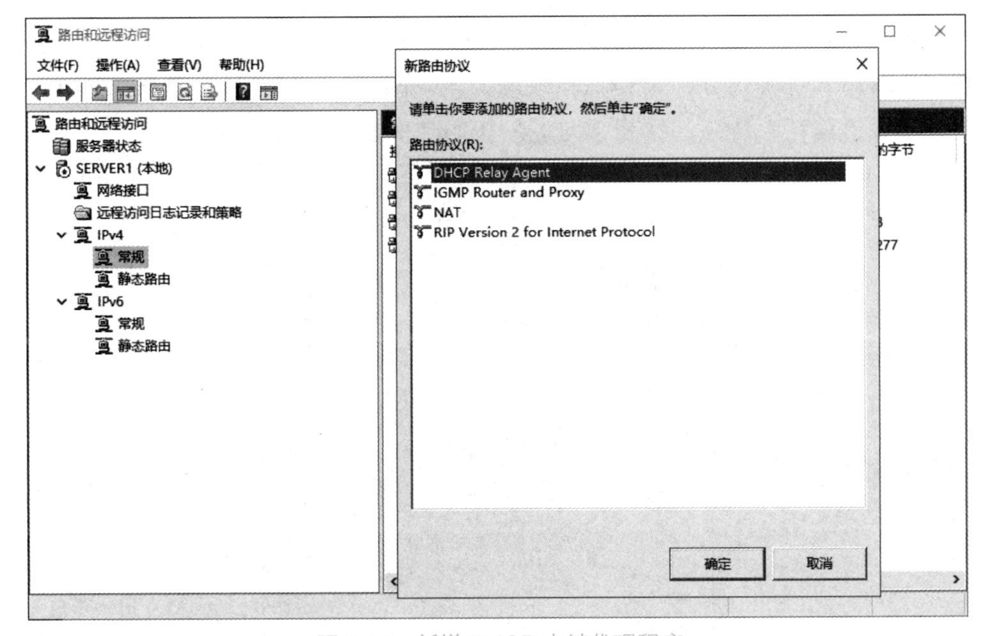

图 9-38　新增 DHCP 中继代理程序

（2）在“路由和远程访问”窗口中，找到新增的“DHCP 中继代理”选项并右击，在弹出的快捷菜单中选择“新增接口”命令，打开“DHCP Relay Agent 的新接口”对话框，选择本地连接中“子网 2”的网卡接口，如图 9-39 所示。

（3）单击“确定”按钮，打开如图 9-40 所示的“DHCP 中继属性 -Ethernet1 属性”对话框，检查“中继 DHCP 数据包”复选框是否已经勾选，还可以设置跃点计数阈值（DHCP 中继代理转发的 DHCP 报文经过多少台路由器后会丢弃）和启动阈值（DHCP 中继代理收到 DHCP 报文后经过多长时间才会将数据包转发出去）参数，然后单击“确定”按钮。

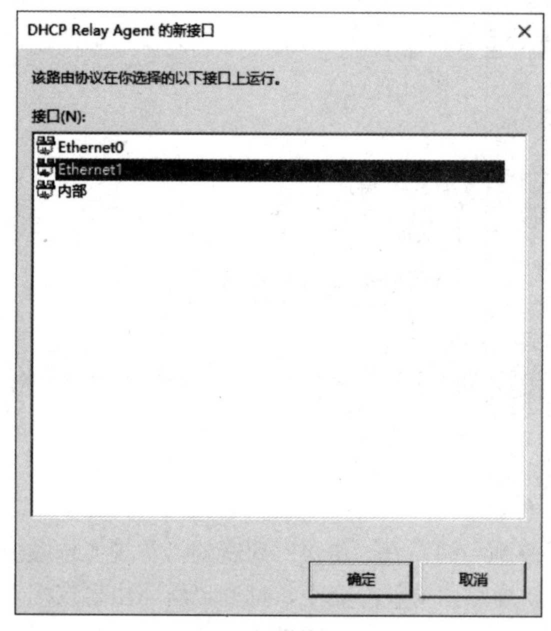

图 9-39　新增接口

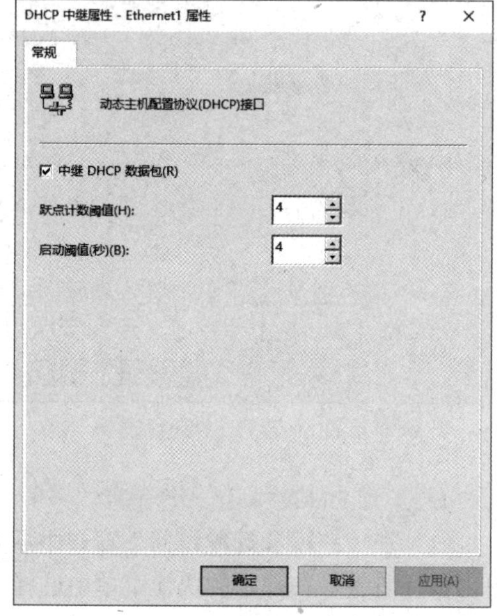

图 9-40　子网接口属性

5. 指定 DHCP 服务器的 IP 地址

返回“路由和远程访问”窗口后，继续右击“DHCP 中继代理”选项，在弹出的快捷菜单中选择“属性”命令，打开“DHCP 中继代理 属性”对话框，在该对话框中指定 DHCP 服务器的 IP 地址，如图 9-41 所示。

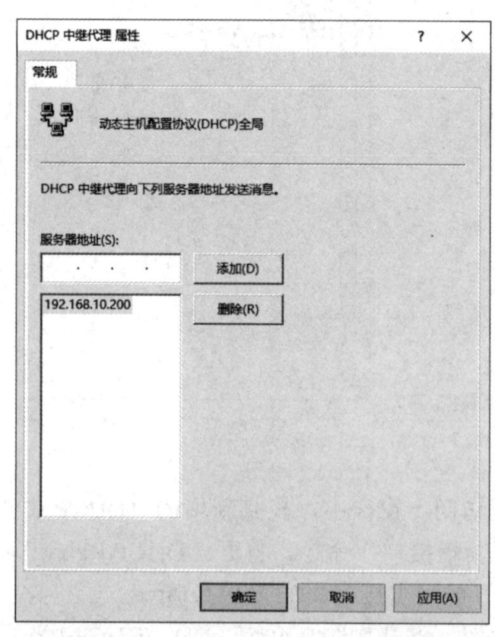

图 9-41　指定 DHCP 服务器的 IP 地址

6. 测试 DHCP 中继代理

此时开启第 3 台虚拟机，将虚拟机网卡设定为“VMnet1（仅主机模式）”，保证它在子网 2 中，同时在“虚拟网络编辑器”对话框中编辑虚拟网络，把 VMnet1 的本地 DHCP 服务取消，如图 9-42 所示。然后测试客户端网络连接，设置自动获取 IP 地址，如图 9-43 所示，可以看出用户计算机通过 DHCP 中继代理向 DHCP 服务器申请到了 IP 地址，而获取的 IP 地址和 DHCP 服务器的 IP 地址是属于不同网段的。

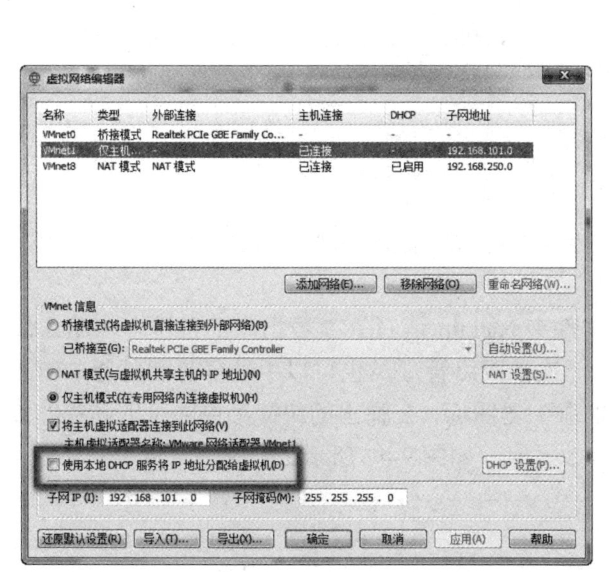

图 9-42 取消 VMnet1 的本地 DHCP 服务

图 9-43 跨网段获取 IP 地址

此时，我们再次查看 DHCP 服务器的作用域，可以看到 192.168.20.0/24 作用域中地址租用的情况，如图 9-44 所示。查看 DHCP 中继代理，可以看到网卡 Ethernet1 转发了 DHCP 的请求信息，如图 9-45 所示。

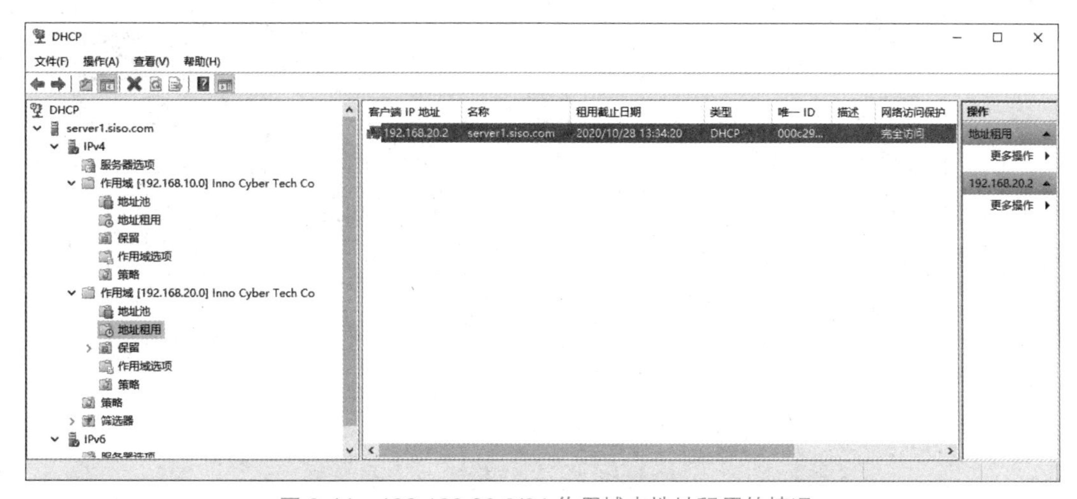

图 9-44 192.168.20.0/24 作用域中地址租用的情况

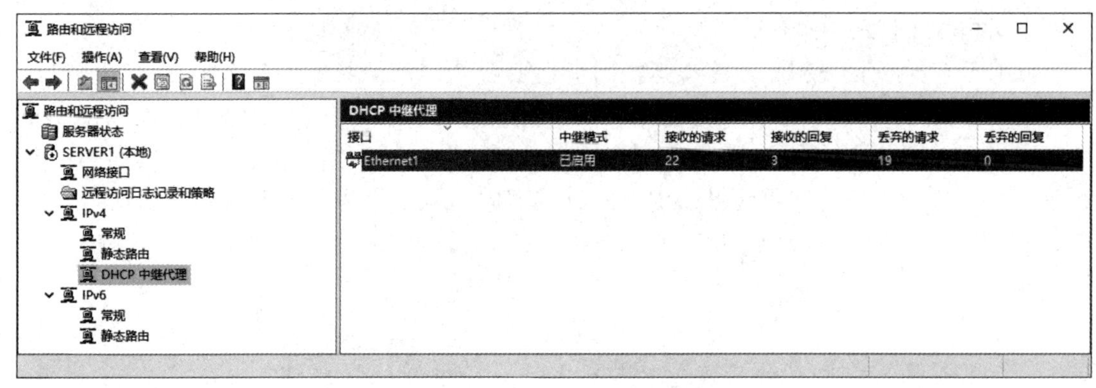

图 9-45 DHCP 中继代理转发数据包统计

任务拓展

在一般情况下，DHCP 服务器的数据库存放在 %Systemroot%\System32\dhcp 目录内，如图 9-46 所示。

其中，dhcp.mdb 是主数据文件；子文件夹 backup 是 DHCP 数据库的备份。在默认情况下，DHCP 数据库每隔 1 小时自动备份一次，网络管理员也可以手动备份和还原 DHCP 数据库。在“DHCP”窗口中，右击 DHCP 服务器图标，在弹出的快捷菜单中可以选择“备份”和“还原”命令来备份和还原 DHCP 数据库，如图 9-47 所示。

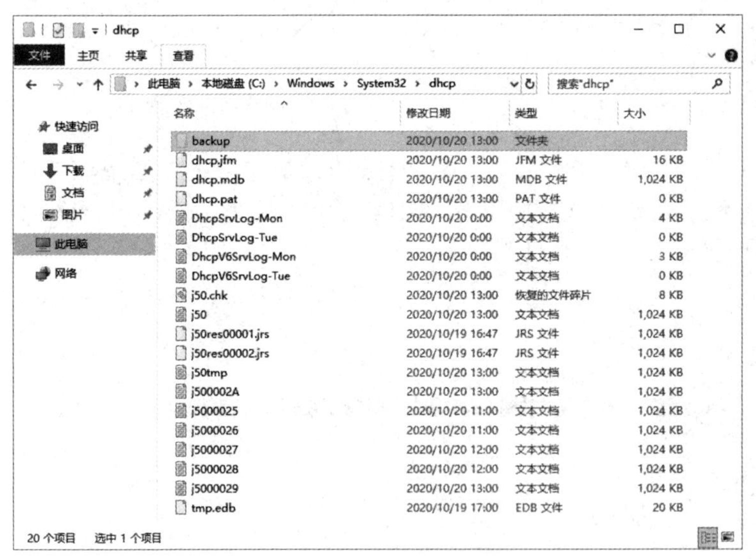

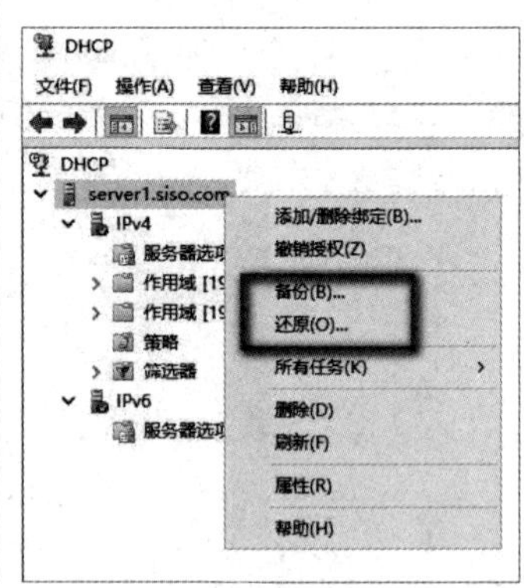

图 9-46 DHCP 服务器的数据库的存放位置

图 9-47 “备份”和“还原”命令

单元小结

随着网络规模的不断扩大，网络的复杂程度也在逐渐增加，动态主机配置协议为大型网络分配 IP 地址提供了极大的便利。随着移动终端和无线网络的广泛使用，IP 地址的变化与更新也是经常发生的，DHCP 协议就是为满足这些需求而发展起来的。

单元练习题

一、单项选择题

1．DHCP 服务器不可以配置的信息是（　　）。

A．WINS 服务器　　B．DNS 服务器

C．计算机主机名　　D．域名

2．使用下列（　　）命令可以查看网络适配器的 DHCP 类别信息。

A．ipconfig/renew　　B．ipconfig/release

C．show dhcp　　D．ipconfig/all

3．在 Windows Server 2019 中，DHCP 服务中的客户端租用 IP 地址的期限超过的 50% 时，客户端会向服务器发送（　　）报文来更新租约。

A．DHCP Discovery　　B．DHCP Offer

C．DHCP Request　　D．DHCP Ack

4．在一个局域网中利用 DHCP 服务器动态分配 IP 地址，DHCP 服务器的 IP 地址是 192.168.10.222/24，在服务器中创建一个作用域 192.168.10.1/24～192.168.10.200/24 并激活，在服务器选项中设置 003 路由器的 IP 地址为 192.168.10.254，在作用域选项中设置 003 路由器的 IP 地址为 192.168.10.253，则客户端获取的默认网关为（　　）。

A．192.168.10.1　　B．192.168.10.253

C．192.168.10.254　　D．无法获取

5．如果需要为一台服务器设定固定的 IP 地址，那么可以在 DHCP 服务器上为其设置（　　）。

A．IP 作用域　　B．IP 地址保留

C．DHCP 中继代理　　D．延长租期

二、填空题

1．网络管理员分配 IP 地址的方式有 _________ 和 _________。

2．在域环境下，DHCP 服务器在向客户端分配 IP 地址之前，用户必须先对 DHCP 服务器进行 _________。

3．要实现动态分配 IP 地址，网络中至少有一台计算机的网络操作系统中安装 _________ 服务器。

4．在安装 DHCP 服务器之前，必须先保证这台计算机具有静态的 _________。

5．用来查看 IP 地址的详细信息的命令是 _________。

三、解答题

1．简述 DHCP 的优势。

2．简述 DHCP 的工作过程。

3．简述 DHCP 中继代理的工作原理。

单元 10

DNS 服务器的配置与管理

学习目标

【知识目标】

- 理解 DNS 的基本原理和域名解析的工作原理。
- 理解 DNS 服务的基本原理。
- 掌握 DNS 服务器的配置方法。
- 理解 DNS 子域和委派的概念。

【技能目标】

- 掌握 DNS 服务器的安装方法。
- 掌握主 DNS 服务器和客户机的配置方法。
- 掌握子域和委派的创建方法。

引例描述

著创公司注册了网站域名，用于公司网站的发布，域名为 www.siso.com，对应局域网内的 IP 地址为 192.168.0.2。同时网络管理员给局域网设计的域名是 siso.com。本单元主要完成局域网内部 DNS 服务器的部署，如图 10-1 所示。

图 10-1　部署 DNS 服务器任务

这次，网络管理员小陈准备着手搭建 DNS 服务器，基本步骤如下。

（1）安装 DNS 服务器环境。

（2）配置 DNS 主区域的正向解析和反向解析。

（3）客户端通过 DNS 协议完成域名解析。

任务 1　安装 DNS 服务

任务陈述

著创公司的网络管理员小陈，需要在 SIE-NET 服务器上通过 Windows Server 2019 中的“添加角色和功能向导”窗口安装 DNS 服务，在安装过程中，创建一个作用域，最后，对该服务器进行授权。

该公司现有 3 台服务器，DNS 服务器的局域网地址为 192.168.0.100，对应主机名为 server1.siso.com；Web 服务器的局域网地址为 192.168.0.2，对应主机名为 www.siso.com；邮件服务器的地址为 192.168.0.3，对应主机名为 mail.siso.com。

知识准备

扫一扫，
获取微课

10-1 DNS 服务器（理论）

10.1　DNS 服务器

域名系统（Domain Name System，DNS）是一种分布式网络目录服务，用于实现服务器域名和 IP 地址之间的映射，它属于 TCP/IP 协议族中的应用层协议。IP 地址对用户来说是一串数字，不方便记忆，而服务器的域名就是为了帮助用户记忆的，因此域名系统用于帮助用户快速访问 Internet 中的主机资源提供的服务。DNS 使用 TCP 和 UDP 端口 53。当前，对每一级域名长度的限制均是 63 个字符，域名总长度则不能超过 253 个字符。DNS 协议用来将域名转换为 IP 地址（也可以将 IP 地址转换为相应的域名）。

10.1.1　域名空间

Internet 的域名是树状结构的。树根在顶端，任何一个连接在 Internet 上的主机或路由器，都有一个唯一的层次结构的名字，即域名。域名的结构由若干个分量组成，各分量之间用点隔开，如图 10-2 所示。

顶级域名分为三类：一是国家和地区顶级域名（country code Top-Level Domains，ccTLDs），目前 200 多个国家都按照 ISO 3166 分配了顶级域名，如中国是 .cn、美国是 .us 等；二是国际顶级域名（generic Top-Level Domains，gTLDs），如表示教育的 .edu、表示网络服务机构的 .net、表示非营利性组织的 .org 等；三是新顶级域名（New gTLD），包括 1000 多种，如代表“高端”的 .top、代表“红色”的 .red 等。常见的顶级域名如表 10-1 所示。

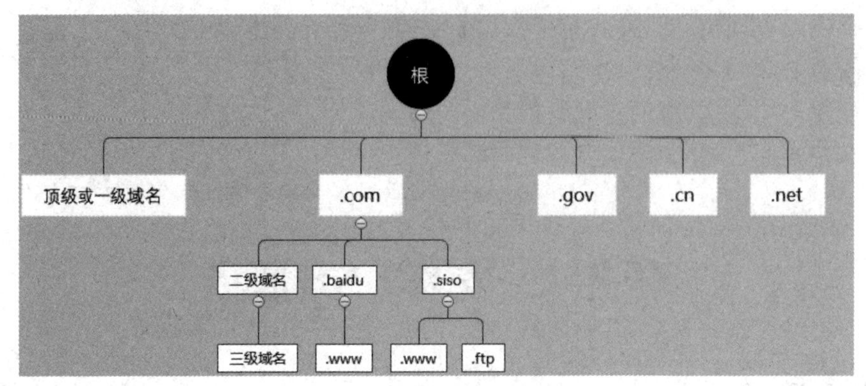

图 10-2　域名的层次结构

表 10-1　常见的顶级域名

顶 级 域 名	分 配 情 况	顶 级 域 名	分 配 情 况
.com	公司企业	.aero	航空运输企业
.net	网络服务机构	.biz	公司和企业
.org	非营利性组织	.coop	合作团体
.edu	教育机构（美国专用）	.info	适用于各种情况
.gov	政府部门（美国专用）	.museum	博物馆
.mil	军事部门（美国专用）	.name	个人
.cn	中国国家顶级域名，每个国家被赋予一个唯一的域名	.pro	会计、律师和医师等自由职业者

10.1.2　DNS 的工作过程

为了理解 HTTP 与 DNS 的工作过程，搭建了如图 10-3 所示的拓扑结构。

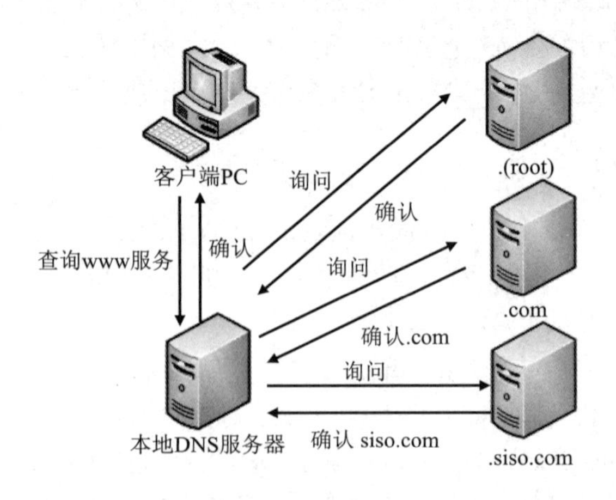

图 10-3　拓扑结构

客户端 PC 也被称为 DNS 客户端。要访问网站 www.siso.com，在客户端的浏览器中输入域名 www.siso.com，首先客户端会找到本地 DNS 服务器 Local_Dns 进行解析，而

DNS 工作时在传输层是基于 UDP 协议运行的，端口为 53，DNS 中的 UDP 报文与 DNS 查询报文如图 10-4 和图 10-5 所示。

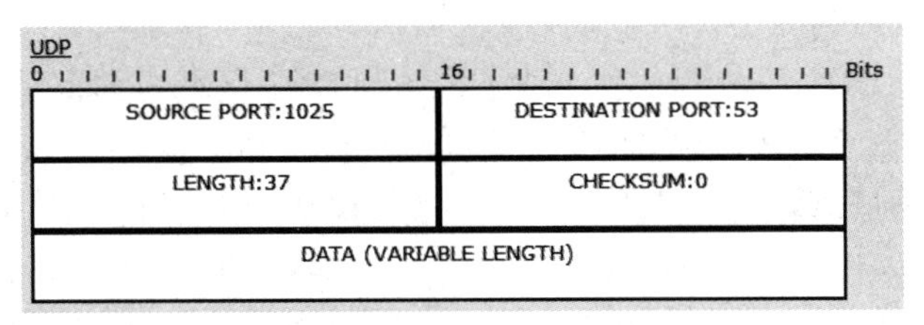

图 10-4　DNS 中的 UDP 报文

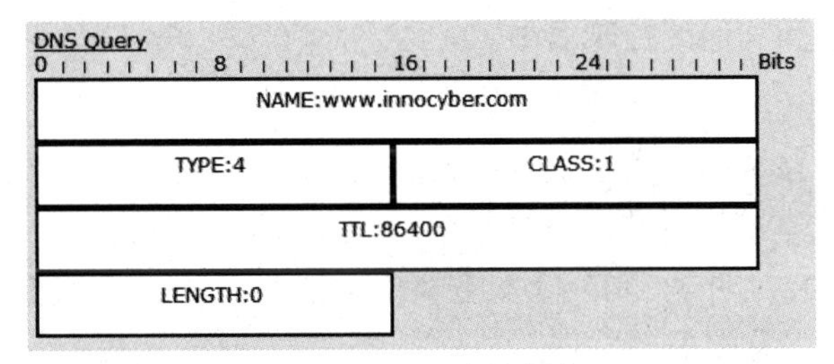

图 10-5　DNS 查询报文

从 DNS 的工作过程中可以看出，当本地 DNS 服务器 Local_Dns 无法解析域名时，它会将查询请求发往根 DNS 服务器 Root_Dns，根 DNS 服务器再发往授权 DNS 服务器 Com_Dns 进行解析，最后把结果发往主机。

当解析完域名后，由 HTTP 协议申请网页文件，而 HTTP 协议在传输层是基于 TCP 协议的，端口为 80，TCP 与 HTTP 请求报文如图 10-6 所示。

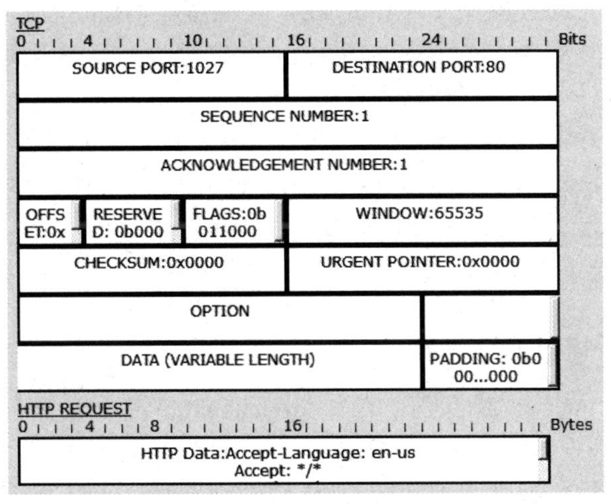

图 10-6　TCP 与 HTTP 请求报文

10.1.3　区域类型

Windows Server 2019 中的 DNS 服务器拥有三种区域类型：主要区域（Primary Zone）、辅助区域（Secondary Zone）和存根区域（Stub Zone）。

1. 主要区域

主要区域用于保存域内所有主机数据记录的正本。一般来说，DNS 服务器的设置，就是指设置主要区域数据库的记录，即创建主要区域之后，管理员可直接在此区域内新建、修改和删除记录。若 DNS 服务器是独立服务器，则 DNS 区域内的记录存储在区域文件中，该区域文件名默认是“区域名称.dns”。例如，若区域名称是 siso.com，则区域文件名是 siso.com.dns。当主要区域创建完成后，DNS 服务器就是该区域的主要名称服务器。同时，若 DNS 是域控制器，则区域内数据库的记录会存储在区域文件或 Active Directory 数据库内。当数据库的记录存储在 Active Directory 数据库内时，此区域被称为“Active Directory 集成区域”（Active Directory Integrated Zone），并且所有记录都会随着 Active Directory 数据库的复制而被复制到其他域控制器中。

2. 辅助区域

辅助区域用于保存域内所有主机数据记录的副本。辅助区域内的文件是从主要区域传送过来的。保存此副本的文件同样是一个标准的 DNS 区域文件，需要注意的是，辅助区域内的区域文件是只读文件。当 DNS 服务器内创建了一个辅助区域后，这个 DNS 服务器就是这个区域的辅助名称服务器。

3. 存根区域

存根区域是一个区域副本，与辅助区域不同的是，存根区域仅标识该区域内的 DNS 服务器所需的资源记录，包括名称服务器（Name Server，NS）、主机资源记录的区域副本，存根区域内的服务器无权管理区域内的资源记录。

10.1.4 正向解析和反向解析

DNS 系统提供了正向解析和反向解析服务，正向解析是指将域名转换为 IP 地址，例如，DNS 客户端发起请求解析域名为 www.siso.com 的 IP 地址。要实现正向解析服务，必须在 DNS 服务器内部创建一个正向解析区域。

反向解析是指将 IP 地址映射为域名。要实现反向解析，必须在 DNS 服务器中创建反向解析区域。反向解析由两部分组成：网络 ID 反向书写与固定的域名 in-addr.arpa。例如，解析 202.100.60.30 的域名，则此反向域名需要写成 60.100.202.in-addr.arpa。由此可以看出，in-addr.arpa 是反向解析的顶级域名。

10.1.5 nslookup 命令

nslookup 是查询 Internet 域名信息的命令。nslookup 发送域名查询包给指定的（或默认的）DNS 服务器。根据使用的系统不同（如 Windows 和 Linux），返回的值可能有所不同。默认值可能使用的是服务提供商的本地 DNS 名称服务器、一些中间名称服务器，或者整个域名系统层次的根服务器。

1. 命令格式

nslookup 命令的书写格式为：nslookup [主机名 /IP 地址] [server]。

（1）可以直接在 nslookup 后面加上待查询的主机名或 IP 地址，[server] 是可选参数。

（2）如果没有在 nslookup 后面加上任何主机名或 IP 地址，那么将进入 nslookup 命令的查询功能界面。在该界面中，可以加入其他参数来进行特殊查询。例如：

```
set type=any    //列出所有正向解析的配置文件
set type=A      //列出所有主机的相关信息，type 的值可以为 A、NS、CNAME、MX 等
set all         //显示当前设置的所有值
```

2. 直接查询实例

利用 Windows 查询。若没有指定域名，则查询默认 DNS 服务器，如图 10-7 所示。

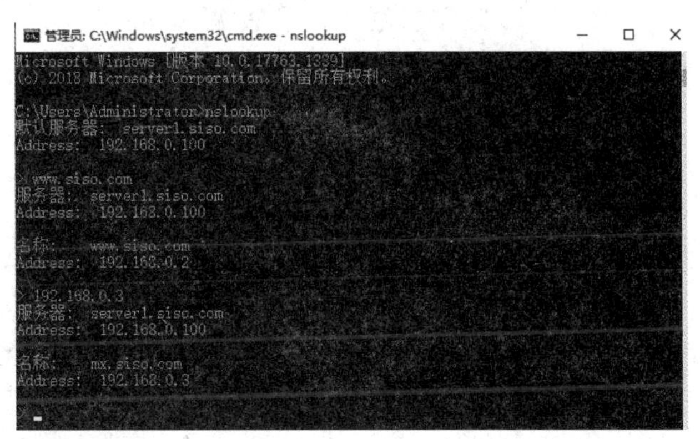

图 10-7 使用“nslookup”命令解析域名

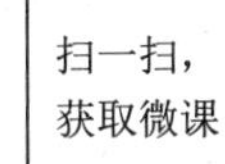

10-2 添加 DNS 服务（操作）

任务实施

在安装 DNS 服务器时，首先要确定计算机是否满足 DNS 服务器的最低要求，然后安装 DNS 服务器角色。另外，每台客户端 PC 在配置时都需要指定 DNS 服务器的 IP 地址，因此 DNS 服务器必须拥有静态 IP 地址，本任务配置 DNS 服务器的 IP 地址为 192.168.0.1。本任务在 VMware 中构建如图 10-8 所示的拓扑结构，域控制器作为 DNS 服务器提供服务。

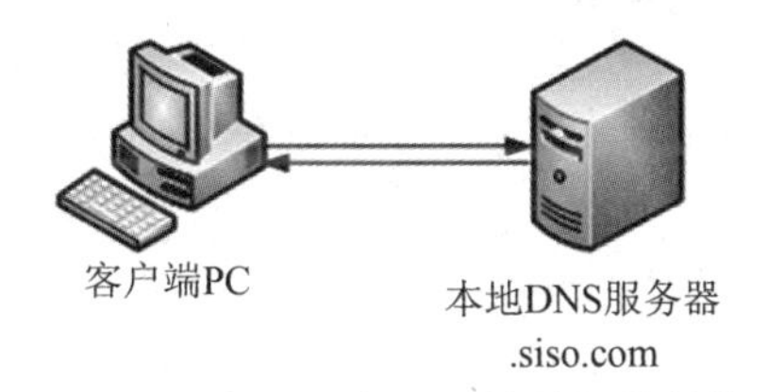

图 10-8 DNS 服务器网络的拓扑结构

1. 安装 DNS 服务器角色

（1）由于安装域控制器需要同时安装 DNS 服务器，因此在安装域服务时（参见单元 2），DNS 服务已经安装完成。下面演示单独安装 DNS 服务器角色的过程。在 Windows Server 服务器上打开“服务器管理器”窗口，单击“添加角色和功能”链接，打开“选择服务器角色”界面，勾选“DNS 服务器”复选框，单击“下一步”按钮，在打开的“添加角色和功能向导”对话框中单击“添加功能”按钮，如图 10-9 所示。在“选择服务器角色”界面中，若服务器角色前面的复选框没有被勾选，则表示该网络服务尚未被安装。

操作完成后，服务器角色前面的复选框是被勾选的状态。

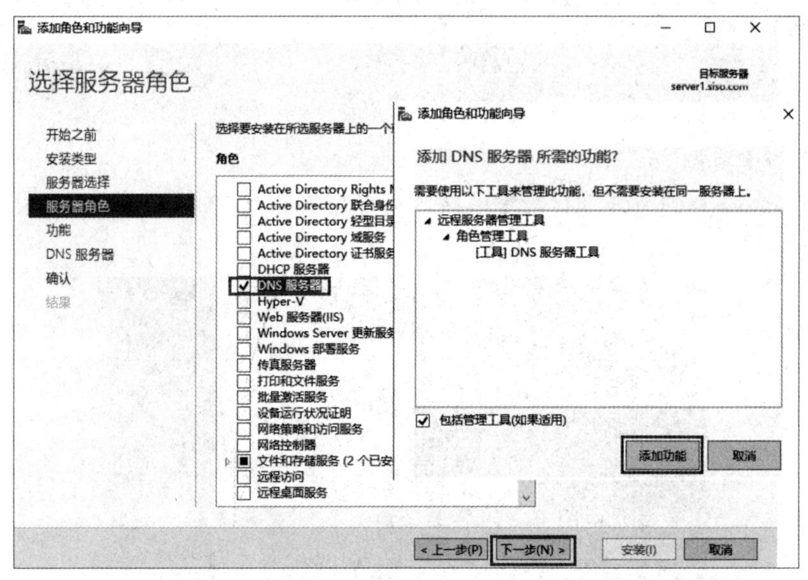

图 10-9　添加服务器角色

（2）单击“添加功能”按钮后打开“选择功能”界面，可以保持默认设置，单击“下一步”按钮，打开“DNS 服务器”界面，同样保持默认设置，单击“下一步”按钮，打开“确认安装所选内容”界面，如图 10-10 所示。

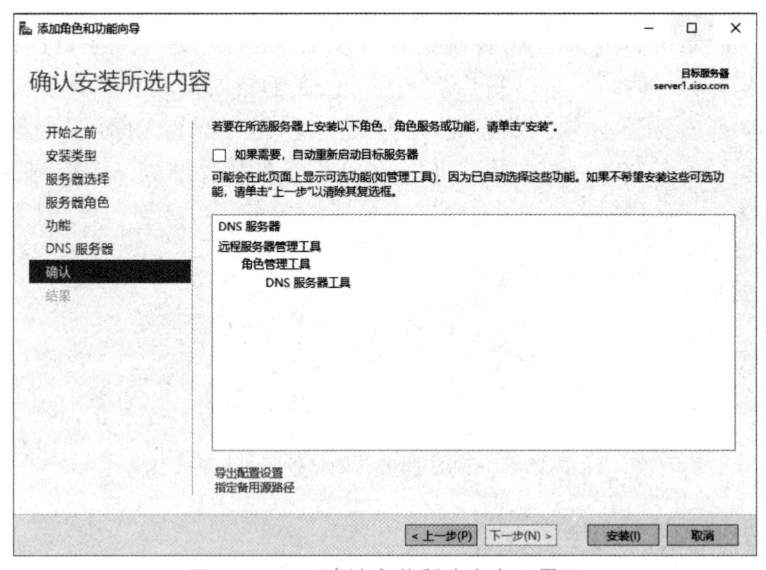

图 10-10　“确认安装所选内容”界面

（3）单击“安装”按钮，等待 DNS 服务器角色安装完成，如图 10-11 所示。

用户可以通过“DNS 管理器”窗口对 DNS 服务器进行配置。另外，界面中会提示用户开启“Windows Update”（自动更新）功能。用户可以在“控制面板”的“系统和安全”窗口中找到开启“Windows Update”功能的位置，此处不再赘述。

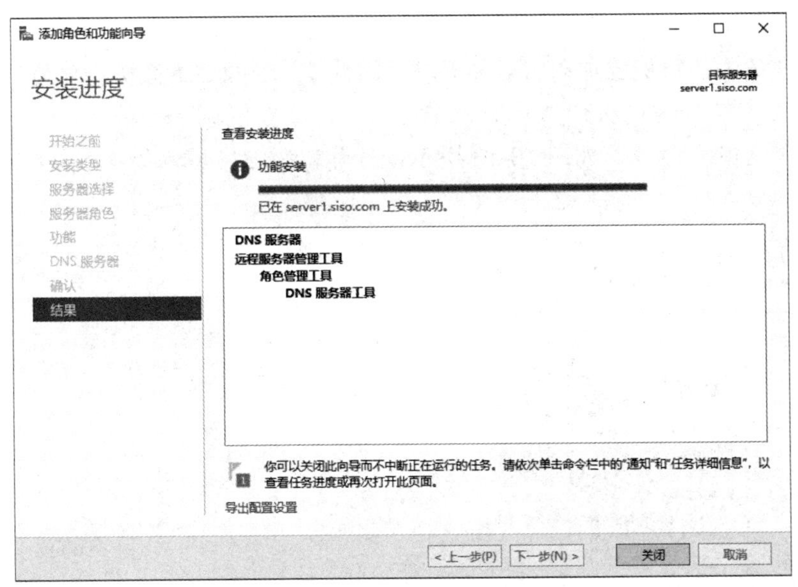

图 10-11　DNS 服务器角色安装成功

（4）在“服务器管理器”窗口的“工具”下拉菜单中选择“DNS”命令，打开“DNS管理器”窗口，通过“DNS 管理器”窗口进行本地或远程的 DNS 服务器管理，如图 10-12 所示。需要注意的是，在图 10-12 中，DNS 服务器没有安装域控制器，若已经安装了域控制器和 DNS 服务，则正向查找区域中会有域控制器 siso.com 的区域。

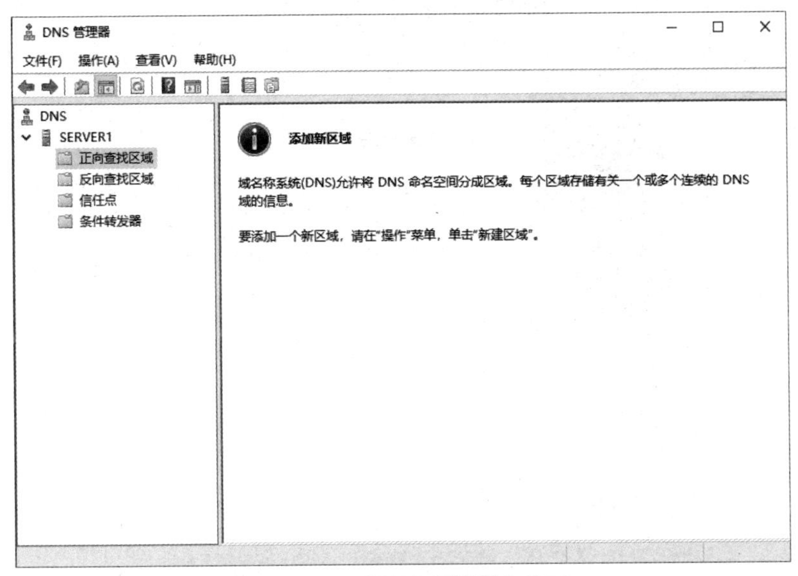

图 10-12　“DNS 管理器”窗口

2. 创建正向查找区域

大部分 DNS 客户端 PC 提出的请求是把域名解析成 IP 地址，即正向解析。正向解析是由正向查找区域完成的，创建正向查找区域的步骤如下。

（1）在“DNS管理器”窗口中，展开左侧窗格中的“DNS”列表，选择“正向查找区域”选项，在本任务中计算机已加入siso.com域，因此单击前面的>图标，就可以看到已经存在的正向查找区域“siso.com”。同时，右击“正向查找区域”选项，在弹出的快捷菜单中选择“新建区域”命令，如图10-13所示，打开“新建区域向导”对话框，如图10-14所示。

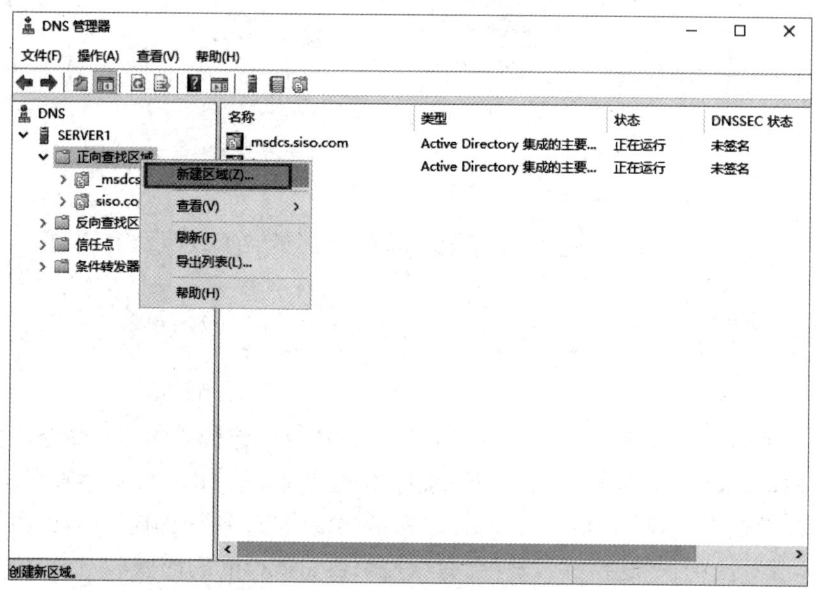

图 10-13　新建正向查找区域

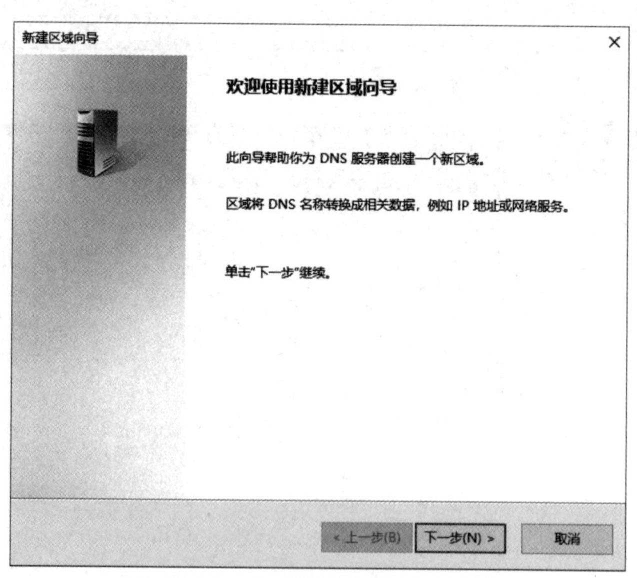

图 10-14　“新建区域向导”对话框

（2）单击“下一步”按钮，在打开的“区域类型”界面中选中“主要区域”单选按钮，一般默认选中的是“主要区域”单选按钮，如图10-15所示。

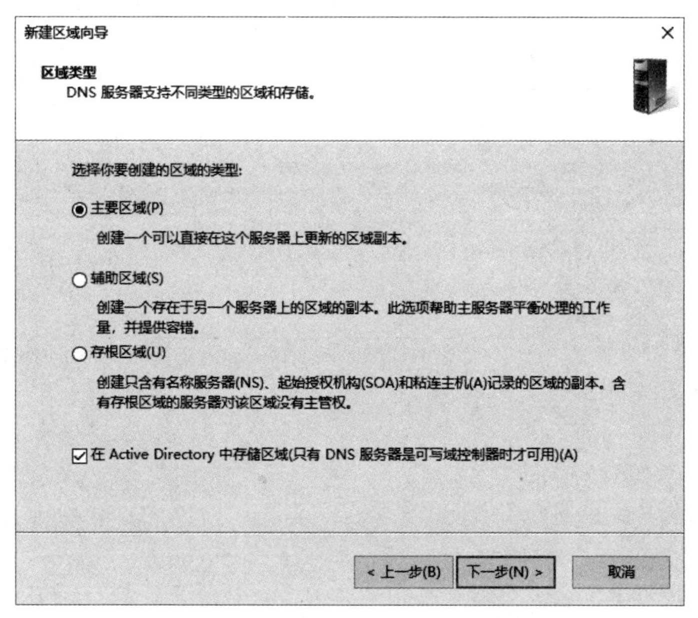

图 10-15 “区域类型”界面

（3）单击“下一步”按钮，在打开的“Active Directory 区域传送作用域”界面中选中“至此域中域控制器上运行的所有 DNS 服务器”单选按钮，在一般情况下，若服务器已经加入域管理，则需要选择该项，如图 10-16 所示。

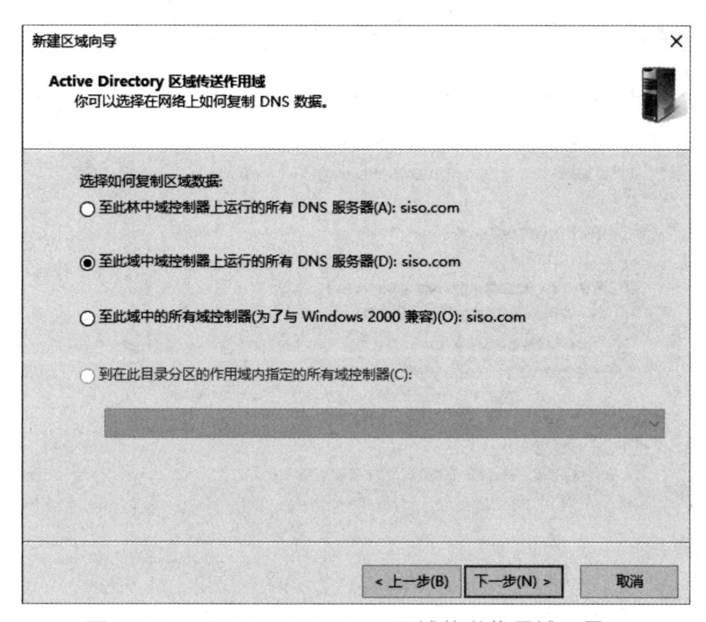

图 10-16 “Active Directory 区域传送作用域”界面

（4）单击“下一步”按钮，在打开的“区域名称”界面中输入区域名称“siso.com”，如图 10-17 所示。

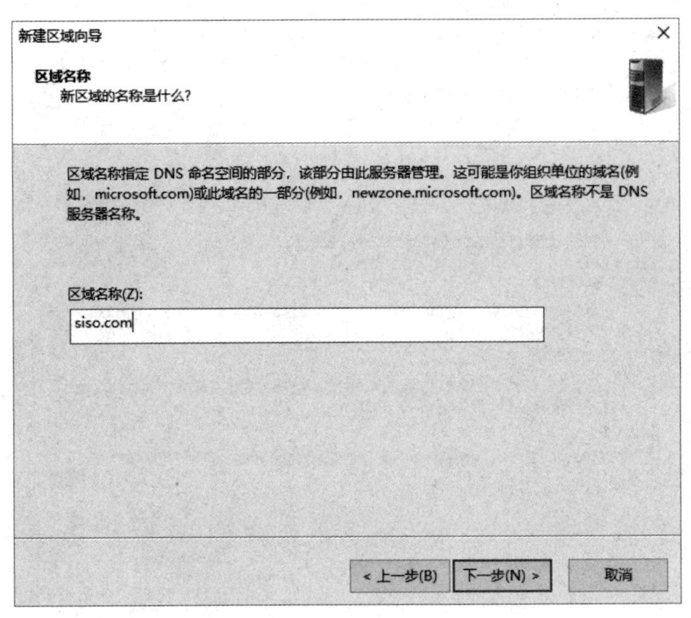

图 10-17　“区域名称”界面

（5）单击“下一步”按钮，在打开的“动态更新”界面（见图 10-18）中指定该 DNS 区域的安全使用范围。用户可以指定本区域是否接受安全、不安全或动态更新。这里选中“只允许安全的动态更新（适合 Active Directory 使用）”单选按钮。

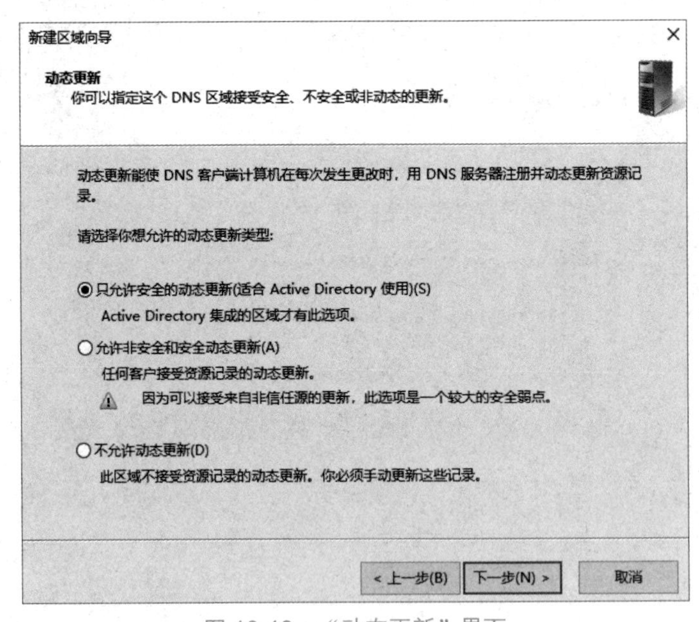

图 10-18　“动态更新”界面

（6）单击“下一步”按钮，在打开的“正在完成新建区域向导”界面中显示了新建区域的信息，若需要调整，则可单击“上一步”按钮返回前面的界面中重新进行配置，单击“完成”按钮结束正向查找区域的创建过程，如图 10-19 所示。

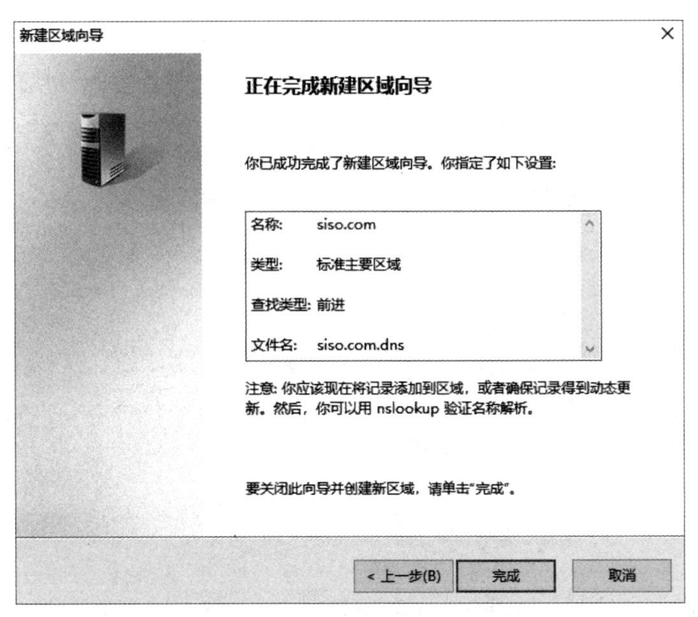

图 10-19　完成正向查找区域的创建

（7）完成正向查找区域的创建后，接下来在区域内创建主机等相关数据，这些数据被称为资源记录。DNS 服务器支持多种类型的资源记录，包括主机（A）、主机别名（CNAME）、邮件交换器（MX）、域、委派等。图 10-20 所示为创建主机资源记录的步骤。

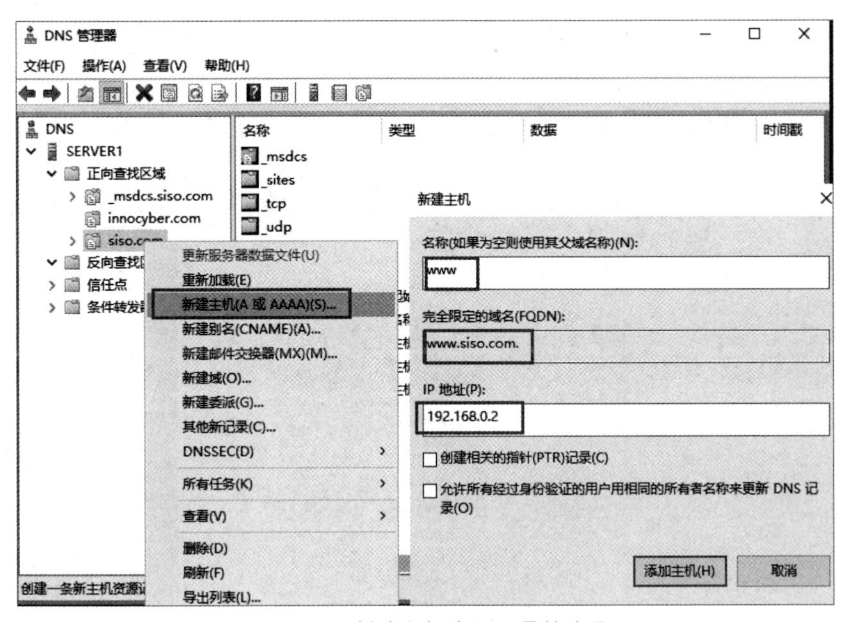

图 10-20　创建主机资源记录的步骤

（8）用户可以为区域内的主机创建多个名称。Web 服务器的主机名是 www.siso.com，但有时要使用 web.siso.com，这时可以在 DNS 服务器上创建主机别名（CNAME）资源记录，主机别名资源记录允许将多个名字映射到同一台计算机上。新建主机别名资源记录的步骤如下。

● 在“DNS 管理器”窗口的控制台树中右击“siso.com”域名或者名称区域空白处，在弹出的快捷菜单中选择“新建别名（CNAME）”命令，如图 10-21 和图 10-22 所示。

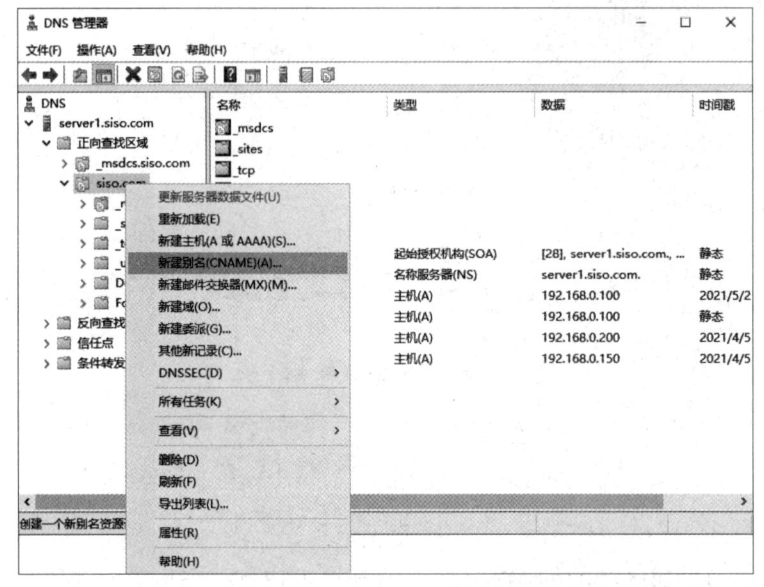

图 10-21　右击“siso.com”域名新建别名入口

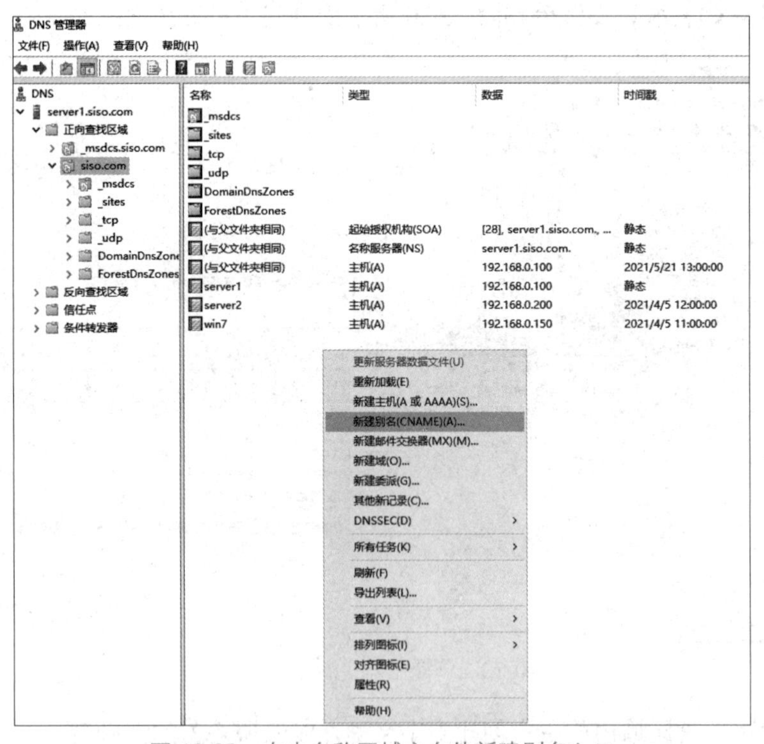

图 10-22　右击名称区域空白处新建别名入口

● 在打开的“新建资源记录”对话框中，单击“浏览”按钮，选择“目标主机的完全合格的域名（FQDN）”为“www.siso.com”，单击“确定”按钮，如图 10-23 所示。

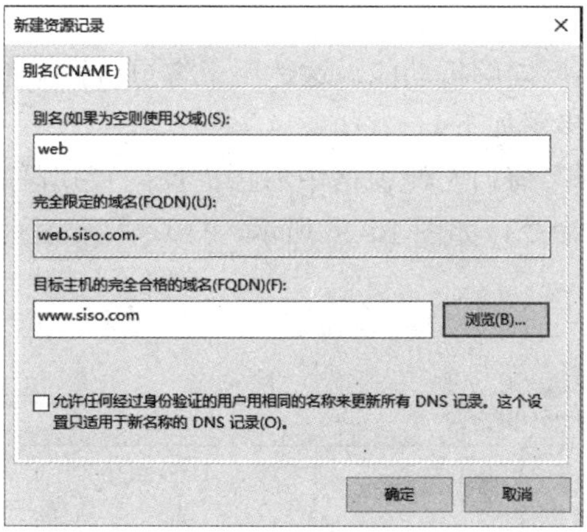

图 10-23　新建主机别名资源记录

（9）DNS 服务器使用邮件交换器资源记录（也被称为 MX 资源记录）来指定接收此区域电子邮件的主机。要创建 MX 资源记录，首先需要创建一条 A 资源记录，因为 MX 资源记录在描述邮件服务器时不能使用 IP 地址，只能使用完全合格域名。A 资源记录 mx.siso.com（主机名 mx 可按要求命名）在前面已经创建好。

新建邮件交换器资源记录的步骤如下。

- 右击“正向查找区域”选项或名称区域空白处，在弹出的快捷菜单中选择“新建邮件交换器（MX）”命令。
- 在打开的“新建资源记录”对话框中分别设置“主机或子域”、“邮件服务器的完全限定的域名（FQDN）”和“邮件服务器优先级”参数，然后单击“确定”按钮，邮件交换器资源记录创建完成，如图 10-24 所示。邮件服务器接收格式为“×××@siso.com”的邮件，“主机或子域”文本框可以不填，在“邮件服务器的完全限定的域名（FQDN）”文本框右侧单击“浏览”按钮找到“mx.siso.com”，所有新建好的资源记录如图 10-25 所示。

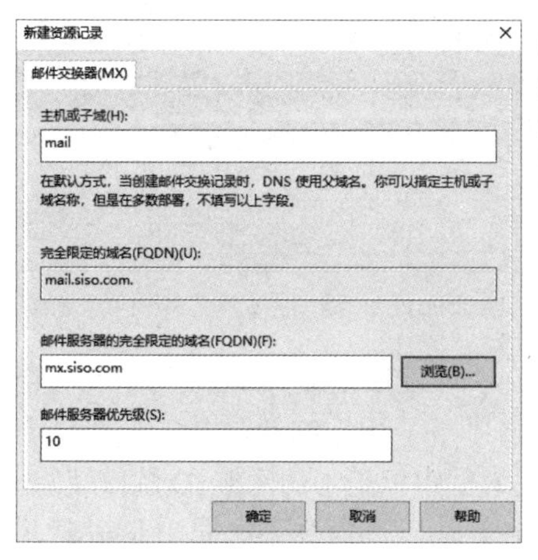

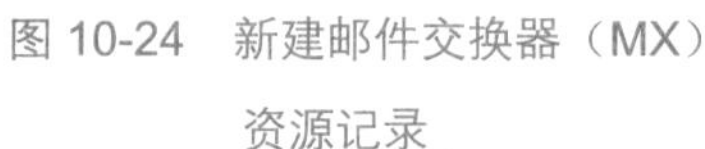
图 10-24　新建邮件交换器（MX）资源记录

图 10-25　所有新建好的资源记录

注意：邮件服务器优先级数字越小，优先级越高，0 的优先级最高。

3. 创建反向查找区域

DNS 服务器能够提供反向解析功能，这适用于客户机根据 IP 地址查找主机域名的情况。创建反向查找区域的步骤如下。

（1）在“DNS 管理器”窗口左侧窗格中右击“反向查找区域”选项，在弹出的快捷菜单中选择“新建区域”命令，如图 10-26 所示，打开“新建区域向导”对话框，然后单击“下一步”按钮。

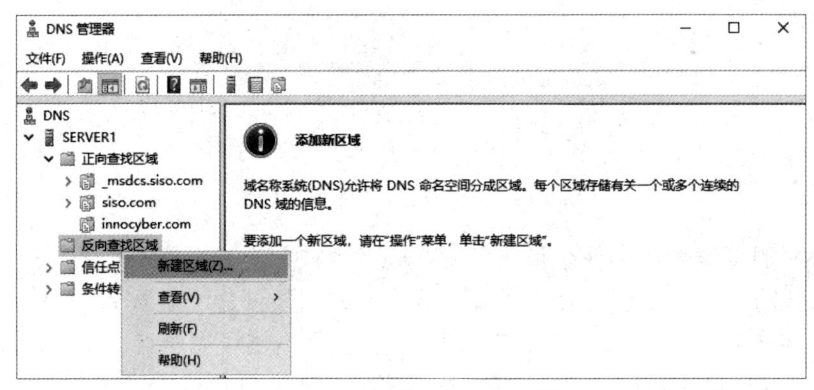

图 10-26　新建反向查找区域

（2）根据提示依次打开“区域类型”和“Active Directory 区域传送作用域”界面，此处的设置与正向查找区域的设置一样，如图 10-27 和图 10-28 所示。

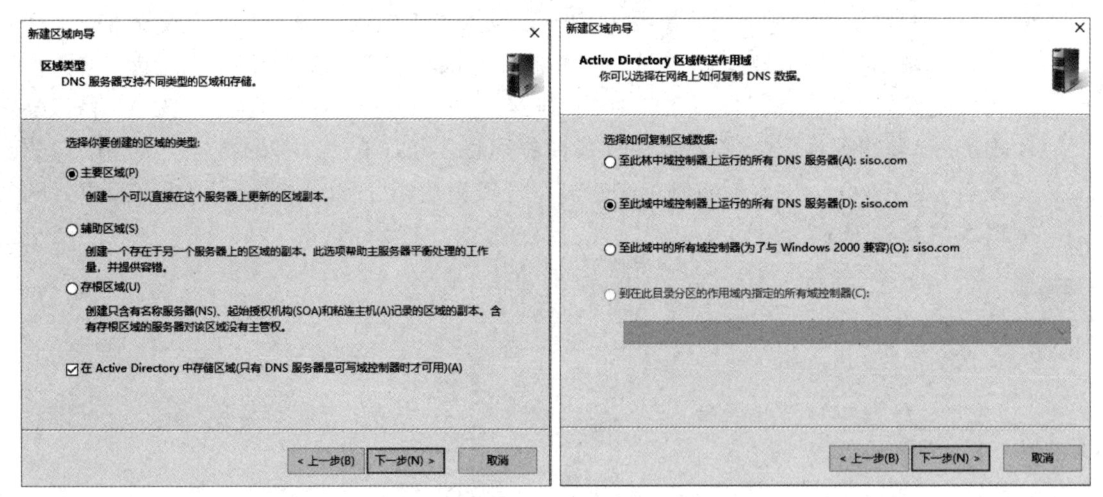

图 10-27　“区域类型”界面　　　　图 10-28　“Active Directory 区域传送作用域”界面

（3）在“反向查找区域名称”界面中可以选择为 IPv4 地址还是 IPv6 地址创建反向查找区域，本任务选择 IPv4 地址，如图 10-29 所示，单击“下一步”按钮，在下一个界面中输入“网络 ID”，这里需要注意的是，在“网络 ID”文本框中以正常的网络 ID 顺序填写，输入完成后，在下面的“反向查找区域名称”文本框中将显示“0.168.192.in-addr.arpa”，如图 10-30 所示。设置完毕后，单击“下一步”按钮。

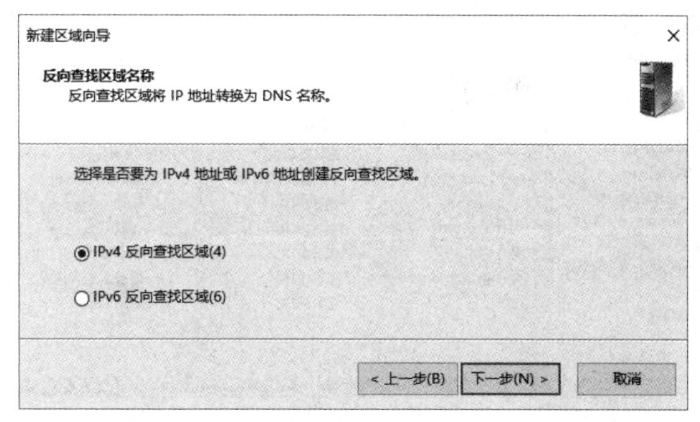

图 10-29　“反向查找区域名称”界面

（4）“动态更新”界面的设置与正向查找区域的设置一样，如图 10-31 所示，此处不再详细解释，单击“下一步”按钮，完成反向查找区域的创建。

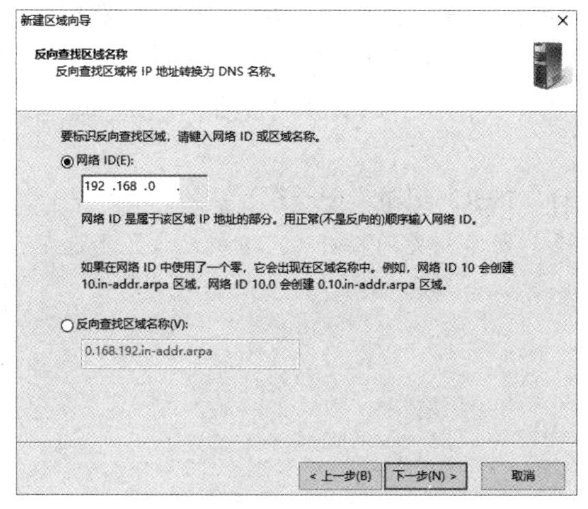

图 10-30　输入“网络 ID”

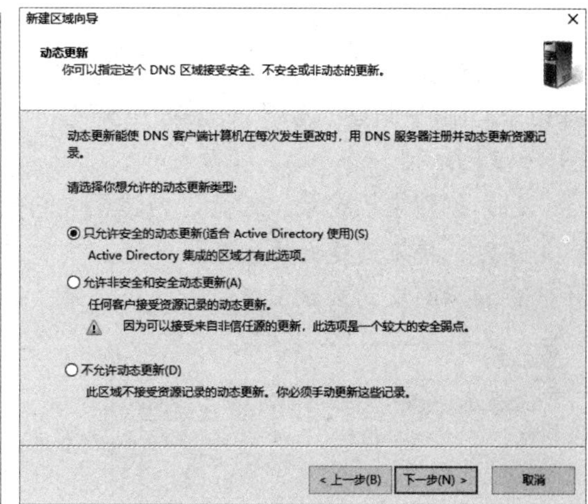

图 10-31　“动态更新”界面

（5）新建指针（PTR）资源记录。指针资源记录主要用来记录反向查找区域内的 IP 地址及主机，用户可通过该资源记录把 IP 地址映射成域名。

（6）在“DNS 管理器”窗口左侧窗格中，右击控制台树或名称区域空白处，在弹出的快捷菜单中选择“新建指针”命令，打开“新建资源记录”对话框。在“新建资源记录”对话框的“主机 IP 地址”文本框中输入主机 IP 地址，在“主机名”文本框右侧单击“浏览”按钮选择 DNS 主机的完全限定的域名（FQDN），如图 10-32 所示。设置完成后，单击“确定”按钮，所有的指针（PTR）资源记录如图 10-33 所示。

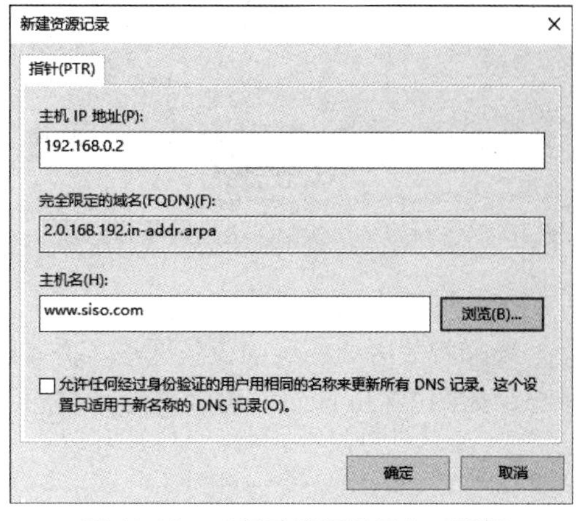

图 10-32　“新建资源记录”对话框

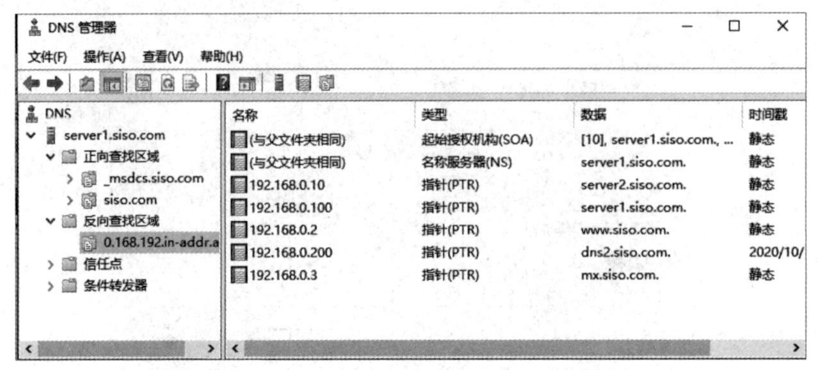

图 10-33　所有的指针（PTR）资源记录

任务拓展

安装 Windows Server 2019，进行系统初始化设置，包括加入域、设置 IP 地址等。然后安装 DNS 服务器。在创建主机（A）资源记录的同时可以创建指针（PTR）资源记录，在“新建主机”对话框中勾选“创建相关的指针（PTR）记录”复选框，如图 10-34 所示。

（1）创建主机记录，勾选“创建相关的指针（PTR）记录”复选框。

注意：要先创建好反向查找区域，然后勾选“创建相关的指针（PTR）记录”复选框，才能在相应的反向区域创建指针资源记录，否则系统会给出如图 10-35 所示的警告。

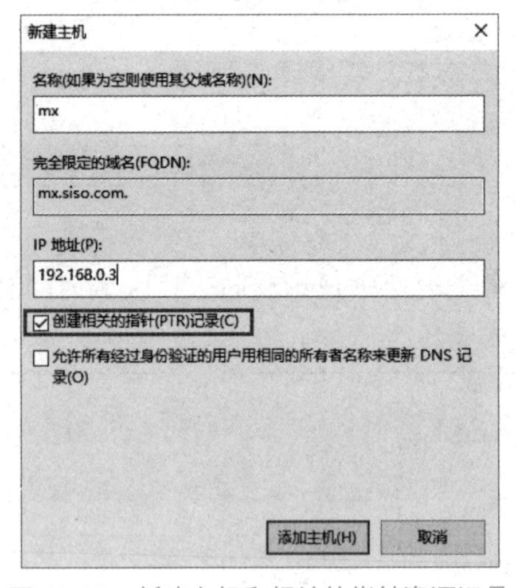

图 10-34　新建主机和相关的指针资源记录

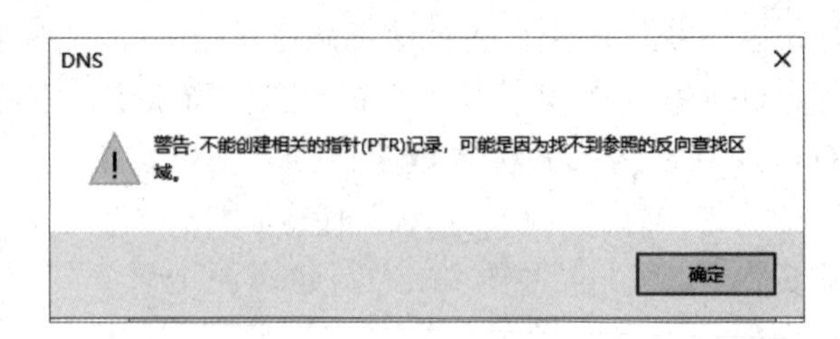

图 10-35　创建指针资源记录警告

（2）刷新反向查找区域。

选择相关区域的反向查找区域，并单击鼠标右键，在弹出的快捷菜单中选择“刷新”命令，如图 10-36 所示，可以查看新建的主机和相关的指针资源记录。

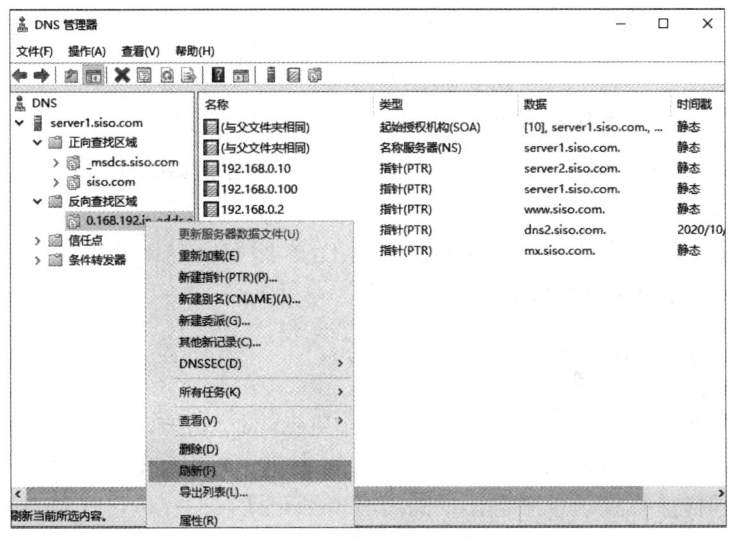

图 10-36　刷新反向查找区域

任务 2　架设 DNS 子域与委派

任务陈述

著创公司的人力资源部需要有自己的域名，域名是 hr.siso.com，管理员需要在子域服务器（192.168.0.10）上创建子域的区域，在 siso.com 区域下创建子域的委派，将 hr.siso.com 委派给 192.168.0.10 服务器。当然，在子域下创建的所有记录仍然存储在公司的 DNS 服务器内。

知识准备

10-3 DNS 子域与委派（理论）

10.2　域和子域

一台服务器所授权的范围叫作区域（Zone）。在一个单位中服务器所管理的域如果没有划分更小的范围，那么域可以直接等同于区域。如果服务器将域划分成一些子域，并将子域的部分服务授权并委托给了其他服务器，那么域就和区域不是同一个概念了。域和子域的关系如图 10-37 所示。

图 10-37　域和子域的关系

10.2.1　创建子域和子域资源记录

DNS 服务器除了可以分为主服务器、辅助服务器，还提供上层、下层的关系。例如，siso.com 公司各个部门都有自己的 DNS 服务器（子域）。如此一来，各个部门的设置会比较灵活。

（1）主域 DNS 服务器：在主 DNS 服务器上增加名称服务器并指向子域的域名与 IP 地址的映射。

（2）子域服务器：申请的域名必须是上层 DNS 服务器提供的名称，在主域中，子域申请的域名必须与主域的名称保持一致。

10.2.2　子域委派到其他服务器

子域服务器除了可以被子域管理员管理，还可以授权给指定的服务器管理，也就是说，子域服务器内的所有资源记录均存储在自己的域内，也可以授权给主 DNS 服务器，在主 DNS 服务器上同样能找到子域服务器内的所有资源记录。

任务实施

10-4 架设 DNS 子域与委派（操作）

1. 在 DNS 服务器中创建子域

（1）将子域服务器加入域 siso.com，如图 10-38 所示，并安装 DNS 服务，在“DNS 管理器”的“正向查找区域”选项上单击鼠标右键，在弹出的快捷菜单中选择“新建区域”命令，打开“区域类型”界面，选中“主要区域”单选按钮，单击“下一步”按钮，在打开的“区域名称”界面中输入子域的名称“hr.siso.com”，如图 10-39 所示。

图 10-38　子域服务器加域

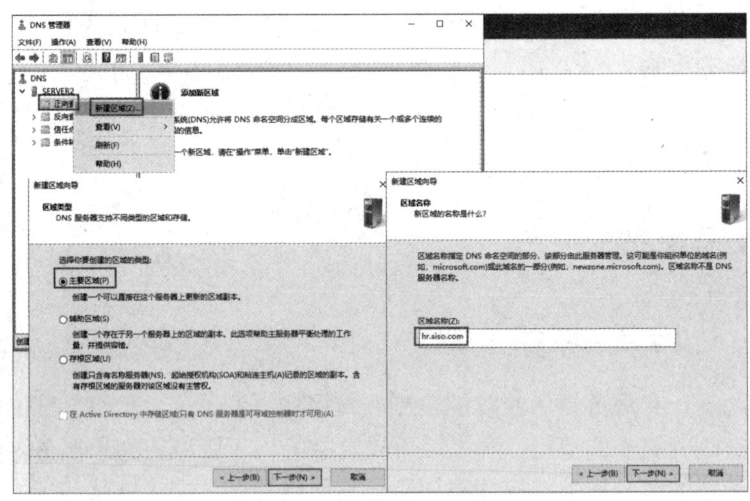

图 10-39　新建 DNS 子域

（2）在子域名称“hr.siso.com”上单击鼠标右键，在弹出的快捷菜单中选择“新建主机（A 或 AAAA）”命令，在打开的“新建主机”对话框中输入新建的主机名称和 IP 地址，如图 10-40 所示。在子域内同样可以创建主机别名或邮件交换器资源记录。

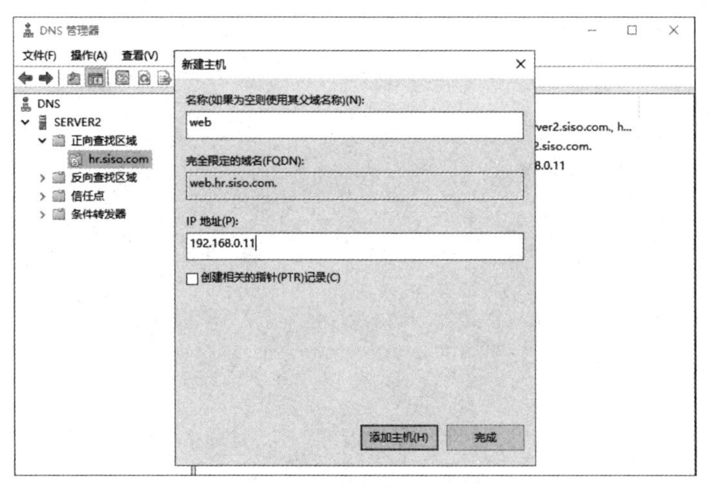

图 10-40　在子域内创建主机资源记录

2. 委派区域给其他服务器

创建服务器的子域委派，具体步骤如下。

（1）修改主域控制器 siso.com 的属性，在“siso.com 属性”对话框的“常规”选项卡中单击“更改”按钮，打开“更改区域传送范围”界面，选中“至此林中域控制器上运行的所有 DNS 服务器”单选按钮，如图 10-41 所示；在“区域传送”选项卡中，选择允许区域传送到所有服务器，如图 10-42 所示。

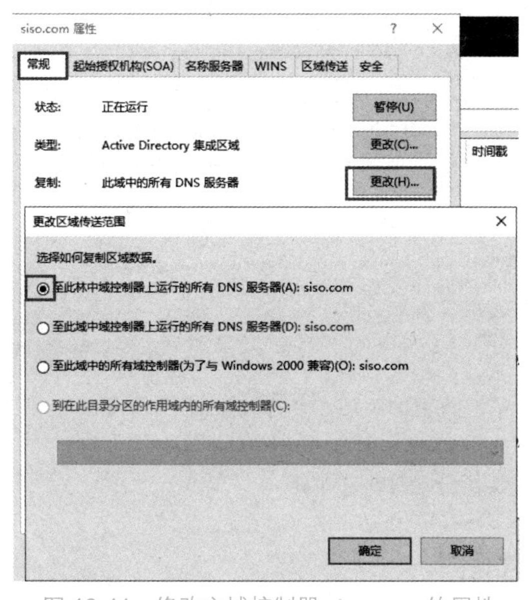

图 10-41　修改主域控制器 siso.com 的属性

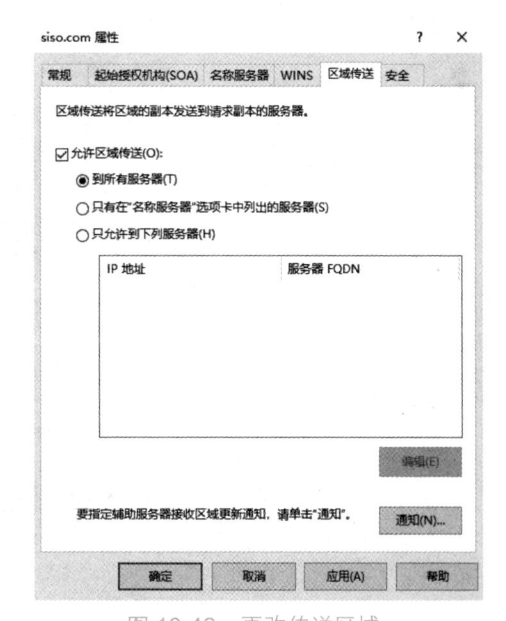

图 10-42　更改传送区域

（2）在“新建委派向导”对话框中单击“下一步”按钮，跳过欢迎向导页，单击“下一步”按钮，在打开的“受委派域名”界面的“委派的域”文本框中输入“hr”，“完全限定的域名”文本框中显示的是“hr.siso.com”，如图 10-43 所示。

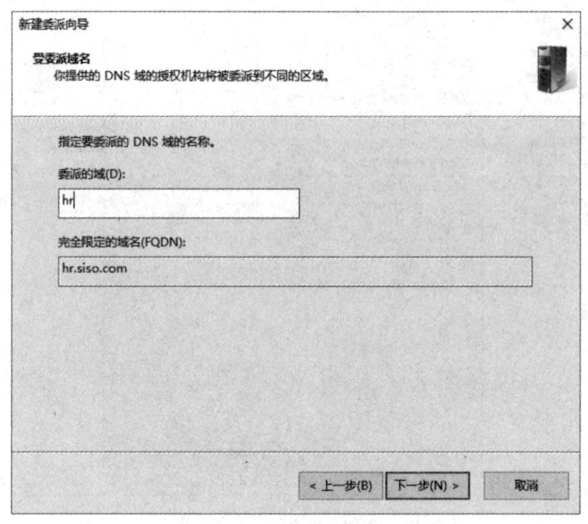

图 10-43　“受委派域名”界面

（3）单击“下一步”按钮，在打开的“新建名称服务器记录”对话框中输入子域的计算机主机名（包括域），单击“解析”按钮，在打开的“名称服务器”界面的 IP 地址列表中出现子域的 IP 地址，如图 10-44 和图 10-45 所示。单击“下一步”按钮，完成新建委派向导，如图 10-46 所示。

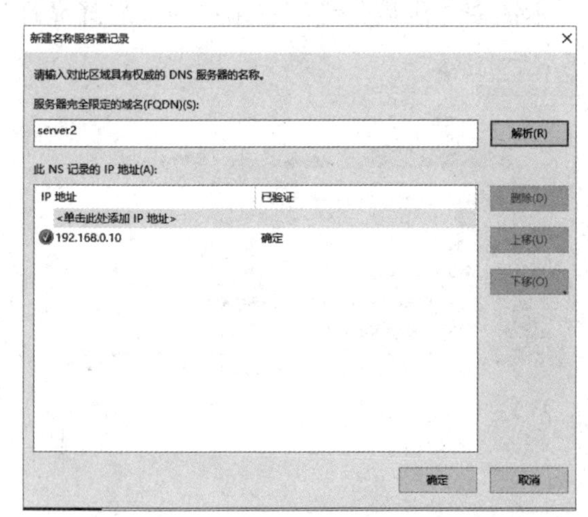

图 10-44　“新建名称服务器记录”对话框

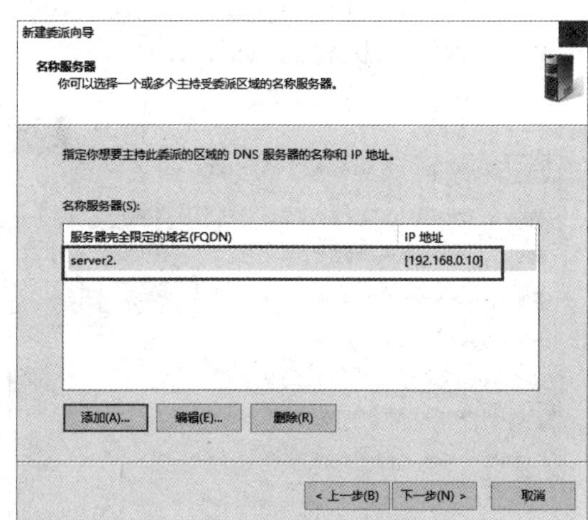

图 10-45　“名称服务器”界面

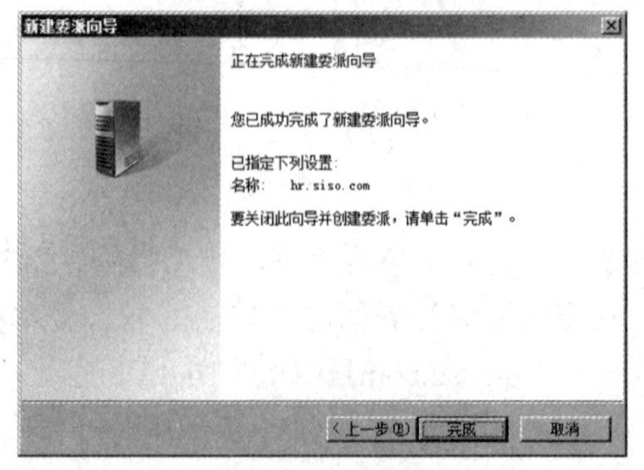

图 10-46　完成新建委派向导

（4）在客户端 PC 上使用“nslookup”命令测试 web.hr.siso.com，解析结果为 192.168.0.11，测试成功，如图 10-47 所示。

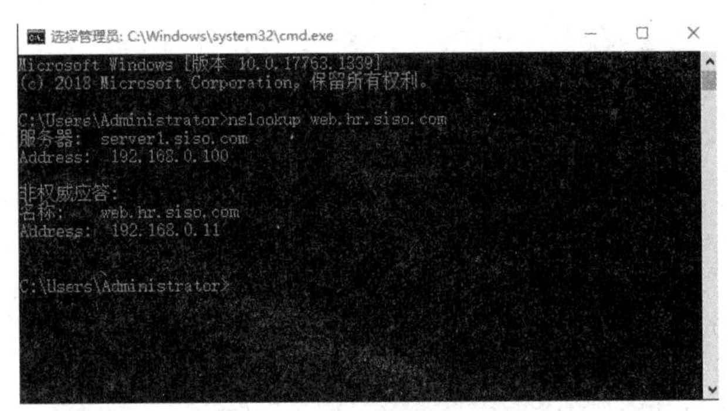

图 10-47　测试委派区域记录

任务拓展

在 hr.siso.com 子域服务器上完成如下资源的创建。

- 创建 web.hr.siso.com 的别名为 www.hr.siso.com。
- 设置邮件交换器资源记录为 mail.hr.siso.com，对应的 IP 地址为 192.168.0.22。

（1）创建子域别名资源记录。打开“DNS 管理器”窗口，展开“SERVER2”→“正向查找区域”列表，在“hr.siso.com”选项上单击鼠标右键，在弹出的快捷菜单中选择“新建别名（CNAME）”命令，在打开的“新建资源记录”对话框中填写相应的信息，如图 10-48 所示。

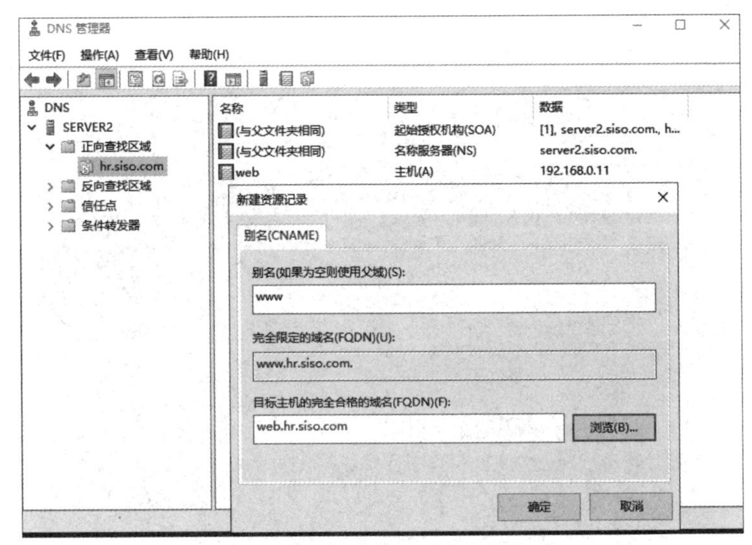

图 10-48　创建子域别名资源记录

（2）创建邮件交换器资源记录。展开“SERVER2”→“正向查找区域”列表，在“hr.siso.com”选项上单击鼠标右键，在弹出的快捷菜单中选择“新建邮件交换器（MX）”命令，在打开的“新建资源记录”对话框中填写相应的信息，如图 10-49 所示。

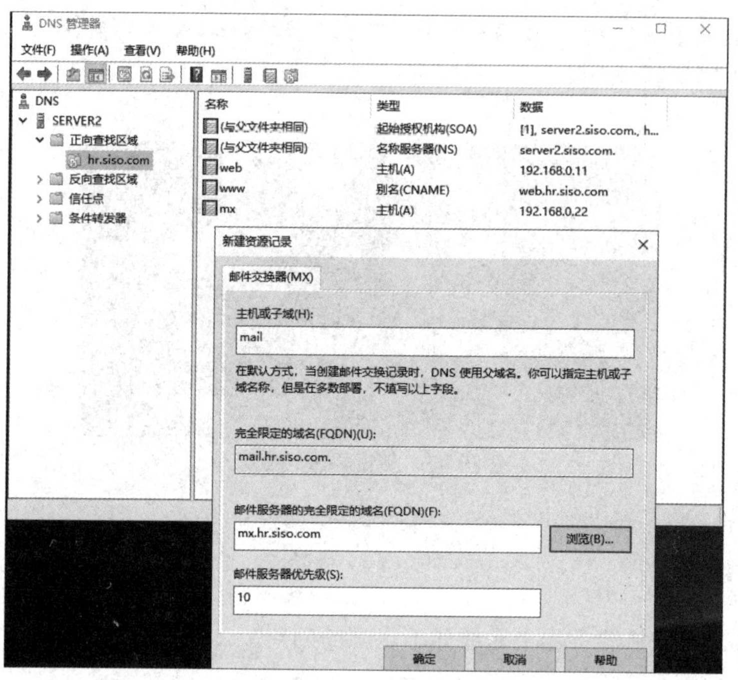

图 10-49　创建邮件交换器资源记录

（3）测试别名资源记录。在客户端打开命令提示符窗口，使用“nslookup”命令测试别名资源记录。

（4）测试邮件交换器资源记录。在客户端打开命令提示符窗口，输入“nslookup”命令，在提示符“>”后首先输入“set type=mx”，修改查询类型，然后按回车键，输入“mail.hr.siso.com”。测试邮件交换器资源记录的过程如图 10-50 所示。

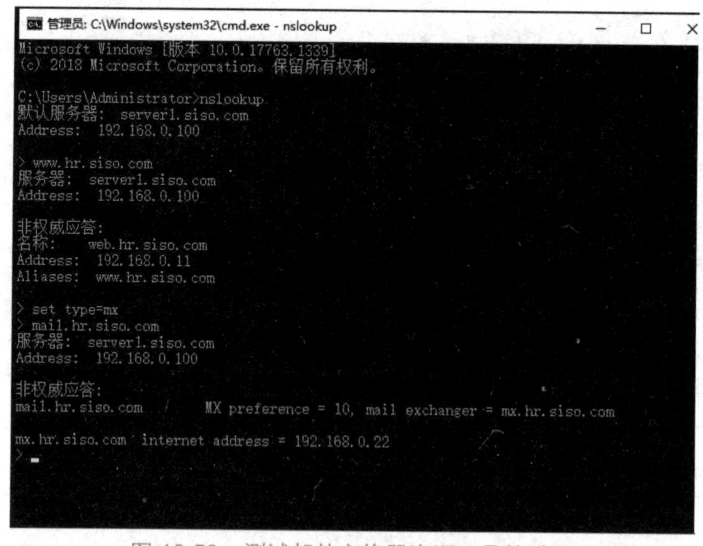

图 10-50　测试邮件交换器资源记录的过程

任务3　架设 DNS 辅助区域

任务陈述

随着著创公司上网人数的增加，管理员发现现有的主 DNS 服务器负荷过重，因此公司决定增加一台 DNS 服务器实现 DNS 解析的负载平衡。该服务器使用的操作系统为 Windows Server 2019，设置主机名为 dns2.siso.com，IP 地址为 192.168.0.200。

知识准备

扫一扫，
获取微课

10-5 架设 DNS 辅助区域（操作）

10.3　辅助区域

DNS 服务器内的辅助区域用来存储本区域内的所有资源记录的副本，辅助区域中的资源记录都是只读的，管理员不能修改。辅助区域拓扑结构如图 10-51 所示。

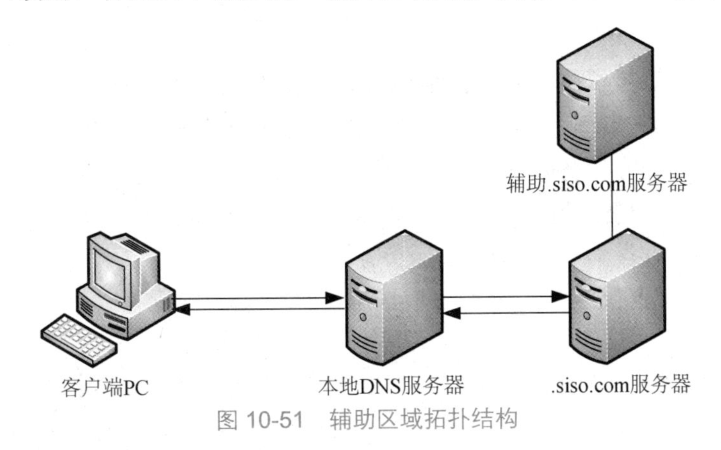

图 10-51　辅助区域拓扑结构

10.3.1　区域数据传输

辅助区域内的所有信息都是利用区域传送的方式从主 DNS 服务器中复制过来的。执行区域传送的方式可以是手动执行或者通过配置起始授权机构（SOA）周期性地执行，从而将资源记录复制到辅助区域的 DNS 服务器中。在一般情况下，辅助区域每隔 15 分钟就会自动向其主要区域请求执行区域传送操作。

1. 手动执行区域传送

系统除了周期性地向辅助区域传送资源记录，管理员还可以手动执行区域传送，具体的操作步骤如下。

（1）打开辅助区域的 DNS 服务器。

（2）右击需要手动执行区域传送的选项，在弹出的快捷菜单中选择“从主服务器传输”或“重新加载”命令，如图 10-52 所示。“从主服务器传输”命令仅传输更新的资源记录；“重新加载”命令直接将主 DNS 服务器中所有的资源记录复制过来。

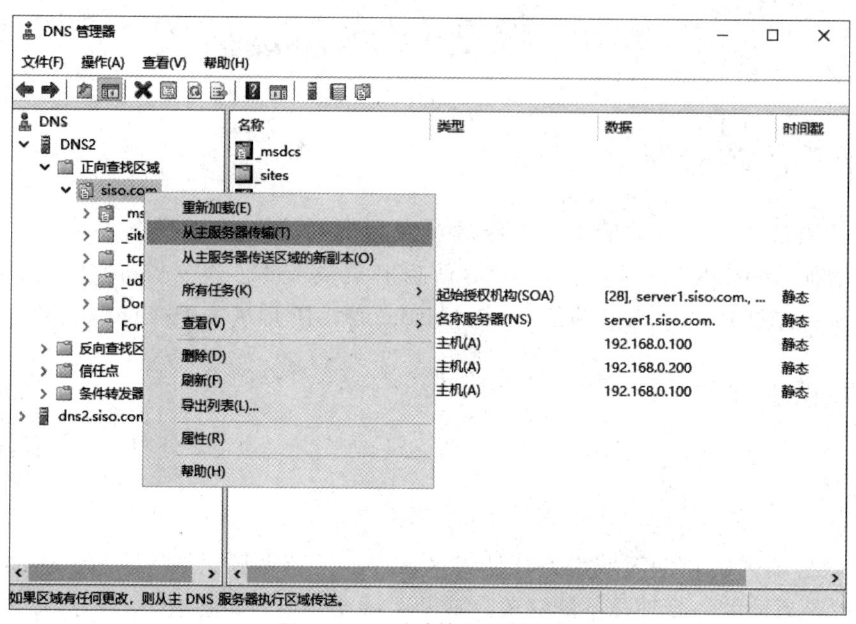

图 10-52　手动执行区域传送

2. 通过配置起始授权机构周期性地执行区域传送

DNS 服务器的主要区域会周期性地（默认 15 分钟）执行区域传送操作，将资源记录复制到辅助区域的 DNS 服务器中。起始授权机构资源记录指明了区域的源名称，以及主要区域服务器的名称和基本属性。配置起始授权机构的具体步骤如下。

（1）在主 DNS 服务器中打开 DNS 服务器。

（2）右击“正向查找区域”中的主域选项，在弹出的快捷菜单中选择“属性”命令，在打开的“siso.com 属性”对话框中选择“起始授权机构（SOA）”选项卡，如图 10-53 所示，管理员可以根据实际情况修改起始授权机构资源记录的各个字段值，包括序列号、主服务器、负责人、刷新间隔、重试间隔、过期时间、最小（默认）TTL 等。其中要说明的是，刷新间隔的时间是在查询主区域的来源以进行区域更新之前辅助 DNS 服务器等待的时间。重试间隔，就是当辅助 DNS 服务器复制失败时，进行重试前需要等待的时间间隔。过期时间是指当辅助 DNS 服务器无法联系主 DNS 服务器时，还可以使用此辅助 DNS 区域答复 DNS 客户端请求的时间，当达到此时间限制时，辅助 DNS 服务器会认为此辅助 DNS 区域不可信，默认值是 86 400 秒（24 小时）。

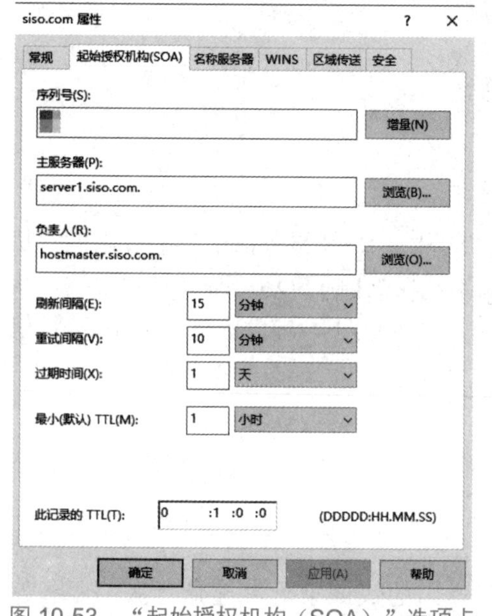

图 10-53　“起始授权机构（SOA）”选项卡

任务实施

（1）在辅助 DNS 服务器上安装 DNS 服务。在 dns2.siso.com 中，右击“正向查找区域”选项，在弹出的快捷菜单中选择“新建区域”命令，在打开的“区域类型”界面中选择区域类型为“辅助区域”，单击“下一步”按钮，打开“区域名称”界面，将区域名称与主域名的区域名称设置为一致，如图 10-54 和图 10-55 所示。

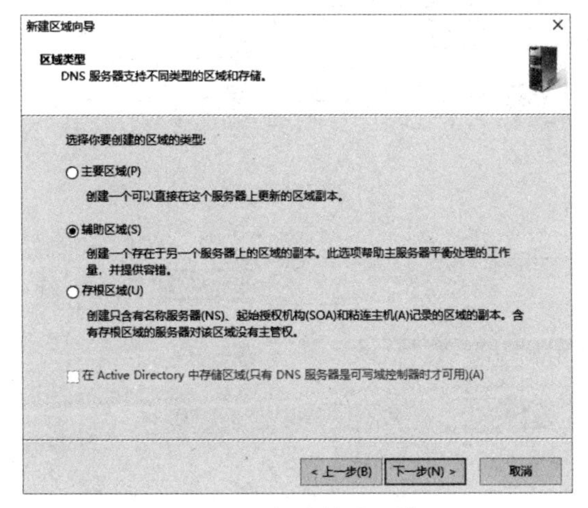

图 10-54　创建辅助区域

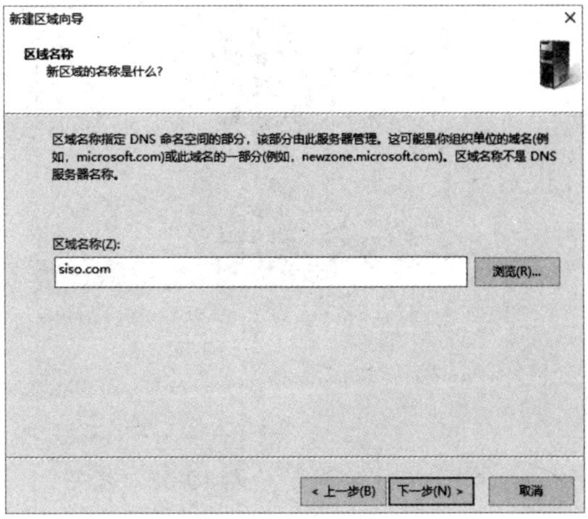

图 10-55　设置辅助区域名称

（2）在“主 DNS 服务器”界面中输入主 DNS 服务器的 IP 地址“192.168.0.100”，如图 10-56 所示。单击“下一步”按钮，确认配置信息，如图 10-57 所示。如需改动，则单击“上一步”按钮；若无改动，则单击“完成”按钮，结束辅助 DNS 服务器的安装。

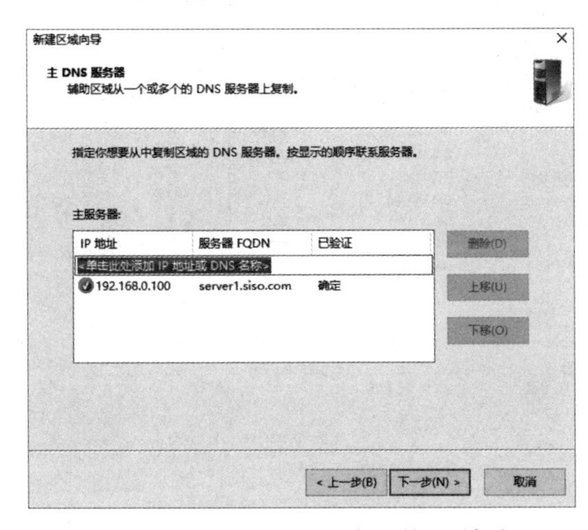

图 10-56　设置主 DNS 服务器的 IP 地址

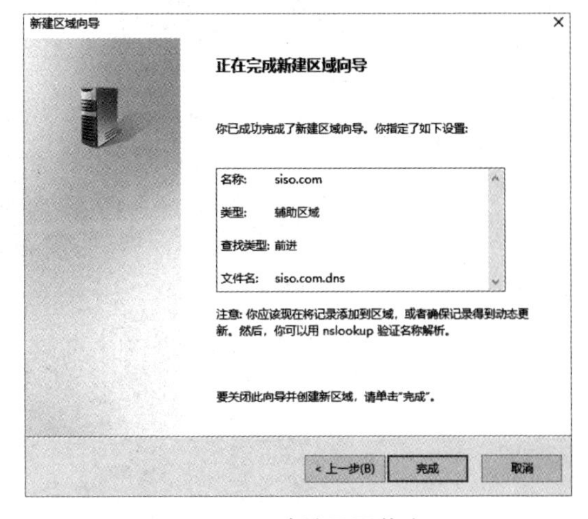

图 10-57　确认配置信息

（3）在主 DNS 服务器上设置区域传送，如图 10-58 所示。

（4）在辅助 DNS 服务器上查看辅助区域的信息，两台 DNS 服务器上的信息同步后，两者信息应该相同，如图 10-59 所示。

图 10-58　在主 DNS 服务器上设置区域传送

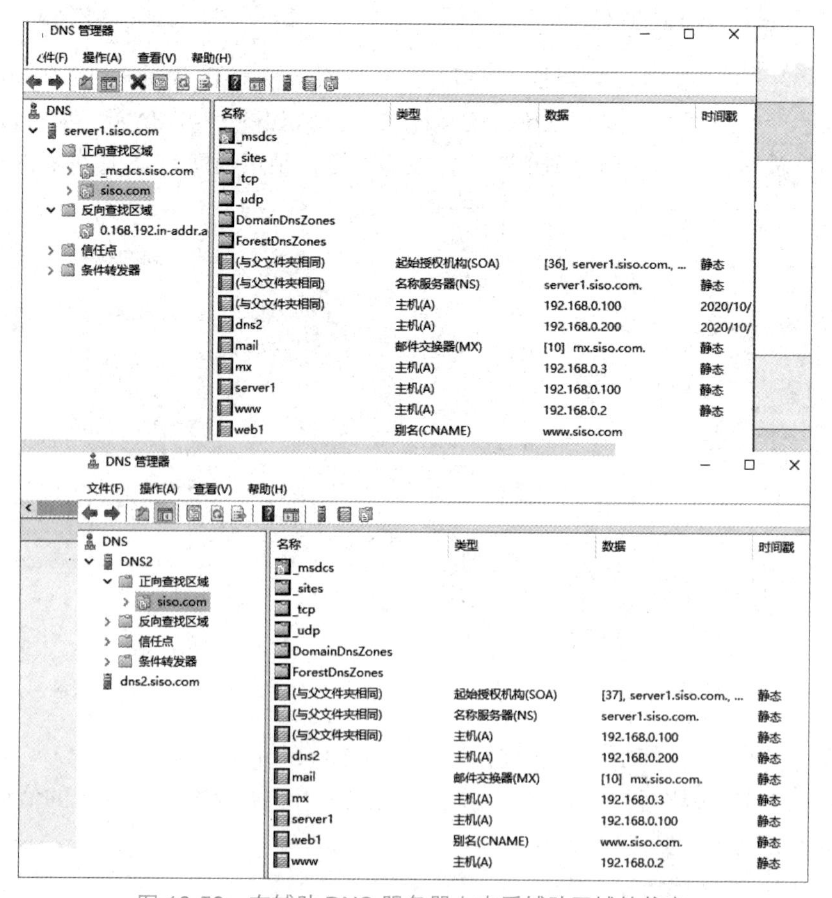

图 10-59　在辅助 DNS 服务器上查看辅助区域的信息

反向区域传送的方法和正向区域传送的方法相似，读者参照正向区域传送的方法进行设置即可。

任务拓展

将主 DNS 服务器的 siso.com 中的资源记录传送到指定的辅助区域 DNS 服务器中。其他未指定的辅助 DNS 服务器不可获得区域传送的请求。

右击“正向查找区域”列表中的“siso.com”选项，在弹出的快捷菜单中选择“属性”命令，在打开的“siso.com”对话框中选择“区域传送”选项卡，勾选“允许区域传送”复选框，并选中“只允许到下列服务器”单选按钮，输入备份服务器的 IP 地址 192.168.0.200，表示只接收 IP 地址为 192.168.0.200 的服务器的区域传送请求，如图 10-60 所示。

若选中“只有在‘名称服务器’选项卡中列出的服务器”单选按钮，表示只接收名称服务器中列出的辅助区域传送请求。

单击“通知”按钮，在打开的“通知”对话框中可以设置要通知的辅助 DNS 服务器。如此一来，当主 DNS 服务器区域内有更新时，辅助区域会收到更新的通知，而一旦收到通知，辅助 DNS 服务器就可以提出传送请求了，如图 10-61 所示。

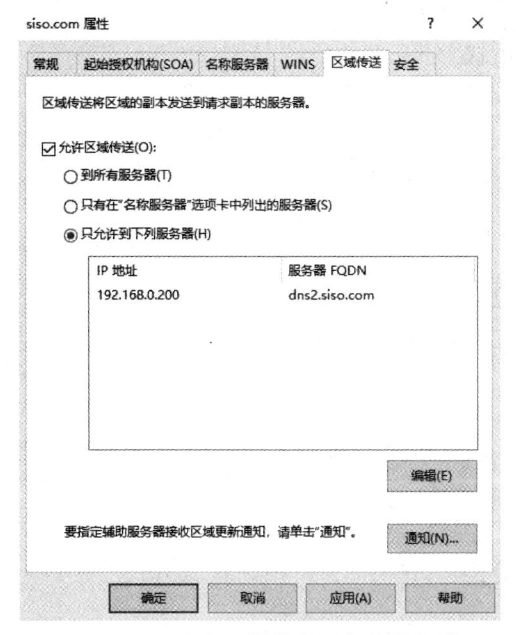

图 10-60　允许区域传送到指定服务器

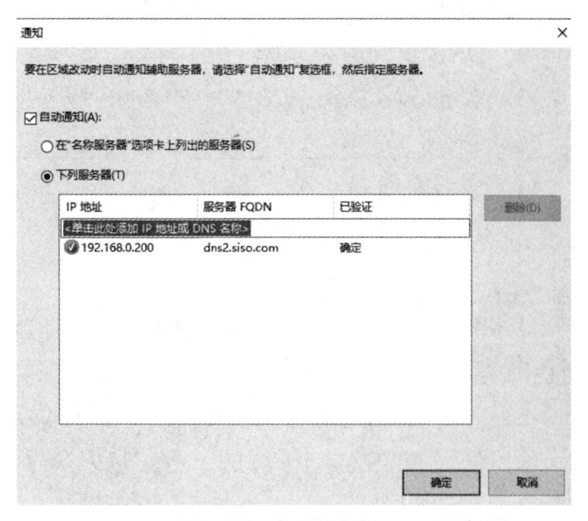

图 10-61　设置要通知的辅助 DNS 服务器

单元小结

域名系统是 Internet 上解决主机命名的一种系统。它是 Internet 的一项核心服务，提供了网络域名和 IP 地址相互映射的一个分布式数据库，使人们能够更方便地访问 Internet，而不用记住能够被计算机直接读取的 IP 地址。

单元练习题

一、单项选择题

1．DNS 协议主要用于实现的网络服务功能是（　　）。

A．物理地址与 IP 地址的映射　　B．用户名与物理地址的映射

C．主机域名与 IP 地址的映射　　D．主机域名与物理地址的映射

2．在下列选项中，（　　）是 DNS 客户端测试命令。

A．ipconfig　　B．netstat

C．trace　　D．nslookup

3．DNS 顶级域名中表示学院的是（　　）。

A．.org　　B．.edu

C．.com　　D．.cn

4．将 DNS 客户端请求的完全合格的域名解析为对应的 IP 地址的过程被称为（　　）。

A．正向解析　　B．反向解析　　C．递归解析　　D．迭代解析

5．将 DNS 客户端请求的 IP 地址解析为对应的完全合格的域名的过程被称为（　　）。

A．正向解析　　B．反向解析

C．递归解析　　D．迭代解析

二、填空题

1．DNS 是 ____________。

2．DNS 正向解析是指 ________，反向解析是指 ________________________。

3．Windows Server 2019 中的 DNS 服务器拥有 3 种区域类型，分别是 __________________、______________________、______________________。

4．域名系统是一种 __________________________ 目录服务。

5．在 DNS 名称服务器中，别名资源记录表示 _________。

三、解答题

1．简述在 Windows Server 2019 中安装 DNS 服务器角色的过程。在安装 DNS 服务器角色前需要做哪些准备？

2．简述 DNS 创建主域的过程。常用的 DNS 资源记录有哪些？

3．简述 DNS 创建子域的过程，以及将子域委派给其他服务器的过程。

单元 11

Web 服务器的配置与管理

学习目标

【知识目标】

- 理解 Web 服务器（对应模块 IIS）的工作原理。
- 了解 IIS 的主要特点，掌握安装和配置 IIS 的方法。
- 掌握 Web 网站的配置和管理。
- 理解 Web 网站虚拟站点的实现原理。
- 掌握在同一台 IIS 服务器上部署不同网站的方法。

【技能目标】

- 掌握 Web 服务器角色的安装方法。
- 掌握 Web 网站的架设和安全配置方法。
- 掌握 Web 网站虚拟站点的创建和配置方法。

引例描述

著创公司因业务发展决定采购一台服务器来搭建公司的企业网，该企业网的主要作用是对外进行信息发布，并且同时搭建企业内部管理网站，如图 11-1 所示。根据公司的网络规划，将 Web 服务器的域名设置为 www.siso.com。其中，www 是主机名，siso.com 是公司局域网的域名。根据服务器地址的规划，将 Web 服务器的内部网络地址设置为 192.168.0.100/24。

图 11-1　搭建 Web 服务器任务

网络管理员小陈准备搭建 Web 服务器，基本步骤如下。

（1）安装 Web 服务器角色。

（2）Web 网站的创建和基本属性的设置，包括主目录设定、IP 地址和端口绑定。

（3）Web 站点安全配置，提高 Web 网站的安全性。

任务 1　添加 Web 服务

任务陈述

著创公司的网络管理员小陈，需要在服务器上通过 Windows Server 2019 中的“添加角色和功能向导”窗口安装 Web 服务，公司 Web 服务器的主机名是 www，搭建的企业网域名是 www.siso.com，局域网 IP 地址是 192.168.0.100。

知识准备

11-1 Web 服务器（理论）

11.1　Web 服务器的工作原理

万维网（Word Wide Web，WWW）服务是一个大规模的、联机式的信息储藏所，并非某种特殊网络。万维网的信息是由 Web 服务器提供的。Web 服务器用链接的方法能够非常方便地从 Internet 上的一个站点访问另一个站点，从而主动地按需获取丰富的信息，这种访问方式被称为“链接”。

Web 服务器采用客户端（Client）/服务器（Server）工作模式，浏览器就是在客户计算机上的 Web 客户机程序，存储文档的计算机则运行服务器程序，因此该计算机也被称为 Web 服务器。Web 客户机程序向 Web 服务器程序发出请求，Web 服务器程序向 Web 客户机程序返回客户需要的网页文档。在一个 Web 客户机程序主窗口上显示的网页文档被称为页面（Page）。

Web 服务器在工作时的几个关键问题如下。

（1）使用统一资源定位符（Uniform Resource Locator，URL）来标识 Web 服务器上的各种文档，使每个文档在整个 Internet 范围内具有唯一的 URL。URL 的一般形式是 <URL 的访问方式 >://< 主机 >:< 端口 >/< 路径 >，如 http://www.siso.edu.cn/Index.htm。

（2）Web 客户机程序与 Web 服务器程序之间进行交互所使用的协议是超文本传送协议（HyperText Transfer Protocol，HTTP）。HTTP 是一个应用层协议，使用 TCP 连接进行可靠传送。它是 Web 服务器上能够可靠地交换文件（包括文本、声音、图像等各种多媒体文件）的重要基础。

（3）使用超文本标记语言（HyperText Markup Language，HTML）设计页面，用户可以方便地访问 Internet 上的任何一个 Web 服务器页面，并且能够在自己的计算机屏幕上将这些页面显示出来。

11.1.1 Web 客户端

Web 服务器采用客户端/服务器工作模式。客户端是指为用户提供本地服务的程序，如浏览器。Web 浏览器使用一个 URL 来请求服务器的相关页面或文档，并负责解释和回显服务器传送过来的 Web 资源。Web 资源通常包括网页、图片、文档等内容。Web 客户端涉及的技术主要包括 HTML、Java 小程序、脚本程序、CSS、DHTML、插件及 VRML（用于实现虚拟现实效果）。Web 浏览器利用这些技术来展示服务器的信息。

常见的浏览器包括由微软系统自带的 IE（Internet Explorer）、由 Google 在开源项目的基础上独立开发的 Chrome、同样是开源开发的 Firefox 和苹果公司为 macOS 量身打造的 Safari 等。

11.1.2 Web 服务器

Web 服务器也被称为 WWW 服务器，主要用于提供网络信息浏览服务。WWW 是 Internet 的多媒体信息查询工具，是 Internet 上近些年发展起来的服务，也是发展最快和目前应用最广泛的服务。WWW 工具的出现促进了 Internet 的迅速发展，且其用户数量飞速增长。

Web 服务器是可以向发出请求的浏览器提供文档的程序。

（1）当 Internet 上运行客户端 PC 的浏览器发出请求时，服务器可以响应或拒绝请求，因此服务器被视为一种被动程序。

（2）常用的 Web 服务器是 Apache 和 Microsoft 的 Internet 信息服务器（Internet Information Services，IIS）。Windows Server 2019 的 IIS 的版本是 IIS10。

（3）Internet 上的服务器也被称为 Web 服务器。它是一台在 Internet 上具有独立 IP 地址的计算机，可以向 Internet 上的客户机提供 WWW、E-mail 和 FTP 等各种 Internet 服务。

（4）Web 服务器使用 HTTP 协议与客户端浏览器进行信息交流，这就是人们经常将其称为 HTTP 服务器的原因。

（5）Web 服务器不仅能存储信息，还能在用户通过 Web 浏览器提供的信息的基础上运行脚本和程序。

11.1.3 HTTP 协议

HTTP 是一个属于应用层的面向对象的协议。它于 1990 年被提出，经过几年的使用与发展，不断地得到完善和扩展。目前在 WWW 中使用的是 HTTP/1.0 的第 6 版，HTTP/1.1 开始趋于规范化，下一代的规范被称为 HTTP-NG（Next Generation of HTTP）。

1. HTTP 协议的主要特点

（1）支持客户端/服务器模式。

（2）简单快速：客户端向服务器请求服务时，需传输请求方法和路径。常用的请求方法有三种，分别是 GET、HEAD 和 POST。

（3）灵活：HTTP 协议允许传输任意类型的数据对象。正在传输的类型由 Content-Type 加以标记。

（4）无连接：无连接的含义是限制每次连接只处理一个请求。服务器处理完客户端的请求，并收到客户端的应答后，即断开连接。

（5）无状态：HTTP 是无状态协议。无状态是指协议对于事务处理没有记忆能力。

2. URL 基本格式

URL 是指 Internet 上资源的位置和访问 Internet 的一种简洁的表示，是 Internet 上标准资源的地址。URL 包含了用于查找某个资源的信息，格式为 http://host[":" 端口][绝对定位地址]。

- http 表示要通过 HTTP 协议来定位网络资源。
- host 表示 Internet 的有效 IP 地址，其中服务器本地访问为 localhost。
- 端口默认为空，端口号为 80。
- 绝对定位地址是指定请求资源的 URI。

例如，当用户在浏览器地址栏中输入 www.siso.com 后，URL 将自动将其翻译成 http://www.siso.com。

11.1.4 HTTP 常见功能

HTTP 常见功能如下。

（1）静态内容："静态内容"允许 Web 服务器发布静态 Web 文件格式，如 HTML 页面和图像文件。使用"静态内容"在 Web 服务器上发布用户随后可使用 Web 浏览器查看的文件。

（2）默认文档："默认文档"允许配置当用户未在 URL 中指定文件时供 Web 服务器返回的默认文件。"默认文档"使用户可以更加轻松、便捷地访问网站。

（3）目录浏览："目录浏览"允许用户查看 Web 服务器上目录的内容。当用户未在 URL 中指定文件及禁用或未配置默认文档时，"目录浏览"在目录中提供自动生成的所有目录和文件的列表。

（4）HTTP 错误：利用"HTTP 错误"，管理员可以自定义当 Web 服务器检测到故障情形时返回用户浏览器的错误消息。

（5）HTTP 重定向："HTTP 重定向"支持将用户请求重定向到特定目标。

11.2 Web 网站配置

扫一扫，获取微课　11-2 Web 网站配置（理论）

Web 服务器是 Web 资源的宿主，也就是说，Web 网站信息的发布依托于 Web 服务器。一台 Web 服务器上存储了一个或多个网站的所有信息。Web 网站上包含了 Web 服务器文件系统中的静态文件，通常我们把这些静态文件看成 Web 网站的资源。这些静态文件包括文本文件、HTML 文件、图片文件、视频和音频格式的文件。随着技术的发展，Web 网站资源的形式越来越多样化，不仅可以是静态文件，也可以是根据需要生成内容的软件程序。它可以根据请求信息的状态来生成内容，如人脸识别、股票交易等。

11.2.1 Web 站点的属性

HTTP 协议工作在 TCP/IP 协议栈的应用层。Web 客户端向 Web 服务器发送请求报文之前，需要先通过 IP 地址和端口号在 Web 客户端和 Web 服务器之间建立 TCP/IP 连接，具体步骤如下。

（1）浏览器从 URL 中解析出 Web 服务器的主机名。

（2）通过域名解析将主机名转换成相应的 IP 地址和端口号，若没有端口号，则默认端口号为 80。

（3）浏览器与 Web 服务器建立 TCP 连接。

（4）浏览器向 Web 服务器发送 HTTP 报文。

（5）Web 服务器向浏览器回显 HTTP 报文。

（6）连接关闭，浏览器显示文档。

11.2.2 Web 站点的结构组件

Web 客户端和 Web 服务器属于 Web 应用程序的重要组件。在复杂的网络环境（如 Internet）中，Web 应用程序除了包括客户端（浏览器）和服务器，还包括代理（Web Proxy Server）、缓存（Web Cache/HTTP Cache）、隧道（HTTP Tunnel）、网关（Gageway）等。

1. 代理

代理是客户端和服务器之间的 HTTP 中间实体，是网络信息的中转站。代理程序一般会绑定在浏览器上作为插件使用，代理程序一旦找到目标服务器，就立刻将网站数据返回用户的浏览器客户端。若当前服务器没有该目标服务器的缓存，则代理程序会自动读取远程网站，并将远程网站的资料提交给客户端，同时将资料进行缓存以满足下一次的浏览需求。代理程序会根据缓存的时间、大小和提取记录自动删除缓存。

2. 缓存

Web 缓存（或 HTTP 缓存）是用于临时存储 Web 文档（如 HTML 页面和图像），以缩短服务器延迟的一种信息技术。Web 缓存就像 HTTP 的仓库，通过保存页面副本来提高页面显示速度。 Web 缓存系统既可以指设备，又可以指计算机程序。

3. 隧道

隧道允许用户通过 HTTP 连接发送非 HTTP 报文格式的数据，这样就可以在 HTTP 报文中附带其他协议数据，也就是说，它可以通过 HTTP 应用程序访问非 HTTP 协议的应用程序。它是对 HTTP 通信报文进行盲转发的特殊代理。

4. 网关

网关是一种特殊的 Web 服务器，可以用来连接其他应用程序。网关通常用于将 HTTP 流量转换成其他协议。网关对于客户端来说是透明的，在包含网关的网络中，客户端并不知道主机在与网关通信，网关接收请求时好像主机就是资源的源端服务器。

任务实施

扫一扫，获取微课

11-3 添加 Web 服务（操作）

1. 安装 Web 服务器角色

在安装 Web 服务器（IIS）角色之前，用户需要先做一些必要的准备工作，HTTP 服务采用客户端/服务器工作模式，如图 11-2 所示。

图 11-2　Web 服务器网络的拓扑结构

Web 服务器需要有一个静态的 IP 地址，笔者不建议使用 DHCP 自动获取 IP 地址。一般服务器的 IP 地址都被设置成静态。

Web 服务器需要在 DNS 服务器上设置一个域名，在本任务中，管理员在 siso.com 域中设置的 Web 服务器局域网地址为 192.168.0.100，对应的域名为 www.siso.com（为了便于读者的操作，将 IIS 服务部署在 server1 上，在“DNS 管理器”窗口中设置 server1.siso.com 的别名为 www.siso.com，并在“DNS 管理器”窗口中删除与本任务冲突的资源设置）。

（1）将 Windows Server 2019 虚拟机设置成 IIS 服务器。在“服务器管理器”窗口中依次选择“管理”→“添加角色和功能”命令，打开“选择服务器角色”界面，选择“服务器角色”选项，然后勾选“Web 服务器（IIS）”复选框，添加 Web 服务器角色，如图 11-3 所示。若“Web 服务器（IIS）”复选框没有被勾选，则表示该网络服务尚未被安装。

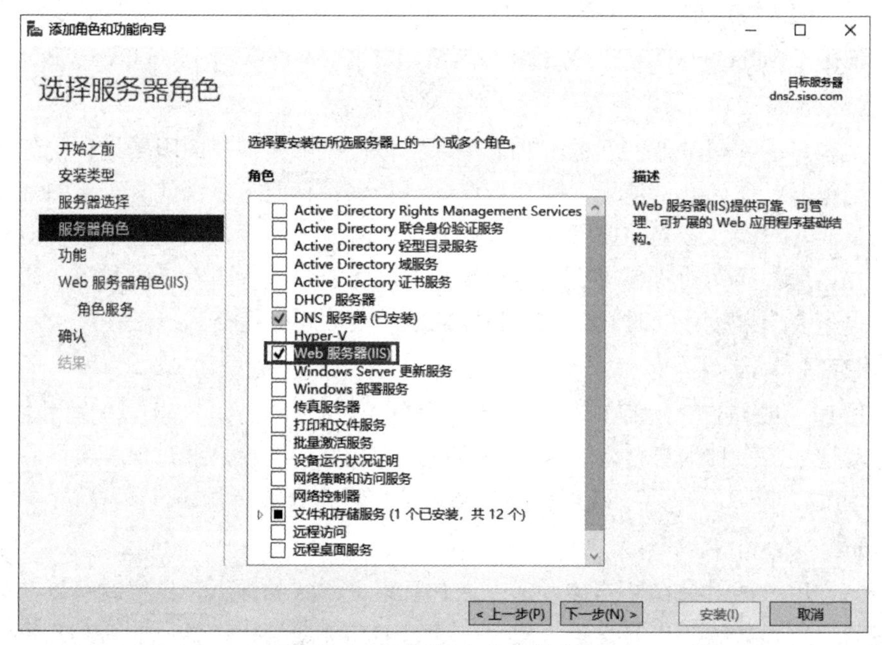

图 11-3 添加 Web 服务器角色

（2）“选择功能”界面显示了服务器的功能及其描述，如图 11-4 所示，单击“下一步”按钮，打开“选择角色服务”界面，该界面默认选择了安装 Web 服务器所必需的组件，在本任务中，管理员考虑到 Web 服务器的安全等设置，选择了大部分组件，如图 11-5 所示，若不需要，则读者可以根据实际情况进行选择，单击“安装”按钮，开始安装 Web 服务器角色。

（3）在“安装进度”界面中，显示了 Web 服务器角色的安装过程，安装完成后的界面如图 11-6 所示。

（4）打开“Internet Information Services（IIS）管理器”窗口的入口有两个，如图 11-7 和图 11-8 所示。IIS 管理器主页如图 11-9 所示。

（5）选择“网站”列表下的“Default Web Site”选项，然后单击右侧“操作”窗格中的“浏览 *:80（http）”链接，打开测试页面，如图 11-10 所示。至此，Web 服务器安装完毕，并且测试后能正常访问。

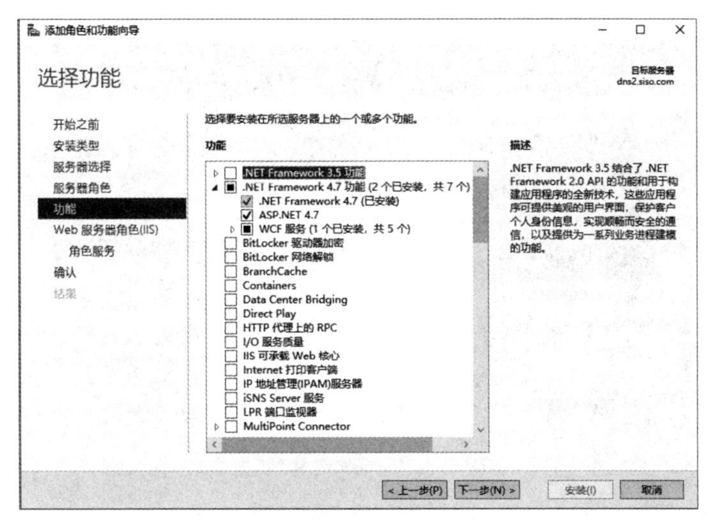

图 11-4 “选择功能”界面

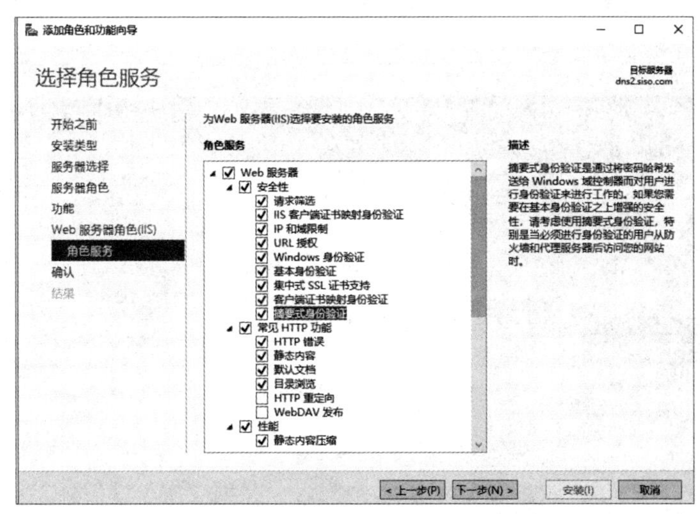

图 11-5 “选择角色服务”界面

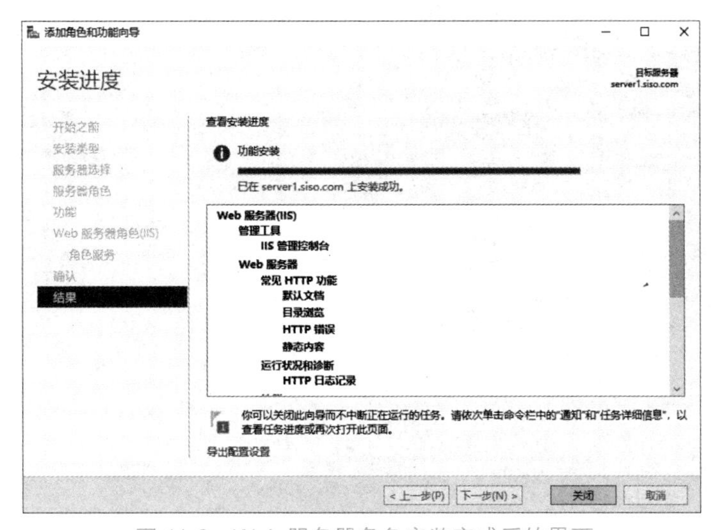

图 11-6 Web 服务器角色安装完成后的界面

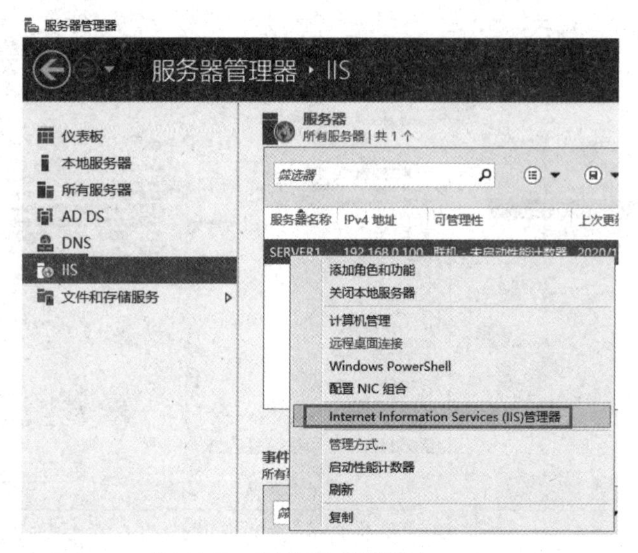

图 11-7　打开 IIS 管理器入口一

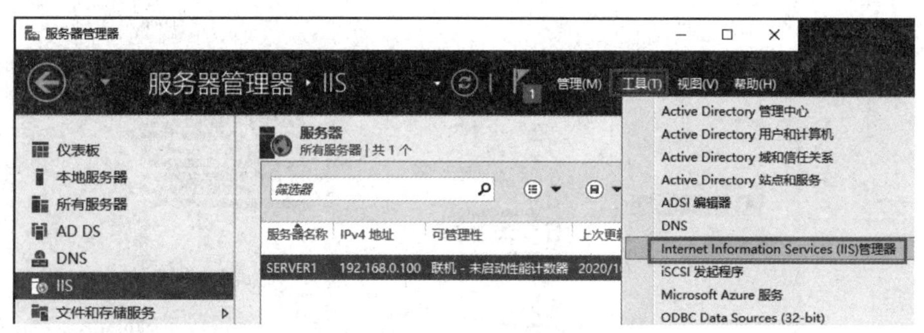

图 11-8　打开 IIS 管理器入口二

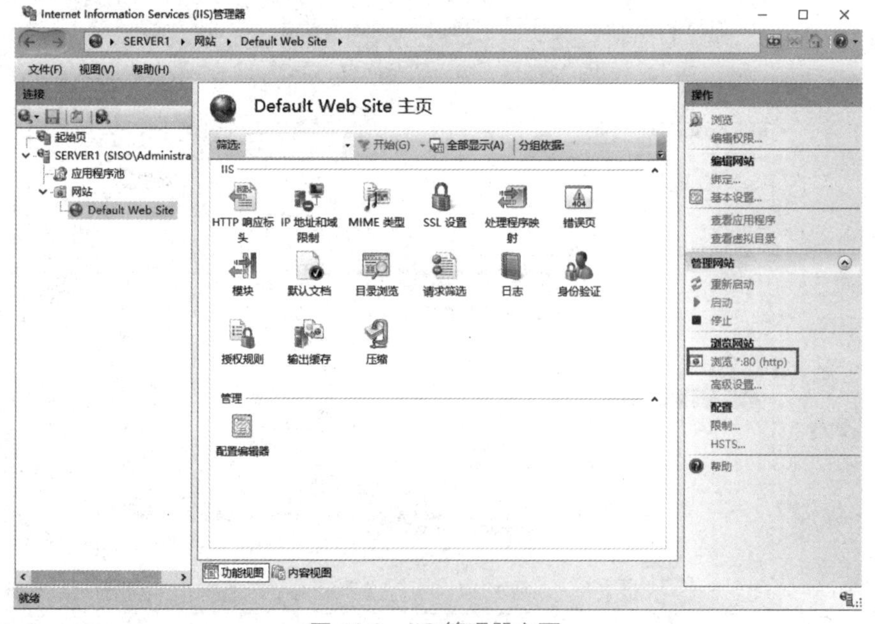

图 11-9　IIS 管理器主页

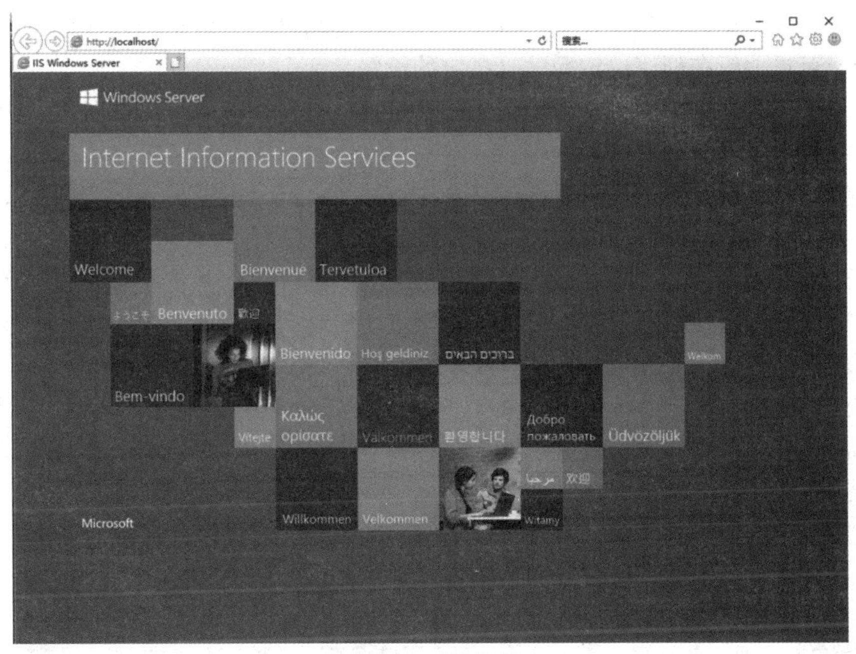

图 11-10　测试页面

2. 在 Web（IIS）服务器中配置站点

（1）在图 11-9 中，先停掉 Default Web Site 网站，然后通过新建网站的方式，创建公司的 Web 站点。右击“网站”选项，在弹出的快捷菜单中选择“添加网站”命令，如图 11-11 所示。

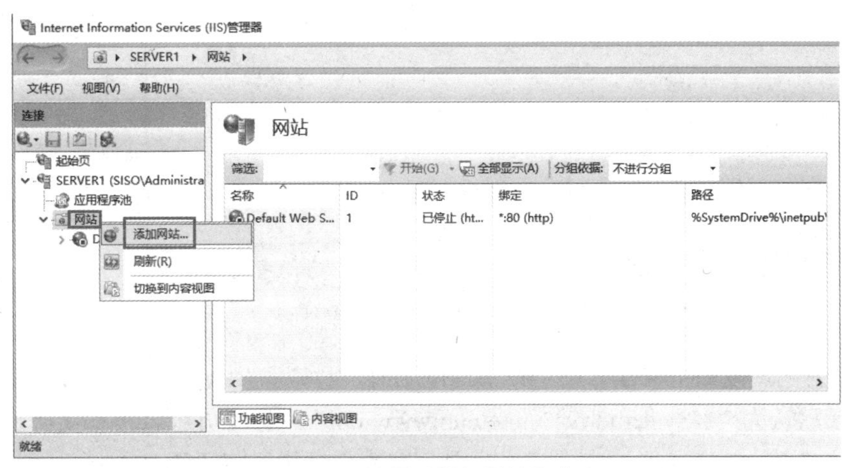

图 11-11　选择“添加网站”命令

（2）网站“操作”动作命令如下，详细选项如图 11-12 所示。

- 浏览：在资源管理器中打开网站的文件，用户可以查看网站的源文件。
- 编辑权限：管理员可以对网站目录的权限进行设置。
- 绑定：单击“绑定”链接，打开“网站绑定”对话框，在该对话框中，管理员可以添加、编辑和删除网站绑定。

- 基本设置：单击“基本设置”链接，打开“编辑网站”对话框，在该对话框中，管理员可以编辑在创建选定网站时指定的设置。
- 查看应用程序：单击“查看应用程序”链接，打开“应用程序”窗格，管理员可以从中查看属于网站的应用程序。
- 查看虚拟目录：单击“查看虚拟目录”链接，打开“虚拟目录”窗格，管理员可以从中查看属于网站根应用程序的虚拟目录。
- 重新启动、启动、停止：启动、停止选定的网站。停止并重新启动选定网站。重新启动网站将会使网站暂时不可用，直至重新启动完成为止。
- 浏览网站：在 Internet 浏览器中打开选定的网站。若网站有多个绑定，则会显示多个浏览链接。
- 高级设置：单击“高级设置”链接，打开“高级设置”对话框，管理员可以从中编辑选定网站的高级设置。
- 限制：单击“限制”链接，打开“编辑网站限制”对话框，在该对话框中，管理员可以为选定的网站配置带宽和连接限制。

图 11-12　网站“操作”动作命令

（3）设置网站发布主目录。当用户访问网站时，服务器会从主目录中调取相应的文档。网站主目录默认为“%Systemdrive%\inetpub\wwwroot”。管理员可以根据实际情况（如磁盘的大小、安全的特殊需要）来自定义目录。在本任务中，将“添加网站”对话框的“内容目录”选区中的“物理路径”设置为“C:\web”，单击“连接为”按钮，在打开的“连接为”对话框中选中“特定用户”单选按钮，并单击“设置”按钮，在打开的“设置凭据”对话框中输入管理员的用户名和密码，单击“确定”按钮，如图 11-13 所示。

（4）在图 11-13 中单击“测试设置”按钮，打开“测试连接”对话框，如图 11-14 所示，在该对话框中显示了测试结果，测试结果表示身份认证和授权成功。

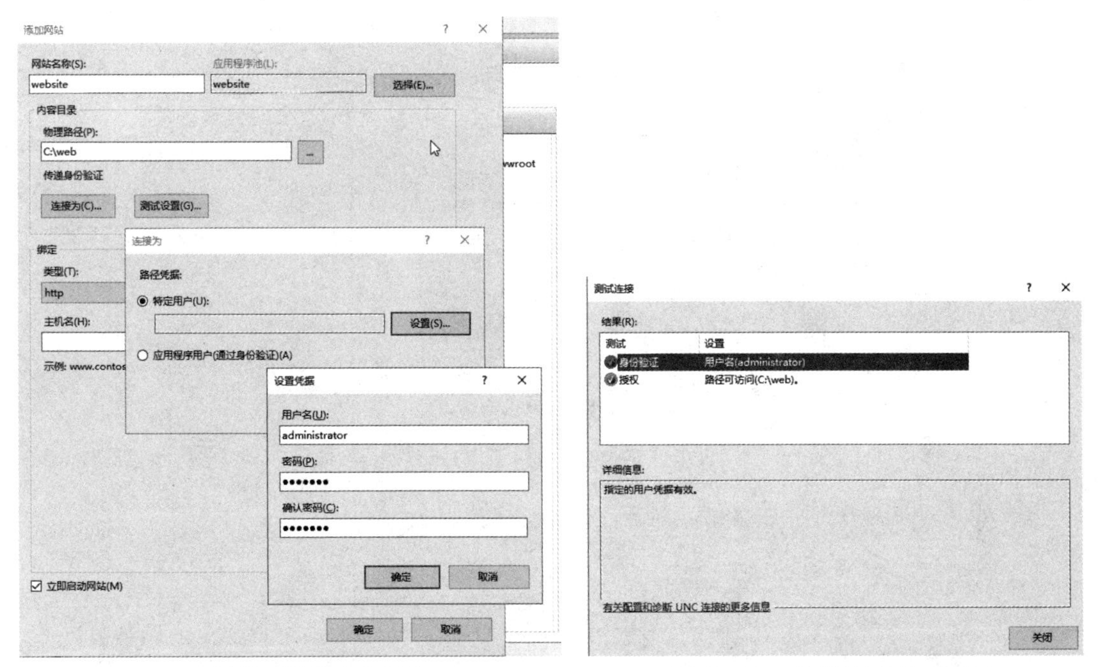

图 11-13 设置网站发布主目录　　图 11-14 “测试连接”对话框

（5）在“添加网站”对话框的“绑定”选区中设置“类型”为“http”，从“IP 地址”下拉列表中选择“192.168.0.100”选项，并设置“端口”为“80”，如图 11-15 所示。

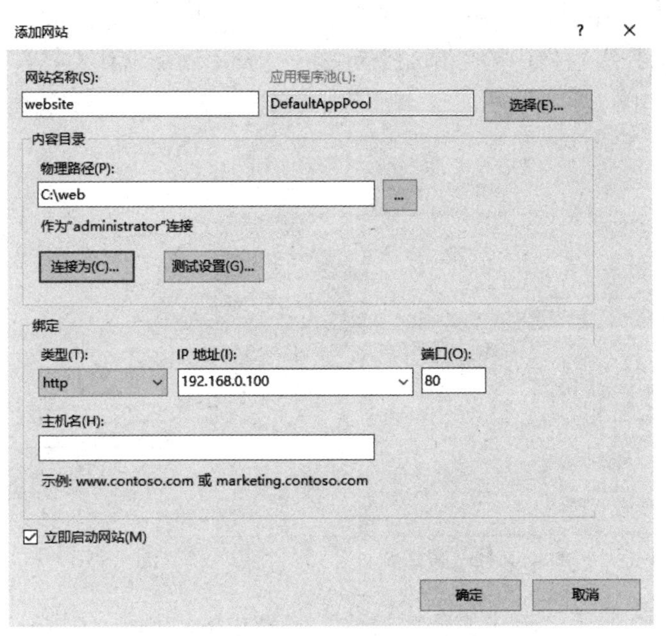

图 11-15 设置绑定主机参数

（6）默认文档一般是目录的主页或包含网站文档目录列表的索引。在通常情况下，Web 网站需要有一个默认页面，在“Internet Information Services（IIS）管理器”窗口的左侧窗格中选择“website”选项，在右侧“website 主页”窗格的“IIS”选区中选择“默认文档”选项，如图 11-16 所示。

图 11-16 选择"默认文档"选项

（7）打开"默认文档"窗格，如图 11-17 所示，在下面的列表框中定义了多个默认文档。服务器中的默认文档是有前后顺序的，在右侧"操作"窗格中，可以"删除"某个默认文档，也可以"上移"或"下移"某个默认文档来调整其顺序。

（8）单击"操作"窗格中的"添加"链接，打开"添加默认文档"对话框，添加自定义的默认文档，如图 11-18 所示。在本任务中，管理员已创建 website 主页，存储在物理路径"C:\web"下。

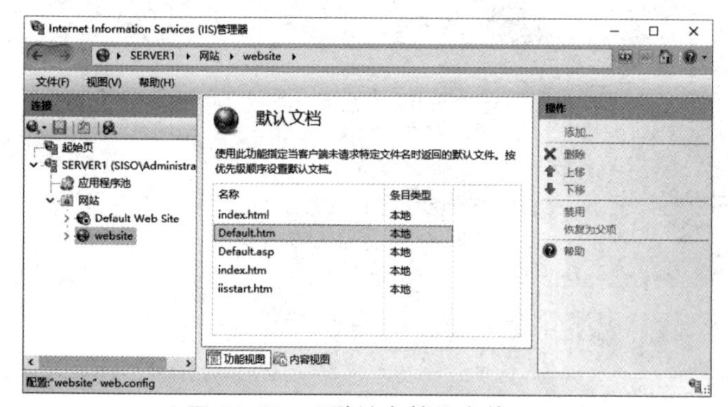

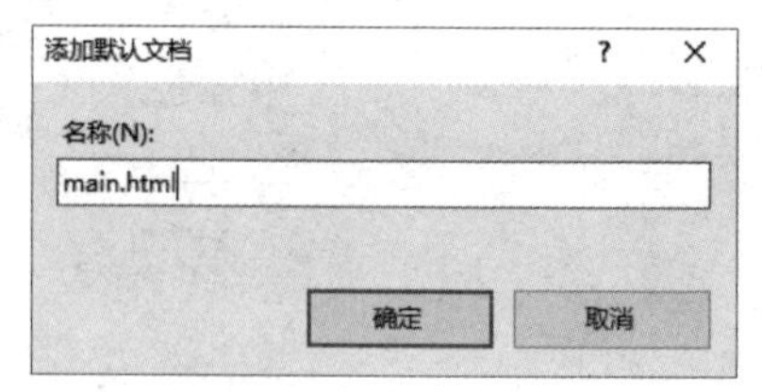

图 11-17 "默认文档"窗格

图 11-18 添加自定义的默认文档

（9）如图 11-19 所示，单击右侧"操作"窗格中的"浏览 192.168.0.100:80(http)"链接进入默认页面。网站在创建时默认是启动状态，直接单击它会进入默认页面。管理员可以通过"操作"窗格上的"管理网站"栏来启动或停止网站。客户端在测试网站页面是否可以访问时，若打开失败，则可以先关闭服务器的防火墙，再进行访问，或者在服务器防火墙中添加规则，允许服务端口通过。访问成功的网站页面如图 11-20 所示。

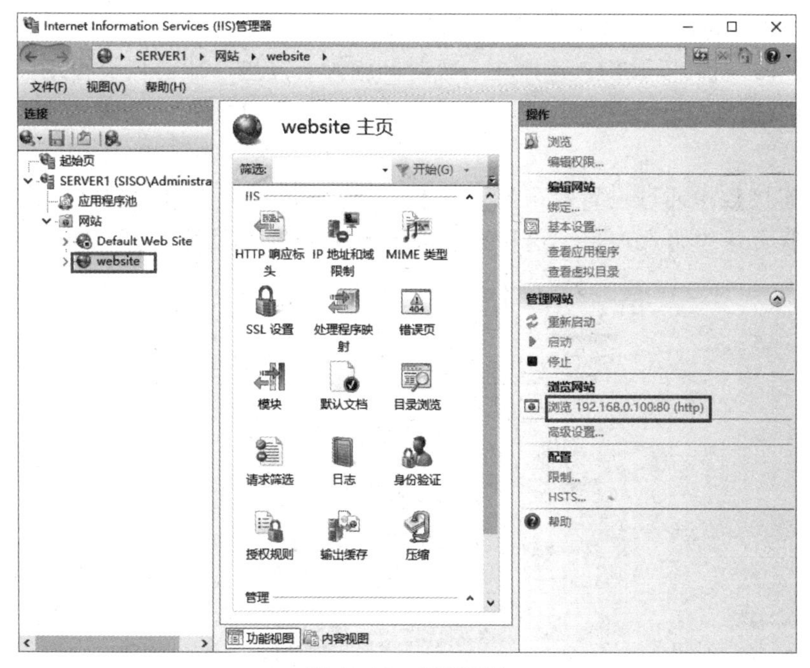

图 11-19 浏览网站

图 11-20 访问成功的网站页面

任务拓展

扫一扫，获取微课

11-4 在 IIS 服务上部署不同站点（操作）

考虑到公司内部网络的安全，管理员小陈决定对公司的服务器进行安全和性能方面的设置。公司有两个网站需要发布，小陈决定在公司的一台 IIS 服务器上部署两个不同的网站。

1. 设置网络限制

网站在实际运行中，可能会由于访问人数过多而出现死机等情况，为了保证网站可以正常工作，管理员应对它进行一定的限制，如限制带宽使用等。单击“操作”窗格的“配置”栏中的“限制”链接，打开“编辑网站限制”对话框，如图 11-21 所示。“编辑网站限制”对话框中包括三个选项，含义如下。

- 限制带宽使用（字节）。该选项的含义是多个 Web 站点同时运行时，不能让某一个站点独占带宽而导致其他站点不能运行。

- 连接超时（秒）。HTTP 连接在一段时间内没有反应，服务器会自动断开释放被占用的系统资源和网络带宽，默认将连接超时设置为 120 秒，管理员可以根据实际情况来设置。
- 限制连接数。通过设置“限制连接数”，可以防止因大量客户端请求而造成 Web 服务器负载的恶意攻击。这种恶意攻击被称为拒绝服务攻击（Denial of Service，DOS）。

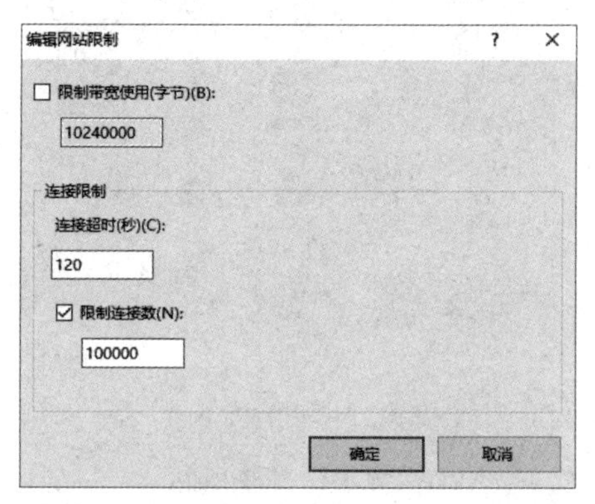

图 11-21 “编辑网站限制”对话框

2. 禁用匿名身份验证

在默认情况下，Web 服务器启用匿名访问，当用户访问 Web 站点时，系统提供 IIS_USERS 这个特殊的匿名用户账号自动登录。为了提高服务器的访问安全性，系统只允许授权的用户访问，具体操作步骤如下。

打开“Internet Information Services（IIS）管理器”窗口，选择“身份验证”选项，在打开的“身份验证”界面中，找到“匿名身份验证”选项，单击鼠标右键，在弹出的快捷菜单中选择“禁用”命令，如图 11-22 所示。设置完毕后，返回“Internet Information Services（IIS）管理器”窗口，重启网站使设置生效。

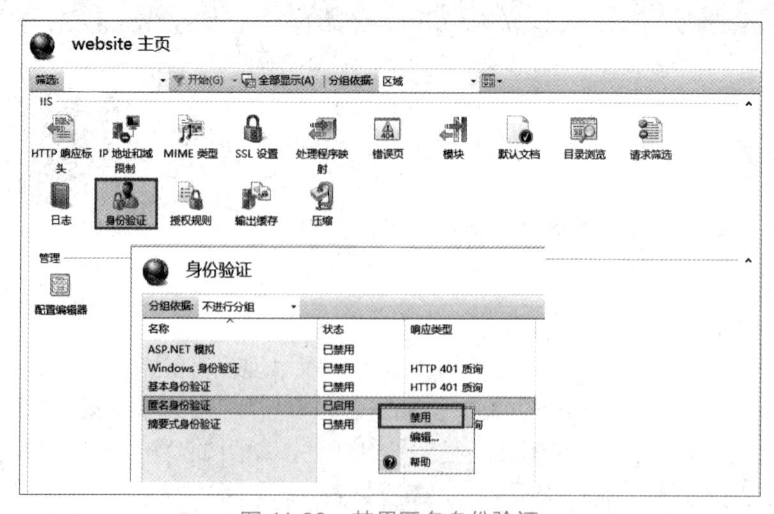

图 11-22 禁用匿名身份验证

3. 身份验证

身份验证有 5 种方法：基本身份验证、摘要式身份验证、Windows 身份验证、ASP.NET 模拟、匿名身份验证。下面简单介绍这五种验证方法的主要特点。

（1）基本身份验证。使用基本身份验证可以要求用户在访问内容时提供有效的用户名和密码。所有主流的浏览器都支持该身份验证方法，它可以跨防火墙和代理服务器工作。基本身份验证的缺点是使用弱加密方式在网络中传输密码。只有当确认客户端与服务器之间的连接是安全连接时，才能使用基本身份验证。若使用基本身份验证，则禁用匿名身份验证。所有浏览器向服务器发送的第一个请求都是匿名访问服务器内容；若不禁用匿名身份验证，则用户可以采用匿名方式访问服务器上的所有内容，包括受限制的内容。

（2）摘要式身份验证。使用摘要式身份验证比使用基本身份验证更安全。另外，目前所有浏览器都支持摘要式身份验证，摘要式身份验证通过代理服务器和防火墙服务器来工作。要成功使用摘要式身份验证，必须先禁用匿名身份验证。

（3）Windows 身份验证。仅在局域网环境中使用 Windows 身份验证。此身份验证允许用户在服务器域上使用身份验证来对客户端连接进行验证。因此，实际在域工作过程中，用户会优先考虑使用 Windows 身份验证，因为它可以提供更便捷的访问方式。

（4）ASP.NET 模拟。若针对 ASP.NET 应用程序启用了模拟，则该应用程序可以运行在以下两种不同的上下文中：作为已通过 IIS 身份验证的用户或作为用户设置的任意账户。例如，如果使用的是匿名身份验证，并选择作为已通过 IIS 身份验证的用户运行 ASP.NET 应用程序，那么该应用程序将在为匿名用户设置的账户（通常为 IUSR）下运行。同样，如果选择作为用户设置的任意账户运行 ASP.NET 应用程序，那么该应用程序将运行在为该账户设置的任意安全上下文中。

（5）匿名身份验证。当启用匿名身份验证访问站点时，系统不要求用户提供经过身份验证的用户凭据。当访问的网站信息没有安全要求时，管理员可设置启用匿名身份验证。IIS 创建 IUSR 账户用来在匿名用户请求 Web 内容时对他们进行身份验证。用户可以为不同的网站、虚拟目录、物理目录和文件建立不同的匿名账户。若该服务器是基于 Windows Server 2019 的独立服务器，则 IUSR 账户位于本地服务器上；若该服务器是域控制器，则 IUSR 账户是针对该域进行定义的。

4. 在同一台 IIS 服务器上部署多个网站

在同一台 IIS 服务器上部署多个网站可以使用 IP 地址不同标识、端口不同标识、域名不同标识的方式，下面来演示使用域名不同标识的方式在同一台 IIS 服务器上部署多个网站的步骤。

（1）192.168.0.100 已有一个别名 www.siso.com，下面在 DNS 服务器上新增两个别名，即 web1.siso.com、web2.siso.com，如图 11-23 所示。

（2）预置两个网站目录，对应的文档位置分别为“C:\web1”和“C:\web2”，同时在两个网站目录中新建不同的首页，然后新建两个网站 web1 和 web2，所需参数如图 11-24 和图 11-25 所示。

（3）在浏览器地址栏中分别输入“http://web1.siso.com/”和“http://web2.siso.com/”进行网站测试，如图 11-26 和图 11-27 所示。

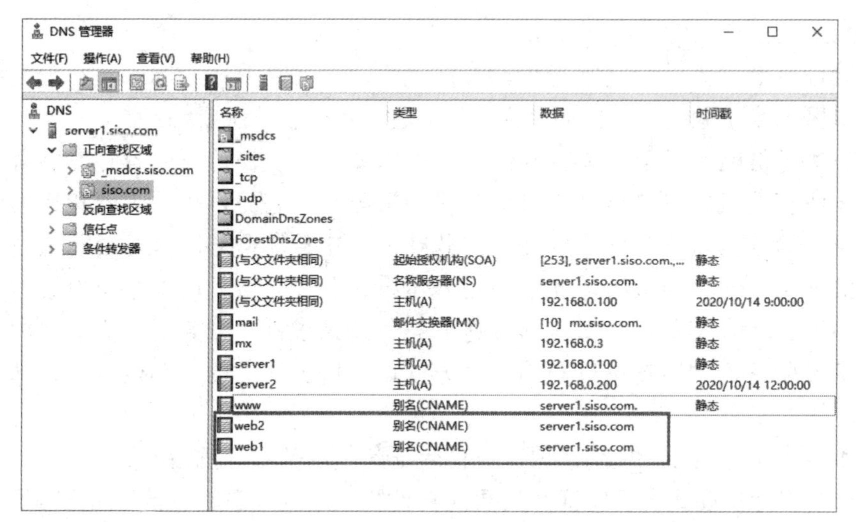

图 11-23 在 DNS 服务器上新增两个别名

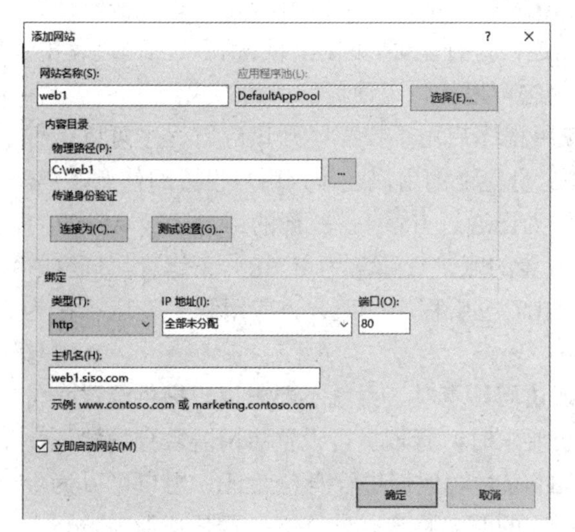

图 11-24 web1 网站设置

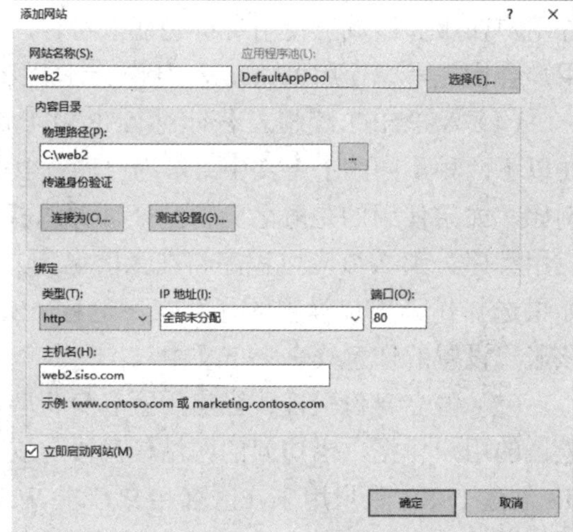

图 11-25 web2 网站设置

图 11-26 web1 网站测试

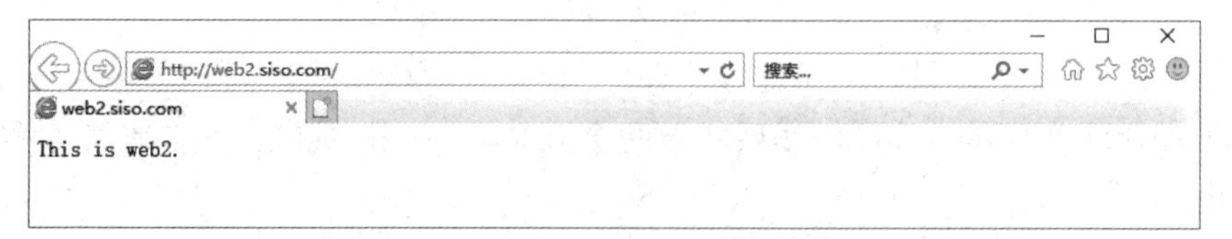

图 11-27 web2 网站测试

任务2　创建 Web 虚拟目录

任务陈述

随着公司业务的扩大，公司网站的内容越来越多，网络管理员小陈将网页及相关文件进行分类，分别按功能放在 website 主目录的子目录下，这些子目录叫作实际目录（Physical Directory）。网络管理员小陈考虑到网站信息的安全性和内容目录的复杂性，除了设置实际目录，她还决定对部分资料设置虚拟目录。

知识准备

扫一扫，获取微课

11-5 Web 虚拟目录（理论）

11.3　虚拟目录

虚拟目录是指向存储在本地计算机或远程计算机上实际物理内容的指针。如果希望包括实际上没有包含在网站目录中或应用程序目录中的内容，那么网络管理员可以创建虚拟目录，该虚拟目录包括来自 Web 服务器中其他位置或网络中其他计算机上的内容。

11.3.1　虚拟目录的属性

通过“虚拟目录”窗格可以管理应用程序中虚拟目录的列表。虚拟目录的属性包括以下元素。

- 应用程序路径：显示包含每个虚拟目录的应用程序。
- 虚拟路径：显示 URL 中用来访问虚拟目录的虚拟路径。
- 物理路径：显示用来存放虚拟目录内容的目录的物理路径。
- 标识：显示自定义标识（如果已配置）的用户名，该用户名用于从映射到虚拟目录的物理目录中访问内容。若将该标识留空，则使用传递身份验证方式来访问内容。

11.3.2　虚拟目录的配置

使用“添加虚拟目录”和“编辑虚拟目录”对话框，可以在网站和应用程序中添加和编辑虚拟目录。

- 网站名称：显示包含虚拟目录的网站名称。
- 路径：显示包含虚拟目录的应用程序。若在网站级别创建虚拟目录，则该文本框将显示/；若在应用程序级别创建虚拟目录，则该文本框将显示该应用程序的名称，如/myPIC。
- 别名：虚拟目录的名称，客户端可以使用该名称从 Web 浏览器中访问内容。例如，若网站地址为 http://www.siso.com/ 并且该网站创建了一个名为 /pic 的虚拟目录，则用户可以通过输入 http://www.siso.com/pic/ 从 Web 浏览器中访问该虚拟目录。
- 物理路径：存储虚拟目录内容的物理路径。内容既可以存储在本地计算机上，又可以来自远程共享。若内容存储在本地计算机上，则输入物理路径，如 C:\PIC。若内容来自远程共享，则输入 UNC 路径，如 \\Server\Share。用户指定的路径必须存在，否则可能收到配置错误。单击“连接为”按钮，以便为账户提供凭据（可选），该账户经授权可以访问物理路径中的内容。

- 连接为：单击“连接为”按钮，打开“连接为”对话框，在该对话框中，管理员可以选择如何连接到在“物理路径”文本框中输入的路径。在默认情况下，“应用程序用户（通过身份验证）”单选按钮处于选中状态。
- 测试设置：单击“测试设置”按钮，打开“测试设置”对话框，在该对话框中，管理员可以查看测试结果，以评估路径设置是否有效。

11.3.3 虚拟 Web 主机

在一台 Web 服务器上创建多个 Web 站点，可以认为这台 Web 服务器是虚拟 Web 主机。虚拟 Web 主机有以下主要特点。

- 节约服务器资源。使用虚拟主机，可以大大减少服务器的硬件资源的投入。在物理设备上虚拟多个站点，既节约成本又方便管理。
- 可控、可管理。使用虚拟主机，与使用真实主机没有差异。同时，用户可以使用 Web 方式远程管理虚拟主机，而且虚拟主机之间互不影响，既能独立管理又能提高管理效率。
- 数据安全性高。利用虚拟主机，可以分离敏感数据，从内容到站点都能相互隔离。
- 分级管理。不同的站点可以指派给不同的人进行管理，只有有权限的管理员才可以配置站点。因此，每个部门可以根据需要指派专门人员来管理站点。
- 网络性能和带宽调节。管理员可以根据实际情况为不同站点设置相应的网络带宽，以保证物理 Web 服务器的正常工作。

扫一扫，获取微课　11-6 Web 虚拟目录（操作）

任务实施

（1）网络管理员小陈需要在服务器的根目录（C 盘）中创建一个名称为“Pic”的文件夹，将测试虚拟目录的网页文件“vtest.html”保存在“Pic”文件夹中，如图 11-28 所示。

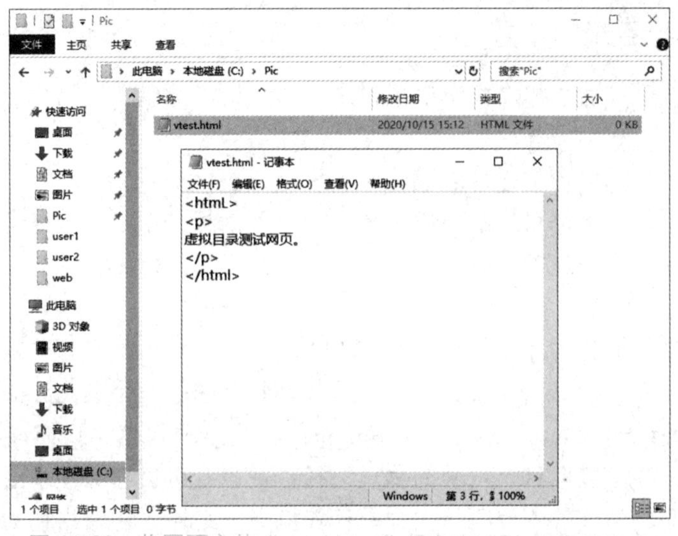

图 11-28　将网页文件“vtest.html”保存在“Pic”文件夹中

（2）打开“Internet Information Services（IIS）管理器”窗口，右击“website”选项，在弹出的快捷菜单中选择“添加虚拟目录”命令，如图 11-29 所示。

图 11-29　选择“添加虚拟目录”命令

（3）打开“添加虚拟目录”对话框，在“别名”文本框中输入“Pic”，在“物理路径”文本框中输入虚拟目录的实际路径“C:\Pic”，连接用户使用 administrator，输入管理员密码，如图 11-30 所示，单击“测试设置”按钮，查看是否连接成功，如图 11-31 所示。设置结束后，单击“确定”按钮保存设置，并在网站默认首页中添加“vtest.html”网页文件。

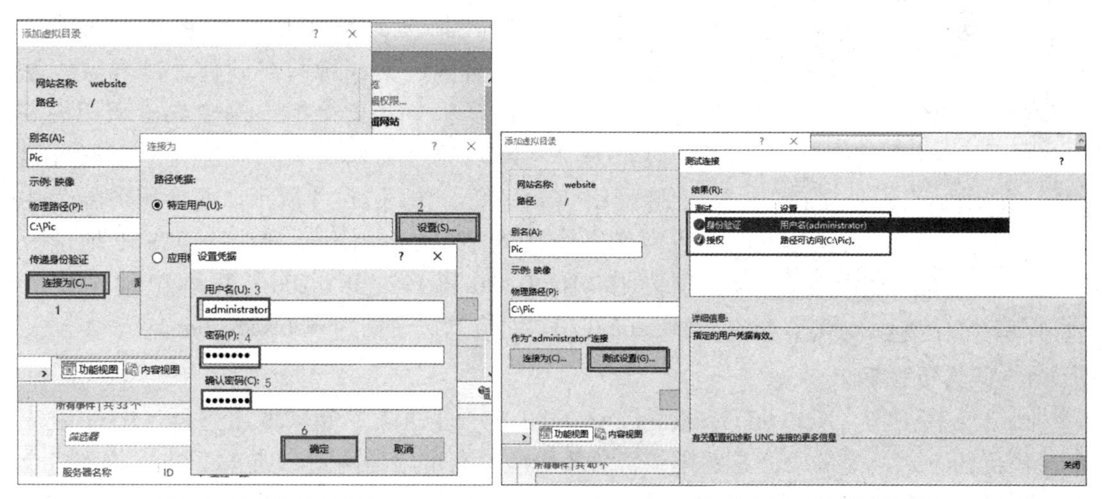

图 11-30　连接设置

图 11-31　测试连接设置

（4）打开浏览器，在地址栏中输入“http://192.168.0.100/Pic/”，测试虚拟目录页面是否可以正常访问，如图 11-32 所示。

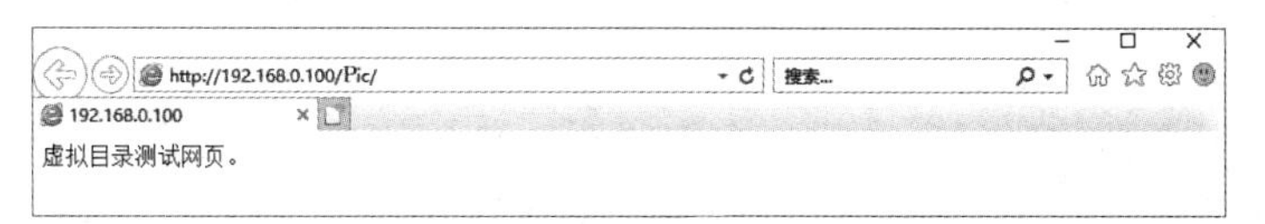

图 11-32　访问虚拟目录页面

（5）查看虚拟目录的实际路径。单击“操作”窗格中的“高级设置”链接，在打开的“高级设置”对话框中查看指定的虚拟目录的实际路径，如图 11-33 所示。

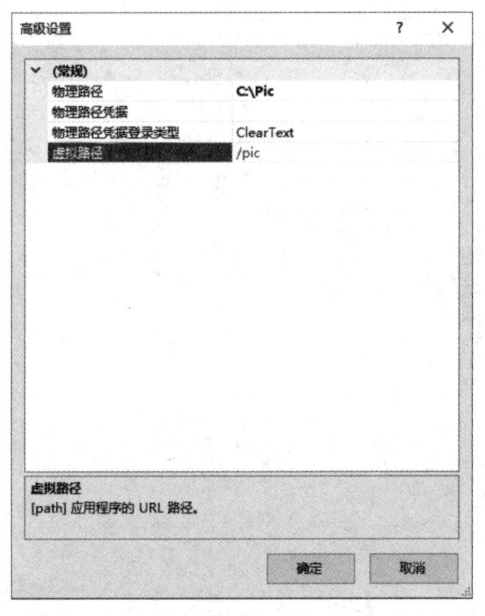

图 11-33　查看虚拟目录的实际路径

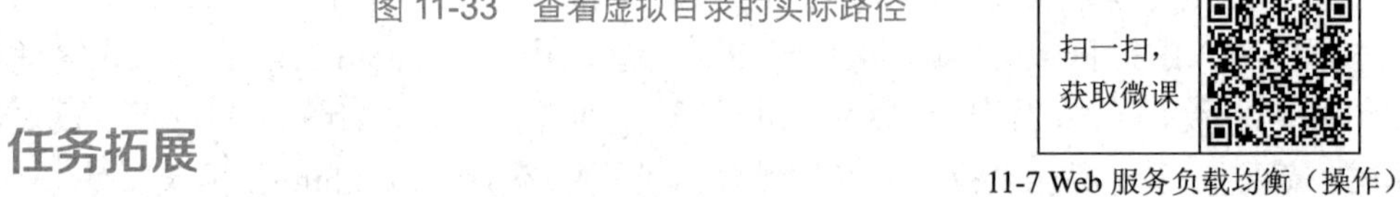

11-7 Web 服务负载均衡（操作）

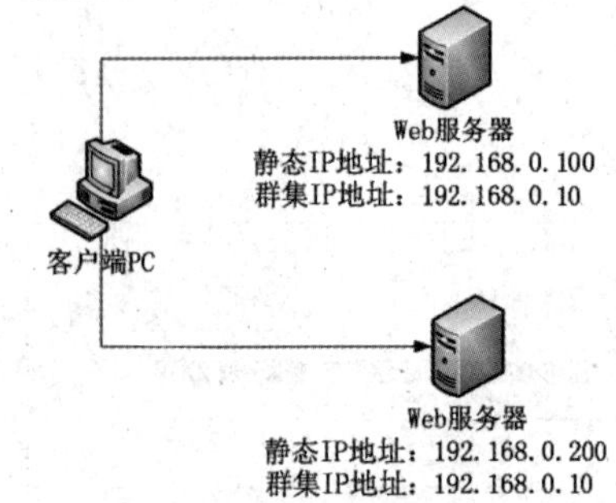

图 11-34　网络负载平衡拓扑结构

网络管理员小陈发现随着网站业务量的增加，Web 服务器因访问量过大或者网络硬件故障导致无法连接或访问，甚至服务器直接拒绝连接或出现死机等问题。为了不影响正常访问，小陈决定为两台服务器安装网络负载平衡。如图 11-34 所示，两台服务器使用的操作系统均为 Windows Server 2019，静态 IP 地址分别为 192.168.0.100 和 192.168.0.200，群集 IP 地址均为 192.168.0.10，对应的域名均为 web.siso.com。

1. 网络负载平衡

网络负载平衡（Network Load Balance，NLB）通过将多台 Web 服务器（IIS）组成 Web 集群的方式，提供一个具备排错、负载平衡的高可用性网站。当 Web 集群收到多个不同用户的连接请求时，这些请求会被分散地送到 Web 集群的不同 Web 服务器中，以此来提高访问效率。若 Web 集群中的某台 Web 服务器因为故障而无法继续提供服务，则会由其他仍然能够正常运行的 Web 服务器来继续为用户提供服务，因此 Web 集群还具有故障转移的功能。

2. 网络负载平衡的安装

（1）打开“服务器管理器”窗口，单击“添加角色和功能”链接，打开“添加角色和功能向导”窗口，连续单击“下一步”按钮，直到打开“选择功能”界面，在该界面中勾选“网络负载平衡”复选框，如图 11-35 所示。

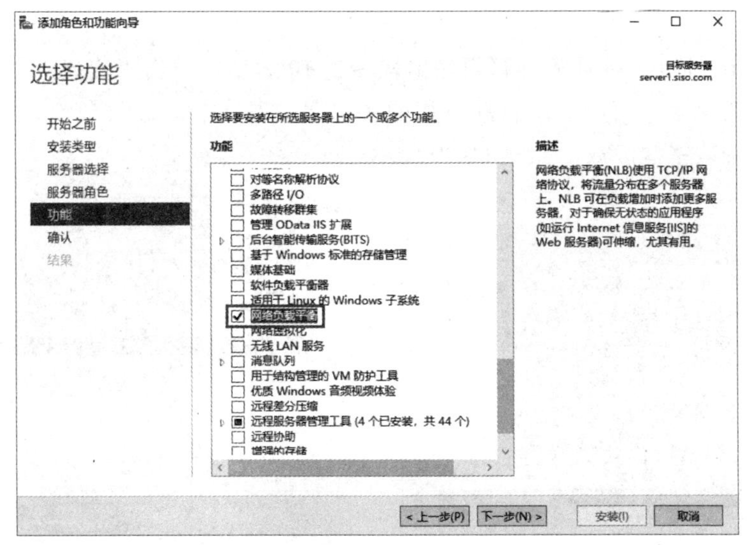

图 11-35　添加“网络负载平衡”功能

（2）其他界面按照默认设置，直到安装完成。

3. 网络负载平衡的配置

（1）在“服务器管理器”窗口的“工具”下拉菜单中选择“网络负载平衡管理器”命令，打开“网络负载平衡管理器”窗口，如图 11-36 所示。

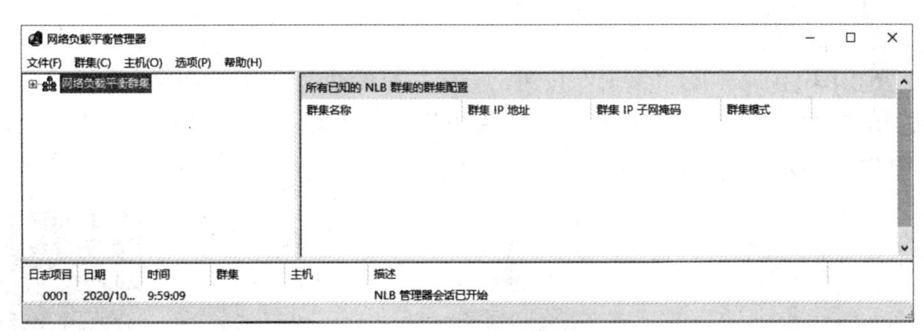

图 11-36　“网络负载平衡管理器”窗口

（2）右击“网络负载平衡群集”选项，在弹出的快捷菜单中选择“新建群集”命令，如图 11-37 所示。

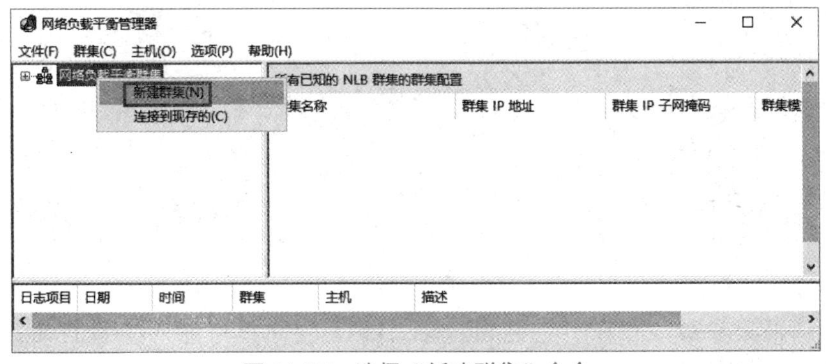

图 11-37　选择“新建群集”命令

（3）打开“新建群：连接”对话框，在“主机”文本框中输入主机的 IP 地址“192.168.0.100”，若主机有多个 IP 地址，则优先选择群集网段中的 IP 地址，单击“连接”按钮，连接成功的主机的信息显示在“可用于配置新群集的接口”列表框中，如图 11-38 所示。单击“下一步”按钮，确认主机参数，如图 11-39 所示。

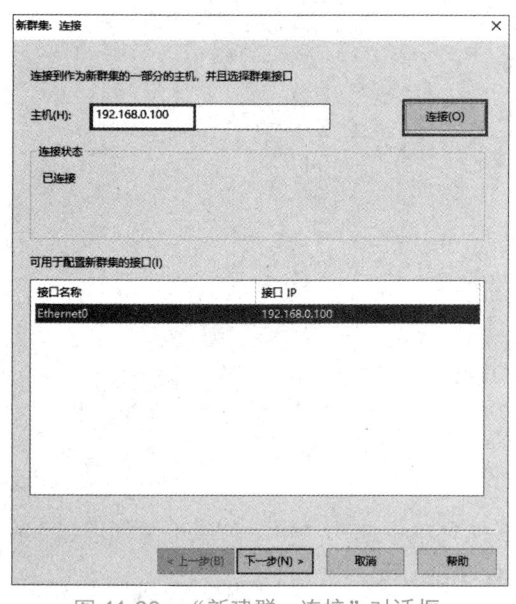

图 11-38 “新建群：连接”对话框

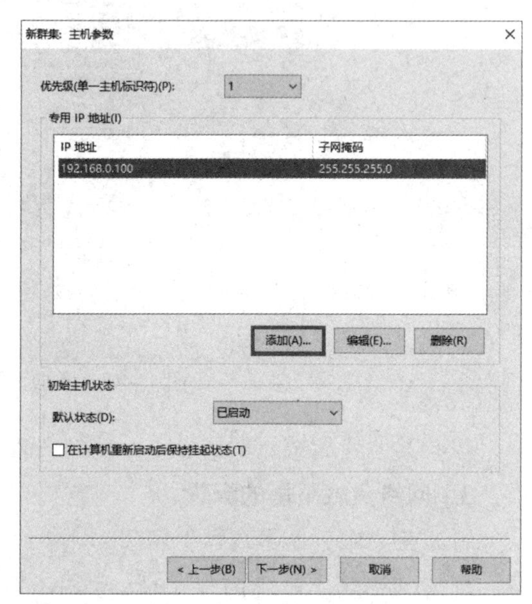

图 11-39 确认主机参数

（4）单击图 11-39 中的“编辑”按钮，查看主机参数，如图 11-40 所示。

（5）单击“确定”按钮，在打开的“新群集：群集 IP 地址”界面中，输入群集成员共享的 IP 地址，如图 11-41 所示。

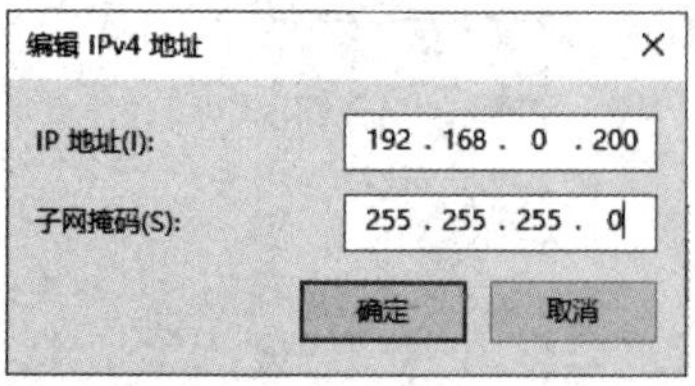

编辑 IPv4 地址

IP 地址(I): 192 . 168 . 0 . 200

子网掩码(S): 255 . 255 . 255 . 0

确定 取消

图 11-40 编辑主机参数

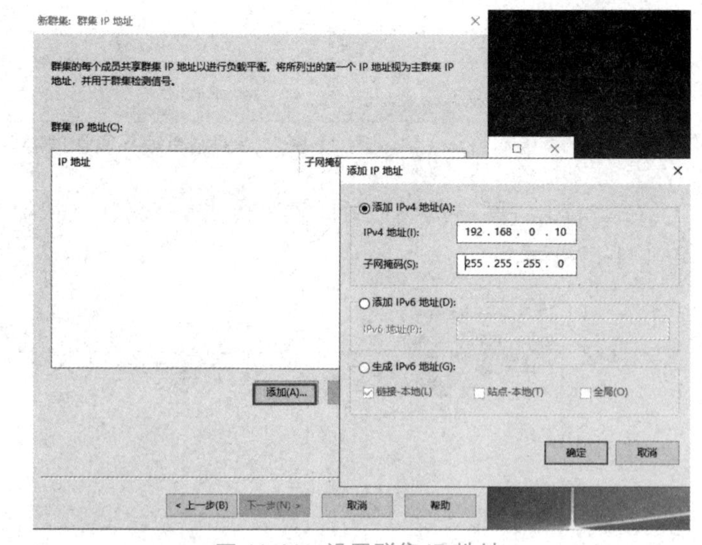

图 11-41 设置群集 IP 地址

（6）确认群集参数，并在“完整 Internet 名称”文本框中输入完整的域名“web.siso.com”，如图 11-42 所示。

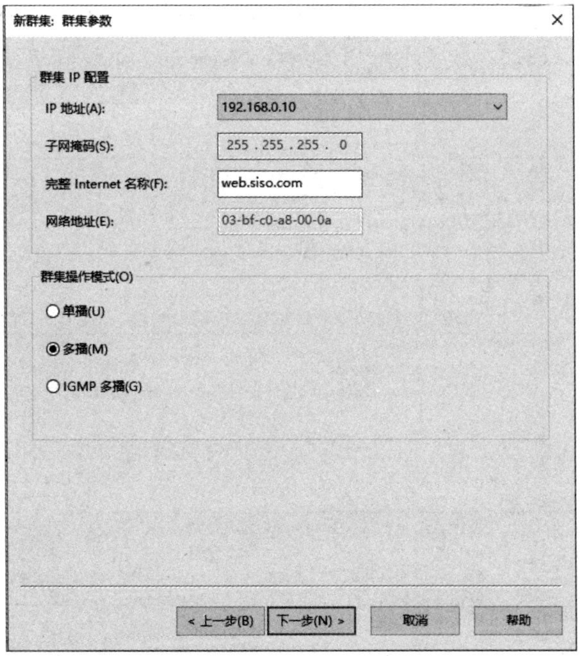

图 11-42　确认群集参数并输入完整域名

（7）确认端口规则，可以按照默认设置，也可以单击“编辑”按钮，在打开的“添加/编辑端口规则”对话框中设置端口范围，设置完毕后，依次单击“确定”和“完成”按钮，如图 11-43 所示。

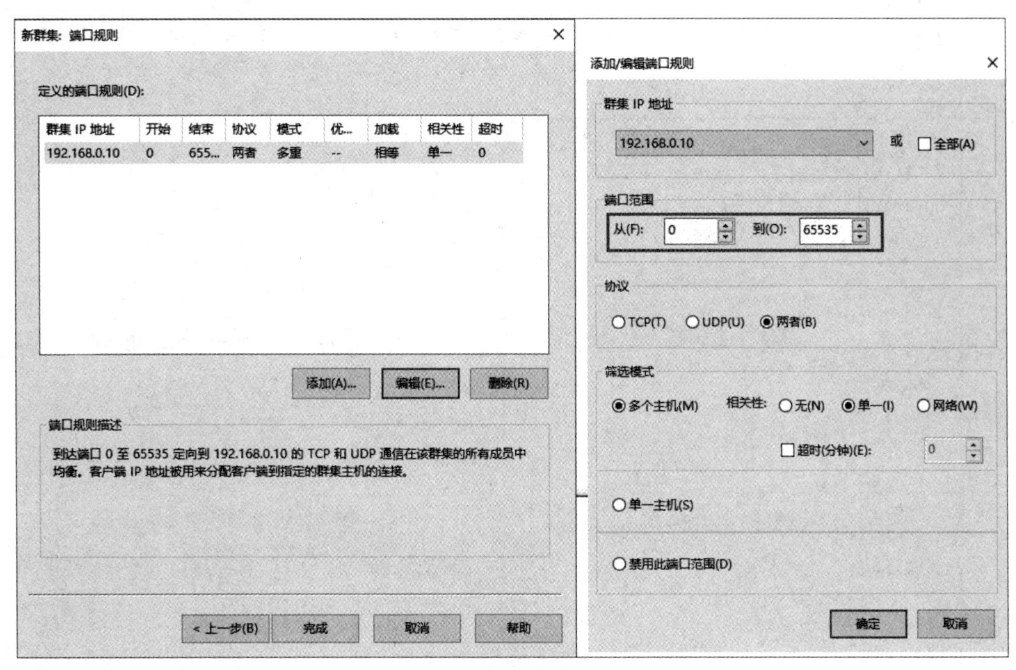

图 11-43　确认端口规则

（8）打开“网络负载平衡管理器”窗口，刷新并等待“web.siso.com”加载出来，发现 NLB 群集的配置状态为已聚合，如图 11-44 所示。

（9）若有新的主机要加入，则可以右击“web.siso.com（192.168.0.10）”选项，在弹出的快捷菜单中选择“添加主机到集群”命令，将 server2 加入群集，结果如图 11-44 所示。

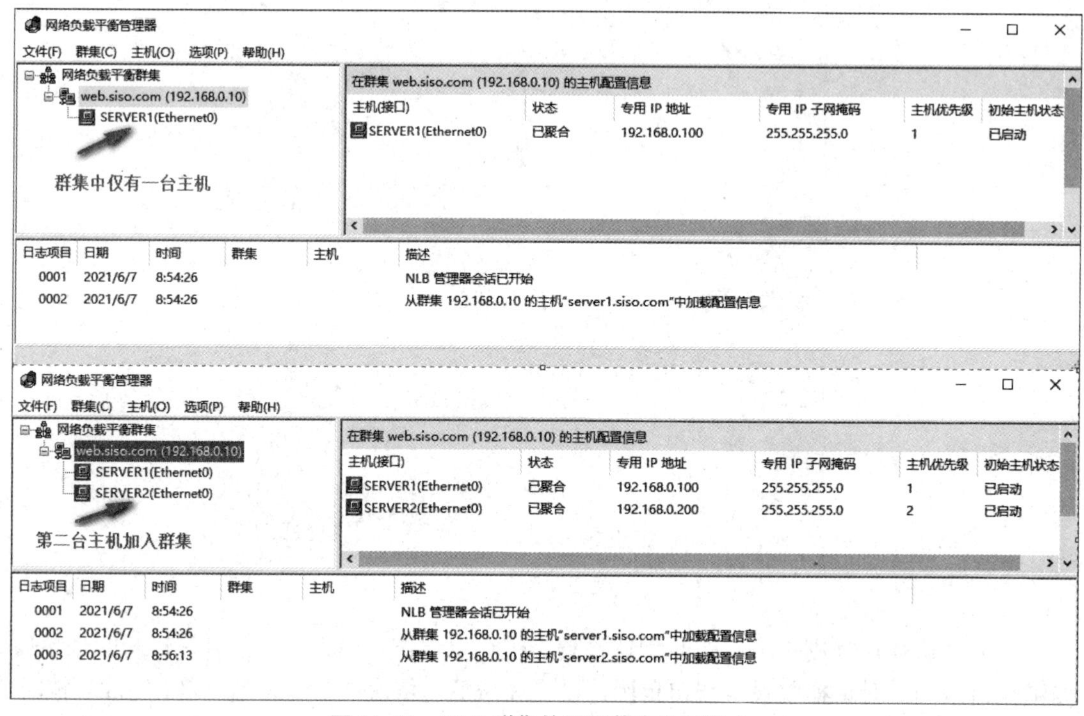

图 11-44　NLB 群集的配置状态为已聚合

（10）检查两台主机的 IP 地址配置，192.168.0.10 已加到两台服务器上，如图 11-45 所示。

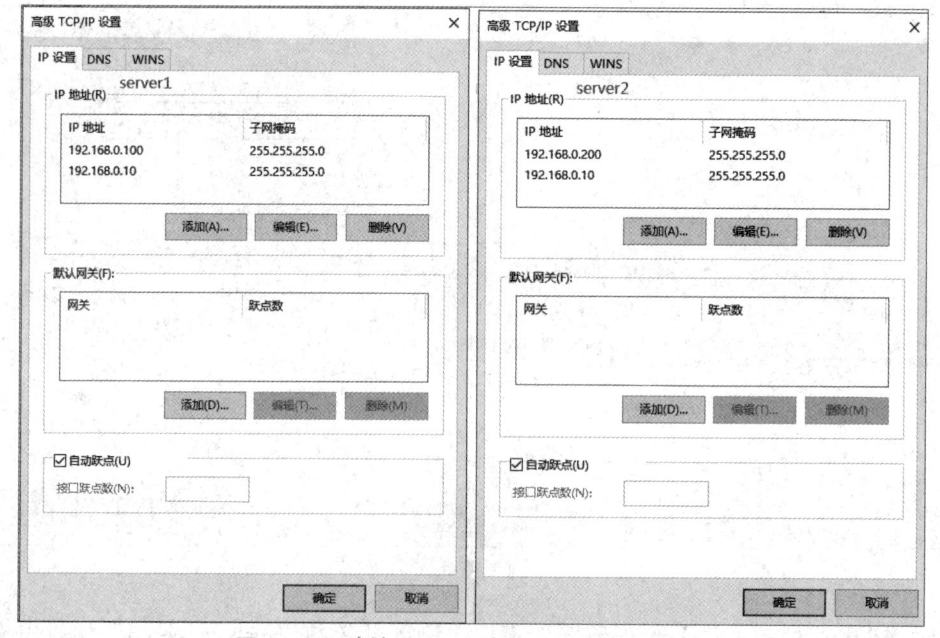

图 11-45　确认 server1 和 server2 的 IP 地址

（11）在 192.168.0.100 和 192.168.0.200 上新建网站，IP 地址都选择 192.168.0.10，如图 11-46 所示。为方便测试，本任务在两台服务器上分别设置不同的网站（在实际中，两台服务器上部署的网站是相同的）。

（12）在“DNS 管理器”窗口中，建立 192.168.0.10 对应 web.siso.com 的主机，如图 11-47 所示。

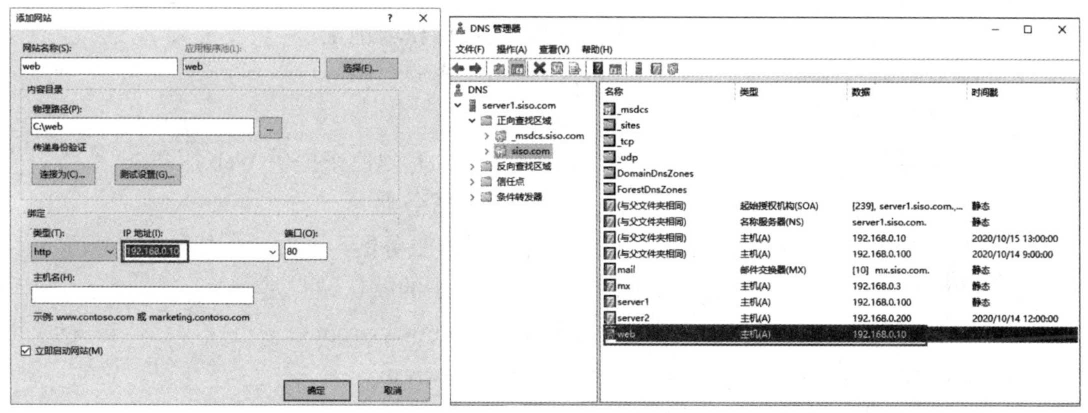

图 11-46　新建网站　　　　图 11-47　在“DNS 管理器”窗口中建立主机

（13）测试“网络负载平衡”功能。在客户端 PC 上多次打开浏览器，分别输入“http://web.siso.com/”，发现会循环出现如图 11-48 和图 11-49 所示的网站信息。若停止 server1 服务器上的网站，然后反复刷新，则只会出现如图 11-49 所示的网站信息。

图 11-48　显示 server1 服务器上的网站信息

图 11-49　显示 server2 服务器上的网站信息

单元小结

Web 服务器提供了用户与局域网和 Internet 的共享信息。它是 Internet 的一项核心服务，Windows Server 2019 提供了 IIS 10，它是一个集成了 IIS、ASP.NET、Windows 的统一 Web 平台。在 Windows Server 2019 中使用 IIS 管理工具（如 IIS 管理器）可以配置 Web 服务器、网站和应用程序。

单元练习题

一、单项选择题

1．HTTP 协议的作用是（　　）。

A．将域名转换成 IP 地址

B．提供一个地址池，可以让同一网段的设备自动获取地址

C．提供网络传输的文本、图片、声音、视频等资源

D．传送邮件消息

2．Windows Server 2019 服务器管理器安装（　　）角色来提供 Web 服务。

A．Active Directory 域服务　　B．DNS 服务器

C．Web 服务器（IIS）　　D．DHCP 服务器

3．Windows Server 2019 Web 服务器（IIS）主目录的默认站点是（　　）。

A．C:\　　B．\inetpub\wwwroot

C．\inetpub　　D．C:\wwwroot

4．HTTP 服务默认的网站端口是（　　）。

A．53　　B．21　　C．20　　D．80

二、填空题

1．HTTP 协议是 ____________。它使用 ______ 端口提供服务。HTTP 协议使用传输层的 ____________ 协议进行连接。

2．____ 是指 Internet 上资源的位置和访问 Internet 的一种简洁的表示，是 Internet 上标准资源的地址。

3．Web 应用程序的两个重要组件是 _________________ 和 _____________________。

4．HTTPS 协议是指 ______________________________，以便对在 Web 服务器与客户端之间发送的数据进行加密。

5．在一台 Web 服务器上创建多个 Web 站点，则这台 Web 服务器被视为 __________ 主机。

三、解答题

1．简述在 Windows Server 2019 中安装 Web 服务器角色的过程。在安装 Web 服务器角色之前需要做哪些准备？

2．简述 Web 服务器的工作原理。Web 应用程序由哪些组件构成？其中必需的组件是什么，它们的作用是什么？

3．简述虚拟目录和虚拟主机的作用及区别，以及在一台 Web 服务器上创建虚拟目录和虚拟主机的过程。

单元 12 FTP 服务器的配置与管理

学习目标

【知识目标】

- 理解 FTP 协议的数据传输原理。
- 理解 FTP 服务器的工作原理。
- 掌握 FTP 服务器的安装及配置方法。
- 理解 FTP 服务器用户隔离模式的工作原理和特点。

【技能目标】

- 掌握 FTP 服务器的搭建和客户端软件的使用方法。
- 掌握在 Windows Server 2019 环境下 FTP 服务器的安装及配置方法。
- 掌握创建用户隔离模式的 FTP 站点的方法。

引例描述

著创公司为了保证员工数据的安全性和可靠性，公司决定规划一台 FTP 服务器用于局域网内文件的传输和备份，同时提供用户共享文件资源，如图 12-1 所示。根据公司的网络规划，将 FTP 服务器的 IP 地址设置为 192.168.0.100，域名设置为 ftp.siso.com。

图 12-1 搭建 FTP 服务器任务

网络管理员小陈根据任务要求准备搭建 FTP 服务器，基本步骤如下。

（1）安装 FTP 服务器角色。

（2）配置 FTP 服务器和管理站点。

（3）配置用户隔离模式的 FTP 站点。

任务 1　添加 FTP 服务

任务陈述

著创公司的网络管理员小陈，通过 Windows Server 2019 中的“添加角色和功能向导”窗口来安装 FTP 服务器角色，FTP 服务器的域名为 ftp.siso.com，IP 地址为 192.168.0.100。

知识准备

扫一扫，获取微课

12-1 FTP 服务器（理论）

12.1　FTP 服务器

FTP 服务器使用文件传输协议（File Transfer Protocol，FTP）在客户端与服务器之间传输文件。FTP 服务器使用客户端/服务器工作模式。用户使用支持 FTP 协议的 FTP 客户机程序，连接到远程主机上的 FTP 服务器程序。用户通过 FTP 客户机程序向 FTP 服务器程序发出命令，FTP 服务器程序执行用户的命令，并将执行结果返回 FTP 客户机程序。

FTP 协议最初由 Abhay Bhushan 编写，并于 1971 年 4 月 16 日作为 RFC114 发布。该协议在 1985 年 10 月被 RFC959 取代，这也是当前的规范。RFC959 提出了若干修改标准，先后经历了以下几次修改。

- RFC1579（1994 年 2 月）使 FTP 能够穿越 NAT 与防火墙（被动模式）。
- RFC2228（1997 年 6 月）提出安全扩展。
- RFC2428（1998 年 9 月）增加了对 IPv6 的支持，并定义了一种新型的被动模式。

12.1.1　FTP 服务器的基本功能

FTP 服务器除了可以实现文件管理，还提供了以下几种功能。

（1）用户的身份权限管理。用户的身份包括用户（user）、访客（guest）、匿名用户（anonymous）。这三种身份的用户在系统的使用权限上差异非常大。用户的权限大于访客的权限，访客的权限大于匿名用户的权限。用户权限最完整，所以可以执行的操作最多。匿名用户，顾名思义就是匿名登录的用户账户，由于这类用户的信息没有安全验证，因此不允许其访问过多的资源。

（2）命令和日志文件记录。日志记录的数据包括服务器上所有用户登录后的全部操作痕迹，包括服务器连接、用户数据传输等。

（3）隔离用户目录。FTP 用户隔离模式将用户限制在自己的目录中，从而防止用户查看或覆盖其他用户的内容。由于用户的顶级目录显示为 FTP 服务的根目录，因此用户无法沿目录树再向上导航。用户在其目录内可以创建、修改或删除文件和文件夹。

12.1.2　FTP 服务器的工作原理

FTP 服务器使用 TCP 协议进行设备之间的连接及文件传输，也就是说，FTP 协议在传输文件之前，需要先建立 TCP 连接。FTP 服务器使用了两个连接，分别是命令通道与数据流通道。FTP 可以减少不同操作系统之间文件的不兼容性问题。

FTP 使用客户端/服务器工作模式，一个 FTP 服务器进程可同时为多个客户端进程提供服务。FTP 服务器进程由两大部分组成：一个主进程负责接收新的请求；另外还有若干个从属进程负责处理单个请求。

FTP 有两种工作模式：主动模式（Active）和被动模式（Passive）。

1. 主动模式

主进程主要负责打开端口（端口为 21），使客户端进程能够与服务器建立连接，等待客户端进程发出连接请求。当客户端进程向服务器进程发出连接请求时，就需要找到端口 21，同时要告诉服务器进程自己的另一个端口，用于建立数据传输连接，然后服务器进程利用端口 21 与客户端进程所提供的端口号建立数据传输连接。

FTP 主动模式的连接过程如图 12-2 所示。

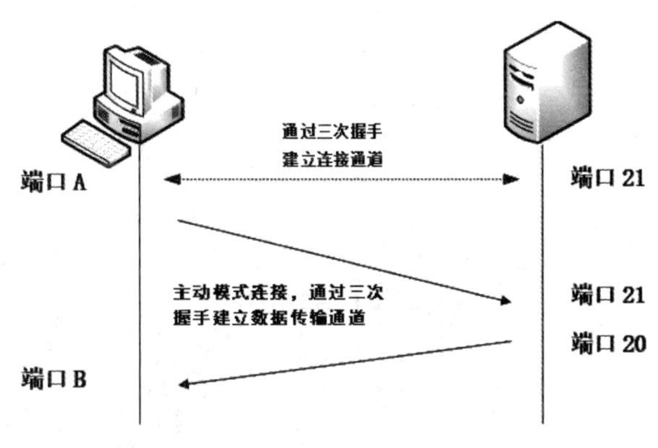

图 12-2 FTP 主动模式的连接过程

（1）建立命令通道的连接。客户端随机取一个大于 1024 的端口端来与服务器的 21 端口连接。连接方式采用三次握手。实现连接后，通过 FTP 命令执行文件操作。

（2）通知 FTP 服务器使用主动模式连接并告知服务器连接的端口。使用主动模式连接，通过三次握手成功连接之后，客户端随机启用一个端口并通过命令通知 FTP 服务器，该端口用来进行数据传输。

（3）FTP 服务器主动与客户端连接。服务器会主动从 20 端口向客户端告知的数据端口发起连接。这个连接也需要通过三次握手，因此 FTP 客户端与服务器会建立两条连接。

2. 被动模式

被动模式与主动模式类似，在传输数据时，当服务器收到被动命令后会打开一个临时端口（1023～65535），并通知客户端在这个端口上传输数据请求，客户端连接 FTP 服务器的这个端口，然后 FTP 服务器通过这个端口传输数据。

扫一扫，获取微课

12-2 添加 FTP 服务（操作）

任务实施

（1）打开“服务器管理器”窗口，FTP 组件添加入口如图 12-3 所示。在“SERVER1”选项上单击鼠标右键，在弹出的快捷菜单中选择“添加角色和功能”命令，打开“选择服务器角色”界面，添加 FTP 组件，如图 12-4 所示。

（2）其他按照默认设置，直至 FTP 组件安装完成。

（3）打开“Internet Information Services（IIS）管理器”窗口，FTP 站点添加入口如图 12-5 所示。用户可以通过右侧的“操作”窗格启动和停止服务器，在默认情况下，FTP 服务器是启动的。

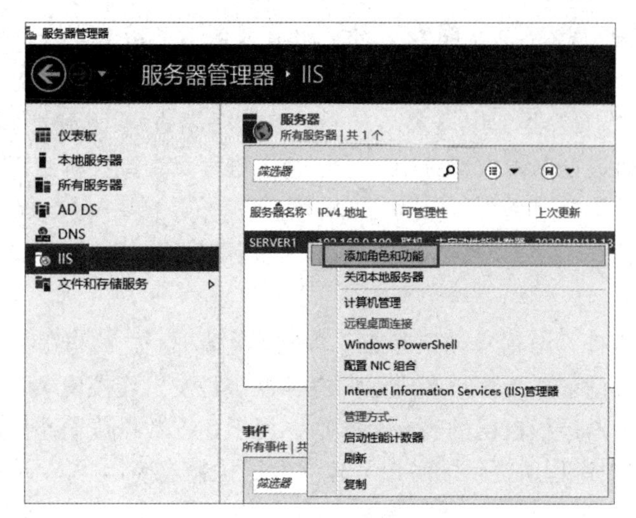

图 12-3　FTP 组件添加入口

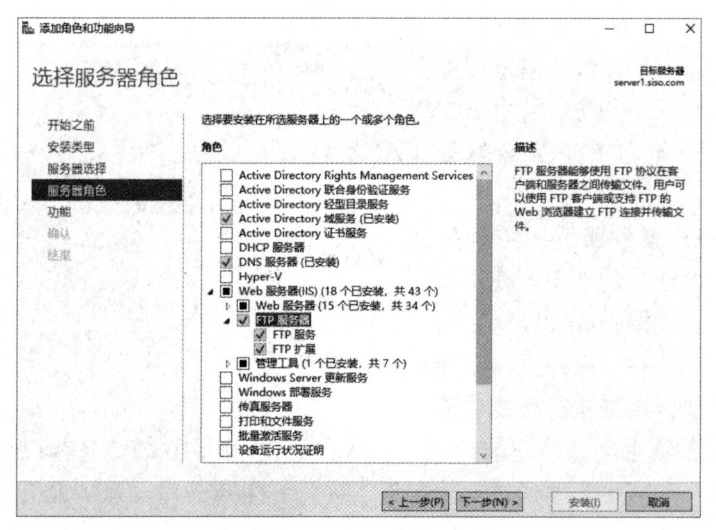

图 12-4　添加 FTP 组件

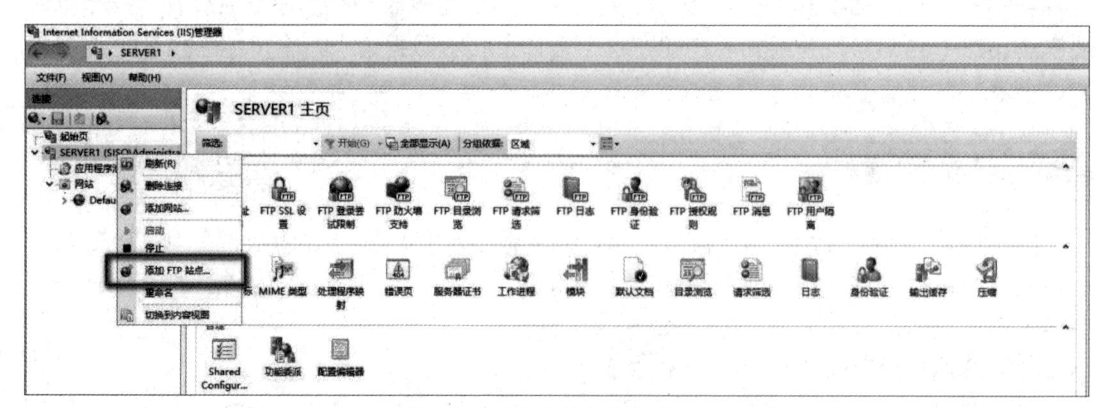

图 12-5　FTP 站点添加入口

（4）FTP 的主目录默认安装在“C:\inetpub\ftproot”下，如图 12-6 所示。

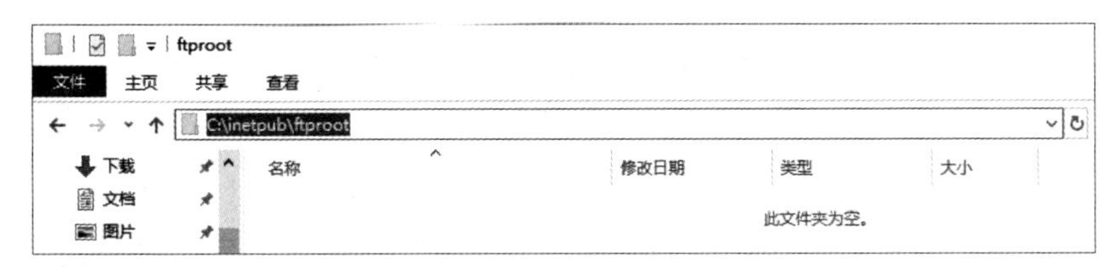

图 12-6　FTP 主目录的默认安装路径

任务拓展

在安装完 FTP 服务器后，一般情况下不需要用户手动启动，但如果 FTP 服务器在运行过程中出现问题，则需要用户手动启动。利用“Internet Information Services（IIS）管理器”窗口手动启动服务器的具体步骤如下。

打开“Internet Information Services（IIS）管理器”窗口，右击左侧窗格中已经建立的站点，在弹出的快捷菜单中选择“管理 FTP 站点”→“重新启动”命令，手动启动服务器，如图 12-7 所示。

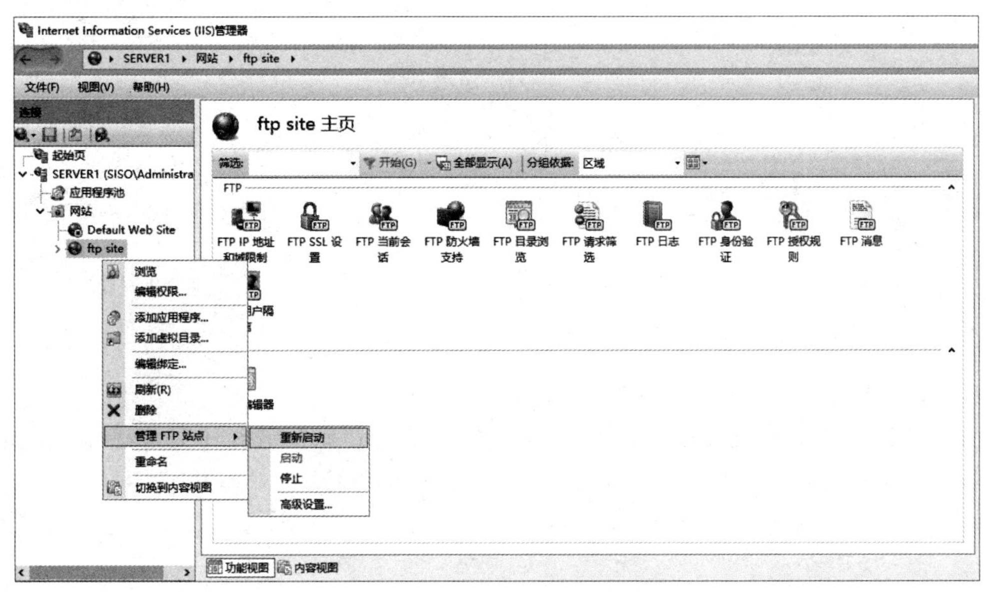

图 12-7　手动启动 FTP 服务器

任务 2　配置与管理 FTP 站点

12-3 FTP 站点管理与配置（操作）

任务陈述

网络管理员小陈在完成 FTP 服务器角色的创建之后，下一步要针对 FTP 服务器进行站点创建和配置。她主要通过创建站点、配置主目录、创建用户访问、设置 FTP 服务器属性等操作来创建和管理站点。

12-4 FTP 站点属性（理论）

12.2 FTP 主站点

Windows Server 2019 环境下的 FTP 服务是委托在 IIS 下工作的。打开“Internet Information Services（IIS）管理器”窗口，选择“网站”列表下的“ftp site”站点，打开“ftp site 主页”，通过右侧的“操作”窗格可以启动或停止服务器，如图 12-8 所示。

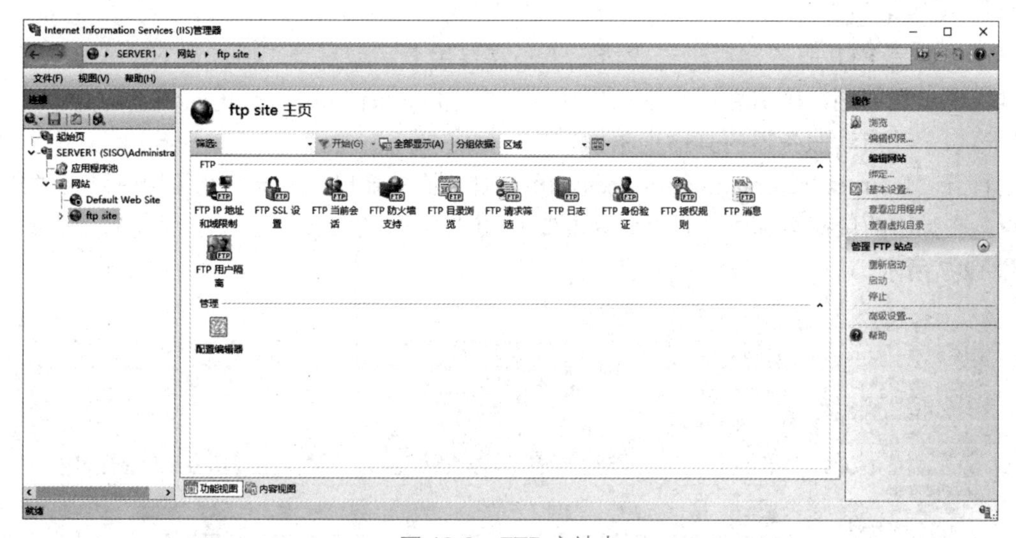

图 12-8　FTP 主站点

12.2.1　FTP 服务器的属性

FTP 服务器主要包括以下几个属性。

（1）FTP IP 地址和域限制：定义和管理允许或拒绝访问特定的 IP 地址、IP 地址范围或者域名的相关内容的规则。它的规则类型就是允许和拒绝。

（2）FTP SSL 设置：管理 FTP 服务器与客户端之间的控制通道和数据通道传输的加密方式。

（3）FTP 当前会话：监视 FTP 站点的当前会话。

（4）FTP 防火墙支持：FTP 客户端连接开启防火墙的 FTP 服务器时修改被动连接的设置。

（5）FTP 目录浏览：修改用于在 FTP 服务器上浏览目录的内容设置，指定列出目录的内容时使用的格式。目录格式包括 MS-DOS 或 UNIX。它还可以显示虚拟目录。FTP 虚拟目录的概念和 Web 虚拟目录的一样，建立虚拟目录的操作步骤也是完全一样的。

（6）FTP 请求筛选：为 FTP 站点定义请求筛选功能。FTP 请求筛选是一种安全功能。通过此功能，Internet 服务提供商（ISP）和应用服务提供商可以限制协议和内容行为。

（7）FTP 日志：配置服务器或站点级别的日志记录功能以及配置日志记录。

（8）FTP 身份验证：配置 FTP 客户端可用于获得内容访问权限的身份验证方法。身份验证方法有两种类型：内置和自定义。上一节介绍的匿名身份验证和基本身份验证都是内置类型。自定义身份验证方法通过可安装的组件得以实现。

（9）FTP 授权规则：管理“允许”或“拒绝”规则的列表，这些规则用于控制用户对内容的访问。

（10）FTP 消息：用户连接到 FTP 站点时所发送的消息。每个用户可以设置不一样的消息。

（11）FTP 用户隔离：可以定义 FTP 站点的用户隔离模式，可以为每个用户提供单独的 FTP 目录以上传个人资源。

12.2.2 FTP 客户端

用户想要连上 FTP 服务器，就要使用 FTP 的客户端软件。Windows 自带了“ftp”命令，用户可以直接在命令提示符窗口中运行“ftp”命令，如图 12-9 所示。另外用户还经常利用浏览器和资源管理器来连接 FTP，格式是“ftp://IP 地址或者域名”。除此之外，还有一些专门的 FTP 客户端软件，如 FileZilla、CuteFTP 等。

```
管理员：命令提示符

C:\Users\Administrator>ftp -help

将文件传送到运行 FTP 服务器服务(经常称为后台程序)的计算机以及将文件从该计算机
传出。可以交互使用 Ftp。

FTP [-v] [-d] [-i] [-n] [-g] [-s:filename] [-a] [-A] [-x:sendbuffer] [-r:recvbuf
fer] [-b:asyncbuffers] [-w:windowsize] [host]

  -v              禁止显示远程服务器响应。
  -n              禁止在初始连接时自动登录。
  -i              关闭多文件传输过程中的
                  交互式提示。
  -d              启用调试。
  -g              禁用文件名通配(请参阅 GLOB 命令)。
  -s:filename     指定包含 FTP 命令的文本文件；命令
                  在 FTP 启动后自动运行。
  -a              在绑定数据连接时使用所有本地接口。
  -A              匿名登录。
  -x:send sockbuf 覆盖默认的 SO_SNDBUF 大小 8192。
  -r:recv sockbuf 覆盖默认的 SO_RCVBUF 大小 8192。
  -b:async count  覆盖默认的异步计数 3
  -w:windowsize   覆盖默认的传输缓冲区大小 65535。
  host            指定主机名称或要连接到的远程主机
                  的 IP 地址。
```

图 12-9 “ftp”命令

当使用“ftp”命令连接 FTP 服务器时，首先在命令提示符窗口中输入“ftp”，然后根据提示输入 FTP 服务器的 IP 地址，接着输入访问的用户名（anonymous 是匿名用户登录）。登录服务器后，可以利用 DOS 的目录浏览命令访问服务器，退出服务器使用“quit”命令，如图 12-10 所示。

```
管理员：命令提示符

C:\Users\Administrator>ftp
ftp> open 192.168.0.100
连接到 192.168.0.100。
220 Microsoft FTP Service
用户(192.168.0.100:(none)): anonymous
331 Anonymous access allowed, send identity (e-mail name) as password.
密码:
230 User logged in.
ftp> dir
200 PORT command successful.
125 Data connection already open; Transfer starting.
02-22-20  02:47PM                    0 share.txt
226 Transfer complete.
ftp: 收到 50 字节，用时 0.00秒 50000.00千字节/秒。
ftp> quit
221 Goodbye.

C:\Users\Administrator>
```

图 12-10 使用“ftp”命令连接 FTP 服务器

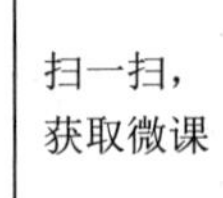

12-5 启用基本身份认证登录（操作）

任务实施

（1）在“Internet Information Services（IIS）管理器”窗口中，右击“server1”选项，在弹出的快捷菜单中选择“添加 FTP 站点”命令，打开“站点信息”界面，在该界面中输入 FTP 站点名称和物理路径，分别是“ftp_siso”和“C:\inetpub\ftproot”，如图 12-11 所示。

（2）单击“下一步”按钮，打开“绑定和 SSL 设置”界面，选中“无 SSL”单选按钮，如图 12-12 所示。

图 12-11　添加 FTP 站点信息

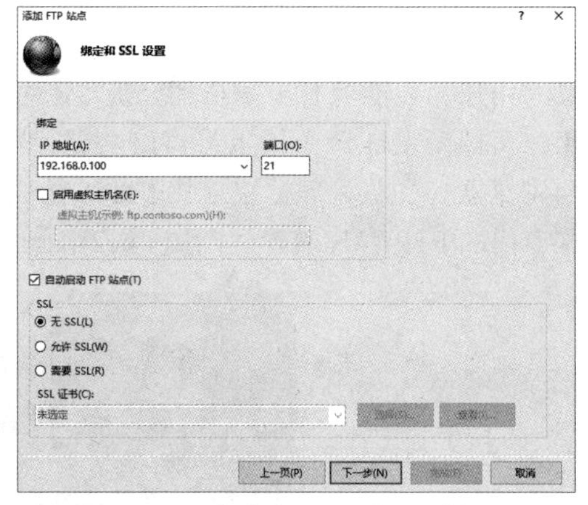

图 12-12　“绑定和 SSL 设置”界面

（3）单击“下一步”按钮，打开“身份验证和授权信息”界面，在“身份验证”选区中勾选“匿名”和“基本”复选框，在“允许访问”下拉列表中选择“所有用户”选项，在“权限”选区中勾选“读取”复选框，如图 12-13 所示。本任务只测试匿名用户访问，基本用户访问设置需要在 FTP 主页中修改。

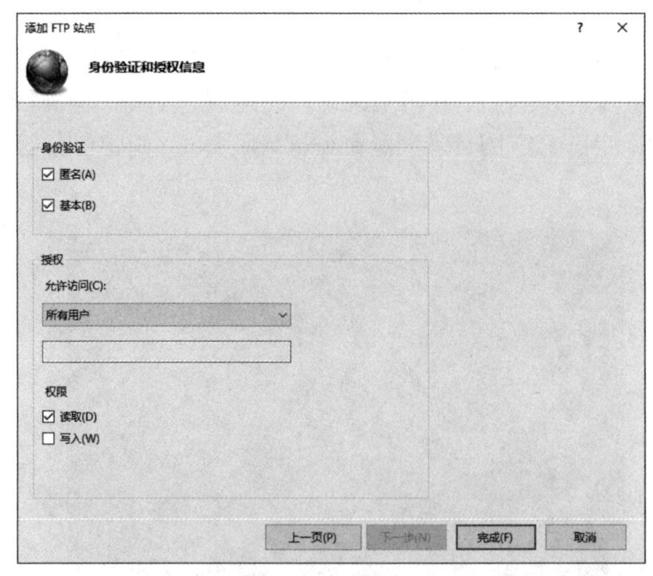

图 12-13　“身份验证和授权信息”界面

（4）单击“完成”按钮，可以看到“Internet Information Services（IIS）管理器”窗口左侧“网站”列表下已经有了“ftp_siso”站点，如图 12-14 所示。

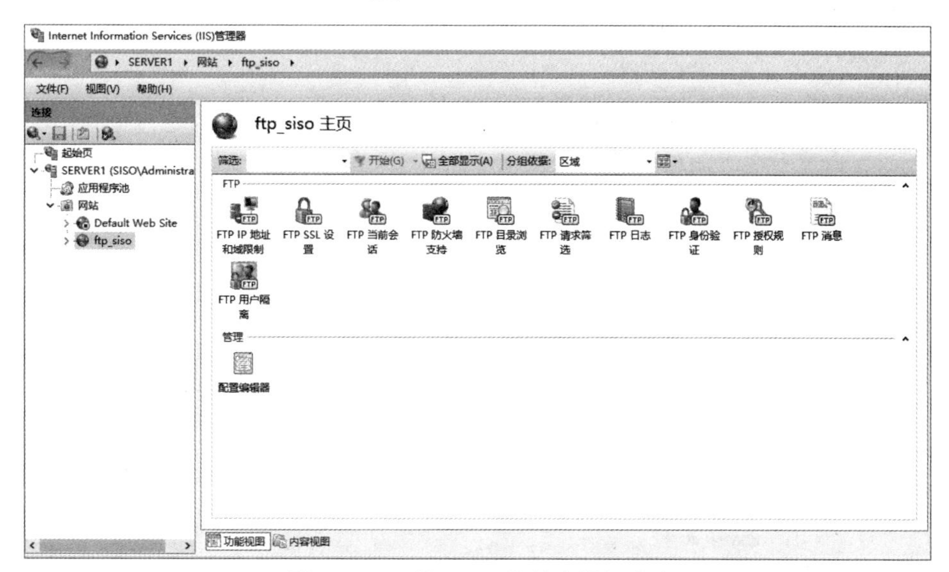

图 12-14 “ftp_siso”站点添加成功

（5）选择“ftp_siso 主页”窗格中的“FTP 身份验证”选项，然后选择“匿名身份验证”选项，单击“操作”窗格中的“启用”链接以允许匿名身份访问，如图 12-15 所示。

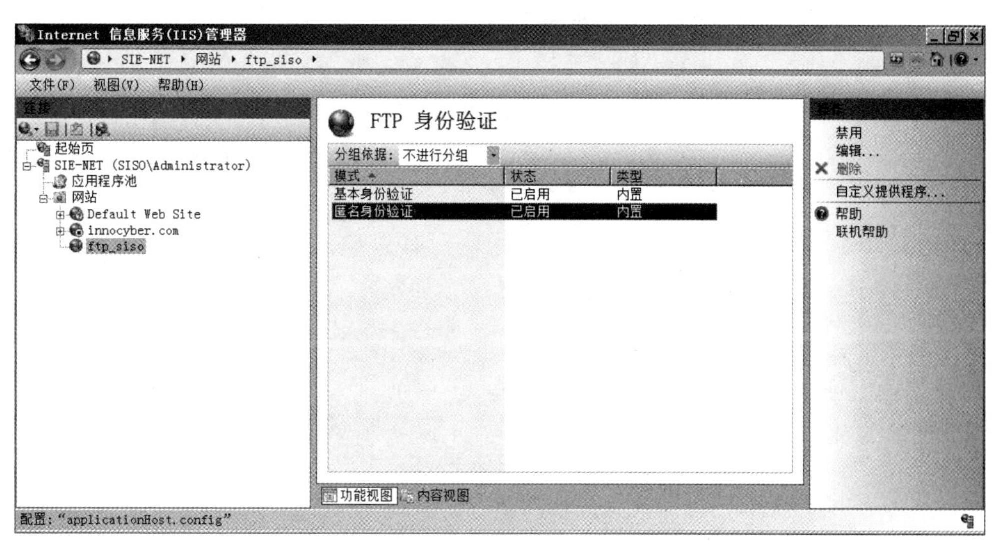

图 12-15 启用匿名身份验证

（6）右击“匿名身份验证”选项，在弹出的快捷菜单中选择“编辑”命令，打开“编辑匿名身份验证凭据”对话框，确认“匿名身份”用户名为“IUSR”，后面要给这个用户增加读取 FTP 站点目录的权限，管理员也可以根据需要修改权限，如图 12-16 所示。

（7）选择“ftp_site”站点，在右侧“操作”窗格中单击“添加允许规则”链接，打开“添加允许授权规则”对话框，允许匿名用户访问站点，并勾选“读取”复选框，如图 12-17 所示。

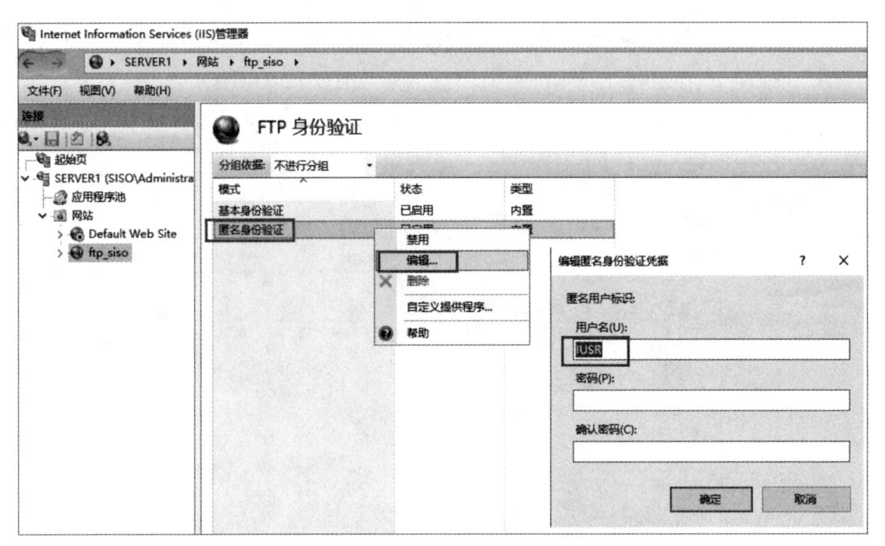

图 12-16　确认“匿名身份”用户名为“IUSR”

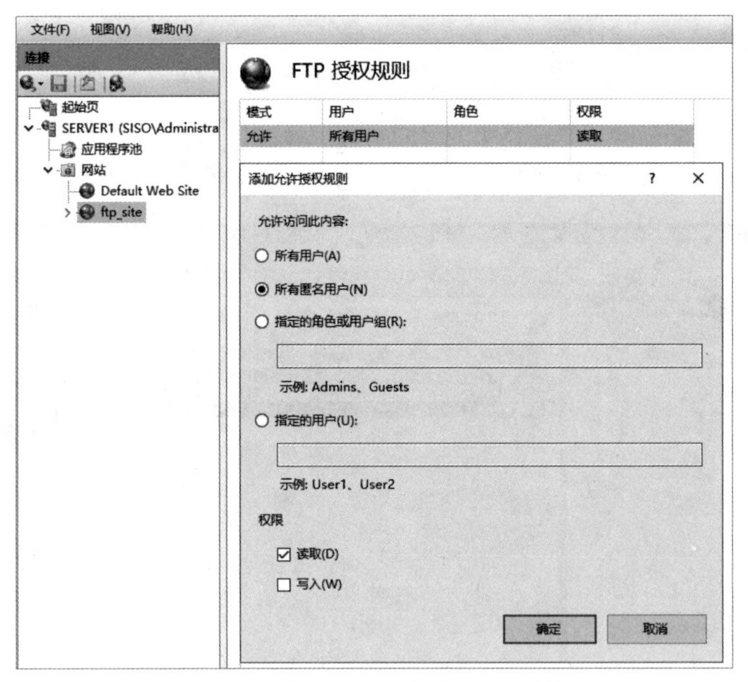

图 12-17　“添加允许授权规则”对话框

（8）打开“Internet Information Services（IIS）管理器”窗口，右击“ftp_siso”站点，在弹出的快捷菜单中选择“编辑权限”命令，打开“ftproot 的权限”对话框（FTP 站点的默认目录是 C:\inetpub\ftproot\），选择“安全”选项卡，添加“IUSR”或者“IIS_IUSRS(SISO\IIS_IUSRS)”用户，并将其权限设置为读取和执行、列出文件夹内容、读取，如图 12-18 所示。

（9）FTP 客户端测试。管理员预先在 FTP 服务器主目录下新建了一个“著创 .txt”文件用作测试。使用域内一台客户端打开浏览器，在地址栏中输入“ftp://192.168.0.100”，或者直接选择“开始”菜单，在搜索框中输入服务器地址，输入的地址可以是服务器的域名或 IP 地址，如图 12-19 所示，FTP 服务器连接成功。

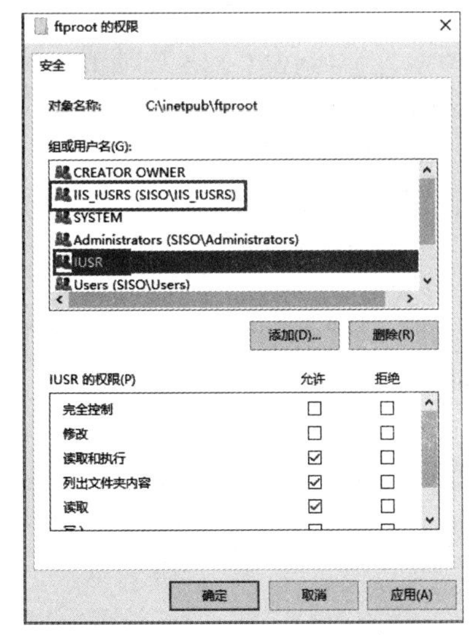

图 12-18　设置用户权限

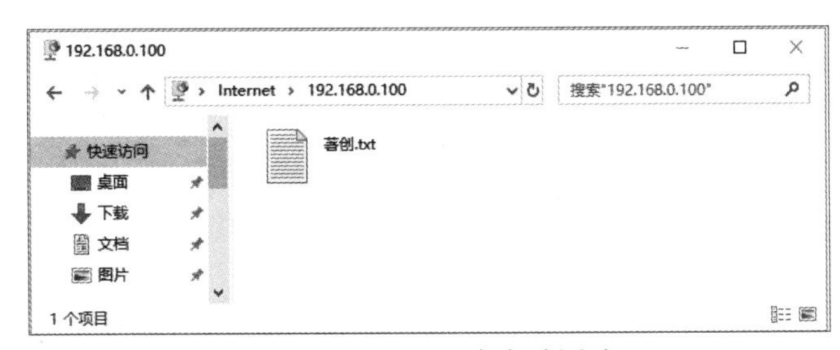

图 12-19　FTP 客户端测试

匿名用户可以查看当前文件，但无法对文件进行修改等操作，如图 12-20 所示。如果服务器在连接时出现“连接超时”等问题，则用户可单击“网络和共享中心”关闭防火墙。

图 12-20　匿名用户无法下载文件

（10）查看 FTP 当前会话。选择“ftp_siso”站点，然后选择“FTP 当前会话”选项，当前登录对象是匿名用户，“FTP 当前会话”窗格显示了当前用户的用户名、客户端 IP 地址、会话开始时间、当前命令、前一命令、命令开始时间、发送的字节数、接收的字节数、会话 ID 信息，如图 12-21 所示。

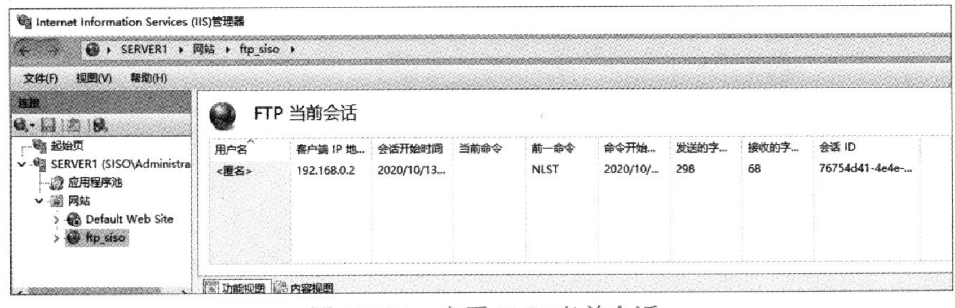

图 12-21　查看 FTP 当前会话

（11）查看 FTP 站点日志。在“ftp_siso 主页”窗格中选择“FTP 日志”选项，“FTP 日志”窗格中显示了 FTP 日志设置信息，当 FTP 服务器不能正常工作时，用户可以使用日志文件进行分析，日志是排错时常用的工具之一，如图 12-22 所示。日志包含了客户端的连接信息，如连接时间、主机 IP 地址、端口、操作命令、操作状态等。

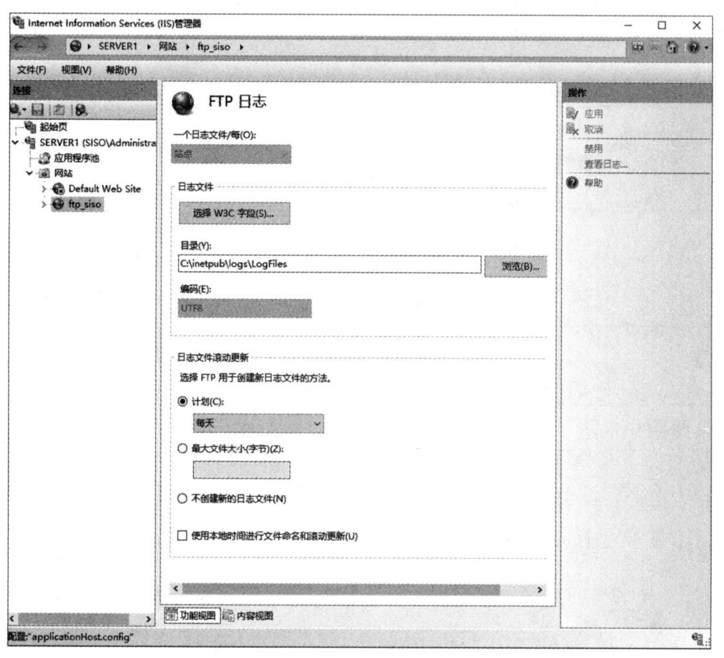

图 12-22　查看 FTP 站点日志

任务拓展

网络管理员小陈考虑到站点的安全性问题，她决定将 FTP 站点设置成只允许域用户访问，并且禁止匿名用户登录 FTP 站点。

（1）选择“ftp_siso 主页”窗格中的“FTP 身份验证”选项，启用“基本身份验证”模式，禁用“匿名身份验证”模式，如图 12-23 所示。

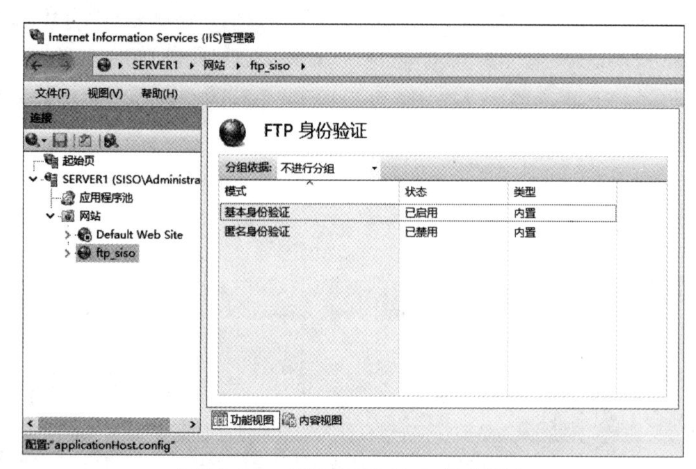

图 12-23　设置 FTP 站点安全账户

（2）在域服务上新建用户 user1 和 user2，选择“ftp_siso 主页”窗格中的“FTP 授权规则”选项，允许用户 user1 读、写，允许用户 user2 读取，如图 12-24 所示。

（3）添加域用户 Users 的权限，将权限设置为最大，如图 12-25 所示。

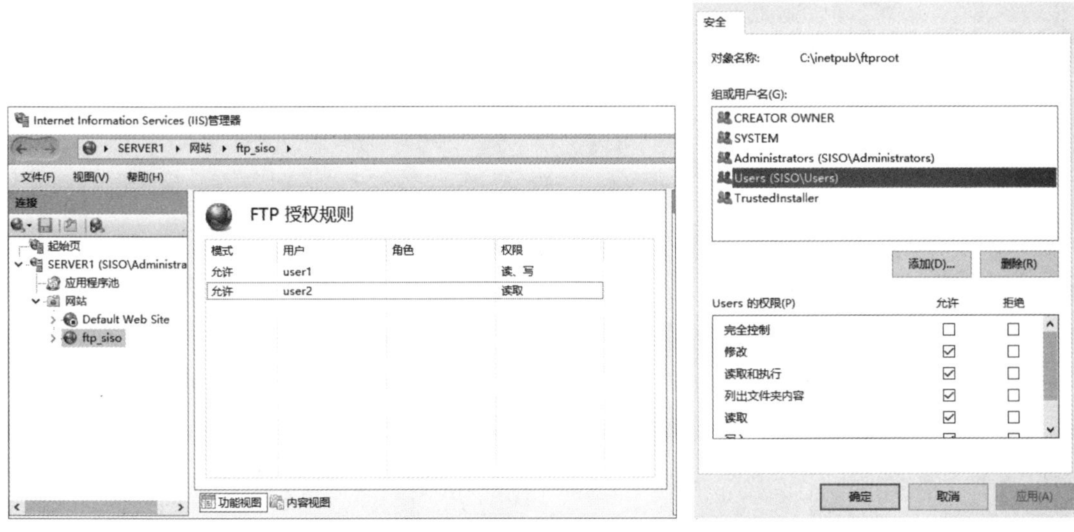

图 12-24　设置基本身份用户的权限　　　图 12-25　添加域用户 Users 的权限

（4）以测试用户的身份登录 FTP 服务器。分别以用户 user1 和 user2 的身份登录 FTP 服务器，测试结果如图 12-26 和图 12-27 所示。

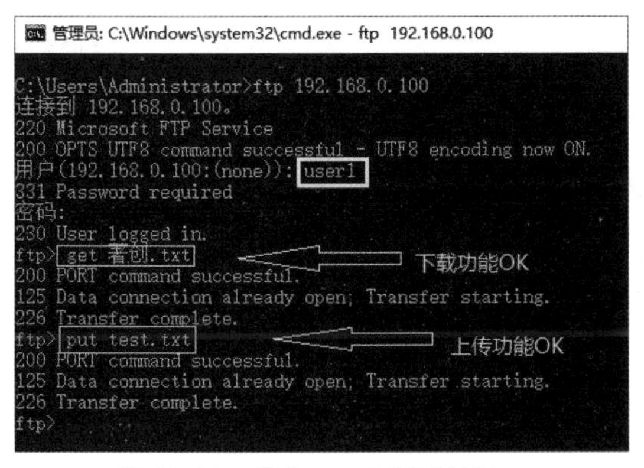

图 12-26　用户 user1 测试结果

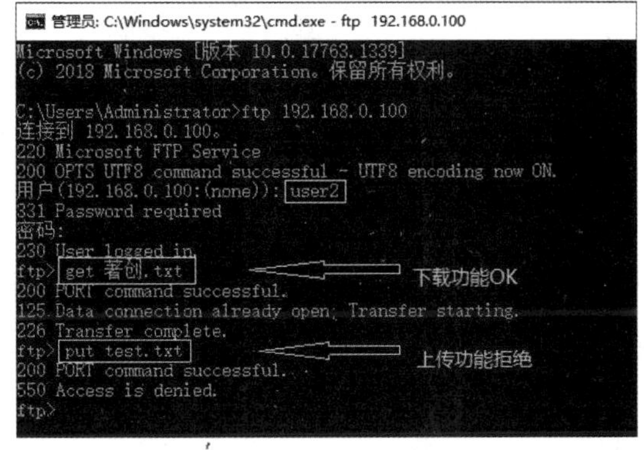

图 12-27　用户 user2 测试结果

任务 3　配置 FTP 隔离用户

任务陈述

考虑到 FTP 服务器文件的安全性，网络管理员小陈要为 FTP 服务器配置隔离用户。成功创建用户隔离模式的 FTP 站点，并规划好符合要求的目录结构以后，用户即可使用合法的用户账户登录属于自己的私人目录。隔离用户的设置有效地解决了公司公共资源的访问安全性问题。

知识准备

扫一扫，获取微课

12-6 FTP 隔离用户（理论）

12.3 隔离用户

在“FTP 用户隔离”窗格中可以定义 FTP 站点的用户隔离模式。FTP 站点可以为用户提供单独的 FTP 目录用于编辑个人内容。

12.3.1 隔离用户的功能

“FTP 用户隔离”窗格如图 12-28 所示。

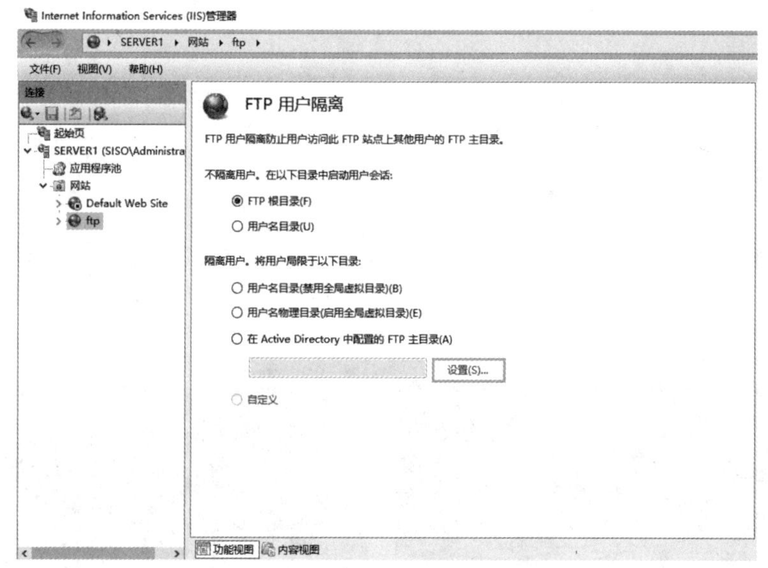

图 12-28 “FTP 用户隔离”窗格

1. 不隔离用户

对于不隔离用户，管理员可以选择在以下两个目录中启动用户会话。

- FTP 根目录：所有 FTP 会话都将在 FTP 站点的根目录中启动。这表示可以登录 FTP 服务器的用户都可以访问任何其他 FTP 用户的内容。
- 用户名目录：所有 FTP 会话都将在与当前登录用户同名的物理或虚拟目录（如果该目录存在）中启动；否则，FTP 会话将在 FTP 站点的根目录中启动。

2. 隔离用户

对于隔离用户，管理员要为每个用户账户创建主目录。首先必须在 FTP 服务器的根目录中创建一个物理或虚拟目录，将本地用户账户命名为 LocalUser。然后必须为将访问 FTP 站点的每个用户账户创建一个物理或虚拟目录。表 12-1 列出了不同的用户账户类型对应的主目录路径，%%FtpRoot% 是 FTP 站点的根目录，在本任务中 FTP 站点的主目录是 C:\inetpub\ftproot。

表 12-1　不同的用户账户类型对应的主目录路径

用户账户类型	主目录路径
匿名用户账户	%%FtpRoot%\LocalUser\Public
本地 Windows 用户账户	%%FtpRoot%\LocalUser\%UserName%
Windows 域用户账户	%%FtpRoot%\%UserDomain%\%UserName%
IIS 管理器或 ASP.NET 自定义身份验证用户账户	%%FtpRoot%\LocalUser\%UserName%

12.3.2　隔离用户的类型

隔离用户的类型有 3 种，简要介绍如下。

（1）用户名目录（禁用全局虚拟目录）：将 FTP 用户会话隔离到与 FTP 用户账户同名的物理或虚拟目录中。用户只能看见其自身的 FTP 根位置，无法沿目录树再向上导航。

（2）用户名物理目录（启用全局虚拟目录）：将 FTP 用户会话隔离到与 FTP 用户账户同名的物理目录中。用户只能看见其自身的FTP根位置，无法沿目录树再向上导航。

（3）在 Active Directory 域中配置的 FTP 主目录：将 FTP 用户会话隔离到在 Active Directory 账户设置中为每个 FTP 用户配置的主目录中。

扫一扫，获取微课  12-7 FTP 域环境隔离用户（操作）

任务实施

网络管理员小陈决定规划 FTP 站点隔离用户，从而有效地解决公共资源的访问安全性问题，另外给每个有需要的员工设置个人目录，方便员工编辑目录内容并确保资料的安全。网络管理员小陈首先给两个部门设置了 user1 和 user2 两个用户账户，两个用户账户都能对 public 目录进行读取与上传，具体操作步骤如下。

（1）指定 FTP 站点的主目录，这个过程在 12.1 节中已经具体介绍过，这里不再赘述。在本任务中 FTP 站点的主目录是 C:\inetpub\ftproot。

（2）在资源管理器中打开主目录 C:\inetpub\ftproot，建立 siso 目录（根据域名建立相应的目录，例如，域名为 siso.com，则建立目录为 siso)，如图 12-29 所示。

- 在 siso 目录中建立 user1、user2 和 public 目录（user1、user2 为已经建立好的域用户），在这三个目录中分别创建 aa.txt、bb.txt 和 public.txt 文件作为测试文档。
- 在 user1 和 user2 目录中分别创建空目录 public。
- 为 user1 目录增加 user1 用户的完全控制权限，为 user2 目录增加 user2 用户的完全控制权限，为 public 目录增加 user1 和 user2 用户的完全控制权限。

（3）在“站点信息”界面中输入 FTP 站点名称“ftp”和物理路径“C:\inetpub\ftproot”，如图 12-30 所示。

（4）站点建立完成之后，在“ftp 主页”窗格中选择“FTP 用户隔离”选项，然后在“FTP 用户隔离”窗格中选中“用户名物理目录（启用全局虚拟目录）”单选按钮，在右侧“操作”窗格中单击“应用”链接，如图 12-31 所示。

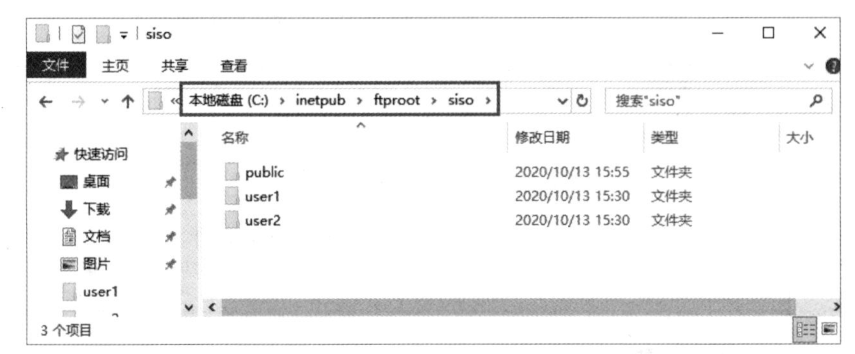

图 12-29　建立 siso 目录

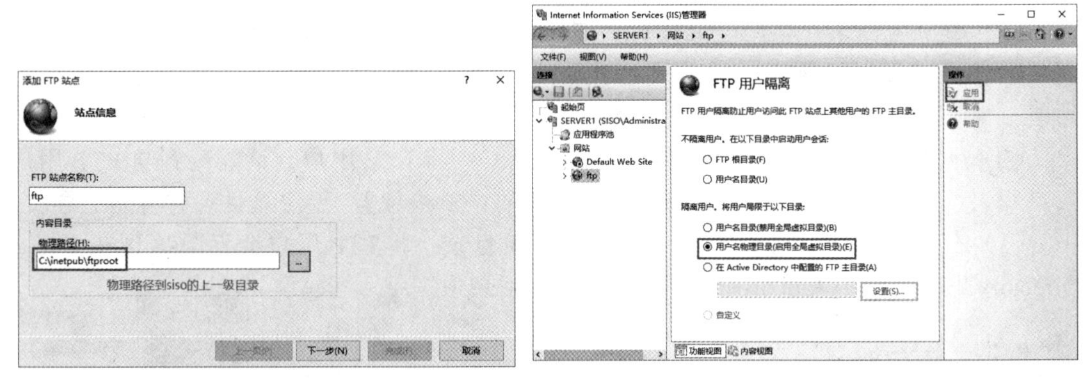

图 12-30　添加 FTP 站点信息

图 12-31　FTP 隔离用户设置

（5）对不同目录授予不同权限，public 目录允许 user1、user2 用户读、写，user1 目录只允许 user1 用户读、写，user2 目录只允许 user2 用户读、写，图 12-32 显示了 public 和 user1 目录的规则情况。

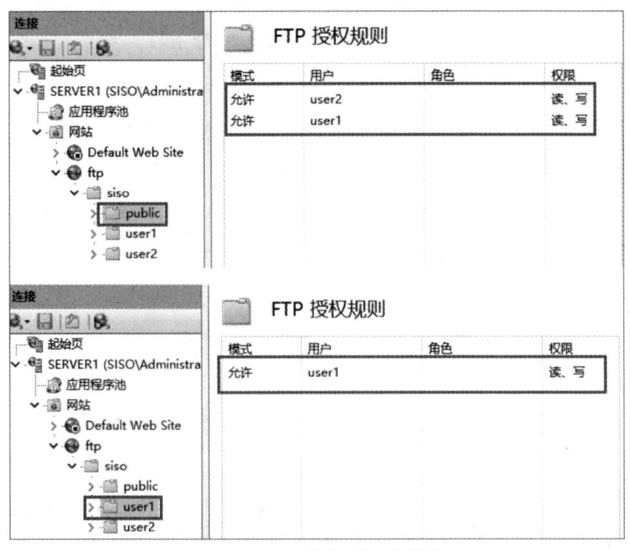

图 12-32　目录规则设置

（6）在 FTP 站点上建立虚拟目录，如图 12-33 所示。

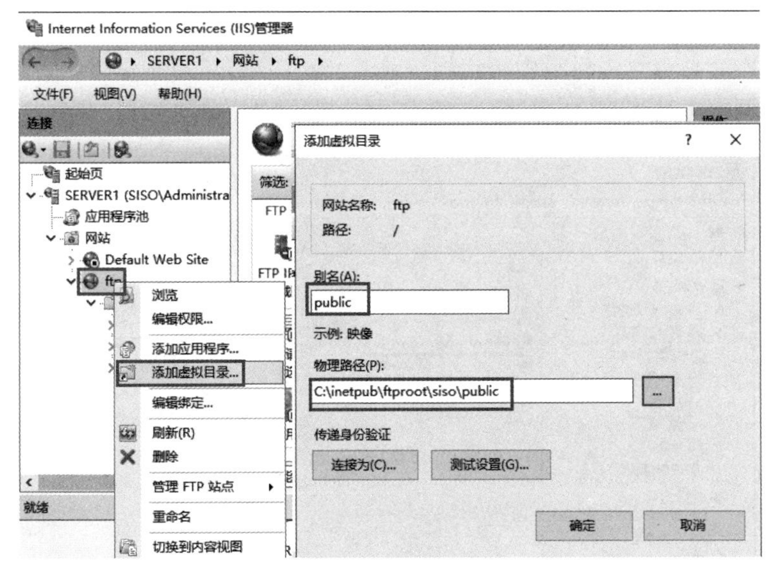

图 12-33　建立虚拟目录

（7）测试隔离用户的访问权限。在浏览器地址栏或资源管理器中输入“ftp://192.168.0.100”，以用户 user1 的身份登录，结果显示用户 user1 仅能看见自己的目录和 public 目录，无法在当前目录中看到其他用户的目录，并且用户 user1 可以在 public 目录中下载、上传文件，对自己的目录有完全控制权限，如图 12-34 所示。用户 user2 与用户 user1 拥有相似的权限。

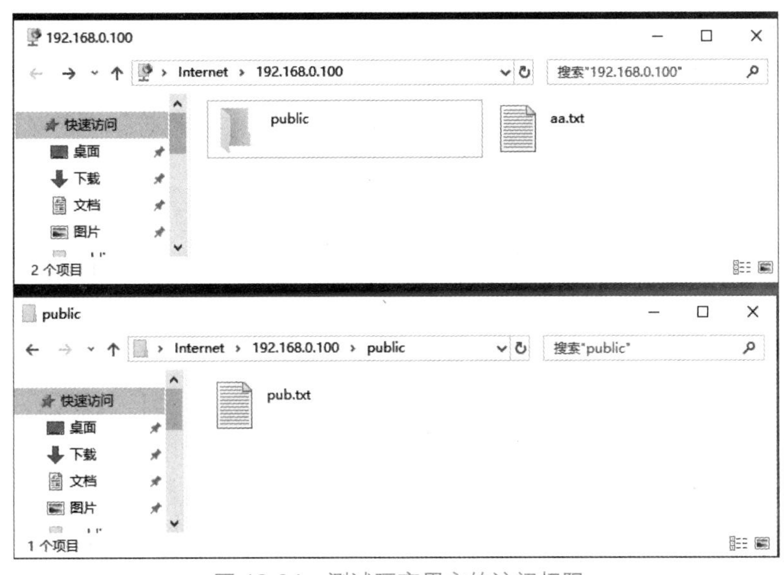

图 12-34　测试隔离用户的访问权限

任务拓展

12-8 FTP 本地环境的用户隔离（操作）

公司目前没有域控制器，同样需要设置不同部门之间的隔离用户。网络管理员小陈首先给两个部门设置了 user1 和 user2 两个用户，两个用户都能在 public 目录中进行读取与上传，具体操作步骤如下。

（1）在“FTP 站点”主目录中指定根目录 C:\ftp（该目录可按需求设置）。

（2）创建两个本地用户 user1 和 user2 作为隔离用户，如图 12-35 所示。

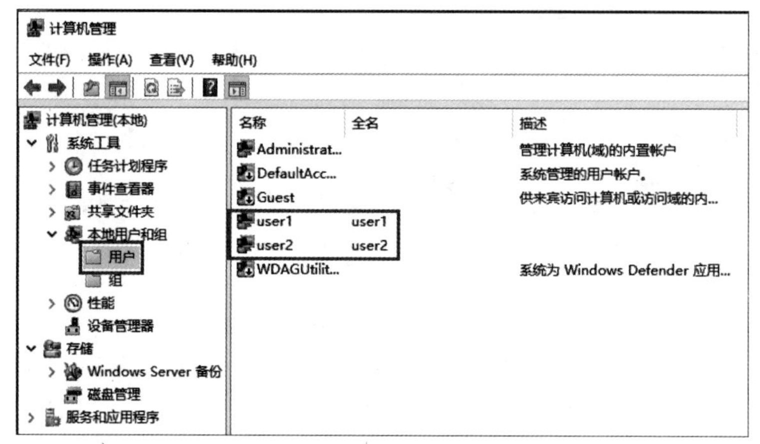

图 12-35　创建本地用户作为隔离用户

（3）在资源管理器中打开根目录 C:\ftp，建立 LocalUser 目录。

- 在 LocalUser 目录中建立 user1、user2 和 public 目录，在三个目录中分别创建 u1.txt、u2.txt 和 pub.txt 文件作为测试文档。
- 在 user1 和 user2 目录中创建空目录 public。
- 为 user1 目录增加 user1 用户的完全控制权限，为 user2 目录增加 user2 用户的完全控制权限，为 public 目录增加 user1 和 user2 用户的完全控制权限，设置方式与域环境下的设置方式相同。

（4）新建 FTP 站点，如图 12-36 所示。其他的设置方式与域环境下的设置方式相同。

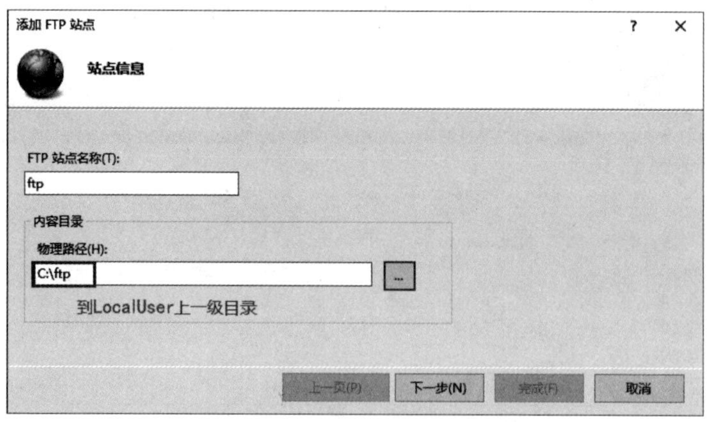

图 12-36　新建 FTP 站点

（5）测试隔离用户的访问权限。以用户 user1 的身份登录，该用户只能看见自己用户名目录下的内容和 public 目录下的内容，在 public 目录中可以读取和上传文件，如图 12-37 所示。以用户 user2 的身份登录，该用户只能看见自己用户名目录下的内容和 public 目录下的内容，两个用户所查看和操作的 public 目录中的内容是同步的，如图 12-38 所示。

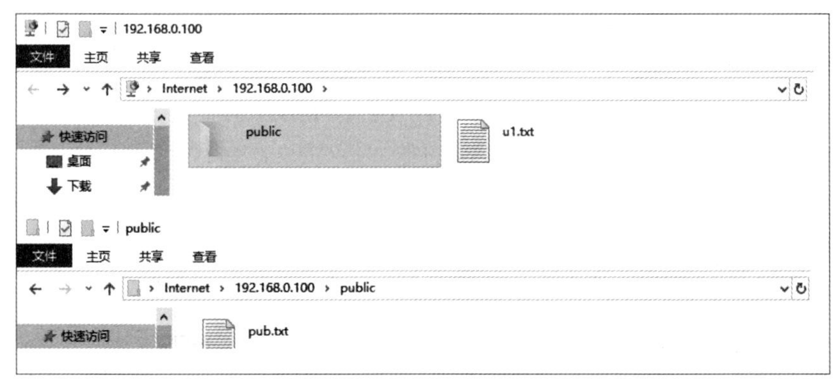

图 12-37　以用户 user1 的身份登录

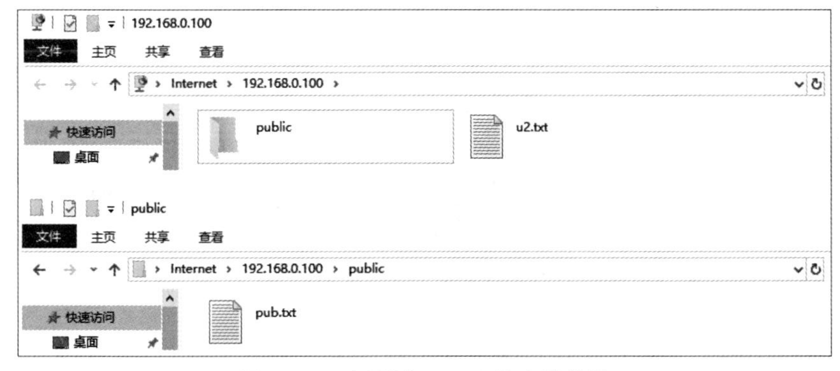

图 12-38　以用户 user2 的身份登录

单元小结

通过使用 FTP 服务器可以在不同的计算机之间进行文件传输。FTP 是 Internet 的一项核心服务。 Windows Server 2019 使用 IIS 管理工具（如 IIS 管理器）配置网站、FTP 服务器等应用程序。FTP 是文件传输协议。FTP 和 NFS 之间的区别在于，前者是文件传输协议，后者用于提供文件访问服务。

单元练习题

一、单项选择题

1．FTP 是一个（　　）系统。

A．客户端/浏览器　　　　B．单客户端

C．客户端/服务器　　　　D．单服务器

2．Windows Server 2019 服务器管理器通过安装（　　）角色来提供 FTP 服务。

A．Active Directory 域服务　　　　B．DNS 服务器

C．Internet 信息管理　　　　D．DHCP 服务器

3．Windows Server 2019 FTP 服务器的默认主目录是（　　）。

A．C:\　　　　B．\inetpub\wwwroot

C．C:\inetpub\ftproot　　　　D．C:\wwwroot

4．关于匿名 FTP 服务，下列说法正确的是（　　）。

A．登录用户名是 Guest

B．登录用户名是 anonymous

C．用户完全具有对整台服务器访问和文件操作的权限。

D．匿名用户不需要登录

5．在下列选项中，（　　）不是隔离用户的类型。

A．用户名目录

B．用户名物理目录

C．在 Active Directory 域中配置的 FTP 主目录

D．没有设置权限的目录

二、填空题

1．FTP 协议是 ____________。它利用传输层的 _________ 协议通过 __ 次握手进行连接。FTP 服务器的连接端口是 ______，数据连接端口是 _______。

2. FTP 服务器的用户的身份包括 ______________________、______________________、______________________。

3. FTP 站点的用户隔离模式可以为每个用户提供 ________________ 以上传个人资源。

4．日志记录的数据包括服务器上所有用户登录后的 _____________ 操作痕迹。

5．在隔离用户环境中，当本地用户需要建立公共目录时，需要在本地用户主目录的 LocalUser 目录下建立 _____________ 目录。

三、解答题

1．简述在 Windows Server 2019 中安装 FTP 服务器角色的过程。在安装 FTP 服务器角色前需要做哪些准备？

2．简述 FTP 服务器的工作原理。FTP 工作模式包括哪两种？简述主动模式的工作过程。

3．客户端在访问 FTP 服务器的过程中，如果出现只能查看文件而不能操作的错误，应如何解决？请描述解决过程。